BESTSELLER

JACOBO GRINBERG-ZYLBERBAUM

EL ESPACIO Y LA CONCIENCIA

PSICOFISIOLOGÍA DE LA CONCIENCIA III

DEBOLSILLO

El papel utilizado para la impresión de este libro ha sido fabricado a partir de madera procedente de bosques y plantaciones gestionadas con los más altos estándares ambientales, garantizando una explotación de los recursos sostenible con el medio ambiente y beneficiosa para las personas.

El espacio y la conciencia
Psicofisiología de la conciencia III

Primera edición en Debolsillo: diciembre, 2025

ISBN: 978-607-386-325-4

Impreso en México – *Printed in Mexico*

ÍNDICE

Libro Segundo
El espacio y la conciencia

Libro Tercero
La creación de las conciencias

Libro Cuarto

La creación de la experiencia

Libro Quinto

Los patrones del ser

Apéndices

JACOBO GRINBERG-ZYLBERBAUM: EL QUIJOTE DE LA CIENCIA

Por Emiliano Ruiz Parra

Jacobo Grinberg nació el 12 de diciembre de 1946 en la Ciudad de México, en una familia de inmigrantes que habían escapado de las persecuciones antisemitas en Europa del Este. Estudió Psicología en la Universidad Nacional Autónoma de México (UNAM) y un doctorado en Neurociencias en la Universidad de Nueva York.

Jacobo Grinberg es uno de los mexicanos más desafiantes de la segunda mitad del siglo XX. Eligió el cerebro humano como tema de investigación y se propuso responder a la pregunta de dónde proviene *la experiencia*, es decir, cómo se construye la realidad en la mente. Esa respuesta lo llevó a formular la *teoría sintérgica* (*sintergia*, neologismo derivado de *síntesis* y *energía*), de la que se hablará más adelante.

Grinberg fue un hombre de ciencia, obsesionado con las mediciones objetivas y puntuales, los experimentos y las comprobaciones de laboratorio. Esa obsesión, sin embargo, no le impidió cruzar fronteras: conoció y divulgó los supuestos dones de los chamanes indígenas como Pachita, que realizaba trasplantes de órganos con un cuchillo de monte. Se tomó en serio las escuelas místicas, en especial la cábala judía y el budismo tibetano; estudió y practicó la meditación y el yoga. Sus intereses intelectuales quedaron registrados en más de 50 libros. Fue un autor prolífico que lo mismo escribió textos científicos que cuentos, novelas y una autobiografía.

En diciembre de 1994 Jacobo Grinberg desapareció. Nunca fue localizado y las autoridades no obtuvieron mayores pistas de su paradero ni de los posibles responsables de su secuestro. Su repentina ausencia provocó, primero, una temporada de olvido. Grinberg no era bien visto por la comunidad científica de su época y durante años había soportado acusaciones de charlatanería y falta de rigor científico. Con el tiempo, sin embargo, se ha formado un público dispuesto a las propuestas del doctor Grinberg. Quien se aventure a leer sus libros encontrará a un autor audaz, a un científico que cruzó fronteras y, sobre todo, a un ser humano que buscó la libertad en cada palabra escrita.

El ortodoxo

Antes de convertirse en un científico de mente abierta, Jacobo Grinberg fue un hombre de normas y estructuras tradicionales. Cuando era joven, escogió como mentor al profesor más rígido y exigente de la carrera en Psicología: el médico y neurofisiólogo Héctor Brust Carmona. "Se convertiría en la influencia más importante de mi vida —escribió el propio Grinberg—, mi ser reconocía en Brust la figura paterna que mi inconsciente anhelaba".

En los sesenta los estudios de psicología habían surgido dentro de la Facultad de Filosofía y Letras de la UNAM, que bullía entre movimientos de izquierda, pensadores existencialistas y jóvenes en pleno despertar político y sexual. El plan de estudios incluía materias más duras, como la psicofisiología, y los estudiantes debían caminar a la Facultad de Medicina a tomarlas. Entre esos profesores estaba Brust Carmona.

"Me burlaba de las emociones, considerándolas muestras de debilidad —escribió Grinberg en su autobiografía *La batalla por el templo* (1991)—, el impulso a ser admitido me perseguía siempre". Después de rigurosos exámenes, el joven Grinberg entró como aprendiz al laboratorio que dirigía Brust Carmona y se vestía siempre de bata, traje y corbata. Tanto en el laboratorio como en su vida matrimonial "todo debía vivirse de la misma forma, sin desviación alguna", recordó después. El joven Jacobo —al igual que Brust Carmona— estudiaba el núcleo caudado del cerebro: justo la parte del órgano que regula el control.

En esa época se aceptaba y practicaba la experimentación con animales. En el laboratorio de Brust lo hacían, sobre todo, con gatos. Se les abría la cabeza, se les conectaban ánodos y cátodos en el cerebro, y se les estimulaba con proteínas. Lizette Arditti, quien fue su primera esposa, me cuenta que el examen profesional de Jacobo provocó conmoción. Llevó a un gato con electrodos en la cabeza. El auditorio se crispó cuando el michi enseñó los colmillos después de que le estimularon la amígdala (un núcleo subcortical en el cerebro). En ese entonces, escribió Grinberg, "solo aceptaba los resultados de experimentos controlados". Aprendió a dominar las artes quirúrgicas, el registro encefalográfico y el método experimental. Y comprendía la física cuántica, central para sus teorías de madurez.

Y llegó 1968, ese año que subvirtió a las juventudes en diversas ciudades del mundo y, por supuesto, en la Ciudad de México. Para ese entonces, Jacobo ya empezaba a cuestionarse sus ideas sobre la vida. Y dio el paso: al igual que cientos de miles de jóvenes universitarios, se sumó al movimiento estudiantil. "Me gustaban las normas —reflexionó después— pero también empezaba ya a anhelar un cambio de estructuras". La tarde del 2 de octubre tenía planeado acudir a la marcha a Tlatelolco, pero uno de los gatos del laboratorio sufrió una crisis y Jacobo pasó horas dándole respiración de boca a boca y eso le impidió llegar a la marcha que devino en masacre. En los días que sucedieron a la matanza de las Tres Culturas, Jacobo acudió a cuidar a los gatos en medio de una universidad tomada por los soldados.

"Empecé a sentir una necesidad imperiosa de libertad y todo el control que me había impuesto comenzó a resquebrajarse, dentro de mí hervía la inquietud y el deseo de algo desconocido". Su atuendo sufrió cambios: guardó la corbata y comenzó a usar guayaberas, mezclilla y tenis.

La madre

Hay un tópico que se repite en los textos acerca de Jacobo Grinberg: el impacto que le provocó la muerte de su madre. El niño Jacobo tenía 10 años y cuidó a su mamá en su agonía, en la casa familiar de la calle Sócrates, en la colonia Polanco. Él mismo se pregunta si esa orfandad lo llevó a estudiar el cerebro, pues su madre falleció de un tumor cerebral.

"Yo pasaba mucho tiempo solo cuidando a mi mamá; pensaba yo mucho y pensaba en las distintas dimensiones del mundo", le contó a su amigo Juan José Sánchez Sosa.

Sin ese cimiento que era Estusha Zylberbaum, la familia quedó a la deriva, en manos de un padre violento y de una nana, Petra, que cuidó a los pequeños hermanos Nathán, Jacobo y Gerardo Grinberg, de acuerdo con el relato autobiográfico del propio Jacobo.

En un ambiente doméstico sofocante, Jacobo Grinberg se matriculó en la licenciatura en Física en la Facultad de Ciencias de la UNAM.

Y se inscribió en un grupo sionista: quería emigrar a Israel. En ese grupo conoció a Lizette Arditti. Jacobo, recuerda Arditti, era un muchacho lector y muy intelectual, que desde entonces lucía una larga y cerrada barba negra. En unos meses se instalaron como trabajadores agrícolas en un kibutz a escasos 500 metros de la Franja de Gaza —uno de los kibutz atacados por Hamas el 7 de octubre de 2023.

"Descubrimos el amor con mucha libertad. No estaban nuestros padres para decirnos así sí o así no. Era una exploración hermosa y muy libre", recuerda Arditti más de medio siglo después. Arditti lo sigue llamando Jaco, como le decía de cariño cuando eran novios.

Un año después, Grinberg volvió a México. Su padre había tenido otro hijo con una nueva esposa: un niño "que era una hermosura", como recuerda el propio Grinberg. Ese pequeño se convertiría en el célebre actor Ari Telch. Arditti regresó también a la casa de sus padres, en Guadalajara. Jacobo la visitaba cada que podía. El propio Grinberg cuenta en sus páginas autobiográficas que era tímido y se quedaba callado en las comidas con sus suegros. Pronto abandonó la física porque reparó que las matemáticas no eran su fuerte, se matriculó en la carrera de Psicología y consiguió trabajitos como ayudante de maestro y auxiliar de laboratorio. Su amigo y también estudiante de Psicología Juan José Sánchez Sosa recuerda que ambos trabajaban en el laboratorio de la Preparatoria 4, al poniente de la Ciudad de México. Con una mínima autonomía económica, el 25 de septiembre de 1968 Jacobo y Lizette se casaron en la sinagoga de la calle Monterrey, en la colonia Roma de la Ciudad de México. Lo celebraron con un brindis en la casa de los padres de Arditti, que se habían mudado a la Ciudad de México. En 1971 nació Estusha Grinberg, la única hija de Jacobo y Lizette.

Jacobo era un muchacho bajito y regordete de —más o menos— un metro sesenta de estatura. "Un osito", como lo recuerda Juan José Sánchez Sosa. Un joven de buen sentido del humor, que contaba chistes.

"Lo recuerdo muy claramente como alguien excepcionalmente despierto. Muy perceptivo. Era optimista y muy cercano interpersonalmente. Ponía mucha atención a lo que estaba uno diciendo, lo pensaba, lo comentaba e interactuaba a partir de eso", me dice Sánchez Sosa en su laboratorio de la Facultad de Psicología, de la que es profesor emérito.

Grinberg empezó a cuestionarse ideas incluso desde su propia vida personal.

"Abrazaba a Lizette, pero soñaba con otras mujeres", escribió Grinberg en su autobiografía.

"Era todo muy lindo hasta que Jacobo empezó a despertar a otras mujeres", me cuenta Arditti. Jacobo trató de convencerla de tener una relación abierta. "Yo no pude con eso. Me dije: tengo que hacerle caso a mi corazón, no a las ideas. Y ahí hay una separación contundente y Jacobo agarra su camino".

En *La batalla por el templo* Grinberg cuenta sus múltiples búsquedas que lo llevaron a romper con maneras de ser y de pensar que había aprendido de su rígida madre y de los maestros del Colegio Israelita. Grinberg amó profundamente a las mujeres. A su hija Estusha, sobre todo, y a Lizette mientras fue su pareja. Los enamoramientos de Grinberg eran como erupciones volcánicas. Se fascinaba por una mujer y la amaba locamente unas semanas; luego llegaba el aterrizaje a la realidad, empezaban los pleitos constantes y Grinberg se sentía agobiado.

"Siento que no era muy maduro en la parte afectiva", me dice Arditti en entrevista.

La pareja intentó una reconciliación. Grinberg se fue a estudiar el doctorado a la Universidad de Nueva York, al laboratorio de Estudios del Cerebro, que dirigía Roy John. En Nueva York, Grinberg experimentó un despertar intelectual y empezó a forjar sus más revolucionarias ideas. Lizette y la pequeña Estusha lo alcanzaron y retomaron la vida familiar. Pero a las pocas semanas ocurrió lo mismo: Jacobo se sintió "en una prisión" y la pareja se separó por segunda vez. El viaje, sin embargo, fue provechoso para ambos. Lizette hizo una maestría en Psicología Humanista y descubrió su segunda vocación, la pintura. Aun después de separarse, Grinberg le llevó a Arditti cada uno de sus más de 50 libros. Sabía que ella los leería y comprendería.

Años después, Grinberg reflexionaría acerca de su rompimiento con Arditti: "Lizette era mi amiga, hermana y esposa, y ambos nos sosteníamos a la perfección. Solamente cuando se pierde una relación así se percibe lo maravillosa que era".

La teoría sintérgica

Los chamanes indígenas, los lamas tibetanos, la cábala judía. Grinberg les dedicó atención y escribió sobre ellos como ningún otro investigador mexicano de su época. Pero fue más lejos, en busca de explicarse la conciencia terminó por ofrecer una teoría del cosmos. Grinberg se preguntó cómo se forma *la experiencia*: aquello que los seres humanos percibimos y conocemos como la realidad:

"Jacobo quería entender el mundo consciente: lo que vemos, tocamos, saboreamos, sentimos. A Jacobo le interesaba el hecho de que nosotros estamos conscientes y podemos hacernos preguntas como de dónde vienen los átomos, cuál es el origen de la vida, y otras", me dice Manuel Delaflor, quien fuera su discípulo durante seis años.

Grinberg pronto se dio cuenta de que no existía una dicotomía entre la realidad y nuestra percepción, o entre la materia y la idea que tenemos de esta. Ambas eran una sola cosa y había que entenderlas como una unidad. O mejor aún, como *la Unidad*.

Y para explicarlo ofreció la teoría sintérgica.

El universo —propone esta teoría— está conectado a través de la *lattice* (celosía, enrejado), una matriz, constituida a nivel cuántico, que contiene toda la información del universo. La lattice contiene la misma información en todos y cada uno de sus puntos. Lo que nosotros conocemos como realidad es el resultado de la interacción entre la lattice y nuestro campo neuronal. Pero el ser humano no es un receptor pasivo de la lattice. La conciencia no solo recibe la información. También participa de ella. Al hacerlo, la altera y la modifica.

"Cuando la energía se concentra de cierta forma en el cerebro se produce lo que él llama un campo neuronal, que interactúa con la lattice o matriz básica del espacio, y de esta interacción surge el mundo que vemos. ¿Cómo se crea la experiencia? Es la distorsión producida por la actividad cerebral —me explica Delaflor—. Sí existe un mundo material, pero lo que nosotros percibimos está mediado por esta interacción. Lo que percibimos está construido, no está dado".

El cerebro, para Grinberg, es una estructura *similar* a la lattice: un cuerpo orgánico cuyos 12 mil millones de neuronas se conectan por medio de los axones. El cerebro, dice Grinberg, es un espejo donde se refleja la lattice. Y el órgano capaz de decodificarla por medio de un proceso que llamó la *neuroalgoritmización*.

Durante meses, Grinberg estuvo presente en la sala de operaciones de Bárbara Guerrero, *Pachita*. ¿Cómo debe reaccionar un científico ante lo que veían sus ojos? Grinberg cuenta que Pachita sacaba tumores o transplantaba órganos sanos después de extirpar riñones o pulmones enfermos. Lo que más interpelaba a Grinberg era que, de la nada, aparecían en las manos de la chamana un riñón, un pulmón o un pedazo sano de cerebro que injertaba en los cuerpos de sus pacientes.

Grinberg se explicó esos milagros por medio de su teoría sintérgica. Decía: el cerebro de Pachita es capaz de alterar la lattice. Por eso el interés de Grinberg en estudiar los cerebros de los chamanes mexicanos y los lamas tibetanos.

"Lo voy a explicar en términos especulativos: si el cerebro construye el mundo que vemos, ¿qué pasa si nos encontramos con un cerebro que no procesa el mundo como los demás? El chamán aparentemente tiene capacidades que le permiten hacer predicciones o curaciones de formas que no son entendidas de manera convencional porque su conciencia es distinta: distorsionan de otra manera la base del espacio y, por lo tanto, tienen habilidades que otros no tienen. El interés de Jacobo, más que antropológico, era 'necesito encontrar cerebros que no funcionan como los cerebros convencionales para ver si la teoría tiene sustento'", dice Delaflor.

"Todos nuestros pensamientos están interrelacionados [...] muchos ni siquiera son nuestros, sino que vienen del colectivo", anotó Grinberg. En busca de huellas medibles de la interacción entre el cerebro humano y la lattice, pensó en el concepto *potencial transferido*. Quería saber si los cerebros de dos personas podían comunicarse. El experimento era sencillo: dos personas se encontraban y conversaban. Después, metía a cada uno a una cámara de Faraday, en donde no tenían ningún tipo de contacto. Ahí, estimulaba solo al sujeto A. Quería saber si el cerebro del sujeto B, en ese mismo momento, registraba una variación eléctrica medible por los aparatos. Según el periodista Sam Quiñones —que escribió sobre Grinberg tres años después de su desaparición—, sus resultados fueron positivos en el 25 por ciento de los casos.

"Para la ciencia son casualidad. Como no se ha logrado replicarlo con un nivel estadístico confiable, la comunidad científica lo ha eliminado de sus áreas de experimentación", escribió Leah Bella Attie (*Alicia en el país de la conciencia*). Attie era la colaboradora de Grinberg que estaba a cargo de los experimentos de potencial transferido a la desaparición del investigador.

La teoría sintérgica no se tomó en serio. "Me siento como excomulgado, viviendo al margen de la sociedad, [ese ha sido] el precio a pagar por no someterme al paradigma imperante", escribió Grinberg en *La batalla por el templo.*

Meses antes de desaparecer, Grinberg recibió a un reportero. Le dijo que sus investigaciones tenían tres vertientes: el enfoque neurofisiológico, que desarrollaba en el laboratorio; el enfoque chamánico, que se hacía en el trabajo de campo, y el estudio de las distintas escuelas místicas. "Lo acusan de charlatanería", lo provocó el reportero. "La ciencia se define por su método, no por sus temas", replicó el psicofisiólogo.

Sam Quiñones hace una bella síntesis de la sintergia: "La teoría por la que Grinberg llegó a ser conocido reflejaba su personalidad. Basándose en la física y en sus experiencias con curanderos, un poquito de Einstein, un poquito de doña Pachita, su mensaje esencial era cálido y esperanzador: toda la humanidad está interconectada. Grinberg pasó casi toda su vida de adulto tratando de probar esta idea. Si tuvo éxito o no es un debate que continúa en su ausencia".

El laboratorio

Así lo describe Manuel Delaflor: "Entrabas y había un espacio de oficina con el escritorio de Jacobo enfrente de una ventana. Había libreros por todos lados y podíamos sentarnos ahí ocho o diez personas con sillas alrededor del escritorio. Luego un pasillo, otra computadora y varios estantes y aparatos de registro electroencefalográfico. Después venía un baño independiente y una cámara de Faraday en donde podía la gente entrar y estar aislados electromagnéticamente del entorno".

Leah Bella Attie y Amira Valle tenían poco más de 20 años cuando trabajaban con Jacobo Grinberg. Ellas han escrito un libro para rescatar sus memorias y los trabajos científicos que hicieron con la dirección de su maestro. Se llama *Alicia en el país de la conciencia* e hicieron una edición de autor en 2014. Ellas conocieron a Jacobo Grinberg cuando él estaba en la cuarta década de su vida. Grinberg ya había desarrollado sus principales teorías. Era consciente de la heterodoxia de sus planteamientos y del rechazo que provocaban en los científicos institucionales.

En el volumen, Attie y Valle cuentan que cuando Jacobo Grinberg llegaba enojado al laboratorio "su energía era tan fuerte que las computadoras paraban o no prendían. Teníamos que poner las manos encima para que se calmaran como si fueran cachorritos". Por el contrario, cuando Grinberg estaba feliz y entusiasmado, "el hipercampo del laboratorio cambiaba" los aparatos funcionaban a la perfección.

Jacobo Grinberg dirigía el laboratorio número 23 de la Facultad de Psicología de la UNAM, el cual obtuvo cuando lo nombraron coordinador de la maestría en Psicobiología. Allí pasaba la mayor parte de su tiempo. "Tenía cámaras de Faraday, electroencefalógrafos, equipos para inducir sonidos con bocinas; tenía registros psicofisiológicos, tasa cardiaca, pletismógrafo para respiración, [medidores de] temperatura distal periférica", recuerda Juan José Sánchez Sosa, quien, en la década de los noventa, era director de la Facultad de Psicología. La cotidianidad se desarrollaba entre computadoras, plumillas y papel de electroencefalograma.

"Jacobo era muy entusiasta y podía ser muy convincente y elocuente con las personas correctas. En la UNAM nosotros teníamos siempre las mejores computadoras antes que nadie. Era el mejor laboratorio", recuerda Delaflor.

Celebraba reuniones semanales cada viernes a las tres de la tarde. Attie y Valle cuentan que era una delicia intelectual. Discutir los proyectos de trabajo, los hacía hablar de filosofía, ciencias y disciplinas orientales. Y no tuvo problema en aceptar entre sus colaboradores al "genio autodidacta" —así lo llamaba— Manuel Delaflor, quien carecía de títulos y diplomas.

Jacobo Grinberg también se postulaba a diversas convocatorias del Conacyt y la UNAM para obtener becas para los 15 colaboradores que llegó a tener el laboratorio.

"No existían los buscadores [de internet], pero Jacobo era muy diestro buscando y encontrando qué fundaciones financiaban proyectos. Alguna vez me dijo 'no tienes idea de la cantidad de dinero que nadie usa porque nadie responde a las convocatorias'. Él conseguía dinero del Conacyt, que ya existía, con relativa facilidad", recuerda Sánchez Sosa.

Al laboratorio acudían lamas tibetanos, chamanes indígenas, cabalistas judíos, pacientes operados por Pachita. Grinberg los invitaba a que entraran a la cámara de Faraday, a ponerse gorritos con electrodos en la cabeza y medirles el *potencial evocado* y el *potencial transferido*, conceptos centrales en las investigaciones del equipo. El laboratorio era el epicentro, pero los investigadores salían a confrontar sus hallazgos. Delaflor recuerda que acompañó a su maestro a ver a luminarias contraculturales de su época como Carlos Castaneda —el autor de *Las enseñanzas de don Juan*— o el muy excéntrico jesuita Salvador Freixedo, experto en ovnis.

"Jacobo daba batallas frontales para defender el laboratorio de despiadados ataques", escribió Amira Valle. Ataques que provenían de "el grupo de neurofisiólogos que no podía aceptar que un miembro de su comunidad hubiese cambiado radicalmente el enfoque, alejándose de la ortodoxia". Por esas épocas, Grinberg dirigía el curso de meditación en el auditorio de la facultad; tenía la cátedra de Mecanismos de la Memoria, y además daba un seminario con especialistas, con quienes discutía temas diversos.

"Cuando empieza a describir estas otras experiencias que parecían no tener explicación, una gran cantidad de la comunidad científica de la UNAM y de afuera dijeron 'es otro charlatán, ya está hablando de cosas raras, no está haciendo ciencia', pero Jacobo nunca dejó de usar el laboratorio con la metodología apropiada", recuerda su amigo y colega Sánchez Sosa.

"Cerramos los jueves", decía un letrero pegado en la puerta del laboratorio. Leah Bella Attie descubriría que los jueves Jacobo Grinberg se dedicaba a meditar, hacer yoga y profundizar en prácticas orientales. Leah quiso sumarse, después uno y otro colega de su equipo se fueron animando hasta que los jueves se convirtieron en el día en que varios integrantes del laboratorio viajaban a la cabaña que Grinberg tenía en algún lugar de los Altos de Morelos. Allí les enseñó yoga, meditación autoalusiva, Prana Yana (una técnica de respiración) y caminatas de conciencia: a cada paso tocarse un dedo y decir za-ta-na-ma... "Era ver al académico transformarse en nuestro maestro espiritual", escribió Attie. "Durante un tiempo, cada jueves, ahí íbamos a hacer meditación. La cabaña estaba en medio del bosque y no tenía agua ni luz, ni nada", dice Delaflor.

Era una época sin internet ni celulares. Las cartas se recibían por fax y se imprimían en ruidosas impresoras de puntos. No había teléfono adentro del laboratorio y, cuando Grinberg tenía llamada, Leah era la responsable de salir corriendo a contestar el teléfono.

Algunos colaboradores se ganaron el mote de "los cuatro sintérgicos". Uno de los sueños de Grinberg era establecer el Instituto

Nacional para Estudios de la Conciencia (INPEC): un espacio donde integrar sus búsquedas científicas y espirituales: continuar con sus investigaciones y también enseñar meditación y yoga. Pero sobrevino su desaparición a fines de 1994 y sus proyectos quedaron en vilo.

Las fronteras

Jacobo Grinberg cruzó las fronteras de la ciencia. Experimentó con la ouija, el I-Ching, la astrología y la cábala; creyó en la *visión extraocular* (ver sin los ojos) y enseñó a los niños a practicarla. De acuerdo con sus escritos, alguna vez logró levitar; rememoró 12 vidas pasadas y al menos dos veces *mudó de cuerpo*. Fue a Costa Rica a buscar señales de la Atlántida, el continente perdido, acompañado de chamanas de ese país. Cuando Grinberg escribió sus libros la contaminación del aire en la Ciudad de México era ya insoportable. Según su propio testimonio, no se quedó cruzado de brazos: con ejercicios de respiración y meditación limpió la atmósfera de algunas de las manzanas a la redonda. Luego se comunicó a la Secretaría de Ecología (*sic*) para ofrecer su técnica y fue cortésmente desairado.

Pero acaso su experiencia más audaz la vivió junto a Bárbara Guerrero, *Pachita*, la chamana que hacía transplantes de órganos con un cuchillo de monte. Grinberg atestiguó decenas, acaso cientos de operaciones de pacientes que llegaban desahuciados y se iban felices, sanos y curados. Pachita —cuenta Grinberg— entraba en trance y el espíritu de Cuauhtémoc, el último emperador azteca, tomaba el cuerpo de la chamana. Grinberg se dirigía a Pachita como "Hermano", porque en realidad le hablaba a Cuauhtémoc, con quien conversaba en los intervalos entre paciente y paciente.

"Supe que yo estaba ahí no para fundar un instituto [de estudios de la conciencia] sino para establecer un puente de unión entre Cuauhtémoc y Quetzalcóatl [...] Cuauhtémoc me animaba a escribir en un lenguaje florido [...] me contaba de su vida de emperador y de la terrible conquista a la que fue sometido él y su reino", cuenta el propio Grinberg. "Publiqué un libro sobre Pachita y mis colegas de la UNAM pensaron que había enloquecido", recordó después.

En la India fue a buscar a un gurú de 800 años de edad, pero llegó tarde: había muerto tres días antes. En México buscó al chamán don

Panchito, menos longevo, pero que llegó a los 130 años. También estuvo en busca de las huellas históricas del indio yaqui Juan Matus, el sabio de *Las enseñanzas de don Juan*. Se convenció de su existencia histórica y absorbió sus ideas por medio de los libros de Carlos Castaneda.

"Comencé a sospechar que las ideas que yo suponía mías en realidad me habían sido dadas por don Juan desde el otro mundo [...] mi campo neuronal había logrado interactuar con don Juan en alguna zona de la lattice".

He hecho una enumeración de algunas de las fronteras intelectuales que Grinberg cruzó, y que él mismo contó en el delicioso volumen autobiográfico *La batalla por el templo* (1991). Lo dicho aquí con prisa y trivialidad posee, en realidad, un atrevimiento que el lector solo encontrará cuando lea los libros de Grinberg.

Su audacia intelectual más seductora tiene un giro borgiano o de cuento de Philip K. Dick. Cuenta Grinberg que, en los años cincuenta, un inmigrante europeo llegó a una universidad norteamericana a dictar conferencias sobre la conciencia. Se le conocía como el Viejo. Convocó a sus estudiantes más comprometidos a apartarse a una vida de reflexión en una reserva indígena. Ahí, el maestro llegó a un grado tan elevado de meditación que un día se esfumó entre los árboles. Ese maestro se llamaba —coincidentemente— Jacobo *Albert* Grinberg-Zylberbaum.

Décadas después, uno de los discípulos del Viejo encontró los libros de Jacobo Grinberg —el mexicano—, y notó que coincidían punto por punto con las enseñanzas del viejo Albert. Grinberg —el joven— se pregunta si acaso el espíritu del Viejo lo ha tomado y guiado desde su infancia, específicamente desde un momento crucial: la muerte de su madre, Estusha. "¿Era Albert el arquitecto del plan y yo una simple herramienta en sus manos para realizar sus deseos?", se pregunta. Acerca de aquel hombre "de vez en cuando recibo noticias confirmatorias de su existencia y de su conexión misteriosa con la mía".

Sin embargo, dice Delaflor, Jacobo siempre renegó de que lo tildaran de *parapsicólogo*. "Esto es ciencia", decía.

Y nunca, recalca su amigo Sánchez Sosa, nunca Jacobo Grinberg perdió contacto con la realidad. Era reticente al consumo de alcohol y drogas. Nunca alucinó ni oyó voces.

"Buscaba la explicación científica para aquello que no parecía científico. Siempre regresaba a la metodología científica, principalmente la metodología experimental. Le alborotaba la mente el encontrar un puente entre lo que había visto aparentemente sin explicación ninguna y lo que sabíamos de neurofisiología y psicofisiología", afirma.

El hobbit

"De lejos parecías un hobbit de Tolkien, bajito, regordete", le escribe Amira Valle. Poseía una bella voz de tenor. En la intimidad —me cuenta Estusha Grinberg— le gustaba cantar arias de ópera. Acumulaba frascos de vitaminas y las consumía seguido, y en las paredes colgaba collages de fotografías de sus viajes, en particular sus retratos con lamas o chamanes. Le gustaba la comida judía, pero en la cotidianidad lo recuerdan comiendo en el puesto de quesadillas de la Facultad de Psicología y disfrutando tacos de chile relleno.

Se movía en cochecitos sencillos: un vochito azul celeste y un Brasilia, que lo llevó con Estusha en un largo viaje hasta San Francisco, California. Se encerraba a escribir y a meditar en una cabaña en el fraccionamiento Los Robles, en Morelos, que había bautizado como *Safed* en honor a una ciudad de cabalistas en Israel. Ahí no había luz ni agua, solo paz y silencio.

Tenía carácter fuerte. Impulsivo, me dice Manuel Delaflor. "Gruñón, sangroncito, fascinante, un genio", añade Amira Valle. "Duro, exigente y perfeccionista", dice Leah Bella Attie. "No era una persona realizada, no tenía logros contemplativos ni regulación emocional", según Valle. "Jacobo era neurótico. Nos hizo llorar varias veces. La gente lo tenía idealizado: no estaba iluminado", remata Attie.

Ella cuenta que Grinberg dormía poco. "Decía que su cabeza era un radio. Un día no podía dormir, prendió su radio de onda corta y escuchó la noticia: empezaba la guerra del Golfo".

"Soy una especie de iluminado neurótico", se confesó Grinberg ante Attie. Hay una escena que quedó marcada en los recuerdos de Amira y Leah. Además de científica en ciernes, Leah era bailarina. Se preparaba para una presentación en el Festival Cervantino y tenía un ensayo aquella tarde. Se disculpó por retirarse antes de su hora de salida y se despidió de sus colegas. Grinberg montó en cólera. Golpeó la mesa con los puños y le puso un ultimátum: elige el laboratorio o la danza. Uno de los colaboradores lo llamó a la calma.

"Está bien, pero termina lo que estás haciendo en el laboratorio porque no me queda mucho tiempo", pidió Grinberg.

Su hija Estusha lo recuerda de una manera diametralmente distinta: un padre amorosísimo y muy consentidor, y un hombre sereno que nunca se estresaba. Amira Valle y Leah Bella Attie también lo rememoran haciendo expediciones al Espacio Escultórico para meditar en grupo o caminando entre las milpas y nopaleras de Morelos tras una sesión de yoga. A Grinberg le emocionaba el aprendizaje. Cuando aprendía algo nuevo parecía un niño feliz.

De niño le llamaban Jacky en la familia y lo hacía feliz ir de vacaciones a Acapulco. En ese entonces criaba tarántulas, desarmaba radios y televisores para aprender su funcionamiento y construía pequeños aviones. En esos años tuvo un sueño revelador: estaba adentro de una nave espacial y un ser extraño le ponía cables en la cabeza. Le enseñaba a leer libros con solo poner sus manos encima del volumen y le daba una predicción que se cumpliría décadas después: escribirás muchos libros.

El escritor

Nunca acudió a un taller literario ni manifestó, de niño o adolescente, deseo de convertirse en escritor. Sin embargo, un día —un día que recuerda bien Lizette Arditti—, se propuso escribir.

"Yo quiero escribir, y voy a hacer mucho dinero de escribir. Siento que puedo hacer suficiente dinero y entonces voy a poder dejar la facultad".

Por aquel entonces Estusha tenía apenas cuatro añitos de edad. "Su apasionamiento por escribir le dio de un día para otro", recuerda Arditti. Era 1972, posiblemente. Desde entonces y hasta 1994, el año de su desaparición, Jacobo Grinberg escribió más de 50 libros. Sus obras solían ser breves, pero su fiebre escritural no deja de ser un portento para un académico de tiempo completo, viajero incansable, que pasaba parte de su tiempo buscando financiamientos para la investigación o tomaba algún empleo ocasional para completar sus ingresos.

"En ocasiones podía escribir durante horas y sentirme fresco en lugar de cansado", recordaba el propio Grinberg en el libro dedicado a Pachita. Y sí: llenaba agendas con su letra pequeñita que luego pasaban a máquina sus asistentes de investigación. Escribía cuatro libros simultáneamente y se aventuró a diversos géneros. Libros de texto para estudiantes, tratados científicos; pero también cuentos y novelas de ciencia ficción, poemas y su volumen autobiográfico, una honesta revisión de sí mismo —a veces quizá demasiado severa— que recuerda a las *Confesiones* de San Agustín.

"Se sentaba durante horas, todo lo escribía en manuscrita y nunca corregía, o mínimamente", añade Arditti, testigo de su súbita conversión a escritor. Primero empezó con cuentos: "Sus cuentos son sueños de libertad —me dice—, de encontrarse a un sabio en una cueva que le diga de qué trata la vida y el cosmos. Y tuvo una evolución hasta novelas más complejas como *Los cristales de la galaxia*, completamente integrada a la teoría sintérgica".

De joven se bebió a los grandes autores de ciencia ficción. Todos, dice Arditti: Asimov, Clarke, K. Dick, Le Guin…

A veces dictaba sus textos en casetes que luego transcribían sus asistentes de investigación. Los martes eran sus días de escritura en el laboratorio. Además, se encerraba en su cabaña del fraccionamiento Los Robles, en Ahuatlán, Morelos, a poner sus ideas en negro sobre blanco. Entre sus discípulas corrió la idea de que podía escribir un libro en una sola noche.

Aprendió a jugar con las palabras, como lo fue con la creación del nombre de su teoría sintérgica. Con las metáforas puestas al servicio de la ciencia, la noche estrellada le hacía pensar en una red neuronal: las estrellas hacían sinapsis unas con otras. El cosmos como un gran cerebro pensando: pensándonos. Lo mismo imaginó del planeta: si la Tierra es un ser viviente —como estaba seguro que era—, ¿en dónde estaría su mente? ¿Dónde guardaría sus recuerdos? Alguna vez hizo esta pregunta frente a sus colegas del laboratorio y Amira Valle aventuró una respuesta: en el mar, ahí está la memoria de la Tierra. Grinberg asintió.

Los delfines

Jacobo Grinberg nadando con delfines. Esa es la última imagen que Amira Valle y Leah Bella Attie guardan de su maestro, en noviembre de 1994. Querían probar si era posible que los cerebros de los niños con autismo y los cerebros de los delfines experimentaran el potencial transferido. Habían conseguido gorritos con electrodos adaptables a los mamíferos marinos del parque acuático Atlantis, en el Bosque de Chapultepec. Como Attie estaba embarazada, se quedó en la orilla. Amira, Jacobo y Terita —su última esposa— se lanzaron al acuario con trajes de neopreno. Todo iba bien hasta que un delfín atacó a Terita y la obligó a salir de la alberca. La jornada de nado con delfines terminó con un regusto amargo. Tres décadas después, estos sucesos se leen como una señal de mal augurio o, quizá, un asomo de advertencia interespecie. ¿Qué percibió aquel delfín de lo que ocurría con Grinberg?, se pregunta Attie.

"La conocí en una reunión, vestida al estilo iraní y con unos ojos rasgados que le daban una apariencia extraña. Más rara me pareció su conducta y su lenguaje", escribió el científico en su autobiografía. Poco antes de conocerla, Grinberg había visitado a un quiromanciano que había leído las líneas de su mano. Le dijo que "estaba a punto de conocer a [su] verdadera compañera... y que sería mi última oportunidad de formar una relación estable", como escribió Grinberg en *La batalla por el templo*. Grinberg decidió creerle y se casó con Teresa Mendoza, *Terita*, la mujer que ha sido señalada como sospechosa de colaborar en su desaparición.

En las vísperas del 12 de diciembre de 1994 —cumpleaños de Jacobo Grinberg— lo esperaban en casa de Luis Schettino —uno de "los cuatro sintérgicos"— para celebrar sus 48 años, pero nunca llegó. Su familia también le había preparado una comida que se quedó sin cumpleañero.

Las alertas tardaron algunas semanas en encenderse, porque Grinberg y Teresa tenían un viaje programado a Campeche y luego otro a la India. La policía de investigación descubriría después que ni siquiera habían comprado los vuelos. Nunca se volvió a saber de Jacobo Grinberg.

Hay distintos puntos de vista sobre los últimos meses del científico y en particular del papel de Terita. Sam Quiñones, periodista estadounidense que se interesó por el psicofisiólogo tres años después de su desaparición, afirma que 1994 había sido un buen año para el investigador. Los experimentos sobre potencial transferido eran prometedores; Grinberg los había llevado a un congreso internacional y había regresado *radiante*. Estaba feliz porque recibió noticias de que el libro

Pachita sería traducido al inglés. En efecto, tenía problemas con Terita, pero se debían a que ella quería tener hijos y Jacobo no. Salvo eso, "Grinberg tenía todas las razones para estar con Terita".

Otros indicios apuntan a que Grinberg y Terita mantenían una pésima relación. A su hermano Jerry, Grinberg le había dicho que tenía miedo de su pareja y prefería dormir en una combi (testimonio dado al cineasta Ida Cuéllar). La desaparición sigue sin aclararse. El documental *El secreto del doctor Grinberg* (Ida Cuéllar, 2020) especula con la hipótesis de que la Agencia Central de Inteligencia de Estados Unidos (la CIA) secuestró a Grinberg —posiblemente— para usar sus descubrimientos con propósitos militares. La película de Cuéllar apunta a que Terita pudo haber colaborado en la desaparición.

A principios de diciembre de 1994, sonó el timbre del teléfono en el laboratorio. Ruth Cerezo, una de "los cuatro sintérgicos", tomó la llamada. Era Terita, quien le informaba escuetamente que ya no esperaran a Jacobo durante el resto del mes. Pero pasó el tiempo y, al no recibir señales de vida, la familia y amigos de Jacobo acudieron a las autoridades. La Procuraduría General de Justicia del Distrito Federal asignó al comandante Clemente Padilla como responsable de la investigación. Padilla estableció que Grinberg había desaparecido contra su voluntad, pero nunca lo encontró y apuntó hacia Teresa como sospechosa. Hasta el día de hoy el caso sigue sin aclararse.

Los recuerdos de Valle y Attie pintan a un Jacobo Grinberg librando batallas. Una de ellas con Terita: Jacobo llegaba alterado al laboratorio "especialmente después de pelearse con Teresa, y perdía por completo el control, [estaba] en mucha turbulencia emocional", escribieron en el manuscrito inédito *Anécdotas de laboratorio*.

La desaparición de Grinberg dejó en la orfandad a varios de sus colaboradores. "Cuando él desaparece canibalizan el laboratorio: todo el mundo se pelea por las cosas porque teníamos lo mejor de lo mejor", dice Delaflor. Valle y Attie acusan que aquellos colegas que menospreciaban su trabajo se apropiaron de las computadoras y los sofisticados aparatos de su laboratorio, que quedó clausurado. A Estusha se le permitió sacar objetos personales de su papá, pero las investigaciones, los *papers*, los proyectos quedaron interrumpidos y abandonados.

Desde entonces, la familia de Jacobo Grinberg se ha encargado de resguardar y difundir su legado. Lizette Arditti, en su momento, fue la creadora de las portadas originales de los libros de quien fuera su primer esposo. Su hija, Estusha Grinberg, gestiona la página web oficial: jacobogrinberg.com. Ella es una de las representantes más importantes del género World Music en México, y musicalizó el libro de poemas *Cantos de ignorancia iluminada* de su padre. Su página web es estusha.com. Nicolás Mesnage, yerno de Jacobo, ha sido un promotor infatigable de los libros de Grinberg, al ser el primero en digitalizarlos y ponerlos de vuelta al alcance del gran público. Jacobo Grinberg tiene hoy dos nietas —a las que no conoció—, Ixchel y Leilani. Esta última es la autora del retrato que acompaña este texto. La Biblioteca Jacobo Grinberg que se publicará en Debolsillo forma parte de este esfuerzo por mantener el legado del científico mexicano.

En internet circulan fantásticas hipótesis: que lo secuestraron los ovnis, que se transformó en el Subcomandante Marcos del EZLN o que llegó a un estado meditativo tan elevado que simplemente se evaporó. Una de las teorías compara a Jacobo Grinberg con Neo, el personaje de la película *The Matrix* (hermanas Wachowski, 1999). La *matrix* es un programa de realidad virtual en el que todos vivimos inmersos. Los robots han tomado el control del mundo y nos mantienen esclavizados, conectados a cables para extraer nuestra energía. Esos mismos cables nos conectan a *the matrix*, a la ilusión en la que creemos estar vivos, mientras somos expoliados. Jacobo Grinberg, como Neo, se ha liberado de esa matriz y es el primer hombre libre de la Tierra. Y así se propaga la leyenda, el mito del autor de culto, guía intelectual y espiritual.

Lizette Arditti anota otra hipótesis: en un país como México, con 120 mil desaparecidos, te matan —y acaso te desaparecen— por robarte el dinero de la billetera.

Juan José Sánchez Sosa dice lo que perdió la ciencia: "Lo que le haya pasado es una pérdida gigante para la psicología en particular. Iba en el camino correcto, acabaría no sé si con el Premio Nobel, pero sí con un premio importante. Hubiera encontrado los principios regulatorios de lo que vemos y decimos: 'no lo puedo creer'. Y describir cómo ocurrió: cómo es que lo vi y cómo se explica".

¿Qué diría hoy si regresara?, se pregunta Lizette Arditti. Aventura una respuesta: aprovecharía los avances tecnológicos para probar sus teorías y prestaría poca atención a la mitificación de su personaje. Arditti lo compara con el Quijote. "Jacobo podría ser un Quijote. Porque el Quijote era un congruente total: vivía su cuento". Amira Valle le escribe con cariño y nostalgia: "Te mando un beso a la lattice, donde habitas por siempre". Amira Valle, Leah Bella Attie y Manuel Delaflor tienen además un proyecto: darle continuidad a las investigaciones de su maestro y reabrir un laboratorio para volver a ellas. Su hija Estusha Grinberg pide recordarlo no solo como un gran científico, sino, también, como un hombre que dio su vida por la búsqueda de libertad.

Retrato de Jacobo Grinberg-Zylberbaum hecho por su nieta Leilani Grinberg.
leilanigrinberg.com

A Estusha
y a todos los niños
que, en su tiempo,
vivirán lo aquí
consignado

A Don Alberto Guevara Rojas, mi maestro querido.
A Sergio Meneses, Raymundo Macías, Gustavo Fernández,
Marcia Morales y mis amigos.

PRESENTACIÓN

Esta obra está dividida en seis partes; los libros primero al quinto, y una sección de apéndices.

El libro primero presenta algunas ideas que se desarrollan y profundizan en el resto de la obra.

La clara superposición entre los libros no es accidental. Es sobre todo por el deseo de aclarar conceptos y fijar en la conciencia del lector las ideas que consideré necesario replantear, algunas postulaciones que se presentan en el libro primero.

Los apéndices contienen datos experimentales e ideas que complementan el resto de la obra.

LIBRO PRIMERO

Las bases energéticas de la experiencia

INTRODUCCIÓN

La experiencia consciente es un atributo humano extraordinario. No solamente su complejidad, sino su sutileza, hacen fascinante la labor de análisis de su surgimiento y operaciones.

En esta obra se estudiará la experiencia consciente en sus bases energéticas fundamentales.

Esto no quiere decir de ninguna manera que la experiencia y la conciencia se consideren en sí mismas fenómenos energéticos. Más bien implica que la aparición del fenómeno de la experiencia consciente se acompaña de ciertas operaciones que serán aclaradas en el resto de la obra.

Sin embargo, se puede afirmar que la experiencia en general y la experiencia consciente son un contacto de una estructura energética particular con la información contenida en forma de patrones energéticos, localizada en cualquier espacio.

Experimentamos cuando somos capaces de ponernos en contacto, cuando nos transformamos en receptores.

Puesto que las bases de la experiencia consciente son patrones energéticos, penetraremos en el estudio de estos últimos tomando como referencia los descubrimientos y descripciones de varias disciplinas, particularmente la psicofisiología contemporánea.

El cerebro es un universo lleno de estrellas que no difiere del macrocosmos más que en el tamaño y las características energéticas de sus elementos.

A nivel de funcionamiento global, tanto el cerebro como un cielo estrellado crean campos energéticos resultantes de las interacciones entre sus elementos constitutivos.

El campo neuronal[1] como un todo interactúa con la organización energética del espacio y de este contacto surgen la experiencia y la conciencia.

La geometría específica de los patrones energéticos y sus características distintivas tales como frecuencia, morfología, etcétera, determinan el contenido de la experiencia.

En la neurofisiología contemporánca existen innumerables muestras de morfologías energéticas registradas, utilizando técnicas como la de potenciales provocados o las de registro de la actividad EEG.

Aunque estos registros han sido analizados en cuanto a su relación con una serie de variables asociadas al funcionamiento psicológico, nadie sabe a ciencia cierta cómo una morfología energética da lugar a un contenido de experiencia.

Han empezado a aparecer hipótesis acerca de la emergencia de la experiencia en general y de la conciencia en particular, y los conceptos de sus defensores van desde consideraciones puramente "internas" hasta ideas de interacción espacial.

Urge ya un estudio teórico acerca de patrones energéticos y sus relaciones con la conciencia y la experiencia. Este libro pretende ser un bosquejo de ese estudio. Su finalidad no solamente es el logro de un modelo teórico acerca de las bases de los patrones energéticos, sino una herramienta que facilite el logro de la armonía. Antes de iniciar el análisis propiamente dicho, me gustaría incluir aquí un escrito muy interesante, que aclara el concepto de *experiencia*.

El concepto de experiencia

Nadie mejor que J. W. Dunne ha logrado expresar lo que significa el concepto de *experiencia*. Por ello transcribiré de su libro *An Experiment with Time*[2] algunos párrafos que expresan la idea:

> Vamos a suponer —comienza diciéndonos Dunne— que usted está entreteniendo a un visitante de un país en el cual los habitantes son todos

---

[1] Véase Grinberg-Zylberbaum, J., *El cerebro consciente*, México: Trillas, 1979.

[2] Dunne, J. W., *An Experiment with Time*, Londres: Faber Paper Covered Editions, pp. 13-16, 1973.

ciegos; y que usted intenta explicar a su huésped lo que quiere decir "ver". Vamos a suponer también que ustedes dos tienen, afortunadamente, esto en común: ambos son buenos conocedores del significado de todas las expresiones técnicas empleadas en las ciencias físicas.

Usando esta base de mutuo entendimiento, usted intenta explicar su idea. Describe cómo, en esa pequeña cámara que llamamos ojo, ocurren cambios energéticos que se transmiten al interior del cerebro provocando corrientes de "energía nerviosa" y cómo cambios moleculares y atómicos en el cerebro le proporcionan al "observador" un registro del contorno del objeto distante.

Todo esto podría ser perfectamente apreciado por el visitante. Ahora bien, el detalle que importa es el siguiente. Hay aquí un conocimiento acerca del cual el ciego no posee concepción previa. Es un conocimiento que él no puede, como usted, adquirir por sí mismo usando el proceso ordinario de experimentación personal. En sustitución, usted le ha ofrecido una *descripción* enmarcada en el lenguaje de la ciencia física. Este sustituto ha servido para transmitir el conocimiento en cuestión, de usted a su huésped.

Pero en el "ver" existe, por supuesto, mucho más que el mero registro de contorno. Existe, por ejemplo, color.

Por ello, usted continúa explicando que lo que denominamos "rojo" se asocia a ondas electromagnéticas de cierta *longitud*, el "azul" se asocia con ondas muy similares, solo que difieren ligeramente en este asunto de la longitud. Los órganos visuales están construidos de tal forma que reconocen y diferencian la longitud de onda y de esta manera envían información de las diferencias, que son finalmente registradas por diferencias correspondientes en cambios físicos que ocurren en los centros cerebrales.

Desde el punto de vista de su huésped invidente, esta descripción también sería enteramente satisfactoria. Él entendería a la perfección cómo es que el cerebro físico es capaz de registrar diferencias en longitud de ondas. Más aún, si usted estuviese satisfecho con dejar el asunto de este punto, su huésped se despediría gratamente convencido de que el lenguaje de la física ha probado, nuevamente, estar a la altura de las circunstancias y que la descripción física que usted ha ofrecido lo ha equipado con el conocimiento de lo que, por ejemplo, la gente llama "rojo" tan completo como lo que esta gente es capaz de ver.

Pero esta suposición sería absurda. Simplemente en relación con la existencia de una muy asombrosa característica del rojo, su huésped no sabría nada en absoluto. Y esta característica (probablemente la más asombrosa y ciertamente la más extraña de todas) es "lo rojo en sí".

¿Lo rojo en sí? Sí. Sin preocuparnos acerca de que si ¡lo rojo en sí! es una cosa, una cualidad, una ilusión o cualquier otra cosa, uno no puede dejar de un lado el hecho de que: *a)* es una característica de lo rojo de la que usted y cualquier otro vidente son conscientes, y también *b)* que su visitante no podría tener ni siquiera la más remota idea que usted o cualquier otro experimentan algo parecido o que algo así pudiera ser experimentado.

Si ahora usted prosigue con el intento de transmitir a su huésped el conocimiento del asunto del "ver" hasta el mismo nivel en el que usted mismo ve, existiría otro paso que completar.

Dándose cuenta de esto, usted recorrería mentalmente toda una lista de expresiones de la física, y un instante de inspección sería suficiente para demostrarle que para transmitir a su huésped invidente una descripción de "lo rojo en sí" no existe una sola expresión que pueda tener el mínimo uso.

Usted podría hablarle de partículas, y describir estas como oscilantes, giratorias, cíclicas, rebotantes en cualquier complejísima danza que usted pudiera imaginarse. Pero en todo ello no habría nada que permita introducir la noción de "lo rojo en sí". Usted podría hablar de ondas, ondas grandes, ondas pequeñas, ondas largas, ondas cortas. Pero la idea de "lo rojo en sí" no podría nacer de ellas.

Usted podría remitirse a la física vieja y discutir acerca de fuerzas (atracciones y repulsiones), magnéticas, eléctricas y gravitacionales; o usted podría penetrar a la nueva física y discutir espacios no-euclidianos y coordenadas gausianas. Y podría continuar en las mismas cuestiones hasta el más completo cansancio; y mientras, el hombre ciego continuaría sonriendo apreciativamente.

Pero es obvio que al final de todo, él no tendría un índice mejor de lo que (como diría Ward) "usted experimenta en forma inmediata cuando ve una amapola de campo", que el que tenía al iniciar la explicación.

La descripción física no es capaz de proveer la información que la experiencia es capaz de proporcionar.

Ahora bien, lo "rojo en sí" no será una cosa, pero ciertamente es un *hecho*. Vea su alrededor. Es uno de los más constantes hechos de la existencia. Se encuentra dondequiera retándolo, demandando,

pidiendo ser tomado en cuenta. Y el lenguaje de la física no se adapta en su fundamento para la labor de describir ese hecho.
Es obvio que el denominar a lo "rojo en sí" una "ilusión" no ayudaría al físico. Porque, ¿cómo podría la física describir o tomar en consideración la entrada del elemento de "lo rojo en sí" en esa ilusión?

El universo que la física describe es un universo sin color, y en ese universo todos los sucesos cerebrales incluyendo "ilusiones" son cosas sin color. Es la introducción del color dentro del asunto, ya sea como ilusión o bajo cualquier otra denominación, lo que requiere ser explicado.

Una vez que usted ha entendido que "lo rojo en sí" es algo que se encuentra más allá de un complejo de posiciones, movimientos, tensiones o fórmulas matemáticas, tendrá usted poca dificultad en percibir que el color no es el único hecho dentro de esta categoría.

Si nuestro hipotético visitante fuera sordo en lugar de ciego, usted no podría, por más libros de física que le diera para leer, estimular en él ni siquiera el comienzo de la sospecha acerca de la naturaleza del "sonido" escuchado.

Ahora, el sonido escuchado es un hecho. (Deje este libro y escuche).

En el mundo descrito por la física no existe un hecho como ese. Todo lo que la física puede darnos es una alteración en el arreglo posicional de las partículas cerebrales, o alteraciones en las tensiones que actúan sobre ellas.

No existe catálogo acerca de las magnitudes y direcciones de tales cambios que señale siquiera la existencia, en alguna porción del universo, de un fenómeno como el que usted experimenta directamente cuando suena una campana.

De hecho, así como la física no puede lidiar con el elemento de "lo rojo en sí" en lo "rojo", es también inherentemente incapaz de explicar la intrusión de la clara y prístina nota de una campana en un universo que solo puede describir como animado diagrama de agrupaciones, empujes y jalones.

En tal diagrama en que el color y el sonido están ausentes, ¿tendría alguna utilidad preguntar acerca de fenómenos tales como "gusto" y "olfato"?

I

LA ORGANIZACIÓN SINTÉRGICA

Todas las ciencias son, en última instancia, un análisis de la actividad perceptual. Cuando un físico habla acerca de las leyes de la reflexión o refracción, cuando un astrónomo menciona la distancia a la que se encuentra una estrella y la composición química de su superficie, cuando un experto en partículas elementales habla acerca de su velocidad, sus interacciones y transformaciones de energía, cuando todos ellos discuten los conceptos que manejan, parten y desembocan en el mundo sensorial. Este hecho no invalida los descubrimientos científicos ni pone en tela de juicio su validez objetiva. Ya sabemos que el mundo perceptual es en sí mismo un modelo objetivo de los principios básicos que rigen el funcionamiento del universo; un modelo de su estructura y funciones.

Es precisamente esta conclusión la que también validará nuestra discusión acerca de la organización sintérgica.

Tal y como mencioné en *El cerebro consciente*, la mejor forma de conocer la sintergia es partiendo de un análisis fenomenológico del proceso perceptual.

Sin embargo, para que este análisis sea verdaderamente trascendente, debe proyectarse en abstracción creciente.

Un ejemplo claro de lo anterior, fundamento importante de la consideración de sintergia, es el hecho de que no vemos objetos, sino el espacio en el cual está contenida información energética acerca de los mismos. Llama la atención el que a partir de ese espacio (apenas de un tamaño casi microscópico) seamos capaces de crear un mundo que parece proyectarse al exterior de nuestro cuerpo.

La verdadera mística, el real misterio, es esta operación que transforma una diminuta porción del espacio en luces, colores, formas y objetos (experiencia).

Cuando vemos, vemos espacio (lo repito por ser tan fundamental). Vemos espacio que nunca alcanza una dimensión mayor que nuestra retina.

Coloquémonos donde nos coloquemos, siempre transformamos una porción de espacio en perceptos.

La organización sintérgica del espacio es precisamente la distribución, las características y la estructura de la información contenida en cada una de las porciones del espacio. ¿Es posible estudiar esta distribución partiendo de un análisis perceptual? Si bien es cierto que cuando vemos un objeto nos vemos a nosotros mismos, que cuando oímos un sonido nos escuchamos a nosotros mismos como creadores y transformadores energéticos, no es menos cierto que al observarnos como reflejo del mundo perceptual, somos capaces de conocer las características propias de lo que observaríamos sin nuestra participación. En otras palabras, aceptamos ser los creadores fenomenológicos del universo y al mismo tiempo los conocedores de ese universo en sí mismo.

Existen por lo menos cuatro características u operaciones que definen una organización sintérgica (véase el libro segundo para una expansión de características).

Estas cuatro características se relacionan con la disposición y organización de los que he denominado *cuantums mínimos de espacio* (CME).

Un CME es siempre una dimensión relativa y se define como la mínima porción de espacio capaz de contener una máxima cantidad de información.

La primera característica de la organización sintérgica del espacio es que las dimensiones de los CME decrecen con un aumento de distancia con respecto a la materia. Así, una mesa está contenida en un CME menor mientras más lejano está el CME de la mesa.

Un espacio de mayor sintergia es aquel en el que las dimensiones de los CME son menores. En realidad, la única diferencia entre el espacio y la materia es que esta última tiene una organización sintérgica menos poderosa que el espacio. El espacio y la materia son un continuo sintérgico al igual que el tiempo y la gravedad.[3] La segunda carac-

[3] Véase Grinberg-Zylberbaum, J., *El cerebro consciente*, México: Trillas, 1979.

terística de la organización sintérgica es la duplicidad o redundancia informacional contenida en poblaciones de CME.

Un espacio de alta sintergia es aquel en el que la redundancia de CME es mayor. Un buen ejemplo de lo anterior es el siguiente:

Si un cielo estrellado es visto a través de un pequeño orificio, es posible mover de posición este último sin que se pueda diferenciar una imagen de la otra. Puesto que lo que contiene toda la información de las estrellas es el espacio del orificio, es posible afirmar que la misma información está contenida en las diferentes localizaciones. En cambio, viajar en un automóvil y ver la orilla del camino en forma borrosa implica que los CME que contienen información acerca de los objetos cercanos al paso del automóvil no están duplicados. Mientras más alejado se encuentra un punto de referencia de la materia, habrá mayor redundancia de CME y, por tanto, mayor sintergia.

La tercera característica de la organización sintérgica del espacio se relaciona con la cantidad de información contenida en cada CME. Obviamente, esta cantidad de información se relaciona con las dimensiones de los cuantums.

Un CME localizado en una porción de alta sintergia contiene mayor información que la que contiene un CME localizado en una porción de baja sintergia.

La cuarta característica es similar a la anterior, pero relativa al tiempo y no a la cantidad de información.

En un CME localizado en un espacio de alta sintergia existe una mayor concentración de tiempo que en su contraparte de baja sintergia.

El cielo estrellado contenido en el espacio del orificio es un CME que contiene mayores tiempos que un CME localizado en el interior de un cuerpo material.

Es necesario recordar aquí nuestra consideración acerca de la direccionalidad asociada con puntos de referencia. Siempre que se hable acerca de CME contenedores de tiempo en mayor medida que otros CME, es necesario definir el punto de referencia utilizado en su determinación.

Esto es así porque un CME localizado cerca de un objeto material contiene al objeto material en una dimensión de espacio muy grande. Al mismo tiempo (y desde otro punto de referencia) el mismo CME contiene cuantums dimensionalmente más pequeños acerca de objetos localizados en otra dirección. De esta forma la organización sintérgica es compuesta en superposición, y aunada al factor de redundancia discutido antes está el factor de multiplicidad a inclusión de CME dentro de otros.

La organización sintérgica es, pues, muy compleja. Su característica fundamental es la convergencia, concentración o inclusión de información en diminutos CME que contienen información de dimensiones mayores de espacio. Así, el espacio tiene una organización cónica convergente, y los elementos de esta organización constituyen la disposición sintérgica de CME.

En *El cerebro consciente*, tal organización se comparó con la disposición de circuitos neuronales de convergencia, notándose que ambos, el espacio y el cerebro, tienen una organización enteramente similar. Esta similitud nos permitirá llegar a conclusiones muy importantes acerca de las bases físicas de la experiencia.

De hecho, y como veremos después, la misma organización y reglas de operación coexisten en diferentes niveles de realidad.

La consideración acerca de la organización convergente del espacio es tan importante para entender la sintergia y el resto del libro, que vale la pena explicarla con toda claridad. Para ello, me valdré del ejemplo del cielo estrellado visto a través de un pequeño orificio hecho en un papel.

Cuando alguien ve un cielo estrellado a través del orificio de marras, lo que realmente ve es el orificio o, mejor, la información contenida en el espacio del orificio. Esto es así porque no vemos las estrellas en forma directa sino más bien lo que de ellas llega como algoritmo informacional (ondas electromagnéticas organizadas) al espacio del orificio.

Supongamos que la dimensión del orificio es de un milímetro cuadrado. Si el cielo estrellado tiene una dimensión de miles de billones de años luz y toda la información contenida en tal espacio está concentrada en un milímetro cuadrado, es inescapable la conclusión de que de alguna forma existe una convergencia colosal de información. Esta convergencia describe la concentración informacional dada por una transformación.

En la misma forma que un cono que por un lado tiene una dimensión mayor que la dimensión de su extremo distal:

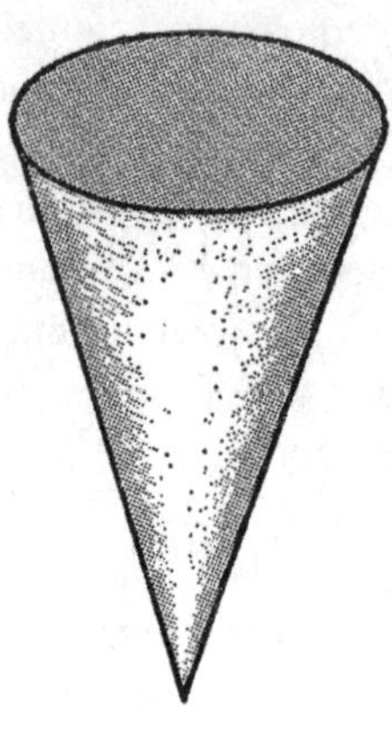

Figura 1

Así, la dimensión del espacio de las estrellas y la dimensión diminuta del orificio a través del cual son observables forman una especie de estructura cónica convergente.

Es precisamente a esta concentración de una dimensión colosal en una dimensión diminuta a lo que llamo organización convergente del espacio (dimensión aquí tiene dos sentidos entrelazados: por un lado se refiere a tamaño y por el otro a información).

II

LA SINTERGIA NEURONAL

Es conocimiento universal el que en diferentes órdenes de realidad conviven los mismos patrones y similares organizaciones energéticas. Por lo tanto, debe ser posible encontrar en el cerebro una organización sintérgica parecida a la que describí para el espacio. De hecho, la organización sintérgica del espacio analizada con ayuda de la fenomenología perceptual debe ser un reflejo de la organización cerebral, y viceversa.

La contestación a esta interrogante de similitud es absolutamente afirmativa. El alambraje neuronal en uno de sus grandes y más importantes capítulos es enteramente similar en organización a la distribución sintérgica del espacio.

Analicemos una por una las cuatro características de sintergia del espacio y veamos si podemos hallar en el cerebro un símil de ellas:

1. *Decremento dimensional de los* CME *en un alejamiento de la porción materia del continuo espacio-materia.* Si el continuo espacio-materia lo trasladamos al cerebro, nos encontramos con una organización de estructuras periféricas hacia estructuras centrales en la que lo periférico sería la porción materia y lo central la porción espacio. En el espacio extracerebral, la dimensión de los CME se hace menor en las porciones "espacio" del continuo. En el cerebro, la misma consideración vale en relación con el manejo convergente de la información y a la concentración de grandes cantidades de información en patrones neuronales compuestos.
   Ya desde la retina se observa este tipo de organización sintergista. Docenas de receptores retinianos convergen en células ganglionares que contienen en forma algoritmizada los patrones de

respuesta de estas poblaciones extensas de receptores. La misma organización convergente se observa en el manejo informacional de las células simples, complejas o hipercomplejas de la corteza occipital.

En el sistema auditivo, una organización similar explica la conducta hipercompleja de neuronas centrales capaces de responder a secuencias tonales. Aquí también hay una disminución dimensional ejemplificada como una concentración de información neuronal gigantesca en un número relativamente pequeño de elementos neuronales centrales.

2. *Incremento en la redundancia informacional en porciones de alta sintergia.* Es bien conocida la ley de recuperación funcional en el cerebro.

   La única forma de explicar cómo después de una lesión de una estructura o de una parte de una estructura, el cerebro puede recuperarse funcionalmente, es considerando que existe una gran redundancia informacional en él. La similitud entre espacio y cerebro para la consideración de redundancia se completaría si esta aumentara en las porciones de mayor convergencia del cerebro.

   La función de la lógica cerebral de convergencia es el manejo abstracto de la información.

   En un circuito de elevada convergencia se realizan operaciones muy complejas de unificación. Luria dedica gran importancia a ciertas estructuras, tales como el lóbulo frontal en el manejo de estas operaciones.[1]

   Sería necesario realizar un estudio comparativo de la capacidad de recuperación funcional en estructuras de baja y alta convergencia para poder contestar si la segunda característica de la organización sintérgica del espacio también se da en el cerebro. Desde un punto de vista lógico la respuesta parecería ser afirmativa.

3. *Incremento en la cantidad de información contenida en cada* CME *de un espacio de alta sintergia.* Es clara la similitud en este punto. La organización convergente del cerebro puede dividirse en niveles jerárquicos que incrementan su capacidad inclusiva.

   Analizando la periferia del sistema (la retina, por ejemplo), uno se encuentra con que el nivel jerárquico de células bipolares

[1] Luria, A. R., *The Working Brain*, Nueva York: Penguin Books, 1973.

contiene mayor información que el nivel de receptores, de la misma forma que el nivel de células ganglionares contiene mayor información que el de bipolares.

En la corteza se observa lo mismo. Hay un ascenso en el contenido informacional de células simples a hipercomplejas.

4. *Un* CME *de un espacio de alta sintergia contiene mayor tiempo.* Esta característica merece una explicación tanto para el espacio como para el cerebro. Si se observa un cielo estrellado desde un CME localizado en la tierra, este CME contendrá en forma simultánea información de elementos estelares cuya luz tuvo que viajar diferentes tiempos para llegar al mismo. Existe, pues, una mayor concentración simultánea de diferentes tiempos en un CME de alta sintergia.

   En el cerebro sucede exactamente lo mismo. En *El cerebro consciente* analicé el concepto de duración del presente en relación con la activación de niveles de convergencia.

   Cuando un nivel jerárquico de alta convergencia se activa, reúne en un patrón integrado a todos los tiempos del manejo neuronal previo a su activación. En otras palabras, si antes de llegar a ese nivel de alta jerarquía, los impulsos neuronales tuvieron que atravesar circuitos multisinápticos, toda la codificación de estos se incluirá en la aparición de un patrón neuronal que los contiene simultánea y concentradamente.

   A medida que el nivel jerárquico aumente su poder de inclusión, los tiempos contenidos en su patrón de activación serán mayores; en otras palabras, la duración del presente se incrementará.[2] Como vemos, la organización sintérgica es común al espacio y al cerebro por lo menos en lo que se refiere a la codificación convergente de información.

Existe aun una quinta característica en común, y ella es la que nos permitirá introducirnos al fascinante mundo de la sincronicidad. Tanto un CME de alta sintergia como un circuito neuronal de alta convergencia reúnen en un evento simultáneo y común actividad dispersa.

En términos perceptuales, esto se manifiesta como capacidad de unificación sensorial. Así, el ver un cubo volumétrico como una unidad

[2] Este incremento equivale a una transformación del tiempo en espacio.

solo es posible cuando todos los elementos que lo forman se unifican en un patrón gestáltico. A nivel consciente esta operación permite darse cuenta de la existencia de patrones complejos, por ejemplo, la conducta cíclica de un fenómeno o un pensamiento.

La similitud entre la sintergia del espacio y la sintergia neuronal es extraordinariamente interesante y nos permitirá más adelante entender muchos fenómenos que hasta la fecha no han recibido explicación. La sincronicidad y la comunicación directa entrarán en esta categoría.

Ahora, con esta descripción acerca de la organización energética del espacio y la correspondiente al cerebro, estamos preparados para analizar la dimensión experiencia desde un punto de vista fisiológico.

III

LA DIMENSIÓN EXPERIENCIA

La dimensión conciencia y la dimensión experiencia son creaciones. Si alguien es capaz de vislumbrar el carácter creativo de la experiencia, se dará cuenta de que no existe una base física lo suficientemente cercana como para explicar la experiencia y la conciencia.

En obras anteriores he intentado establecer los fundamentos de toda una serie de transformaciones energéticas capaces de vislumbrarse si no como responsables directas, sí como caminos de transformación de propiedades asociadas con la experiencia.

En este capítulo reuniré estas consideraciones y las desarrollaré para que puedan abarcar una serie de fenómenos recientemente validados.

Sin embargo, antes de proceder al análisis es necesario aclarar de nuevo los términos *experiencia* y *conciencia*.

El término *experiencia* es un todo inclusor, aun de la conciencia. Todo lo que sentimos, vemos y oímos; todas nuestras emociones, sensaciones corporales, pensamientos, imágenes, etcétera, son experiencias.

Con experiencia no me refiero a técnica, memoria o aprendizaje, ni a una maduración psicológica o a una veteranía. Experiencia es la luz que un vidente no puede explicar a un ciego o el sonido que un escucha normal no puede describir a un sordo (véase la introducción).

Conciencia es la experiencia del darse cuenta, del ver con claridad desde puntos de referencia más extensos, generalizados o inclusivos.

Puesto que un acto consciente es también una experiencia, utilizaré este último término para incluir al otro y, por lo menos en este capítulo, no haré más distinciones entre ambos.

El origen de la experiencia debe estar asociado al manejo energético realizado por el cerebro. Obviamente, este manejo energético no es en sí mismo la dimensión experiencia, pero sí uno de sus correlativos.

El análisis detallado de este manejo ya ha sido explicado en otras obras,[1] por lo que aquí solo mencionaré sus aspectos fundamentales.

A través de miles de millones de circuitos celulares microscópicos, breves pulsos eléctricos digitalizados viajan de superficie neuronal a superficie neuronal. Si estos circuitos se localizan en la parte posterior de la masa encefálica, la experiencia resultante de su activación será luz. En cambio, si su localización es lateral, la experiencia resultante será sonido. Aunque la localización de la modalidad sensorial no es tan absoluta y definida como podría creerse, es cierto que diferentes estructuras y circuitos del cerebro se asocian en forma más directa con modalidades distintas.

Lo extraordinariamente curioso de la relación entre actividad neuronal elemental y cualidad sensorial es que diferentes cualidades de la experiencia resultan de idéntica actividad energética. Los elementos energéticos que transmitidos a través de circuitos occipitales dan lugar a la experiencia de luz no son distinguibles de los elementos energéticos que resultan en sonido.

Esto quiere decir que no se encuentra en estos elementos la clave para la dimensión experiencia, sino en alguna de sus transformaciones.

Si se considera el número de neuronas y circuitos necesarios para (al activarse) dar lugar a una experiencia de una cualidad específica, se hace claro que la respuesta acerca de la relación actividad neuronal-experiencia debe buscarse en una aproximación más gestáltica.

En otras palabras, la experiencia no puede ser la actividad elemental de dendritas, axones o cuerpos neuronales aislados. No es posible encontrar en tales activaciones electroquímicas vestigio alguno de luz, sonido, etcétera.

Tal actividad elemental es prácticamente idéntica en estructuras cerebrales que al activarse dan como "resultado" experiencias cualitativamente disímiles.

En cambio, si consideramos el flujo energético a través de poblaciones neuronales localizadas en diferentes estructuras, podemos hallar diferencias de flujo gestáltico para estructuras asociadas con diferentes modalidades. Por lo tanto, esta consideración de flujos energéticos globales nos acerca más a la dimensión experiencia.

---

[1] Véase Grinberg-Zylberbaum, J., *Nuevos principios de psicología fisiológica*, México: Trillas, 1978.

Sin embargo y a pesar de que ya se puedan hallar diferencias energéticas asociadas con diferencias de modalidad y cualidad de experiencia, tales flujos siguen perteneciendo a una dimensión inconmensurable con la experiencia. (Los flujos energéticos a los que me refiero están dados por la particular geometría de los circuitos cerebrales en las diferentes estructuras). Por lo tanto, habrá que considerar la posibilidad de nuevas transformaciones energéticas aún más globales. Este pensamiento es la base del concepto del *campo neuronal*.

Si se consideran todas las interacciones energéticas entre elementos neuronales localizados en alguna zona específica del cerebro y se toma en cuenta un tiempo mínimo de activación, se puede suponer que todo el conjunto de interacciones entre elementos energetizados dé lugar a un campo energético cuya morfología y características de frecuencia, densidad, parámetros de expansión, etcétera, se acerque más a la dimensión experiencia que la actividad elemental de neuronas y axones.

Más aún, la paradoja localización-cualidad asociada a las diferencias cualitativas que surgen de idénticas energías se resuelve al introducir un manejo gestáltico tal como el campo neuronal. La morfología del campo en diferentes localizaciones cerebrales debe ser distinta, por lo que dimensiones cualitativamente distintivas de experiencia pueden basarse en tales morfologías.

A pesar de que la concepción del campo tiene ventajas indudables por su carácter gestáltico y a pesar de que su dimensión empieza a ser etérea y más cercana a la dimensión experiencia, no es posible, sin embargo, encontrar en la morfología de un campo neuronal nada que pueda asemejarse a una experiencia de cualquier tipo.

Es necesario considerar la posibilidad de nuevas transformaciones del campo, propiedades que nos acerquen más a la dimensión experiencia.

Esta inquietud fue la que me hizo considerar la organización energética del espacio como nuevo elemento gestáltico de interacción.

Veámoslo con cierto detalle. Un campo neuronal resultante de la activación e interacciones conjuntas de millones de elementos energetizados debe actuar en forma similar a un campo eléctrico, magnético o electromagnético en lo que se refiere (por lo menos) a posibilidades de expansión.

En otras palabras, el campo neuronal no debe mantenerse fijo a la estructura cerebral de donde proviene, sino proyectarse o expandirse al espacio circundante. Los resultados y las características de esta expansión permiten nuevas transformaciones gestálticas y energéticas.

En primer lugar, a medida que se expande, el campo debe cambiar su morfología. Nuevas interacciones ocurren en su interior y a su paso por el espacio.

En segundo lugar, la interacción del campo con la organización energética del espacio, particularmente con la distribución sintérgica de CME, debe (necesariamente) producir o provocar el desarrollo de propiedades del todo ausentes sin tal interacción.

Fenómenos tales como detecciones energéticas directas, comunicaciones directas de experiencias, alteraciones materiales dadas por actividad cerebral, etcétera, permiten validar la hipótesis de interacción entre el campo neuronal y la organización energética del espacio.

En *El cerebro consciente* esta interacción se consideró como el fundamento último y más directamente asociado con la emergencia de la experiencia.

Sin embargo, a pesar de que la dimensión interacción energética parezca estar tan cercanamente ligada a la dimensión experiencia, esta última sigue siendo inconmensurable con la interacción.

No existe nada en la interacción que se asemeje ni remotamente a la experiencia y a la conciencia de ella.

Por lo tanto, la interacción energética del espacio entre campo neuronal y organizacional no es el punto final del análisis.

Parecería entonces que nos encontramos ante una dificultad insalvable. La dimensión experiencia no se puede reducir a ninguna otra. ¿Qué implica esto? ¿Será posible hallar un punto de referencia tan extenso que incluya a todos los demás dentro de un cuerpo lógico y autoestable y fecundo, o es más fructífera la continuación de la búsqueda de nuevas transformaciones?

Si la dimensión experiencia es inconmensurable con cualquier otra, la búsqueda de nuevas transformaciones parece tener un límite inescapable y total.

Una conclusión es entonces posible. La dimensión experiencia y su contraparte conciencia forman no el último, sino el primer dato. Son lo que se mantiene como punto de referencia estable y siempre presente.

En otras palabras y al igual que el concepto *energía*, la experiencia y la conciencia son los elementos fundamentales a partir de los cuales se construye la estructura, y no al contrario.

Así, nuestra complejidad orgánica actúa como sintonizador de la conciencia en la dimensión experiencia. Nuestro cerebro como materialización de la organización energética del espacio es capaz de acercarse a una dimensión experiencia que existe independientemente de su estructura orgánica.

Toda la lógica cerebral está diseñada para estar en contacto con niveles cada vez más complejos de experiencia. La creación de nuevos circuitos de convergencia y la incrementada capacidad de inclusión que se logra con ellos nos acerca más a un contacto con los simultáneamente infinitesimales o infinitos CME.

Nuestro cerebro es un modelo del universo, de la misma forma que un CEM contiene a todo el universo en un algoritmo energético. La sintonización de la conciencia por parte de una estructura cerebral no es otra cosa más que el perfeccionamiento del modelo en dirección a la identidad con el universo.

IV

INTERACCIONES Y PATRONES

Establecer un contacto con la experiencia y con la conciencia es lograr una interacción energética armónica. Caer en inconciencia es destruir la interacción. En este último caso, la experiencia permanece, pero ya no se manifiesta a través de la estructura cerebral. La actividad perceptual es el más claro ejemplo de interacción energética. Los objetos que vemos son la mezcla de nosotros mismos y de la estructura y organización sintérgica del espacio. En términos generales, tal mezcla es verdaderamente el "nosotros mismos" o el "yo".

Es aquí en donde la fisiología roza el budismo zen, que considera como iluminado al ser que ha alcanzado a vivir su identidad como continuo con el mundo.

"Lo que veo es parte
de mi cuerpo..."

Ver con esta conciencia es validar el mundo sensorial como recipiente y contenedor del conocimiento.

Esto es así porque si lo que vemos es una proyección de nosotros mismos, podemos comprendernos a través de nuestras imágenes. No es extraño que la misma o muy similar organización energética exista en el espacio intracerebral y extracerebral. En realidad, la separación de interno y externo es ilusoria.

Por detrás de toda manifestación de experiencia y de conciencia se encuentran relaciones y patrones energéticos de la máxima complejidad.

Percibir un árbol o una flor es estar en contacto transformado con esos patrones que sin duda son la base de las operaciones y de la actividad de innumerables niveles de realidad (véase el capítulo X del libro segundo).

Esto último es un punto básico en la comprensión del mundo y de nosotros mismos. Existe una similitud en las operaciones y leyes que rigen los eventos en diferentes niveles. Los mismos patrones actúan a un nivel atómico, molecular, neuronal, perceptual y social.

La clave del conocimiento consiste en hallar una herramienta-modelo que brinde la posibilidad de entender el funcionamiento y características de los patrones energéticos. Esto es así porque las reglas de interacción entre eventos se basan en estos patrones al igual que las características y la cualidad de las experiencias. Puesto que al percibir una imagen lo que vemos son patrones neuronales transformados y ellos son idénticos a los patrones de todos los niveles, en nuestra visión está una de las herramientas que mencionaba.

Sin embargo, la correspondencia entre todos los niveles no es únicamente una herramienta que facilita la comprensión de los mismos, sino un arma que permite estimular eventos sincronísticos (véase el capítulo X del libro segundo).

El cerebro es un modelo del espacio, al igual que cada porción cuántica del espacio es un modelo de todo el universo. Bastaría esto último para explicar cómo un nivel de funcionamiento (cerebral, por ejemplo) es capaz de afectar otros niveles. La añadidura del campo neuronal como evento físico-energético de interacción hace aún más sencilla la labor de explicación.

Cuando Jung describió el fenómeno de sincronicidad no contaba con herramientas conceptuales que le hubiesen permitido explicar su ocurrencia. Actualmente sabemos que la inexistencia de azar en el mundo y las extraordinarias conexiones entre eventos, mismas que forman la base del fenómeno sincronístico, deben estar asociadas al funcionamiento y mutuas interacciones entre campos neuronales.

Pero no es solo en fenómenos de sincronicidad donde aparece el campo neuronal como base explicativa.

Sabemos que ningún pensamiento o emoción son privados. Ejercemos una acción palpable y directa sobre la marcha del mundo y de otras conciencias a través de la expansión de campos neuronales. En realidad, somos todo el universo en el que nos expandimos.

La consideración de Unidad tiene la misma base. Todas las interacciones entre sendos campos neuronales y entre ellos y la organización energética del espacio forman una red que en su dimensión es unitaria. Estamos unidos con el universo y con nuestros contemporáneos a través de este tejido energético hipercomplejo.

La experiencia individual es experiencia colectiva, la afecta y se ve afectada por ella por esta misma razón. Quien comprenda todo esto y quien haya desarrollado la suficiente sensibilidad sabrá que los efectos entre la conciencia individual y el mundo son recíprocos, de tal forma que una influye sobre el otro, y viceversa. Es, pues, clara la importancia de lo que llamamos interacciones y patrones energéticos.

V

ELEMENTOS Y TOTALIDADES

Una de las leyes fundamentales de la realidad como conjunto de realidades es que en un elemento de una situación está contenido el todo. La holografía óptica es una magnífica muestra de lo anterior. La imagen tridimensional que resulta de iluminar la totalidad de una placa holográfica también aparece cuando cualquiera de sus porciones es iluminada.

El espacio en su organización sintérgica es otro ejemplo de lo mismo. Inclusive el cerebro manifiesta la misma situación.

En el cerebro, el patrón de respuesta de cualquier neurona permite predecir la conducta global de un animal.[1] Esto significa que, en muchos niveles de realidad, un elemento es capaz de contener, representar o incluir al todo del cual proviene.

Esto significa a su vez que es posible concebir cada nivel de realidad como modelo de los otros en una cadena continua.

La pregunta que nos vamos a plantear aquí es si lo anterior permite explicar los llamados eventos sincronísticos, y si también facilita el entendimiento de las mutuas influencias de un nivel sobre otro, específicamente de la actividad cerebral sobre la marcha del mundo, y viceversa.

En *El cerebro consciente* explicaba las influencias mutuas de los eventos como resultado de la también mutua interacción entre campos energéticos. Campos neuronales por un lado y campos asociados a la

---

[1] Erick Schwartz y Alexis Ramos, comunicación personal, 1975; Ramos, A., y Schwartz, E., "Observation of Frequency Specific Discharge at the Unit Level in Conditioned Cats", en *Physiology and Behavior*, vol. 16, núm. 5, p. 649, 1976.

organización energética del espacio por el otro. Expliqué cómo a través de una conexión físicoenergética un pensamiento influye sobre acontecimientos globales, y estos últimos afectan el pensamiento.

De hecho, y como ya vimos, no existe distinción alguna entre la actividad neuronal y la organización energética del espacio, pues ambas forman un continuo indiferenciado en su interfase. Aquí, además de mantener la misma consideración acerca de la relación energética directa y de seguir suponiendo que no existe dicotomía externo-interno (lo que ya de por sí sería suficiente para explicar la sincronicidad), defenderé la idea de relación por principios de similitud.

En otras palabras, si el cerebro es un modelo del universo, conteniéndolo en forma de una codificación neuroestructural, y si una neurona (a su vez) contiene en forma algorítmica información global, entonces es posible no solamente explicar el funcionamiento de un nivel de realidad conociendo otro, sino también saber cómo uno afecta al otro determinando la ocurrencia de eventos sincronísticos.

Esto último es posible observarlo todos los días. Lo que acontece es todo menos que azar, lo que sucede es lo que debe suceder y todo se encuentra incluido y entrelazado dentro de una red complejísima de relaciones que una vez activada explica la secuencia, el orden y las características de los cambios y del encadenamiento de los eventos.

En realidad y en fundamento todo es una unidad indivisible e imposible de compartimentalizar. Cada uno de nosotros representa la totalidad del universo en un instante determinado, y, por tanto, estrictamente no es que un cerebro pueda afectar al universo que lo rodea, sino que ambos son lo mismo.

VI

INTERACCIONES ENTRE CAMPOS

El campo neuronal en expansión en el espacio interactúa con organizaciones energéticas asociadas con la expansión de otros campos neuronales, con organizaciones energéticas de objetos materiales, de organizaciones vegetales, de campos gravitacionales y lumínicos, etcétera.

Todas estas interacciones afectan la morfología del campo neuronal original y determinan componentes de experiencia asociados con fenómenos sumamente interesante que analizaremos en este capítulo.

Tales componentes de experiencia solo pueden ser comprendidos en forma directa si existe un aprendizaje adecuado de diferenciación, un aumento de sensibilidad y una ausencia de juicios estructurados. Esto que en otros contextos se denomina *desarrollo psicológico* no es otra cosa que la decodificación de la interacción entre campos.

Cuando durante una conversación los participantes discuten de un tema particular, siempre realizan una interacción directa que manifiesta (en su contenido) una serie de detecciones energéticas transformadas después en experiencias y pensamientos.

La comunicación directa es el evento más común y cotidiano. No se le ve así por una serie de condicionamientos que invalidan la existencia de tal nivel y reducen la comunicación a niveles de interacción menos sutiles, tales como el lenguaje verbal.

El aprendizaje de diferenciación es básico en el proceso de comunicación directa. Es necesario, en primer lugar, saber con certeza de dónde proviene la experiencia, si de uno mismo o de otra entidad. Cuando la diferenciación no acontece, el resultado es la confusión. El sujeto se ve invadido por una serie de experiencias que no sabe diferenciar en cuanto a su procedencia y que lo dejan sumido en el misterio.

A medida que el proceso continúa, es posible empezar a encontrar evidencias indicadoras de que ciertos componentes (casi siempre emocionales o afectivos) colorean una verdadera recepción, y que otros más se asocian con contenidos que no provienen de otras conciencias, sino de la propia.

Obviamente, esto último es relativo, puesto que cualquier conciencia es el todo y no puede ser diferenciada tajantemente de su medio. Sin embargo, la dirección del flujo energético varía y la detección de tales variaciones es lo que se aprende durante el proceso de diferenciación.

Cuando este proceso se completa, la conciencia, además de aceptar estar en contacto con otras conciencias, comienza a saber el origen y direccionalidad de los mensajes energéticos que la impactan. Esto le da realidad absoluta al proceso y aquí la detección de direccionalidad (el desarrollo en diferenciación) se comienza a entrelazar con la segunda condición de interacción exitosa, a saber, el incremento de sensibilidad.

Cada vez con mayor facilidad, los mensajes son recibidos a pesar de que algunos de ellos tengan insuficiente o diminuta potencia.

El aumento de sensibilidad no puede desligarse del desarrollo en diferenciación, puesto que si lo hiciese acabaría con toda posibilidad de claridad.

Sin embargo, la claridad debe ser trascendida, pues llega un momento en el que la complejidad del proceso sobrepasa cualquier intento de análisis o explicación.

Aquí es donde aparece la etapa de falta de juicios en la cual los mensajes se reciben sin adjudicarles valor moral alguno. Es la etapa de silencio y transparencia. La experiencia se vive como si no estuviera separada de la identidad y al mismo tiempo con absoluta falta de análisis estructurado. Al mismo tiempo, la identidad se vuelve sinónima de la experiencia. Para que todo el proceso sea exitoso es necesaria la conciencia clara de lo que acontece. Sin ella un número extraordinario de experiencias quedan desligadas de su contexto real y sobreviene el mayor peligro, que es la negación del proceso o la confusión de este con una patología.

En toda esta consideración estoy suponiendo que cuando el campo se ve afectado por una alteración energética, esta desemboca en un cambio del contenido de experiencia. Si la conciencia y la experiencia es una particular organización energética independiente (como primer dato) de la estructura orgánica, tal cambio en el contenido de la experiencia es un acontecimiento directo que no requiere de una hipótesis de retroalimentación.

En otras palabras, el campo es afectado en forma directa y después, al fluir a través de la organización cerebral, determina cambios en una particular manifestación de la experiencia.

Esta última consideración es básica para entender la resultante experiencial de la interacción entre campos. En realidad, toda hipótesis que contemple la posibilidad de explicar cómo un cerebro es capaz de establecer una comunicación energética directa con otro y/o con un objeto, campo estelar, etcétera, debe postular un mecanismo de recepción adecuado. Si la estructura cerebral es vislumbrada (sobre todo) como una especie de hipercompleja antena de interfase organización energética-experiencia, la tan buscada explicación surge clara y naturalmente.

Lo que un cerebro transforma es la organización energética del espacio. Cualquier añadido morfológico a esta organización (proviniere de donde proviniere) es capaz de recibirse y transformarse en un contenido específico de experiencia. El espacio (en el sentido energético) fluye a través de la estructura cerebral, siendo la totalidad de esta el receptor del contenido informacional.

La necesidad de diferenciación es precisamente el decantado del contenido informacional específico a partir de la matriz hipercompleja del espacio.

La interacción directa y la recepción de información es el flujo espacio-cerebro sumado a su diferenciación.

El decantado y la diferenciación son resultantes del trabajo de la lógica neuronal. La recepción de información tiene una dirección espacio-cerebro en tanto que el verdadero contenedor de la información es la organización energética del espacio. En el espacio está la memoria y el medio, el mensaje y el contenido.

VII

EL ACCESO DE LA CONCIENCIA

Nuestra experiencia cambia dependiendo del nivel de codificación al que tenga acceso. Una abstracción es la resultante de un procesamiento de alto nivel jerárquico de inclusión y surge como resultado de un procesamiento extraordinariamente complejo: un percepto simple es resultado de un nivel previo. Cada nivel de ese procesamiento es una diferente realidad, una distinta transformación del contenido energético puro del espacio. La pregunta que me plantearé aquí es acerca de las características de la experiencia en diferentes niveles de acceso de la conciencia al árbol convergente neuronal o, si se quiere, a la neurosintergia cerebral.

El último nivel de experiencia sensorial es el de nuestros perceptos. Una flor se nos presenta como tal después de múltiples transformaciones. Antes de la aparición de la flor como percepto unificado, niveles previos de procesamiento (considerando un acceso fenomenológico a los mismos) nos harían tener una experiencia de elementos perceptuales desconectados entre sí, tales como partes de la flor no relacionadas con otras. Por cierto que este es el efecto que Luria describe como resultado de algunas lesiones cerebrales en humanos.

La evolución filogenética podría ser el instrumento para el conocimiento fenomenológico de niveles más primitivos de experiencia si contáramos con un medio que nos permitiera tener un acceso directo a la experiencia de animales que carecen de estructuras cerebrales tales como corteza o aun tálamo. Es posible predecir que algún día contáramos con un sistema de transmisión directa de experiencia a través de la duplicación de campos neuronales.

Por ahora, la descripción de un nivel previo a la detección de los elementos (independientes uno de lo otro) de una gestalt perceptual es teórico.

La experiencia visual de un animal que, como la rana, no posee una estructura más compleja que el colículo, debe ser la detección de líneas y zigzagueos de algo parecido a luces apareciendo en un contexto o fondo amorfo. La experiencia a este nivel se acerca a lo más elemental e indiferenciado.

Suponiendo que un ser humano tuviera la capacidad de experimentar el mundo a un nivel colicular, es decir, de transformar la codificación colicular a perceptos, su experiencia sería la de una realidad extraña cercana a la de componentes energéticos simples en el espacio. El acceso de la conciencia a una experiencia retiniana sería (todavía más) la de un contacto con la estructura energética fundamental del espacio. Más allá de este nivel, el acceso sería con la pureza energética previa a cualquier transformación.

El mundo dejaría de ser diferenciado y la conciencia se percataría de que la realidad es una matriz de cambios energéticos que haría valedera la afirmación de que todo es UNO.

Curiosamente, esta conciencia de unificación es la que se describe como *iluminación taoísta* y la que se obtiene después de una práctica prolongada de técnicas tales como la meditación.

La conciencia de *Unidad* no es un retorno a lo más primitivo, puesto que su obtención solo es posible cuando una conciencia altamente inclusiva es capaz de tener acceso a lo más elemental, es decir, a la organización energética del espacio previo a cualquier decodificación de la misma.

Aquí es donde nuevamente se unen dos polos de transformaciones. Por un lado, la pureza energética del espacio, y por el otro, la activación de elementos de altísimo poder neurosintérgico, es decir, de niveles jerárquicos convergentes o inclusivos de altísimo poder.

La conciencia de Unidad es, pues, el resultado de un alto desarrollo de conciencia abstracta y al mismo tiempo un acceso a lo más elemental, a lo previo a cualquier codificación (a la estructura energética pura de un espacio sin tiempo).

Si la experiencia se asocia con la aparición de un campo neuronal y la conciencia surge en la actuación de altos niveles jerárquicos de inclusión, el acceso de esta última (conciencia) a la experiencia es un coincidir de procesamiento y codificación. En otras palabras, sabemos que la resultante de un procesamiento inclusivo es siempre la aparición de fundamentales o, si se prefiere, de generalizaciones abstractas.

Así como una resultante del procesamiento inclusivo es una gestalt perceptual y a un nivel más poderoso es la conciencia de una gestalt de gestalt (conciencia de la conciencia), de la misma manera la experiencia a un nivel retiniano (previo a cualquier otra codificación) es el contacto con lo fundamental.

Cuando tal conciencia tiene un acceso a tal "preprocesamiento", la resultante es la experiencia-conciencia de unificación o de Unidad.

En otro nivel de abstracción, el acceso al que hemos hecho referencia no es otra cosa que la transformación de contenidos inconscientes a la conciencia de los mismos. Si lo que llamamos *consciente* es el producto final de un procesamiento neuronal y lo que denominamos *inconsciente* es toda la información neuronal previa a la aparición del producto final, el acceso de la conciencia a lo inconsciente es un viraje en redondo de la resultante sobre sus elementos constitutivos.

En otras palabras, es el acceso de una gestalt a su propio procesamiento.

Equivale este acceso a una autodecodificación por parte del codificador final.

Si lo que dijimos antes es cierto, la operación de decodificación corre al parejo de la labor de algoritmización, de tal forma que el producto final de una inclusión es al mismo tiempo los elementos primarios de la misma.

VIII

LA UNIDAD

El producto más acabado del procesamiento inclusivo es la capacidad de abstracción consciente y racional.

Sin embargo, este no es, de ninguna manera, el pináculo de la capacidad humana de relación con el universo.

Existe un estado que trasciende a la abstracción, y este no es otra cosa que la experiencia de armonía y unidad.

En el capítulo anterior mencioné que la percepción de la realidad en su último fundamento, es decir, como una sopa energética indiferenciada permite una experiencia sensorial directa de la Unidad.

En este capítulo, la misma experiencia de unificación será analizada desde otro contexto.

Supongamos una percepción del mundo diferenciada y de complejidad perceptual suficiente. Alguien en un jardín ve flores, árboles, pasto, etcétera. Al mismo tiempo, su experiencia es de identificación viva con todos estos vegetales.

Los ve tal y como cualquiera podría verlos, pero los siente en conexión directa los unos con los otros y consigo mismo.

Su experiencia es la de un yo expandido que incluye dentro de sí al mundo que experimenta.

Esta experiencia de unificación podría explicarse (también) como resultante de una lógica inclusiva. Sin embargo, recientes descubrimientos electroencefalográficos permiten extender tal interpretación. Estos resultados consisten en el hallazgo de una incrementada coherencia en la actividad global cerebral en sujetos muy evolucionados. En otras palabras, el registro EEG de personas cuya conciencia se acerca a la conciencia de Unidad muestra que diferentes partes de su cerebro manifiestan los mismos patrones de actividad, como si un incremento notable en la similitud de procesamiento ocurriera en todas las estructuras cerebrales.

Curiosamente, un hecho similar acontece con la morfología de potenciales provocados registrados en diferentes estructuras cerebrales de animales sometidos a un proceso duradero de aprendizaje.

En el caso del ser humano, parecería que un incremento en la similitud de procesamiento neuronal equivalente a una unificación "interna" provoca un acercamiento a la experiencia de Unidad con el mundo aparentemente "externo".

Detrás de cualquier manifestación visible, audible, etcétera, se encuentra lo común.

La percepción de ambas cualidades, es decir, lo específico, el objeto diferenciado, el sonido característico y al mismo tiempo lo que se encuentra como factor unificador de lo específico, es el contacto con la verdadera conciencia.

La alta coherencia neuronal (factor indispensable en la experiencia de unificación) debe acompañarse de una conciencia inclusiva que dé como resultado un entendimiento de tal experiencia.

Solo de esta forma la conciencia de Unidad alcanza su real sentido y significado. La experiencia sin conciencia lleva al abandono y el entendimiento sin experiencia a la futilidad intelectual.

Los dos factores, una alta coherencia neuronal y una activación inclusiva total, son la solución para el logro de una cabal experiencia con conciencia.

IX

LA CONCIENCIA DE LA CONCIENCIA

Existe un estado de conciencia en el que la autoconciencia se experimenta con claridad y en contemplación y asombro.

No me refiero aquí a ningún contenido específico de la conciencia sino a la conciencia en sí, a la experiencia de ser.

Pero ni aun lo anterior explica lo que quiero decir. No existe expresión verbal que permita entender cómo una estructura hipercompleja tal como el cerebro humano pueda manifestar en algún momento algo parecido a la conciencia de la conciencia. No existe nada en la estructura y nada en ninguna transformación energética resultante de la activación de la estructura que se aproxime o muestre algún indicio de experiencia supra consciente, aunque lo mismo podría decirse de cualquier experiencia como experiencia.

Es interesante meditar en un aspecto que generalmente se ha dejado a un lado en la psicofisiología de la conciencia y que tiene profundas repercusiones sobre la estructura de la conciencia de la conciencia.

Me refiero a la constante negación acerca de la existencia de receptores y sensibilidad de la masa encefálica. Si bien es cierto que el cerebro no tiene sensibilidad en el sentido de que tocar, enfriar, calentar, etcétera, directamente a la masa encefálica no provoca ninguna sensación correspondiente, es falso pensar que no exista algún otro tipo de recepción directa.

Obviamente me estoy refiriendo a la capacidad que un cerebro vivo tiene de detectar la morfología, intensidad y demás características de la estructura energética del espacio y de la información contenida en ella. Esta capacidad es la verdadera sensibilidad cerebral, y la conciencia de la misma representa una entrada en la conciencia de la conciencia.

Uno de los medios a través de los cuales se realiza esta operación es la interacción de dos campos y además por cambios de actividad neuronal directos dados por la transección de un campo neuronal sobre la estructura cerebral celular. Ya Adey se ha encargado de demostrar la influencia que campos electromagnéticos tienen sobre la actividad cerebral. Una extensión de esta influencia es esta interacción de campos neuronales sobre el cerebro. He aquí uno de los aspectos de la sensibilidad directa del cerebro vivo.

Por supuesto que lo anterior nada dice (directamente) del surgimiento de la conciencia y de la conciencia de la conciencia, sin embargo, es interesante meditar en la sensibilidad del cerebro desde este punto de vista un tanto alejado de la concepción ortodoxa de receptores sensoriales para poder comprender algunas instancias de funcionamiento cerebral hipercomplejo.

En cuanto a la conciencia en sí, parecería que esta depende de una evolución total de la capacidad de inclusión hasta el grado en el que el todo cerebral se incluye en un punto de referencia de absoluta generalización. Pero también parecería que la conciencia de la conciencia tiene que ver con esta recepción y posterior integración de información extracerebral.

Estos dos aspectos no se excluyen entre sí, sino que se entrelazan, por un lado, en lo que sería un manejo informacional suprasensible (recepción y decodificación de la estructura del espacio y de los mensajes contenidos en ella), y por otro, en el análisis integrado y coherente de tal información (manejo inclusivo).

Un ejemplo interesante de tal cofradía de operaciones es el baile contemporáneo y, sobre todo, el que se cataloga dentro de una estructura religiosa o mística. El bailarín consciente sabe que su cuerpo es un complejo energético y que sus movimientos son capaces de desencadenar y activar energías extracerebrales. En realidad, no solo el baile, sino toda técnica marcial contempla tal contingencia de manejo energético. Es posible afirmar que ciertos patrones de movimientos complejos son suficientes para establecer un contacto íntimo con morfologías energéticas de alto nivel. Si el desarrollo de tales movimientos se acompaña de un estado de conciencia adecuado, el bailarín se convierte en eje de un patrón de conciencia poderosísima.

X

LA CONCIENCIA DE LA UNIDAD

Incluidos dentro de la matriz energética hipercompleja del todo, los campos neuronales individuales dibujan filigranas y entretejen caminos de interacciones.

Es derivativo directo de la ley de similitudes el que el contenido y operaciones de un micromodelo adecuado ejerce una influencia sobre el contenido y operaciones de lo que modela; así, la conciencia de la Unidad energética resulta de una operación cerebral de incremento de coherencia.

En otras palabras, y como ya se mencionó en otros capítulos, la relación entre el valor de la correlación de la morfología energética de la actividad neuronal entre diferentes estructuras cerebrales y la experiencia de Unidad es directa.

La experiencia de Unidad es la desaparición de la dicotomía externo-interno, objetivo-subjetivo, mundo-individuo.

De la misma forma en la que en el interior del cerebro se realizan operaciones lógicas que determinan patrones de interacciones entre estructuras, el mundo extracerebral manifiesta las mismas operaciones. Los caminos de activación intracerebral entre eventos son una imagen especular, de tal forma que una conciencia con la adecuada capacidad introspectiva es capaz de profetizar eventos "externos".

La conciencia de Unidad no es requisito indispensable para lo anterior, pero sí necesaria para su cabal comprensión.

En la conciencia de Unidad todas las posibilidades son realizables. Manejos energéticos que parecerían hazañas imposibles son vistos desde ahí como un juego de niños.

La conexión energética campo neuronal-sintergia espacial es un verdadero continuo, de tal forma que el control adecuado de la actividad cerebral es en realidad un manejo de todo el continuo. Es la conciencia de este continuo y la destreza de su manejo a lo que me refiero al hablar de hazañas. Pero sobre todas las cosas, la conciencia de Unidad es una conciencia de amor.

Por otro lado, la unificación energética es la mejor explicación de la ausencia de azar en el universo. Una de las operaciones básicas para entender los fundamentos energéticos de la conciencia de Unidad ya fue mencionado en el capítulo 6. A saber, que existe una interacción directa entre campos y que el proceso de recepción primaria de la información es el fluir de la organización energética del espacio en la organización cerebral.

Un cerebro crea un campo neuronal que se expande en el espacio y a su vez es receptor directo de la organización energética de ese espacio, incluyendo a la morfología de su propio campo en él. El proceso de interacción energética es centrífugo-centrípeto y es continuo.

La experiencia está en la interacción neurosintérgica-sintérgica o, si se prefiere, en la combinación de morfologías del campo neuronal y de la organización energética del espacio. A su vez, esa combinación fluye a través de la estructura cerebral transformando una experiencia (independiente en sí misma, atemporal y aespacial) sin componentes temporoespaciales a una experiencia humana ligada y sometida al tiempo y al espacio.

Es solo cuando la experiencia se traslada de un ámbito puramente circunstancial (temporal y espacialmente hablando) a una dimensión cósmica (la conciencia de Unidad), cuando más puramente se puede hablar de la experiencia en sí.

La conciencia de Unidad pertenece a esta dimensión de independencia con respecto al tiempo y al espacio. Es, en otras palabras, una experiencia y una conciencia puramente espirituales.

Si se prefiere, es un alejamiento de lo orgánico y un acercamiento a lo energético puro, una exteriorización, una verdadera inspiración.

Tal experiencia requiere de un trascender la lógica, el juicio y el concepto estructurado (condiciones del refluir a través de la lógica neuronal) y un acercamiento al Ser, es decir, al silencio conceptual, a la organización energética pura del espacio.

XI

INFORMACIÓN Y FRECUENCIA

La frecuencia de un CME es prácticamente infinita. Solo así es concebible explicar la cantidad de información que contiene. Cuando un cerebro logra reproducir o acercarse en alguno de sus circuitos de alta jerarquía inclusiva a la frecuencia de un CME, alcanza el conocimiento.

En condiciones menos extremas, la frecuencia guarda una relación íntima con el matiz emocional de la experiencia. Una frecuencia elevada corresponde a estados emocionales que en una escala que cubriera un rango desde apatía hasta euforia colocaría a un sujeto en este último nivel.

Una frecuencia baja corresponde a estados emocionales en el extremo depresivo o apático.

Puesto que una de las características de los circuitos de inclusión es su carácter autorretroalimentado, es posible considerar su posibilidad de algoritmización como prácticamente infinita. Esto hace factible la condición de reproducción del contenido informacional de un CME por parte del cerebro.

Todo está interconectado entre sí a través de campos energéticos que en sí mismos son la única realidad fáctica. Lo que denominamos *mente* es el conjunto total o la disposición global de la organización energética del espacio.

La única realidad es la realidad de la mente y ella se manifiesta (como transformación energética total) en lo que conocemos como experiencia. A nivel de funcionamiento humano, es la experiencia la única realidad.

Un sujeto influye en su ambiente a través de la morfología y frecuencia específicas de su campo neuronal. La interacción del campo con la organización del espacio provoca en el sentido sujeto-medio alteraciones de conexiones que se manifiestan como eventos sincronísticos.

A través de los circuitos de convergencia se concentra información cada vez más amplia en un algoritmo neuronal. Esta concentración se lleva a efecto en circuitos neuronales que de alguna forma incrementan su frecuencia. Este aumento de frecuencia es más lógico que literal. Es decir, lo que acontece es un incremento informacional algoritmizado en el mismo "espacio neuronal.

El incremento es en realidad de sintergia neuronal y, a través de la expansión de campos neuronales, de sintergia espacial.

Cuando la sintergia del espacio se incrementa, se producen varios efectos. En primer lugar un cambio en la dimensión temporal, una verdadera expansión en el tiempo que en un nivel de experiencia se traduce en una expansión en la duración del presente. Por otro lado, una creación de una fuerza antigravitacional. En tercer lugar, una conciencia trascendida, esto es, capaz de vislumbrarse a sí misma en un plano de generalización y universalidad como contenedora de todo el conocimiento.

XII
RESONANCIA Y LENGUAJES

Cuando un campo neuronal es capaz de afectar la organización energética de objetos materiales con los cuales interactúa, se producen fenómenos tales como movimientos, oscilaciones, calentamientos, etcétera, en estos. Cuando un sonido de frecuencia específica es emitido por una fuente sonora, puede hacer vibrar un objeto material (una cuerda de un violín, por ejemplo) con el que interactúa.

Para que lo anterior ocurra, la frecuencia del sonido debe corresponder a la frecuencia de resonancia del objeto. Todo objeto material tiene una frecuencia de resonancia característica. Esta frecuencia es en realidad una mezcla compleja de diferentes morfologías vibracionales. Solo en casos muy extremos la frecuencia de resonancia de un objeto es pura.

Un lenguaje que se precie de ser capaz de reflejar la realidad objetal debería estar formado por palabras cuya frecuencia correspondiera con las características resonantes de los objetos que designe. Un lenguaje que sea capaz de reflejar estados emocionales debería estar formado por vocablos cuya frecuencia fuera capaz de activar en forma específica los circuitos cerebrales asociados con esos estados.

De acuerdo con B. Feldman,[1] tal lenguaje es el sánscrito. No existe, en mi conocimiento, un estudio experimental que lo demuestre, aunque sería de tal importancia realizarlo que vale la pena aquí discutir su metodología. Se escogería al azar un grupo heterogéneo de objetos para los cuales el sánscrito tenga referentes verbales. Se determinaría la frecuencia característica de resonancia de cada objeto y se compa-

[1] Comunicación personal, 1977.

raría con la morfología de componentes de frecuencia sonora de las palabras en sánscrito. Los resultados se compararían con similares estudios utilizando otros lenguajes. Si es cierto que existe una correspondencia energética entre el sánscrito y las características de resonancia de objetos, la humanidad cuenta con un lenguaje extraordinario.

La percepción de un objeto es la decodificación de la información contenida en el algoritmo de los CME que transecta la retina o del complejo de frecuencias sonoras que activan el oído interno. En realidad, cada CME o conjunto de CME es la algoritmización de los CME precedentes de la organización convergente del espacio.

Una palabra, un CME y un pensamiento son, en su fundamento, organizaciones complejas de frecuencias. Cuando todo se reduce a estas morfologías energéticas, es posible concebir, en forma natural y alejada de cualquier misterio, el efecto que un orden de eventos tiene sobre otro, puesto que también en este nivel de realidad (como en todos), todo está interconectado entre sí.

El conocimiento de los patrones energéticos no solo es la base teórica sino fundamentalmente la posibilidad de actuar en el mundo.

Por otro lado (y esto es de importancia fundamental), solo se puede amar verdaderamente aquello que se conoce. Entre dos seres humanos el amor es un asunto fundamentalmente vibracional. Aquí deben ser las características de acoplamiento de dos campos neuronales o del cuerpo todo la base de una comunicación que discutiremos en seguida y que sin lugar a dudas es el próximo paso evolutivo.

XIII

LA COMUNICACIÓN DIRECTA

Cuando un pensamiento es capaz de afectar la materia o el estado de conciencia de un sujeto o cuando la frecuencia de un sonido corresponde a la de resonancia de un objeto, se puede afirmar que lo que ha acontecido no es otra cosa más que un acoplamiento específico en la morfología de varios campos energéticos.

En la comunicación humana, el mismo fenómeno debe ser la base de lo que podríamos denominar *comunicación directa*.

Esta última implica la transmisión y recepción de mensajes utilizando para ello la decodificación de la información contenida en la morfología de (sobre todo) campos neuronales que interactúan en la estructura del espacio.

Para que este nivel de comunicación ocurra, se requiere de por lo menos dos condiciones. La primera es que no existan bloqueos emocionales que desvirtúen, desvíen o inhiban el fenómeno.

La segunda es que los participantes de ella (comunicación directa) hayan desarrollado una capacidad de acceso de la conciencia a su procesamiento inconsciente. En realidad, la segunda condición es redundante en el sentido de que los procesos que llamamos inconscientes son de naturaleza sutil. En otras palabras, provienen y resultan del manejo energético directo que el cerebro realiza en su interacción cotidiana con el mundo.

El acceso de la conciencia al inconsciente es la capacidad de decodificar mensajes sutiles resultantes de las interacciones directas entre campos energéticos.

Existen muchas técnicas que permiten este acceso. El yoga, la meditación, el psicoanálisis, la bioenergética, etcétera, por lo que no se analizarán aquí, ya que el estudioso puede encontrar las fuentes en otros libros.

Baste decir aquí que todas ellas tienen en común el que enfocan su atención hacia lo que se denominan *procesos internos*. Antes de decir una palabra y previamente a la aparición de un percepto visual ocurren millones de procesos neuronales. Dirigir la atención hacia el interior no es otra cosa más que decodificar lo preverbal y lo preperceptual. Esto automáticamente lleva al desarrollo de la capacidad de decodificar la interacción entre campos neuronales, es decir, permite la comunicación directa.

En esta, se captan pensamientos de diferentes grados de complejidad y sofisticación sin necesidad de utilizar puentes verbales manifiestos. Emociones son transmitidas, estados de conciencia y cogniciones son captadas en forma directa, etcétera.

En un estudio experimental hemos notado la aparición de este fenómeno con una correspondiente alteración electroencefalográfica de los sujetos que se comunican. En este mismo estudio analizamos la correlación entre los patrones electroencefalográficos de una pareja en comunicación, y podemos postular que la correspondencia en la morfología EEG de los cerebros en el proceso de interacción aumenta cuando la comunicación pasa de la etapa verbal a la que hemos llamado de interacción directa (véase el apéndice B al final).

Esta es una demostración de la realidad del acoplamiento energético entre campos neuronales durante la comunicación. No resisto hacer la afirmación de que esta interacción constituye el fenómeno más fundamental, constante y cotidiano de cualquier comunicación. El verdadero logro es la capacidad de decodificación específica de los mensajes.

Lo que la psicología llama empatía no es otra cosa que alguna característica específica de acoplamiento. De la misma forma, los componentes emocionales que en ocasiones se manifiestan durante la comunicación deben ser resultado de algún factor de interacción energética (estimulación de ciertas frecuencias o morfologías de ondas).

Una observación que ejemplifica lo anterior en animales es la conducta de caza de una víbora amazónica, la cual ejecuta una serie de procesos internos que de alguna manera atraen roedores y pájaros a sus inmediaciones. La víbora inmóvil lanza vibraciones de tal frecuencia y morfología que hacen que estos animalillos se aproximen a su cuerpo hasta ser engullidos sin la menor resistencia por su parte.[1]

---

[1] Oseso da Costa Monteiro, comunicación personal, 1977.

XIV

LA ASTROPSICOFISIOLOGÍA

De la misma forma que a través de un cerebro el conjunto de interacciones neuronales crea la experiencia, así, el conjunto de interacciones energéticas entre un conjunto de cerebros forma una trama que en cierto nivel debe poseer conciencia y experiencia.

Experiencia que debe ser vivida en forma muy diferente de la experiencia humana, pero al fin y al cabo experiencia. Es observación empírica el que tal experiencia global puede ser "conectada" por una conciencia individual cuando esta última alcanza un desarrollo trascendente suficientemente poderoso. De la misma manera, no existe impedimento teórico de suficiente poder como para dudar que los campos gravitacionales, lumínicos y de otra naturaleza que forman la trama cósmica posean como totalidad gestáltica experiencia, ni que una conciencia individual pueda tener acceso a esta experiencia cósmica.

Es la expansión del yo, su incrementada capacidad inclusiva la responsable del contacto con la experiencia global. Para que esta expansión ocurra, se requiere alcanzar un estado de conciencia trascendente que implica el abandono de estructuras restrictivas tales como sentimientos de culpa, consideraciones fácticas acerca de la realidad del tiempo, del espacio y la materia. En otras palabras, una vez que se comprende el carácter creativo de la experiencia, y de la conciencia, cuando la realidad sensorial y conceptual es entendida y vivida como una de tantas posibilidades y se abandona el sentido de involucramiento concreto con una realidad específica, se sientan las bases para lograr la trascendencia. Es un hecho fisiológico que la realidad tal y como la percibimos en forma de imágenes visuales, contenidos auditivos y aun concepciones explicativas es una creación producto de nuestra actividad cerebral. De la misma manera, esta "realidad" existe solo como un producto de la fisiología, pero en sí misma contiene mucho mayor información y cualidades que las que actualmente somos capaces de decodificar. Cuando es aceptado el hecho de que puede ser trascendida y que el efecto de tal trascendencia es beneficioso, se abren las puertas para la expansión vivencial.

Una de las áreas de conocimiento que en tal condición se presentan como posibles es lo que he denominado *astropsicofisiología*. Esta nueva ciencia se encargaría de establecer las comparaciones entre disposiciones estelares y contenidos de experiencia dados por el funcionamiento y organización de circuitos neuronales en el cerebro.

Requeriría, para ser verdaderamente operativa, además de lo anterior una técnica de registro del campo neuronal con el fin de comparar la morfología global de este con la disposición energética gestáltica de la trama estelar.

Todo funciona por analogías transformadas. Puesto que todavía no contamos con la técnica de registro tridimensional del campo neuronal, no podemos incorporar a esta discusión un análisis detallado de los componentes de frecuencia que contiene. Sin embargo, es posible destacar algunas características generales de frecuencia y discutir sus probables fundamentos y efectos.

En primer lugar, el campo neuronal está constituido por un hipercomplejo conjunto de componentes de frecuencia, cada uno de ellos asociado con la activación de los diferentes niveles jerárquicos de convergencia. Mientras más jerarquizado sea el nivel, es decir, mientras mayor sea la información que concentre, mayor será la frecuencia asociada con su activación.

Cada frecuencia está (fenomenológicamente hablando) asociada con un diferente nivel de conciencia, lo que equivale a diferentes modalidades de experiencia.

En realidad, cada modalidad sensorial es una diferente conciencia.

El nivel jerárquico de mayor convergencia (el yo) es también el de mayor frecuencia y determina el nivel último presente de conciencia. Es la interacción de esta frecuencia con la estructura del espacio la base de la experiencia consciente y es la interacción de esta misma frecuencia con otros campos neuronales la que determina fenómenos tales como los de empatía, afinidad o rechazo de un ser humano hacia otro.

De la misma forma, explica la relación afectiva y cognoscitiva de un ser humano con los objetos y condiciones que lo rodean en su ambiente.

El amor es primordialmente un asunto de afinidad vibracional, de la misma manera en la que el placer por cierto conocimiento lo es.

La sensación de belleza representa lo mismo. En la astropsicofisiología, los componentes de frecuencia del campo neuronal y especialmente los asociados con la activación de niveles inclusivos de alta jerarquía interactúan con componentes energéticos de la organización del espacio dados por la disposición estelar. Esta última (como cualquier otra disposición de objetos materiales) está presente en todos y cada uno de los CME, por lo que la interacción del campo neuronal con estos CME se da en todo el espacio.

También es posible hablar de una conciencia de cada especie dada por el rango de frecuencias propia de la activación de los niveles convergentes de la misma.

Cada nivel de frecuencias determina una posibilidad de conexión y todos ellos (en una especie determinada) identifican una conciencia animal o vegetal.

Es posible establecer una comunicación con otra especie y aun entender contenidos específicos de experiencia vividos por miembros de la misma u otra especie.

La especie que maneje el mayor rango de frecuencias será la que tenga mayores posibilidades de comunicación.

En el caso de la especie humana, es posible afirmar la existencia de los mayores niveles jerárquicos. En otras palabras, que los últimos niveles de convergencia manejen frecuencias inaccesibles para cualquier otra especie. Esto explica la gran versatilidad humana y su conciencia incomparable con la de cualquier otra especie. Lo mismo con respecto al rango de frecuencias manejadas. En la especie humana este rango es mayor que en cualquier otra especie.

XV

LA EXPANSIÓN DEL YO

En el capítulo 10 mencioné algunos correlatos fisiológicos de conciencia de Unidad. Me referí al incremento de coherencia entre diferentes estructuras como requisito para lograr tal conciencia. En este capítulo ampliaré los anteriores conceptos e incorporaré nuevas cogniciones respecto de la conciencia de Unidad. El punto de arranque para mis consideraciones es la expansión del yo.

El último nivel de convergencia resulta en la experiencia del yo, dada por un lado por la concentración informacional de este nivel y por su expansión e interacción con la organización energética del espacio. Siendo el yo el inclusor final y siendo la información que maneja la resultante total de los niveles jerárquicos previos a su activación, es de esperarse que una expansión de este último nivel jerárquico (el yo) determine una expansión del contenido informacional manejado por el cerebro.

Cuando el yo pasa de ser una conciencia corporal a una conciencia más inclusiva, los elementos de esta inclusión son el mundo.

En otras palabras, la conciencia de Unidad es la consideración y la vivencia del mundo como parte del propio yo. Esta experiencia solamente es posible cuando el yo se expande hasta abarcar el universo extracorpóreo.

Con esto último quiero decir que los elementos de información aferente se incorporan a la estructura del yo de tal forma que esta última abarca todo aquello que se pone en contacto con el individuo.

Por supuesto que la Unidad es un dato fisiológico incuestionable. Esto lo apoya el solo hecho de considerar que la experiencia surge como resultado de la interacción del campo neuronal con la organización energética del espacio. Una cosa aparte, sin embargo, es la conciencia de esta Unidad.

Desde un punto de vista fenomenológico esta conciencia tiene las posibilidades de aparecer cuando se comprende a la perfección que todo es creación. Desde un punto de referencia más estricto, aparece cuando se crea un nuevo nivel inclusivo. Aquí vale la pena reflexionar en un problema de importancia fundamental. Si bien es cierto que el último nivel jerárquico de convergencia sienta las bases de la conciencia, siempre esta última se encuentra en un punto de extrapolación o, si se prefiere, en un futuro del procesamiento.

En otros términos, el contenido de la conciencia presente para un sujeto está determinado por la última y más poderosa inclusión de la que es capaz su cerebro, pero la conciencia es el observador que ve este último nivel desde una perspectiva que aún no se ha estructurado como inclusión y por lo tanto todavía no está presente, pero que aparecerá en un futuro. La conciencia es un proceso dinámico y lo que estamos considerando ahora es el problema del observador. ¿Quién es el que observa al último nivel de inclusión?

La única respuesta posible es que el observador es el todo.

La expansión del yo es la aproximación de la dinámica informacional cerebral a este todo. Cuando el proceso se completa, la conciencia de Unidad aparece. Por supuesto que la consideración de completamiento es relativa. En realidad, el proceso es infinito, pues es posible incluir la Unidad dentro de una conciencia aún más poderosa.

XVI

NIVELES DE CONCIENCIA

Antes de nuestra intervención, el todo es una filigrana indiferenciada de patrones energéticos. La conciencia de tal indiferenciación es la conciencia de Unidad pura. Como ya he mencionado, esta conciencia ocupa uno de los niveles más avanzados en un posible continuo de niveles de conciencia.

La conciencia es la experiencia del darse cuenta. Darse cuenta es fundamentalmente unificar lo previamente disperso. Los correlativos neurofisiológicos de este proceso son la actividad inclusiva realizada por circuitos de convergencia. Existen diferentes niveles de inclusión, cada uno de los cuales está asociado con un nivel específico de conciencia. La conciencia corporal es, por ejemplo, la unificación de todos los elementos corporales en un todo inclusivo.

La conciencia del yo es otro nivel de unificación, uno de los más poderosos (véase el capítulo V del libro quinto).

Otro nivel de unificación es el de la experiencia, el darse cuenta de que detrás de cualquier vivencia ya sea sensorial, emocional, cognoscitiva, etcétera, existe algo en común, y este algo en común es la experiencia en sí.

La experiencia se correlaciona con una disposición energética específica, disposición de campos neuronales.

Los diferentes niveles de conciencia asociados con los distintos niveles jerárquicos de convergencia están correlacionados con morfologías energéticas cuyos componentes de frecuencia (información concentrada) aumentan conforme el poder unificador o inclusivo se incrementa.

Existen muchas formas de incrementar el nivel inclusivo, o al menos de ponerse en contacto simultáneo y concentrado con información dispersa.

La física conoce varias de estas formas. Cuando el hombre viaje a velocidades cercanas a la de la luz, el número de CME que intersectará en la duración del presente será tal que prácticamente concentrará toda la información del universo en la atemporalidad. Probablemente esto es lo que acontece como resultado de la muerte corporal.

Sin embargo, no es necesario llegar a tal extremo. Normalmente siendo la experiencia la intersección de dos campos energéticos, el contacto con el todo es condición constante del vivir, aunque no necesariamente del ser consciente.

En otras palabras, el campo neuronal debe "viajar" a una velocidad tal que intersecta en el presente al todo. Sin embargo, el que la experiencia total producto de tal contacto sea accesible como experiencia consciente depende de otras condiciones y no del contacto en sí (¡el que se produce, haya o no conciencia del mismo!).

Los niveles de conciencia están dados por la capacidad inclusiva, la cual guarda una relación directa con la duración del presente y con la frecuencia vibratoria del sistema. Cada modalidad sensorial es una diferente conciencia, o al menos un diferente nivel de conciencia. Cualquier medio de unificación es prerrequisito para la creación de un nuevo nivel de conciencia. La duración del presente de una galaxia es el tiempo suficiente para que sus movimientos se unifiquen en un todo lumínico de la misma forma que un cuerpo humano es visto como Unidad cuando la duración del presente del observador sobrepasa la magnitud de tiempo suficiente para observar todas sus trayectorias atómicas, moleculares, etcétera, en un todo unificado.

La misma consideración vale para la creación del campo neuronal el que unifica en una dimensión temporal adecuada y como un "todo lumínico" también al conjunto de interacciones neuronales. El tiempo necesario para que lo anterior ocurra es de alrededor de 50 milisegundos, mientras que la duración del presente de una galaxia debe ser de millones o billones de años.

Por ello es posible predecir eventos con base en el análisis de la estructura cósmica (astropsicofisiología).

Millones de presentes humanos son experiencia de un presente para un astro. Los niveles de conciencia continúan a un nivel cósmico y probablemente no tengan fin. El observador es el todo o al menos el nivel de conciencia capaz de unificar al todo. El verdadero acceso al inconsciente es el hallar las conexiones entre eventos previamente desconectados para una conciencia. Las mismas leyes de inclusión que rigen el funcionamiento cerebral, del espacio y cósmico, se dan entre contenedores humanos de universos. Por ello, siempre que se reúnen varias conciencias, existe un nivel unificador de las mismas dado por sus interacciones.

Los niveles de conciencia son, entonces, los niveles inclusivos, y estos se dan en todas las dimensiones.

Además de otras, lo anterior tiene las siguientes implicaciones. En primer lugar, que la conciencia y la experiencia existen en el observador y que este es un concepto multidimensional.

Lo que unifica a las varias dimensiones del observador es que la realidad es la de la mente, es decir, la del todo.

XVII
UN CAMINO HACIA LA UNIDAD

Es indudable que quien sea capaz de vivir la Unidad afectará a quienes lo rodean impulsándolos hacia el mismo lugar. Las conexiones son energéticas de tal forma que la conciencia de Unidad en un ser humano es foco de luz para los demás.

Cuando lanzamos una orden de movimientos hacia un brazo y este se mueve en correspondencia, sabemos que no solamente estamos unidos a la extremidad en cuestión, sino que somos uno con ella. Nos pertenece como las demás partes de nuestro cuerpo. La identidad corporal es tan obvia para nosotros que jamás dudamos de su existencia.

Sin embargo, dudamos acerca de nuestra identidad corporal con el mundo. Vemos un árbol y lo consideramos fuera y separado e independiente de nuestro cuerpo y de nuestro ser. No somos capaces de reflexionar que aquello que percibimos es tan nuestro como los movimientos de una mano.

Cuando, en cambio, comprendemos la verdad de la creación, sabemos que el árbol, la lluvia y el trueno están siendo experimentados y vividos solamente porque son nuestra creación.

Cuando sabemos de la existencia de un todo indiferenciado y comprendemos la transformación de ese todo en una experiencia humana, temporal y presente, comenzamos a vislumbrar lo que después se convertirá en conciencia de Unidad.

Cuando un chamán lanza un pensamiento y como resultado del mismo comienza una tormenta, cuando a fuerza de repeticiones se da cuenta de que la caída de la tormenta es tan suya como la mano que mueve; cuando esto acontece, la puerta a la conciencia de la Unidad se abre.

A partir de ese momento, la conexión queda establecida y su conceptualización, entendimiento y repetición provocan un cambio de esencia, una verdadera extensión de la conciencia corporal, la que en este caso es sinónima de una expansión del yo, de un profundo y permanente lazo de unión con partes cada vez más cercanas al todo. La conciencia de Unidad se adquiere o más bien dicho se recuerda cuando el mundo responde.

La conexión con el mundo es tan fisiológica y directa como el alambraje neuronal que comunica porciones de la corteza con los músculos de nuestras extremidades. De la misma forma que un bebé tuvo que aprender a activar, mantener y coordinar la conexión, así también debe acontecer con lo que aparentemente nos rodea.

Mover una nube es fácil: todo consiste en no dudar de la posibilidad de hacerlo y de convertirse en la nube. Hacer llover tiene el mismo grado de dificultad, mover objetos con el pensamiento es la misma dimensión energética que percibirlos.

Nuestro contacto con el universo es constante y se convierte en fluido y consciente cuando dejamos de dudar. He aquí la clave para alcanzar la Unidad.

Si pudiéramos percibir todo el continuo espacio-materia de la misma forma en que percibimos a la materia, el ver un ser humano se convertiría en una experiencia de contacto con el todo. Nos percataríamos de que lo que denominamos *cuerpo orgánico* es solo aquella parte del continuo de menor sintergia, nos veríamos unos a los otros como en realidad somos: entidades energéticas en constante, dinámico y continuo contacto.

Tan real es este contacto (independientemente de su percepción consciente), que no es exagerado decir que hacemos el amor con nuestro cuerpo energético con el todo, incluyendo otros seres humanos. Nuestra personalidad se manifiesta en múltiples formas: los animales, las plantas y los seres humanos son tan parte nuestra como nuestro cabello. Los efectos de nuestras acciones son también totales, aunque no siempre tan aparentes. Estando acostumbrados a percibir efectos en un universo de baja sintergia, muchas veces nos olvidamos o no reconocemos los mismos efectos en el universo de alta sintergia. Nos aproximamos a este universo con nuestro pensamiento, que no es otra cosa que la manifestación temporal de la alta sintergia neuronal. Nuestras abstracciones son un verdadero contacto con la sintergia incrementada del espacio. Nuestra experiencia (siendo puramente energética en una dimensión etérea) es la más clara evidencia de contacto con tal espacio. Si solo recordáramos esto, si no nos perdiéramos en el mundo de particulares de la porción de baja sintergia del continuo, sabríamos que la Unidad está dada desde siempre.

En esta condición, tal y como nos amamos a nosotros mismos, amaríamos al todo que en nuestra conciencia expandida sería ese uno mismo.

El llegar a tal conciencia requiere de la vivencia de los pasos previos a su aparición. Antes pensaba que los saltos son peligrosos y ahora puedo afirmar que son nefastos. Llevan a la ilusión de la Unidad, pero no a su verdadero y profundo sentido.

Quien salte, debe saber que más tarde o más temprano tendrá que llenar los huecos, y más vale temprano porque la caída desde las alturas es terrible: *evita la plenitud*.

XVIII

DE NUEVO LA SINTERGIA

La concepción sintérgica puede extenderse hacia dominios poderosos por su capacidad integrativa y explicativa.

Uno de ellos es la redundancia. Un concepto es fundamentalmente redundancia algoritmizada. El concepto *mesa* es inclusivo de todas las mesas, el concepto *mayor que* también, etcétera. En otras palabras, los conceptos son redundancia sintérgica incrementada. Las abstracciones son redundancias en un espacio cerebral de alta sintergia.

Lo repito de nueva cuenta; lo mismo que acontece en el espacio (las mismas leyes de sintergia) se aplican al cerebro manifestadas como conceptos (alta redundancia), concentración informacional incrementada y expansión en la duración del presente (aumento de concentración temporal).

La sintergia cerebral guarda una relación positiva y directa con el grado de evolución. En el continuo sintérgico, los objetos materiales son curvaturas, alteraciones globales de organización sintérgica. La aparición de la fuerza gravitacional en la dirección de decremento sintérgico es (al igual que la capacidad limitada del cerebro que nos hace ver solo una porción del mismo y no simultáneamente todos los CME), un fenómeno cuya característica más sobresaliente es la direccionalidad.

La incapacidad de percepción simultánea de todo el conjunto de CME es también asunto de direccionalidad. Aun en este punto existe similitud entre el espacio y el cerebro.

Un incremento de sintergia cerebral equivale (como ya hemos visto) a un aumento de sintergia espacial y a un impulso a este último.

El incremento de sintergia es una activación de coherencia, redundancia y complejidad organizacional. Un cerebro en alta sintergia no tiene direccionalidad, lo mismo que el espacio que tal cerebro modifique. La falta de direccionalidad es ausencia de tiempo, espacio y gravedad. Aquí cabe hacer una aclaración. El espacio lo es solamente para nuestra percepción. El grado de evolución filogenética en el que nos encontramos nos permite (a nivel perceptual) distinguir objetos materiales del espacio que los rodea y aun considerar a este último (espacio) como una entidad en la cual los objetos están. Pero ¿realmente es así? Si tal y como vemos (con una direccionalidad implícitamente tajante) viéramos diferente (sin direccionalidad, en observación simultánea de todos los CME), el espacio desaparecería como inclusor y se transformaría en ausente.

La unidad de los objetos depende de la activación sintérgica-cerebral. Equivale a la capacidad de decodificar un solo cuantum, o si se prefiere, es la transformación de un conjunto (en sí mismo inocentemente diferenciado) de cuantums de objeto a solo un (podríamos denominarlo así) cuantum cerebral.

XIX

EL SENTIDO TEMPORAL Y GRAVITACIONAL

Solamente la aparición de la materia (como manifestación de un cambio en la organización del espacio) se compara con la vivencia y el poder de la fuerza gravitacional.

En realidad, ambas (la gravitación y la materia) son diferentes manifestaciones de un mismo proceso. La aparición perceptual de la materia ha implicado un proceso de aprendizaje onto y filogenético que se ha desarrollado hasta un extremo exquisito por las presiones del medio.

Como conciencias puras, nadie tiene necesidad de manejar la materia, pero como organismos estructuras, sí. La supervivencia de la estructura orgánica requiere del manejo del mundo físico representado en forma de objetos, construcciones materiales estructuradas, alimentación, etcétera.

Por alguna razón hemos escogido, para un máximo desarrollo, al mundo visual. Más bien dicho, el rango de frecuencias que llamamos luz incluye al mundo de la supervivencia. Por ello nos hemos imbuido e identificado con él.

En cambio, la fuerza gravitatoria la hemos dejado a un lado hasta Newton. Newton encontró una similitud entre sus observaciones acerca del fenómeno lumínico (recordemos sus famosos prismas "descomponedores" de la luz) y algo que su cuerpo sentía sin mayor elaboración. La fuerza gravitacional (como nuevo juguete en manos de la ciencia) adquirió con él un carácter universal sin que en ese momento se le considerara como parte de un continuo más expandido. Ahora sabemos que ese continuo existe e incluye el espacio, la materia y sus interfases; esto es, la gravitación, el tiempo y la experiencia.

Con respecto a la gravitación, actualmente, podemos hablar de procesos que alteran incluso la fuerza gravitatoria invirtiéndola.

Cualquier técnica que incremente la sintergia de cualquier espacio creará una fuerza antigravitatoria. El fuego (una llama) es un buen ejemplo de lo anterior. La flama es un espacio de incrementada sintergia, y por tanto crea una fuerza antigravitatoria y por ello flota.

Salvo raras excepciones, el subdesarrollado sentido gravitacional en el hombre no ha logrado (por su misma falta de evolución) crear su contraparte, la fuerza antigravitacional. Ahora, sin embargo, estamos frente a una revelación que podrá hacernos dueños verdaderos del espacio. El incremento de sintergia cerebral es la clave para aumentar la sintergia del espacio y, por ende, crear una fuerza antigravitacional.

La expansión del presente con sus correlativos neurofisiológicos podría ser la clave para el logro de este incremento de sintergia cerebral.

Aquí, de nuevo, el tiempo y la gravedad están entrelazados. La expansión del presente es un manejo del tiempo que ocasiona la puesta en marcha de niveles jerárquicos de convergencia más poderosos (mayor concentración informacional en un algoritmo neuronal). En términos más concretos, a una expansión del presente corresponde un incremento de frecuencia (definida frecuencia como incremento del número de "bits" de información contenidos o manejados por un algoritmo neuronal).

La capacidad algorítmica del cerebro es tal que un patrón neuronal es capaz de contener información gigantesca. El secreto del incremento de sintergia cerebral es precisamente la obtención de un algoritmo neuronal de mucho poder.

El sentido del tiempo es también una actividad poco desarrollada. Podemos medir el tiempo, predecir intervalos y, sobre todo, sentir el paso del tiempo, pero poco hemos aprendido acerca de su control.

Cambios en el sentido y el devenir temporal acompañan a ciertos procesos biológicos tales como el envejecimiento, pero son (en la mayor parte de los casos) completamente involuntarios e inconscientes. El desarrollo de técnicas de control temporal nos haría poseedores de un instrumento extraordinariamente poderoso.

La razón de que el sentido gravitacional y temporal hayan tenido un desarrollo tan retardado y lento es que han contribuido muy poco a la supervivencia.

El agricultor debe conocer la duración de las estaciones, los periodos de siembra y cosecha, etcétera, pero no va más allá de ser un observador pasivo del devenir temporal.

El hombre de la ciudad (tan lleno de compromisos, citas y reuniones) ha tenido necesidad de medir el tiempo y de conocer algunas de las señales, pero esto en lugar de permitirle modificar, solo ha promovido la aceptación incondicional de una estructura temporal arbitraria.

Parecería que la evolución corre al parejo de la incrementada capacidad de conocer, sentir y diferenciar procesos perceptuales y de conciencia.

El ser humano que es capaz de ver auras, levitar, conocer en forma directa el pensamiento de los que lo rodean, ver a distancia y manejar (también) en forma directa (a través del pensamiento) la materia, ha alcanzado un grado de desarrollo mayor que su contemporáneo, quien no ha expandido sus facultades perceptuales. Urge ya la utilización y el desarrollo de técnicas que incrementen las capacidades del hombre..

Todas ellas, para ser efectivas, deben basarse en lo verdaderamente fundamental: el modo de operación de la conciencia.

LIBRO SEGUNDO

El espacio y la conciencia

INTRODUCCIÓN

El hombre es, fundamentalmente, la manifestación de la conciencia. La conciencia se manifiesta en el hombre a través de la experiencia. Experiencia es la luz que vemos, el sonido que escuchamos, la emoción que sentimos.

La labor de desentrañar los fundamentos últimos de la experiencia ha ocupado mi atención durante los últimos años.

He expuesto mis ideas en el libro primero y las conclusiones a las que he llegado se pueden resumir en los siguientes puntos:

1. La experiencia es el resultado de la interacción entre el campo neuronal y la estructura sintérgica del espacio.
2. La estructura del cerebro es un modelo de la estructura del espacio.
3. Una de las principales características de esta estructura es la inclusión informacional.

Siento que ahora he reunido suficiente información acerca de la estructura sintérgica del espacio como para intentar expandir lo discutido al respecto en el libro primero. Pretenderé dar una visión original del espacio y establecer similitudes entre la organización del cerebro y la del espacio, todo con la intención de conocer la conciencia. La finalidad del libro segundo es alcanzar un más poderoso nivel de entendimiento acerca del universo y de nosotros como parte del mismo. Si esta finalidad se cumple, me daré por satisfecho. En esta parte pretenderé mostrar a quien lo entienda una nueva forma de ver y entender el universo. En ella los objetos y la diferenciación del mundo relativo desaparecerán para dar lugar a lo indiferenciado, a lo absoluto e infinito.

En esta nueva concepción de la realidad, la conciencia es el punto de referencia y todo el resto es creación a partir de ella.

Comenzaré diciendo que la forma en la que vemos depende de nuestro funcionamiento y entrenamiento y que lo indiferenciado es transformado por nosotros en objetos, colores, texturas y formas, y en general experiencia temporal y espacialmente localizada.

Pero esta forma de experimentar es solo una de un infinito número de diferentes posibilidades.

Basta un ejemplo para percatarnos de ello. Nuestra percepción visual nos dice que en un exterior y rodeándonos habitan objetos sólidos de formas diferentes. Consideramos que la realidad es ese exterior diferenciado y separado de nuestro cuerpo por un espacio omnipresente e invisible.

Esto es falso o más bien relativo. Lo que en realidad vemos (el punto de arranque del proceso perceptual) es la interacción de una zona limitada del espacio con nuestros receptores retinianos.

En ese espacio está contenida la información acerca de los objetos. Esa información no es otra cosa que una red energética que en sí misma no contiene objeto alguno. La concentración de información contenida en cada punto de esa red incluye (en forma algoritmizada) a los objetos que solo después de que esa red es transformada por nuestro cerebro aparecen como tales (experiencia).

En otras palabras, si nuestra conciencia tuviese acceso a la porción del espacio que nuestra retina transecta, lo que observaría sería un conjunto de patrones energéticos en los que no existen objetos, luces, colores ni texturas.

Cada punto del espacio es un algoritmo. Un algoritmo es cualquier fórmula que al ser decodificada permite reconstruir información.

Un ejemplo de algoritmo es la fórmula de Euler, que contiene las reglas para reconstruir todos y cada uno de los componentes numéricos de las tablas trigonométricas en una concentración matemática de símbolos. Un algoritmo concentra información en una dimensión que no es la de los elementos que se pueden reconstruir a partir de su decodificación.

Cada punto del espacio es un algoritmo en el cual patrones energéticos hipercomplejos contienen información en forma concentrada que, al ser decodificada y transformada, da lugar al mundo perceptual.

Si la realidad es contemplada desde este punto de referencia, es posible encontrar las bases últimas de la organización del espacio sin el temor de caer en particularismos humanoides.

En esta introducción daré algunas bases de esta organización y mencionaré las reglas de transformación de lo indiferenciado a lo relativo, de la red energética a la experiencia.

Partiré de este último problema que para mí constituye el más importante.

Decía antes que la realidad fundamental es una indiferenciada red de patrones energéticos hipercomplejos en los que no existen objetos ni experiencias de ninguna modalidad.

En otras palabras, antes de nuestra participación en el universo, este es un absoluto. No existe luz, sonido, dolor, tacto ni calor en ese universo. Lo único que hay ahí es una organización de energía que en sí misma es "inteligencia" pura.

La luz que vemos y el sonido que oímos no existe como luz ni sonido en la organización energética del espacio.

Somos nosotros los que creamos la luz y el sonido al transformar la red energética indiferenciada en experiencia humana.

¿Cómo se realiza este portento?

En primer lugar, la participación del cerebro parece ser indispensable. Sin un sistema nervioso, no existe la experiencia humana.

Podríamos entonces pensar que si hurgáramos en el interior del cerebro, encontraríamos ahí la experiencia, la luz y el sonido, a la emoción y al dolor.

Nada es más falso que eso: por más potentes instrumentos que usemos, en el cerebro no encontraríamos luz. Hallaríamos actividad electroquímica, potenciales eléctricos, intercambios iónicos, pero nada que ni remotamente nos diera la impresión o nos indicara que esa maquinaria orgánica extraordinaria o que esa estructura compleja y bellísima está relacionada con la creación de una luz y de un sonido. Supongamos que no conocemos la luz ni el sonido, que nunca hemos sentido una emoción o un dolor pero que somos capaces de ver la actividad cerebral. Nada de lo que viéramos en ella nos indicaría que una cosa tal como la luz, el sonido, la emoción o el dolor existen.

Solamente cuando esas experiencias son experimentadas y una alteración en la actividad cerebral es observada en correlación con un cambio en la experiencia, es cuando sospechamos que ese cerebro y esa actividad electroquímica se asocian con la experiencia.

Más aún, somos seres conscientes, nos damos cuenta de las cosas. No existe nada en la actividad elemental de dendritas, axones o sinapsis que nos indique que esa conciencia existe o pueda ser localizada en la masa cerebral.

Ya veremos más adelante que la organización cerebral explica muchos de los componentes de la experiencia y mucho del modo de funcionar de la conciencia, pero la conciencia y la experiencia en sí mismas no.

Y es un *no* categórico; la experiencia y la conciencia pertenecen a una dimensión inconmensurable con la actividad cerebral elemental. Si seguimos pensando que a pesar de ello el cerebro debe ser el responsable de la experiencia y de la conciencia, debemos ser más incisivos y buscar en otra dimensión de la actividad cerebral el parentesco entre ella y la experiencia.

Quizás alguna transformación gestáltica, quizás algún cambio dimensional energético nos acerque a la respuesta.

Consideremos de nuevo la actividad elemental del sistema nervioso. En un milímetro cúbico de sustancia cerebral viva habitan millones de neuronas. Cada una de ellas recibe información electroquímicamente codificada y manda a otros elementos neuronales señales eléctricas.

Miles de millones de interacciones entre esas señales ocurren cada 50 milisegundos. ¿Por qué no pensar que un campo de interacciones, un campo energético es creado como resultado de la actividad electroquímica? ¿No sería eso un cambio dimensional, un salto cuántico similar al que diferencia la actividad cerebral de la experiencia?

Consideremos que ese campo existe.[1] Como resultado de todas las interacciones entre elementos neuronales un campo neuronal es creado en la estructura cerebral. ¿Queda contestada la pregunta? No, no queda contestada; el campo neuronal no es la experiencia ni la conciencia. Aun habría que pensar en otras transformaciones de dimensión, en nuevas apariciones de propiedades dimensionalmente más cercanas a la experiencia. En este punto, vale la pena recordar el fundamento de la aparición de propiedades en el universo. Este fundamento es la interacción. Veamos un ejemplo de ello. El agua es una

[1] Existen evidencias experimentales acerca de la existencia de un campo magnético producido por el cerebro, el llamado magnetoencefalograma. La técnica para registrarlo es la magnetoencefalografía (Cohen, D., *Science*, vol. 161, p. 784, 1968; *Science*, vol. 175, p. 664, 1972).

propiedad emergente producto de la interacción de dos elementos. El gas oxígeno y el gas hidrógeno al interactuar dan lugar al líquido agua. Si esto es así con el universo físico, ¿será posible encontrar alguna interacción del campo neuronal con algún otro principio energético que dé lugar a una propiedad no contenida en el campo? ¡La experiencia!

Suponiendo que la interacción del campo neuronal con otro proceso pueda dar lugar a la experiencia, ¿cuál podría ser este otro proceso? ¡Seguramente algún otro campo energético! En este punto es donde comienza nuestro análisis del espacio. Específicamente, de la organización energética del espacio.

He denominado a esta organización *organización sintérgica del espacio.* Pienso que la interacción del campo neuronal con la organización sintérgica del espacio es el antecedente más inmediato en la experiencia y es esta última la propiedad de tal interacción.

Analicemos, pues, la organización sintérgica del espacio, después la organización cerebral responsable de la creación del campo neuronal y, por último, la interacción entre ambos y su "resultado": la experiencia y la conciencia.

A partir de estos análisis, toda una nueva forma de ver la realidad se nos presentará como posibilidad actualizada.

I

LA ORGANIZACIÓN SINTÉRGICA DEL ESPACIO

Vale la pena repetirlo: vemos espacio y no objetos. Los objetos aparecen como resultado de la transformación de la red energética que forma el espacio. La transformación implica la creación de un campo energético (campo neuronal) y la interacción de este campo con la estructura sintérgica del espacio.

Antes de penetrar a esta estructura, vale la pena señalar que existe una identidad entre objetos y procesos. La mecánica cuántica conoce tal identidad y la fisiología también. Toda nuestra experiencia, lo que sentimos, vemos, pensamos, es una creación activa.

Aun los objetos que vemos como estables son el resultado de millones de procesos cerebrales. Los objetos son procesos cerebrales; en realidad todo es procesamiento cerebral.

El cerebro no es solamente la estructura orgánica, sino el espacio que el campo neuronal transecta.

Nuestro sentido común nos dice que existen objetos que se encuentran fuera de nosotros, que la silla, el techo y las estrellas que vemos, están en un espacio que no nos pertenece y que no es parte nuestra.

Esto es una equivocación total. Cuando un recién nacido ve su mano, seguramente la considera como externa a sí mismo. Es a través del movimiento voluntario y del aprendizaje de tal movimiento que el bebé comprende que la mano forma parte de su cuerpo.

Si este aprendizaje continuara y se extendiera a los objetos materiales (como sucede en algunos casos), el infante humano aprendería que también los objetos son parte de su cuerpo. Entendería que la dicotomía externo-interna es ilusoria, lo mismo que la dualidad objetivo-subjetiva. Si la sociedad estuviese (y lo estará algún día) lo suficientemente evolucionada como para enseñar y desarrollar la capacidad de mover objetos a distancia, compartir pensamientos, etcétera, los bebés de tal sociedad aprenderían que su cuerpo es el todo.

La ciencia fisiológica está comenzando a comprender que el cerebro es todo lo que ocupa el campo neuronal. El espacio es parte del cerebro. La organización sintérgica es la forma como tal espacio está (valga la redundancia) organizado.

El término *sintergia* es un nuevo concepto que incluye una serie de principios organizacionales. Ya veremos cómo la organización sintérgica es común a varios órdenes de la realidad. El espacio, la materia, la evolución, el cerebro y la conciencia comparten la organización sintérgica.

Lo repito: la experiencia surge de la interacción entre la organización sintérgica del espacio y el producto de la organización sintérgica del cerebro, el campo neuronal.

Puesto que esta interacción ocurre en todos y cualquiera de las porciones del espacio, la experiencia puede también aparecer en cualquier porción del espacio. El lugar de aparición de la experiencia dependerá de la direccionalidad de la interacción. Esto explica los casos en los que la experiencia parece abandonar la estructura orgánica y da lugar a un observador alejado del cuerpo.

Aquí entra la consideración acerca del observador. La experiencia surge del punto de interacción de mayor poder sintérgico. Ahí está el observador, y eso es lo que comúnmente denominamos *punto de referencia*.

El observador es siempre el algoritmo del algoritmo, la porción sintérgica de mayor concentración informacional (véase la introducción para una definición de *algoritmo*).

Para recordar los fundamentos de la organización sintérgica retomemos el ejemplo del observador que ve un cielo estrellado a través de un pequeño orificio hecho en un papel.

La primera característica de toda organización sintérgica es precisamente la concentración de información en elementos dimensionalmente diminutos. La organización sintérgica es inclusiva y convergente en cada punto del espacio.

Lo que se concentra y converge es una serie de algoritmos contenidos en patrones energéticos. Así, la información concentrada en el orificio del papel es el algoritmo de la información estelar.

Cerca de una estrella, el algoritmo capaz de contener toda la información acerca de ella ocupa un espacio mayor que cuando la estrella es vista desde una distancia considerable. En este último caso, la decodificación necesaria para reconstruir la información es más compleja porque el algoritmo energético que la contiene es más poderoso. Sin embargo, los mismos detalles pueden ser reconstruidos a partir de un algoritmo poderoso o de un algoritmo pobre. Ver una estrella desde una distancia muy pequeña es estar en contacto con un algoritmo menos poderoso que el algoritmo que contiene a la misma estrella, pero a mayor distancia de la misma. Colocar un telescopio en un algoritmo poderoso equivale a transformar el algoritmo. Las rocas de la luna se pueden observar desde la tierra o desde la luna. En ambos casos, los algoritmos contienen información reconstruible de las rocas. Desde la tierra es necesario amplificar el algoritmo para decodificar la información acerca de las rocas. Cerca de o en la superficie de la luna, la amplificación es natural y no requiere de otro instrumento además de la retina y el resto del sistema nervioso. Es posible definir un espacio de alta sintergia con base en el gran poder algorítmico contenido en cada una de sus porciones mínimas. En cambio, un espacio de baja sintergia es un espacio cuyos algoritmos son pobres. En general, mientras más lejos se encuentre un observador del objeto de su observación, el algoritmo de espacio capaz de contener al objeto será más poderoso y con él la sintergia del espacio considerado será mayor.

Cerca de un objeto material, la sintergia del espacio es menor.

Otra forma de ver la misma organización es considerando las dimensiones de espacio capaces de contener información. Un espacio de alta sintergia será aquel en el que las dimensiones de los puntos del mismo contienen la misma cantidad de información que la contenida en mayores dimensiones de un espacio de baja sintergia.

Una mesa puede ser observada desde diferentes distancias. Mientras más cerca se encuentre un observador de la mesa, mayor será la dimensión de espacio capaz de contener la información acerca de la mesa.

A una distancia muy grande la dimensión del espacio capaz de contener la información visible de la mesa será menor.

Un espacio de alta sintergia es un espacio cuyos algoritmos contienen mayor información, son más poderosos y están contenidos en una dimensión menor que la de un espacio de baja sintergia.

Es posible considerar una medida relativa de la dimensión algorítmica que denominamos *cuantum mínimo de espacio*, CME.

Un CME es un algoritmo cuyo poder será mayor y su dimensión física menor en un espacio de alta sintergia.

Lo que un observador percibe es siempre el último de una serie de cambios algorítmicos que han ocurrido en el espacio que lo separa del objeto observado. El poder de un algoritmo está directamente relacionado con el número de transformaciones de espacio, y estas con la distancia.

Un espacio de alta sintergia es aquel en el que el número de transformaciones algorítmicas contenidas en cada CME es mayor que su contraparte "CMEICA" de baja sintergia.

El observador siempre sobrepasa la sintergia de lo observado e incluye el último algoritmo CMEICO en un algoritmo perteneciente a un espacio de mayor poder sintérgico.

Es posible considerar que la información total del universo se encuentra contenida en cada algoritmo CMEICO. La reconstrucción de la información depende del conocimiento y de la aplicación de reglas de decodificación adecuadas.

Además de las características sintérgicas antes presentadas, una organización sintérgica de alto poder difiere de una organización sintérgica de bajo poder en la redundancia CMEICA.

Un espacio de alta sintergia es aquel que posee mayor redundancia CMEICA.

Un ejemplo de lo anterior es la estabilidad de objetos lejanos a pesar del movimiento del observador.

Si durante un viaje en automóvil se observa la luna, se percibe como estática. La luna "sigue" el movimiento del observador como si estuviera contenida en forma redundante en todos los puntos CMEICOS del espacio.

Y en verdad así es, la luna se percibe como estática porque a esa distancia de ella al observador, los puntos CMEICOS que la contienen poseen la misma información. En otras palabras, la retina del observador transecta una población gigantesca de CME, cada uno de ellos conteniendo la misma información que el adyacente. La imagen permanece estática porque lo que el observador transecta es la misma información repetida en toda la población de CME.

La carretera, en cambio, se ve borrosa porque a una pequeña distancia la redundancia de CME es menor.

Por tanto, redundancia, concentración informacional, dimensiones CMEICAS y poder algorítmico son condiciones sintérgicas.

Un espacio de alta sintergia es aquel en el que los CME que lo forman son de dimensiones minúsculas, redundantes, contienen algoritmos energéticos de alto poder y concentran en un espacio minúsculo información grande. Un espacio de baja sintergia es aquel en el que los CME que lo forman son de dimensiones mayores, poco redundantes, contienen algoritmos de bajo poder y concentran poca información en un espacio relativamente grande.

II

LA ORGANIZACIÓN SINTÉRGICA DEL CEREBRO

El análisis de la organización neuronal demuestra que esta es sintérgica.

El observador es siempre el surgimiento de la experiencia a partir del nivel neurosintérgico más potente.

Este nivel define el alcance perceptual del observador y su nivel de conciencia. Mientras mayor sea la sintergia cerebral, mayor será el nivel de conciencia del observador y su expansión perceptual.

Todo lo que sobrepase el último y más poderoso nivel neurosintérgico no creará experiencia. El espacio que vemos como transparente es un buen ejemplo de lo anterior. Su transparencia no es otra cosa más que un exceso sintérgico espacial con respecto al cerebral.

La materia no sobrepasa el último nivel neurosintérgico, y por tanto es perceptualmente visible.

Existe un efecto recíproco neuro-espacial y espacio-neuronal que altera la sintergia de ambos elementos (el espacio y el cerebro) cuando uno de ellos se ve alterado.

Si el cerebro crea un nuevo nivel neurosintérgico (un nivel de mayor poder sintérgico), el espacio que rodea al cerebro sufrirá un incremento sintérgico. Lo contrario también es cierto. Un cerebro localizado en un espacio de elevada sintergia se verá influido por la organización energética de tal espacio.

La mejor forma de analizar la sintergia cerebral es analizando la manera en la que el cerebro maneja la información aferente. Puesto que este análisis ya lo he hecho,[1] aquí solo presentaré sus aspectos sobresalientes.

La descripción que sigue nos ayudará a comprender por qué el observador siempre está en el más potente nivel neurosintérgico.

Partamos del presente. La vivencia íntima del presente es la concentración de todos los tiempos que han sido. La física habla de un punto de convergencia en el que el cono del tiempo (tanto pasado como presente) confluye. El presente del observador es ese punto. Incluye la convergencia de todo el pasado en un sentimiento del mundo. Reúne en un elemento de alta sintergia todas las vivencias del observador y al mismo tiempo lo deja sin tiempo. El presente es atemporalidad en marcha, es eternidad constante sin secuenciación temporal.

Los correlativos neuronales de tal observador y tal presente son también los circuitos que deben permitir una concentración del todo cerebral (de su lenguaje, códigos y vivencias) en un algoritmo de alto poder.

Si analizamos la anatomofisiología desde este punto de vista, es decir, tratando de hallar un correlativo estructural y funcional de tal concentración, nos encontraremos con que ciertos circuitos cerebrales reúnen en sus operaciones esta función de inclusión, concentración o convergencia informacional.

Tales circuitos son los circuitos de convergencia. Se pueden localizar a partir de la retina. En ella existen 136 millones de receptores y un millón de fibras en su salida (los axones de la capa ganglionar). La información de 136 millones de elementos (los receptores retinianos) se concentran en la actividad de un millón de fibras (los axones ganglionares que forman el nervio óptico). Este es el primer nivel de convergencia en el sistema. Cada elemento de salida concentra información y crea así un nivel de mayor sintergia que el de los receptores retinianos.

Los axones del nervio óptico además de concentrar información concentran tiempo. Los algoritmos neuronales que manejan contienen en un código unificado los tiempos de transmisión de todas las cadenas neuronales de los circuitos de células receptoras, bipolares,

[1] Véase Grinberg-Zylberbaum, J., *Nuevos principios de psicología fisiológica*, México: Trillas, 1976; Grinberg-Zylberbaum, J., *Los fundamentos de la experiencia*, México: Trillas, 1978, y Grinberg-Zylberbaum, J., *El cerebro consciente*, México: Trillas, 1979.

horizontales y amacrinas que los preceden. Se cumplen así cuatro condiciones de sintergia: *a)* concentración de información; *b)* creación de algoritmos más poderosos; *c)* concentración de tiempo, y *d)* reducción dimensional.

Por otro lado, la condición de redundancia también se manifiesta en ellos. Se ha demostrado experimentalmente que basta un 1.5 por ciento de fibras del nervio óptico para manejar el mundo visual por lo menos en cuanto a discriminación de patrones luminosos se refiere.[2]

Por otro lado, los campos sensoriales de las células ganglionares de la retina se superponen en forma considerable. Detalles del mundo visual que sin esta superposición pasarían inadvertidos se manejan así de manera algorítmica. Así, si cuatro células ganglionares tienen campos relativamente superpuestos, las zonas comunes de esos campos (al ser activadas las cuatro células) informan al resto del sistema nervioso de una zona de activación más restringida que las dimensiones totales de los campos (la zona común).

Además de las características sintérgicas antes expuestas, se observa que el número de interconexiones a nivel de las células ganglionares es considerablemente mayor que a nivel de receptores. La coherencia de información se eleva de esta forma y se cumple así aun otra condición de sintergia.

Una situación similar es deducible a partir de las operaciones neuronales asociadas con la actividad de las células simples, complejas e hipercomplejas de la corteza occipital. Las células complejas reciben información convergente de las simples y mandan información convergente a las hipercomplejas. Se observan definitivos niveles jerárquicos de inclusión informacional que funcionan con una organización sintérgica indudable.

Las células hipercomplejas concentran en un algoritmo neuronal la información convergente que reciben. De nuevo se observan a este nivel las condiciones de incremento en poder algorítmico, concentración de tiempos, incremento de redundancia, inclusión de tiempos y aumento de interconexiones.

De la misma forma que el paso de la materia al espacio es un incremento sintérgico y una aproximación a lo indiferenciado, el camino

---

[2] Galambos, R., Norton, T. T., y Frommer, G. P., *Exp. Neurol.*, vol. 18, pp. 8-25, 1967.

de la imagen al concepto es también un incremento en poder sintérgico y una aproximación a lo abstracto.

Los circuitos de convergencia del cerebro son los responsables del continuo percepto-concepto. Cuando un cubo o una roca es percibida, una de las características más asombrosas de la imagen es su unicidad. La roca se ve como una unidad y no como un conjunto de elementos dispersos. La unificación es un claro producto del manejo neurosintérgico. Los detalles del objeto se unifican en algoritmos neuronales y esta unificación se traduce en una gestalt perceptual.

Es muy probable que las operaciones de unificación perceptual se realicen en circuitos que (ya fuera de la corteza occipital) continúen la labor sintérgica del sistema.

Células polisensoriales y de gran poder convergente de la corteza inferotemporal, de la corteza frontal o aun del núcleo caudado podrían estar asociadas a esta unificación.

Una de las resultantes de este proceso neurosintérgico es el lenguaje verbal. Cada palabra es una concentración colosal de información en un algoritmo de gran poder sintérgico: la palabra *bosque* contiene todos los árboles, el término *mesa* contiene a todas las mesas.

Es clara (además de la concentración informacional) la redundancia de este nivel.

El concepto *flor* se aplica a todas las flores, contiene, en un algoritmo de gran poder, información altamente redundante y concentrada de todos los elementos perceptuales que unifica.

Por lo tanto, existe un continuo percepto-concepto de incremento sintérgico idéntico al continuo materia-espacio.

Por supuesto que el último nivel neurosintérgico es el que unifica la totalidad de información cerebral en un algoritmo de algoritmos. Este nivel es el que da como resultado la sensación de ser; el yo, el Self, son términos que lo describen.

El Self es el observador, es el nivel de mayor neurosintergia y contiene a todos los niveles previos.

El nivel sintérgico del observador es el nivel del presente atemporal.

Se pueden hacer ciertas consideraciones hipotéticas en este punto. En primer lugar, es posible considerar que en la cadena sintérgica de incremento conceptual las abstracciones y generalizaciones de mayor poder se asocian con una frecuencia vibracional mayor que las de menor poder. Con *frecuencia vibracional* me refiero al "instrumento" que es capaz de contener mayor información en una dimensión lógica menor. Un algoritmo de mayor poder que otro es una frecuencia vibracional incrementada. De la misma forma, un código neuronal asociado con el funcionamiento de un nivel jerárquico de mayor convergencia es un algoritmo de mayor poder y de mayor frecuencia vibracional que un código asociado con un nivel jerárquico de menor convergencia.

Por otro lado, un funcionamiento neurosintérgico de mayor poder es un acercamiento a lo indiferenciado, a lo completamente generalizado, a la Unidad o a la espiritualidad.

El nivel de conciencia de un sujeto depende de su capacidad de unificación. La conciencia en sí misma es unificación, adquisición de puntos de referencia de mayor poder inclusivo, capacidad de ver desde una perspectiva más amplia (véase el siguiente capítulo para una discusión de la conciencia).

Mientras mayor sea la capacidad de manejo unificador de un cerebro, más "alta" será la conciencia del sujeto poseedor de ese cerebro. En otras palabras, mientras mayor sea la neuro-sintergia, más cerca se hallará el observador de la unificación total.

Ya veremos en el siguiente capítulo que el nivel de conciencia más poderoso es la conciencia de la Unidad. Esta conciencia es un producto de una neurosintergia elevada a su máximo poder.

Las estructuras y las poblaciones celulares polisensoriales del cerebro son las responsables de la unificación de todas las modalidades perceptuales en un espacio supramodal unificado. La conciencia de Unidad debe depender de este funcionamiento sintérgico supramodal.

La sintergia cerebral no es solo observable en los circuitos asociados con el manejo visual de la información perceptual. El procesador auditivo también la manifiesta. La codificación convergente parece ser común al manejo cerebral independientemente de la modalidad perceptual que se considere.

En conclusión, podemos afirmar que el cerebro manifiesta una organización sintérgica enteramente similar a la del espacio. El cerebro se puede conceptualizar como un modelo del espacio.

Si un algoritmo neuronal de alto poder contiene en forma codificada información global, debe ser posible afectar la codificación global interfiriendo con el algoritmo. De la misma manera, si se reprodujera el neuroalgoritmo artificialmente, debería esperarse que el sistema evocara la información contenida en él. En mi laboratorio realizamos dos experimentos que demuestran lo anterior. En el primero condicionamos a gatos a ejecutar dos respuestas complejas ante la presencia de estímulos visuales. Registramos la actividad de estructuras cerebrales de alta sintergia (n. caudado c. frontal, centro mediano talámico y pulvinar). Después estimulamos estas estructuras con los potenciales registrados en ausencia de los estímulos condicionantes y observamos que los animales respondían como si los estímulos hubieran sido presentados.[3]

En otro experimento, observamos que bastaba que una rata viera a otra pulsando una palanca en una caja de Skinner para que aprendiera tal conducta. En un grupo de ratas observadoras interferimos (durante el aprendizaje por observación) la actividad de una estructura cerebral de alta integración (n. caudado).

La interferencia evitó este aprendizaje complejo.[4]

---

[3] Grinberg-Zylberbaum, J., y Riefkohl, A., observaciones no publicadas, 1974.

[4] Grinberg-Zylberbaum, J., *et al.*, *Physiology and Behavior*, vol. 12, pp. 913-918, 1974.

III

LA ORGANIZACIÓN SINTÉRGICA DE LA CONCIENCIA

La razón sintergia neuronal/sintergia espacial (sn/se) define la capacidad perceptual, el alcance de la conciencia, el nivel de entendimiento y abstracción y la inteligencia. La evolución filogenética de la conciencia y de la capacidad perceptual ha consistido en un incremento de poder algoritmizante por un lado y por el otro, en un incremento de la razón sn/se.

El espacio transparente (cualquier espacio de sintergia elevada) es la organización energética más compleja que existe. Unificar o algoritmizar la información contenida en tal organización ha sido el sino de la evolución cerebral. Vemos objetos materiales porque hemos sufrido un incremento de capacidad neurosintérgica, de tal forma que podemos sobrepasar el algoritmo de un objeto material y observar tal algoritmo desde un algoritmo del algoritmo.

Nos sucede lo mismo que le debió haber sucedido al primer animal que abandonó el mar para habitar la superficie seca de la tierra. Antes, el mar (el agua) era el espacio transparente, la organización sintérgica de mayor poder. Después, el mar fue visto desde una perspectiva más sintérgica, más inclusiva y de mayor poder algorítmico. La transparencia se transformó en "solidez". De la misma forma, nosotros avanzamos en nuestra capacidad perceptual. Seguramente hubo un momento de la evolución en el que habitábamos la luz y éramos luz. Después, pudimos observar la luz desde una perspectiva de mayor poder perceptual.

Los objetos que percibimos están localizados en el espacio que transecta nuestra retina. De la información energética contenida en ese espacio, decodificamos los algoritmos asociados con ciertas organizaciones que nuestra experiencia nos muestra como objetos. Hubo de pasar mucho tiempo antes de llegar al nivel de manejo perceptual que poseemos en la actualidad.

La evolución continua y nuestra capacidad de decodificación avanza a medida que nuevos niveles jerárquicos de sintergia (de convergencia neuronal) se desarrollan en nuestro cerebro. El espacio transparente esconde en su organización información que a medida que avancemos en sintergia se volverá perceptible.

Ya hay quienes pueden ver auras y organizaciones energéticas que para el común de la gente todavía permanecen en un estado de invisibilidad. La evolución de la conciencia sigue el mismo camino.

Existe una sola conciencia, pero muchos niveles de ser conscientes. Cada uno de estos niveles incluye el precedente en una generalización más amplia, en una perspectiva más unificadora y abstracta.

La conciencia es la capacidad de darse cuenta por parte de un observador. Darse cuenta implica observar lo previamente disperso desde una perspectiva de unificación. Un incremento en la capacidad consciente es, además de lo anterior, una capacidad amplificada para conocer las relaciones entre eventos.

Es claro que la conciencia es una capacidad asociada al manejo sintérgico. Solamente es posible unificar cuando los elementos por unificarse se incluyen en un algoritmo. La razón sn/se es una medida de la capacidad de unificación. Todo lo que no entiende una conciencia y todo lo que sobrepasa su capacidad perceptual es una razón sn/se menor a la Unidad. Todo lo que sobrepase la Unidad será comprendido por un cerebro. Siendo una sintergia elevada un lugar de correlación elevado, la sintergia puede y da lugar a los llamados fenómenos sincronísticos.

Una conciencia de alta sintergia es capaz de predecir eventos en el tiempo y de encontrar relaciones sutiles entre ellos. La conciencia de Unidad es una conciencia de elevada sintergia. En ella suceden fenómenos muy interesantes. Ellos pueden ser entendidos siguiendo la siguiente consideración.

Vamos a suponer que estamos "frente" a un árbol. El árbol se distingue del espacio que lo rodea por su opacidad. Tanto el árbol como el espacio que lo separa de nosotros y el que lo rodea se contienen en forma algorítmica en el espacio que transecta la retina. Algo de la organización de tal espacio difiere y da como resultado (al decodificarse) la aparición del árbol como objeto material y del espacio como intangible.

Lo que diferencia a la información es que el algoritmo del árbol es menos sintérgico que el algoritmo del espacio.

Un incremento sintérgico es la invisibilidad. Un decremento sintérgico es la opacidad. Cuando un cerebro incrementa su sintergia, además de crear una fuerza antigravitacional, crea omnipresencia e invisibilidad. Esto será experiencia real para el futuro de quien evolucione.

Cada punto de un espacio de alta sintergia es más parecido a otros puntos que el parecido entre puntos de un espacio de baja sintergia.

Lo mismo sucede con la conciencia. Una conciencia de alta sintergia es una conciencia que ha trascendido el mundo diferenciado y relativo, y por lo tanto es más omnipresente y semejante (en su carácter infinito) que otras conciencias de alta sintergia.

La conciencia de baja sintergia vive todavía en el mundo diferenciado y relativo, y por tanto es menos parecida que otras conciencias. El contacto con la información global (universo conceptual que es disfrutado por una conciencia de alta sintergia) es siempre el mismo para cualquier conciencia. Lo que lo hace similar es que la vivencia de tal conciencia es una vivencia del *Ser* en sí mismo. La conciencia de alta sintergia se ve a sí misma y se experimenta en el mismo proceso de ser conciencia. La experiencia y la conciencia del Ser es idéntica para cualquier conciencia, y por ello su correlación con otras conciencias es la Unidad.

Viviendo en el absoluto del Ser, tal conciencia tiene acceso a todo el universo y se incrusta en él en una experiencia de identidad total.

Todo el universo relativo surge de lo indiferenciado. Lo indiferenciado es la semilla de lo relativo. Por ello, una conciencia de alta sintergia es capaz de modificar el universo por estar en contacto con su fundamento último.

Todo esto son las leyes y operaciones de la conciencia de alta sintergia, pero no la conciencia en sí.

Quiero decir con esto que el conocer los procesos de alta sintergia no explica la emergencia de la misma como conciencia, ni tampoco nos acerca a la consideración de la experiencia.

En el siguiente capítulo intentaré mostrar las bases biológicas de la aparición de la experiencia.

Puesto que para una conciencia de alta sintergia la experiencia y la conciencia son idénticas (la experiencia es la conciencia y la conciencia es la experiencia), utilizaré el término *conciencia* como sinónimo de *experiencia*, y viceversa.

IV

LA INTERACCIÓN CEREBRO-ESPACIO: EL CAMPO NEURONAL

Un espacio de alta sintergia es una aproximación al vacío absoluto de la mecánica cuántica. Un cerebro que opera en alta neurosintergia es una aproximación al mismo vacío, al silencio del Ser.

Los elementos a partir de los cuales el cerebro crea su sintergia están diferenciados y son relativos, concretos, localizados en un universo no conceptual. Las operaciones de alta sintergia son abstracciones que tienden al absoluto.

Existe tal similitud entre las operaciones y la organización del espacio y el cerebro, que una interacción directa entre ambos (en los dos sentidos posibles) es altamente probable.

El cerebro es un modelo del espacio, y como tal sigue y se conforma con la ley de interacción por analogías. De acuerdo con ella, cualquier modelo de un sistema tiene un efecto sobre el sistema y viceversa.

En el caso de la dualidad cerebro-espacio, la interacción puede ser explicada (además de por la ley de analogías), por el desarrollo de fenómenos energéticos específicos, el campo neuronal y la organización energética sintérgica del espacio.

La interfase espacio-cerebro es la experiencia como la gravedad y el tiempo son la interfase espacio-materia.

Dependiendo de la sintergia de un cerebro, será su capacidad de contacto con el espacio. Mientras mayor sea la sintergia neuronal, mayor será la cantidad de información manejable, más poderosos los algoritmos, y por ello mayor la frecuencia del campo neuronal.

La física se ha encargado de describir un efecto muy interesante asociado con la actividad de superconductores. Si un metal es enfriado lo suficiente, llega un momento en el que su resistencia al paso de la corriente se nulifica. El decremento de temperatura del metal equivale a una disminución o "lentificación" del flujo temporal.

En el cerebro, un incremento en la duración del presente[1] equivale a una ausencia de tiempo. La sintergia neuronal está relacionada con la duración del presente. Por lo tanto, en el cerebro un cambio en neurosintergia se asocia con una alteración en la duración del presente. A su vez, la duración del presente guarda una relación directa con la frecuencia de la actividad EEG. Si esta última se toma como manifestación indirecta de la morfología vibracional del campo neuronal, se podría concluir que un incremento en sintergia neuronal es un incremento en frecuencia del campo neuronal y una entrada en la atemporalidad de un presente expandido.

En estas condiciones, el sistema nervioso (al igual que un superconductor) no ofrece resistencia alguna ante el paso de información.

El incremento de neurosintergia equivale a un aumento en la sensibilidad cerebral. Este aumento es sobre todo en relación con la información detectada de otros campos neuronales y de la estructura energético-sintérgica del espacio.

El ser humano que funciona en una neuro-sintergia elevada es capaz de detectar pensamientos de otros seres y, en general, de responder ante información energética muy sutil.

Por otro lado, la mecánica cuántica ha descrito que dos superconductores separados uno del otro por un espacio se "comunican" de una forma tal que si una corriente se hace pasar por el primero, esta misma (sus fluctuaciones) puede ser detectada en el otro.

Por ser la neurosintergia elevada un modelo de superconductor, se podría esperar que un cerebro en tal condición, además de un incremento de sensibilidad, fuera capaz de enviar información que se expandiese en el espacio con mayor facilidad que un cerebro que crea un campo neuronal resultante de una neurosintergia baja.

La comunicación entre dos cerebros es más fluida mientras mayor sintergia manejen ambos cerebros. Cuando la neurosintergia es elevada en una población de cerebros, la morfología de sus campos neuronales será tal que influencias y fluidez informacional los comuniquen óptimamente.

---

[1] Véase Grinberg-Zylberbaum, J., *El cerebro consciente*, México: Trillas, 1979, para un análisis de la duración del presente.

Esto es similar al muy conocido efecto de incremento de expansión dimensional de un campo electromagnético directamente relacionado (el incremento) con la frecuencia del campo. Mientras mayor frecuencia (sintergia) maneje un campo neuronal, mayor será su capacidad penetrante y expansiva. Fenómenos de afinidad entre seres humanos podrían explicarse tomando en cuenta las características de funcionamiento sintérgico de los sistemas nerviosos ínter actuantes.

En una interacción de neurosintergia elevada, la afinidad debe ser total (máxima frecuencia, máxima penetrabilidad).

Siendo el tiempo un cambio en la organización sintérgica del espacio, una bella forma de demostrar la existencia de la interacción entre el campo neuronal y la organización energética del espacio consiste en medir el tiempo cerca de un cerebro mientras este último altera voluntariamente su actividad neurosintérgica. Ya veremos en el capítulo VI del libro segundo la forma de realizar este experimento. Por otro lado, la interacción entre dos o más campos neuronales debe estar asociada con la comunicación y con los fenómenos de afinidad tal y como lo mencioné antes.

En un experimento estamos demostrando lo anterior. Dos sujetos se comunican en una sesión analítica mientras el cerebro de cada uno es registrado utilizando la técnica electroencefalográfica.

Hemos observado que conforme la comunicación se hace más directa y fluida, los patrones EEG de las zonas temporales de ambos cerebros se vuelven similares. La similitud entre estos patrones es una evidencia indirecta de una interacción energética directa a través de la expansión de sendos campos neuronales[2] (véase el apéndice B). La experiencia debe involucrar la interacción de por lo menos dos elementos en una estructura. Como ya mencionamos, el oxígeno y el hidrógeno dan lugar al agua; la mezcla de dos elementos químicos da lugar a un tercer elemento que siempre es sinérgico con respecto a los componentes que interactúan para producirlo. Por otro lado, se requiere la interacción de un rayo reflejado y otro de referencia para dar lugar a una imagen holográfica tridimensional, y así sucesivamente.

La experiencia humana es la interacción entre la estructura sintérgica del espacio y el campo neuronal. Esta interacción resulta en cambios en el tiempo, lo cual experimentamos como objetos.

---

[2] Grinberg-Zylberbaum, J., Cueli, J., y Szydlo, D., observaciones no publicadas, México, 1977.

Entre la activación de un conglomerado de receptores y el surgimiento de la experiencia consciente, existe un intervalo determinado por la activación de circuitos neuronales.

En el interior del cerebro, este intervalo es el suficiente para lograr la activación del algoritmo neuronal resultante de la puesta en marcha de poblaciones neuronales de alta sintergia (polisensoriales y de alta convergencia).

Es posible considerar un modo de activación cerebral de alta sintergia general y otro de baja sintergia. En el primer caso, el intervalo hasta la aparición de la experiencia será menor, y en el segundo caso, mayor. Un cerebro de alta sintergia tendrá, por tanto, un mayor número de experiencias en la misma Unidad de tiempo que un cerebro de baja sintergia.

Esto da lugar a consecuencias en extremo interesantes. En primer lugar, la capacidad de discriminación temporal de un cerebro de alta sintergia será mayor que la de uno de baja sintergia. Mayores detalles, mayor precisión perceptual y una incrementada capacidad de detectar los mínimos cambios de experiencia serán la resultante de un manejo cerebral de alta sintergia. El conocimiento que tal cerebro decodifique a partir de la estructura energética del espacio será también mayor.

Un niño es un claro ejemplo de un funcionamiento cerebral en sintergia incrementada. El número de experiencias que un niño tiene en la Unidad del tiempo es mucho mayor que el de un adulto.

El niño vive en un presente más absoluto porque no tiene "tiempo" para pensar en el pasado. Una técnica de registro del campo neuronal nos diría las características morfológicas de tal funcionamiento neurosintérgico incrementado. Seguramente una alta frecuencia del campo sería el correlativo registrado.

Ya en la perspectiva de la experiencia como resultado de la interacción entre campo neuronal y espacio es posible definir un factor de direccionalidad que determina la localización de la emergencia de la experiencia. Esta última puede aparecer en cualquier porción de espacio en el que la interacción tiene lugar. De hecho, en una conciencia expandida la experiencia es omnipresente, lo que indicaría que el factor direccional se ha "ampliado" o "desdoblado".

En una conciencia convencional, la direccionalidad determina la focalización de la experiencia, lo cual en términos psicológicos usuales se denomina atención, y tiene para la teoría de interacción una importancia fundamental. La focalización energética se aprende, y este aprendizaje en nuestra cultura ha implicado la selección del cuerpo orgánico como origen y centro de la experiencia.

En otras circunstancias, la direccionalidad podría haberse establecido en otra localización. De hecho, otras tradiciones[3] han implementado técnicas que permiten localizar la experiencia fuera de la estructura orgánica. Los llamados viajes astrales o las experiencias perceptuales "fuera del cuerpo" no son otra cosa más que la direccionalidad ejercida en una focalización extracorpórea.

Por otro lado, debería ser posible decodificar en forma directa la interacción entre el campo neuronal y la estructura sintérgica del espacio. La focalización extracorpórea implica esto mismo con el añadido de que en ella no se requiere el uso de los sistemas sensoriales usuales. El espacio contiene información que ningún sistema de receptores conocidos es capaz de decodificar. El uso de técnicas de decodificación energética directa permitiría extraer información colosal comparada con la pobre decodificación usual.

La decodificación directa de la interacción entre el campo neuronal y el espacio es y será una verdadera expansión de la conciencia. Por otro lado, al igual que un espacio de alta sintergia, una conciencia de alta neurosintergia es redundante con respecto a otras conciencias de alta neurosintergia. Quiero decir con esto que, puesto que el contenido que tal conciencia maneja es la totalidad de sí misma en una sensación de Ser absoluto y esta sensación es la misma para cualquier otra conciencia de Ser, la correlación de ambas es total.

En el espacio tal redundancia se manifiesta como una identidad de contenido informacional CMEICO. En la conciencia la redundancia es en la experiencia fundamental y absoluta del Ser en sí mismo y en todo. La conciencia de alta sintergia es la conciencia de Unidad.

---

[3] Véase, por ejemplo, Castaneda, C., *Los relatos de poder*, México: Fondo de Cultura Económica, 1972.

V

LA EVOLUCIÓN COMO ORGANIZACIÓN SINTÉRGICA

La evolución ha avanzado hasta lograr en el cerebro humano un modelo de la totalidad del universo. Cada uno de nosotros representa un instante de la totalidad (nos parecemos a un CME). En el seno materno una disposición energética protectora nos cubre y evita influencias adversas.

Probablemente una activación intensa de zonas energéticas maternas actúa como pantalla inhibidora.

En el momento del nacimiento, nos ponemos en contacto con la organización sintérgica del espacio y probablemente ese contacto determina la creación de una disposición geométrica tridimensional neuronal que actúa como modelo del universo. De la misma forma en la que una flor colocada en el centro de un cuarto influye en cada uno de los CME del mismo, así la disposición estelar específica se encuentra algorítmicamente organizada en todos y cada uno de los cuantums mínimos de espacio. El neonato (al surgir del seno materno) interactúa por vez primera con esa organización y quizás a través de la alteración de su campo neuronal se determina la fijación estructural de una matriz, copia de la disposición estelar de este instante. No existe otra forma de explicar algunos descubrimientos validados más que considerando esta fijación de un micromodelo cerebral del universo todo.

La extraordinaria capacidad cerebral es el producto de una evolución que si se analiza con detenimiento se nos muestra como manifestación de una direccionalidad sintérgica.

El cerebro es un modelo del universo, al igual que cada CME lo es del espacio. Solamente una evolución con dirección de sintergia incrementada lo puede explicar.

Ya Teilhard de Chardin se encargó de mostrarnos cómo la evolución siempre ha consistido en un incremento de complejidad y centralización.

Si nos atenemos a ciertos datos astronómicos que indican que el universo se expande a la velocidad de la luz, y que actualmente tiene una edad de 10^{41} años, podemos conjeturar que su inicio fue un protón.

El tamaño actual del universo es de 10^{28} cm (su diámetro). El diámetro de un protón es de 10^{-13} cm. La razón diámetro de universo y diámetro de un protón es 10^{41}. Si la edad del universo es 10^{41} años, si se expande a la velocidad de la luz y si la razón diámetro del universo/diámetro protónico es también 10^{41}, el universo tuvo su inicio en un protón. A partir de aquí, se inicia la evolución sintérgica. El primer átomo del universo fue un todo inclusor de lo existente. Partículas elementales se organizaron en una unidad más compleja, sintérgica y concentrada en información que los elementos que la formaron. La primera Unidad sintérgica vio la luz en la forma de una organización atómica elemental (el átomo). Una energía insospechadamente direccional comenzó a funcionar a partir de ese momento. Átomos cada vez más complejos, conteniendo mayor información fueron formándose.

En cierto momento la primera molécula apareció. Nueva Unidad inclusiva, totalizadora y centralizadora de información al constituirse en nueva Unidad de sintergia, la molécula contiene en forma unificada lo que previamente estaba disperso.

El mismo proceso de unificación y centralización creó el primer conglomerado de moléculas.

A partir de este momento de la evolución se crearon sistemas cada vez más inclusivos, centralizados y organizados en complejidad creciente.

Las proteínas, los ácidos nucleicos, la célula, el tejido y el organismo completo son ejemplos de este proceso sintérgico de concentración informacional en unidades cada vez más inclusivas y complejas.

La célula, por ejemplo, actúa como unidad que concentra en su seno una organización hipercompleja de elementos. A través de toda la evolución se ha mantenido como una especie de energía constante este impulso hacia una mayor sintergia.

Es interesante meditar en el factor constancia. Cuando un observador transecta el espacio con un movimiento unidireccional, los objetos que ve tienen un movimiento relativo que es mayor mientras más cercanos estén de él. Los objetos lejanos están (desde el punto de vista del observador) en un espacio más redundante, mientras que los cercanos no.

La constancia de los objetos lejanos se da por redundancia. En general, cualquier espacio de alta redundancia y alta concentración informacional (esto es, cualquier espacio de alta sintergia) es más constante.

Desde luego que son los cuantums de espacio que el observador transecta en su trayecto los que contienen la alta y la baja redundancia. Recordemos que la concentración de información es poderío algorítmico. Por ello, un espacio de alta constancia es también un espacio cuyas porciones contienen algoritmos más poderosos.

Ya mencioné el mismo concepto en relación con la conciencia. La conciencia de Unidad está basada en un funcionamiento algorítmico más poderoso y por tanto redundante. Cuando todos poseamos tal conciencia, seremos más parecidos unos a los otros, porque todos estaremos en contacto con la totalidad.

Sin embargo, ese contacto también será individual. Ya veremos más adelante cómo se integra la totalidad en la individualidad al fortalecer esta última.

La constancia de una organización de alta sintergia también se observa en la evolución. Cuando se organizó una población de células para constituir un organismo, este incluyó dentro de sí y como una Unidad de mayor sintergia todo lo que había sido antes de él. El organismo como un todo actúa como una especie de algoritmo biológico muy poderoso capaz de decodificarse a sí mismo (tal es uno de los atributos de la conciencia humana), para tener así un acceso posible a su pasado onto y filogenético. La memoria está resguardada y mantenida en cada célula y cada tejido. Existen métodos que permiten reconstituirla, algunos de los cuales serán tratados después.

La constancia de un organismo de alta sintergia es lo que en otros lenguajes se ha denominado *homeostasis*.

El cuerpo humano tiene una capacidad asombrosa para mantener constante su temperatura, su presión sanguínea, su capacidad de decodificación perceptual y su integridad física.

Su conciencia ha desarrollado instrumentos que ayudan a mantener su constancia a pesar de condiciones extremas. Estos instrumentos tecnológicos son también producto de una alta sintergia. Un traje espacial, por ejemplo, es el producto concentrado de la labor de miles de hombres y contiene en una unidad funcional la concentración de toda la inventiva humana. Su función es la de mantener una constancia del también sintérgico ocupante que lo usa.

Todos los procesos sintérgicos tienen un límite en el observador. En él, la nueva información se traslada constante y continuamente de una frontera de cambio a un automatismo capaz de mantener una constancia. Cuando un niño aprende a leer, su conciencia se halla instalada en la frontera de lo cambiante y nuevo. Cuando un adulto lee, la operación es automática. La nueva sintergia se convierte en vieja sintergia y en el proceso ocurre una expansión, y un mantenimiento.

La evolución posee las mismas características. La aparición de una nueva especie es un experimento colosal en el que nueva información y originales formas de enfrentarse al medio son integradas en una constancia de funcionamiento que primero es frontera de cambio y después (cuando la especie novedosa adquiere vida) se traslada a un plano de automatismo sintérgico.

La aparición de una nueva especie es la creación de un nuevo y más poderoso bioalgoritmo. Las fases de esta aparición son las mismas para el espacio (si un CME se hiciera equivalente a una nueva especie o a una nueva conciencia) que para la evolución.

Constancia de un bioalgoritmo de reducido poder sintérgico se convierte en un bioalgoritmo (léase especie) de mayor poder sintérgico.

Un virus es más fijo, más redundante con respecto a otros virus y con mayor capacidad de permanecer vivo en condiciones en las que un ser humano sin ayuda tecnológica perecería. En este sentido es más constante, pero su capacidad de manejo informacional es ridícula comparada con la del hombre. Este último bioalgoritmo (si pudiéramos cuantificar un índice relativo de constancia que incluya como parámetro la complejidad y cantidad de información manejable) es más constante en su complejidad.

Las especies (bioalgoritmos de la evolución) cumplen con las leyes de la organización sintérgica.

Cada bioalgoritmo de mayor poder (esto es, cada nueva especie) contiene mayor información concentrada en una unidad orgánica, concentra mayores tiempos, tiene una redundancia automatizada mayor (todos los seres humanos caminamos en forma similar, contenemos reglas lógicas neuronales similares, funcionamos perceptualmente en forma semejante, etcétera), y se comunica más y con mayor complejidad, y así sucesivamente.

Un conocimiento es más válido y real mientras mayor poder explicativo tenga, y mientras mayores niveles de organización lo puedan usar para explicarse a sí mismas.

El hecho de que la organización sintérgica sea capaz de explicar el espacio, la conciencia y la evolución es interesante en este sentido. Parecería que al hablar de sintergia, estamos tocando uno de los fundamentos del conocimiento.

Ya veremos en el siguiente capítulo cómo la tan esperada teoría del campo unificado puede construirse a partir de la concepción sintérgica.

VI

LA TEORÍA SINTÉRGICA DEL CAMPO UNIFICADO

Acabo de mencionar el elemento de constancia asociado a una sintergia elevada. Como preámbulo a la teoría del campo unificado, retomaré el concepto de *constancia*, pero ahora asociado con lo que podríamos denominar *purificación vibracional*.

Hablaré en términos muy abstractos, suponiendo que el manejo conceptual asociado con la sintergia y el espacio es ya familiar para el lector.

Un cerebro de alta sintergia, además de mantenerse constante en la conciencia de Unidad, purifica el espacio con el cual interactúa. El espacio se transforma en actividad electroquímica al ponerse en contacto con el cerebro. En realidad, el cerebro y el espacio forman un continuo y se incluyen uno en el otro a través de por lo menos dos procesos.

Uno, la transformación del espacio en actividad neuronal, y el otro, la creación del campo neuronal. Como si fuera un bloque de azúcar disolviéndose en el agua, el cerebro se disuelve en el espacio y el espacio en el cerebro.

Tal continuo tiene efectos mutuos. Un cerebro es capaz de alterar la organización del espacio y de incrementar o decrementar su sintergia.

El espacio pasa a través del cerebro como si este fuera un filtro en contacto con una corriente de agua o aire. Cuando el cerebro funciona en alta sintergia, el espacio se transforma y se purifica. El filtro cerebral quita impurezas de baja sintergia, sobre todo asociadas con alteraciones espaciales provocadas por otros campos neuronales. La geografía del planeta también afecta la organización del espacio. Lugares de complejidad geográfica alta (un ejemplo es Tepoztlán, pueblo rodeado por montañas de alta complejidad que incrementan la sintergia del espacio) también transforman al espacio.

La continuidad espacio-cerebro demostrada por los cambios mutuos de estas dos organizaciones es el fundamento de la teoría sintérgica del espacio. Un cerebro de alta sintergia y alta constancia en su conciencia de Unidad, crea alrededor de él un espacio de alta sintergia mantenida; en cambio, un cerebro de baja sintergia y por tanto en un funcionamiento consciente oscilante y concreto (una mayor sintergia es una aproximación a lo absoluto, a lo eterno, un espacio de baja sintergia a lo cambiante, relativo y a lo concreto) decrementa la sintergia del espacio con el que forma un continuo.

Es interesante meditar acerca de las condiciones que estimulan el logro de un espacio de alta sintergia. Ya mencioné el efecto de campos neuronales y de la geografía planetaria. Otra situación con el mismo efecto es la velocidad.

Una velocidad alta equivale (para el observador que se mueve) a un espacio de alta sintergia.

En un funcionamiento neurosintérgico elevado, se incrementa el conocimiento y la capacidad de establecer relaciones entre eventos. Informaciones que de otra manera pasarían desapercibidas son detectadas y reconocidas como si el contacto cerebro-espacio se incrementara. Se estimulan eventos sincronísticos y se activa una sensación de trascendencia. Todo lo anterior se puede deducir a partir de las leyes de sintergia y demuestra la continuidad cerebro-conciencia-espacio.

La teoría del campo unificado debe basarse en una realidad energética común a varios órdenes de la realidad, debe ser capaz de unificar procesos aparentemente tan dispersos como la materia y el espacio, la gravedad y el tiempo, la conciencia y la experiencia, y unificarlos en un cuerpo conceptual de alto poder.

Pero no únicamente eso. La teoría debe ser capaz de predecir eventos y también relaciones.

Comencemos pues, por plantear un centro común capaz de relacionar la gravedad, el tiempo, la estructura del espacio y la conciencia. Lo mejor será planteando un experimento crítico que los unifique. Supongamos que un cambio de conciencia manifestado y medido con un correspondiente cambio en la organización del espacio y, por lo tanto, en el tiempo y en la fuerza gravitacional pueda demostrarse experimentalmente.

Así pues, será necesario idear instrumentos que permitan medir las variables anteriores y por tanto determinar sus relaciones mutuas.

Se ha demostrado que un incremento de coherencia intra e interhemisférica es un índice preciso de una conciencia expandida (en otra terminología, de una conciencia de alta creatividad, cercana a la Unidad y trascendente, en mi terminología, de una conciencia de alta sintergia).

Un sujeto entrenado para modificar voluntariamente su actividad cerebral y llevarla a un estado de alta sintergia sería el centro del experimento. Este sujeto se colocaría en una cámara perfectamente sonoamortiguada, a prueba de vibraciones y con un blindaje adecuado para evitar interferencia electromagnética. Se registraría su actividad cerebral para determinar sus cambios. De acuerdo con la teoría sintérgica del campo unificado, la alteración de la actividad cerebral del sujeto modifica la organización del espacio manifestada como un cambio en el tiempo.

Será necesario medir el tiempo. Esto se puede lograr iluminando la cámara con una luz coherente y de frecuencia fija y constante. Un láser serviría para este efecto. La frecuencia del láser sería el reloj. Esta frecuencia debería alterarse en la cercanía del sujeto cada vez que este cambia su actividad cerebral.

Otra forma de medir la alteración temporal sería colocando relojes atómicos en las distintas localizaciones de la cámara. Los cercanos al sujeto deberían mostrar una alteración mayor que los alejados de él.

El efecto sobre la fuerza gravitatoria podría ser medido utilizando el método de interferencia por láser, tal y como se maneja en la holografía. Un emisor láser apuntado hacia el sujeto reflejaría la luz en una pantalla (placa fotográfica de interferencia). Al mismo tiempo, un espejo también la reflejaría sin hacerla incidir sobre el sujeto pero sí sobre la placa de interferencia (haz luminoso de referencia).

Si un cambio gravitatorio ocurre como resultado de una alteración de la actividad cerebral del sujeto, este cambio alterará la curvatura del espacio alrededor de él. La distancia entre la cabeza del sujeto (perfectamente fija e inmóvil) y el espejo en el que se refleja el haz de referencia cambiará y el patrón de interferencia registrado y fotografiado también.

Si esto acontece, se demostrará la ocurrencia de un cambio gravitatorio resultante de un cambio de conciencia y de actividad cerebral. La creación de una neurosintergia elevada al incrementar la sintergia del espacio crea una fuerza antigravitacional. Si en el experimento anterior se midiera con toda precisión el peso del sujeto y se detectara un cambio del mismo, dado por un incremento neurosintérgico, se demostraría la relación (como antes) conciencia-gravitación (véase el apéndice A).

Si la organización sintérgica del espacio es el campo unificado, también deberían esperarse efectos de alteración en campos eléctricos y electromagnéticos. Durante el experimento se podría introducir un campo eléctrico y/o electromagnético a fin de detectar sus cambios en relación con el estado del sujeto.

Por último, debería ser posible detectar cambios concomitantes en la actividad de sujetos dentro de la cámara y en cercanía al primero. En un experimento, José Cueli, David Szydlo y yo hemos podido demostrar que el cambio de actividad EEG de un sujeto afecta la actividad EEG de otro con quien el primero esté en comunicación directa, incrementándose durante ella la similitud de sus patrones EEG (véase el apéndice B).

De acuerdo con la teoría, el experimento crítico demostraría la existencia de un campo común, unificador del tiempo, la gravedad, la conciencia y fenómenos electromagnéticos.

Debemos esperar la evidencia experimental (véanse los apéndices), sin embargo, podemos preguntarnos desde ahora cuestiones fundamentales relativas al campo unificado y a sus características. En primer lugar, existen relaciones extraordinariamente claras entre la actividad y el funcionamiento cerebrales, la organización y las propiedades del espacio y la fenomenología de la conciencia.

Cuando Newton formuló las leyes de su mecánica, se basó en su experiencia sensible. El nivel de su conciencia le permitió abstraer a partir de la información que percibía principios que él consideró fundamentales. Si dos bloques de granito chocan y la percepción de su interacción muestra una serie de efectos como rebotes, cambios direccionales, etcétera, una mentalidad como la de Newton podía abstraer del nivel de lo observado leyes aplicables al universo en su totalidad. Cuando la física relativista hizo su aparición, lo percibido en forma directa dejó de poder ser aplicado. Solamente a través de una tecnología y una instrumentación muy sofisticadas se hizo patente a lo sensorio efectos de un mundo subatómico que trastornaba en su modo de operar toda preconcepción proveniente de la experiencia sensorial desnuda.

A partir de este momento, la aproximación al entendimiento de los fenómenos cuánticos, relativistas y gravitatorios requirió la adquisición (por parte del físico) de un nuevo punto referencial proveniente de una conciencia que se encuentra funcionando en una dimensión distinta.

En la actualidad las leyes asociadas al mundo de la mecánica cuántica pueden vislumbrarse como similares a un estado de conciencia determinado, siempre y cuando se adquiera este estado de conciencia. En otras palabras, solo es posible entender cabalmente nociones tales como las de superconductividad, superfluidez, etcétera, de un compuesto enfriado casi hasta el cero absoluto si se adquiere una conciencia que viva (en su conocimiento del mundo) ese mismo estado.

Por ello, la conceptualización de una teoría del campo unificado es también la adquisición de una conciencia de Unidad en la que, y a partir de la cual, la realidad se viva como Unidad.

Si la experiencia sensible muestra una realidad consistente en objetos sólidos diferenciados uno de los otros y del espacio que los circunda, los conceptos explicativos del funcionamiento de la naturaleza no podrían trascender tal experiencia. Fue interesante (por ejemplo) el impacto que tuvieron los primeros descubrimientos físicos acerca de la naturaleza dual partícula-onda de la luz, contradictorios de la experiencia de diferenciación. Los físicos se quedaron sin bases y en una confusión que en los de mayor vocación e involucramiento provocó angustia.

Parecía que una parte de la naturaleza, el pensamiento humano resultante de la actividad cerebral, formaba parte de una realidad completamente distinta de otra porción de la naturaleza, la de sus elementos constitutivos, fotones, electrones y demás partículas elementales, como si la operación sinérgica cerebral y el modo de funcionar de la conciencia global no pudiera acoplarse con el de la física cuántica. Por supuesto que la sinergia de los contenidos conscientes tiene propiedades distintas de las de los elementos últimos de la realidad física. Sin embargo, la misma sinergia y la misma conciencia al cambiar de nivel adquieren un funcionamiento que mimetiza el de las partículas elementales, y desde esa conciencia es como se puede entender la unificación.

Veamos un ejemplo relacionado con lo anterior. Un electrón es una onda de probabilidad cuya localización es incierta y solo probable. Esta onda probable se encuentra a una distancia específica del núcleo atómico. Cuando un átomo recibe energía, el electrón cambia de estado y puede localizarse ahora en una órbita más alejada del núcleo. Esto crea un estado de excitación. El átomo está en un estado excitado y más tarde o más temprano retornará a su condición normal, dando como resultado (en el proceso de retorno) un paquete energético en forma de fotón.

El átomo excitado regresa a su estado inicial y la luz (fotón) surge como resultante del retorno. La misma situación se observa en la conciencia. Cuando ocurre una expansión de conciencia y esta alcanza un estado de mayor inclusión, la conciencia está excitada y más tarde o más temprano regresará a su estado inicial. El regreso involucrará un dar a otra conciencia el nuevo nivel. La conciencia excitada retorna a su estado inicial, dando como resultado "luz".

La evolución de las estrellas y de la conciencia es otro ejemplo de un mismo proceso que ocurre en dos niveles de realidad diferentes. Una estrella comienza su vida como una masa incandescente de hidrógeno puro. A medida que envejece, crea elementos más y más complejos y pesados en su interior. Su calor aumenta y se expande en el universo circundante. En cierto momento de su evolución la estrella comienza a depender de su alrededor para su manejo energético interno. Se estabiliza y pasa un largo periodo de su vida en un estado estable hasta que se enfría y muere.

La evolución de la conciencia es bastante similar. Comienza en un estado de incandescente pureza, después crea esquemas que equivalen a elementos más pesados y complejos. Alcanza un clímax y después se estabiliza en un equilibrio energético con el ambiente.

Hace pocos años Cohen[1] describió un método experimental y unos resultados acerca de la existencia de un campo magnético producto de la actividad cerebral. La magnetoencefalografía vio su nacimiento entonces. Esta es quizás una de las primeras evidencias de la existencia del campo neuronal. Sin embargo, es dudoso que el tipo de energía asociada al campo sea puramente magnética o aun electromagnética. El magnetoencefalograma no muestra frecuencias superiores a las pocas docenas de hertz, mientras que el campo neuronal debe vibrar en un orden de frecuencias mucho mayor.

Probablemente algún nuevo tipo de energía distinta de la de atracción nuclear, gravitatoria, eléctrica y electromagnética sea la responsable del campo neuronal, y en general de la red energética asociada a la organización sintérgica del espacio.

---

[1] *Science*, vol. 161, p. 784, 1968.

VII

LA SINTERGIA, EL CAMPO CUÁNTICO Y LA CONCIENCIA

Por detrás de cualquier objeto diferenciado, de cualquier aspecto material, de cualquier partícula elemental, existe lo que los físicos han denominado el *campo cuántico*. Este no es otra cosa que la red energética que todo lo interconecta y penetra.

Diferentes porciones de este campo poseen distintas configuraciones. Ya he mencionado la organización sintérgica y sus cambios en este contexto. Ahora, intentaré analizar la aparición de la materia desde el contexto del campo cuántico y su relación con la organización sintérgica. Empezaré por el electrón y nuestro análisis podrá ser extendido a cualquier otra partícula elemental. Un electrón no es un objeto específico, sino más bien una configuración energética en forma de un paquete-onda. La aparición de un electrón, al igual que la de cualquiera otra "partícula", es una intensificación energética específica en alguna porción del campo cuántico. Esto quiere decir que el electrón no es algo que permanezca en una localización o en movimiento. Es más bien la alteración específica del campo la que se manifiesta como electrón. Su movimiento es el cambio en la localización de la alteración.

Al igual que la mayoría de las partículas elementales, el electrón afecta su "ambiente" y otras partículas. El ejemplo más conocido de lo anterior es la repulsión de un electrón por otro. Esta repulsión es en realidad un intercambio de fotones que uno de los electrones despide y el otro capta. Puesto que un fotón tampoco es un objeto sino una alteración del campo cuántico, la repulsión es una doble alteración del mismo sustrato energético. En otras palabras, al ser un electrón una alteración energética del campo en un continuo con el resto de este, la repulsión de un electrón por otro es el resultado de la zona del campo que ambos alteran. La aparición de un electrón, de cualquier partícula elemental, y, en un sentido global, de cualquier objeto material es siempre la manifestación de una alteración de lo indiferenciado, de la red energética que forma el campo cuántico.

Esta alteración (independientemente de sus características específicas) es la intensificación energética de una morfología de onda. En otras palabras, la extraordinaria complejidad y heterogeneidad del campo cuántico se limita y alguna de sus frecuencias o morfologías de onda sobresale de las otras, lo que da lugar a la manifestación material. Un ejemplo ayudará a entender lo anterior. Supongamos que estamos frente a una masa de agua en perfecta estabilidad. Esto representaría el campo cuántico. Ahora un viento sopla y provoca una alteración en la superficie del agua que se manifiesta como una onda concéntrica o como una ola. La ola es la intensificación de alguna propiedad del campo, una alteración morfológica específica. El carácter del campo cuántico, como el del agua del ejemplo, es tal que dadas las circunstancias adecuadas cualquier morfología puede ser estimulada o intensificada. Es como si el campo formara la base o el sustrato de cualquier posibilidad.

La intensificación de una morfología específica (de un paquete de onda), equivale a una disminución de sintergia, la misma que en capítulos anteriores se analizó como factor básico de aparición de la materia.

Ya en un sentido más global, el mundo material diferenciado tal y como aparece a la percepción humana es en realidad la manifestación de una y la misma red energética, el campo cuántico organizado sintérgicamente.

La conciencia es en conjunto el campo cuántico y las relaciones energéticas entre seres humanos son, al igual que las interacciones subatómicas, alteraciones de un mismo sustrato energético.

Uno de los más grandes enigmas de la ciencia queda, sin embargo, sin contestación. Me refiero a la razón o factor que determina la alteración (cualquiera que esta sea) del campo y que da lugar a la materia.

¿Por qué —en otras palabras— una morfología del campo se intensifica, dando lugar a un electrón o a un fotón o a cualquier otra partícula? ¿Qué fue lo que por primera vez dio lugar al cambio?

VIII

LA CONCIENCIA DE UNIDAD Y EL CAMPO CUÁNTICO

Quizás se pueda dar un esbozo de respuesta a las preguntas del capítulo anterior al analizar las posibilidades y la fenomenología de la conciencia más evolucionada, la conciencia de Unidad. Con conciencia de Unidad quiero decir aquella que es capaz de vivir en forma directa del campo cuántico, en otras palabras, la que puede percibir las interconexiones y el sustrato común de lo diferenciado.

Antes de internarnos en la conciencia de Unidad quisiera, de nuevo, aclarar el carácter sintérgico del campo cuántico.

Cuando mencioné que las porciones de baja sintergia del espacio eran la materia, pensaba en la fenomenología perceptual. Desde el punto de vista del campo cuántico, esta fenomenología es manifestación de algo más allá de lo puramente humano. Si una porción del campo intensifica uno de sus componentes morfológicos de frecuencia, lo que ocurre en esa porción del campo es en realidad una disminución de complejidad, es decir, un decremento sintérgico. El campo se homogeniza en alguna de sus porciones, lo que equivale a una disminución de su contenido informacional. Esta disminución no es otra cosa que una transformación de un espacio de alta a un espacio de baja sintergia.

Lo que provoca el cambio en alguna porción del campo es siempre lo que efectúa un intercambio con esa porción modificada.

En otras palabras, la materia aparece cuando una porción del campo cuántico se intensifica como resultado de una estimulación asociada con algún intercambio energético.

Estos intercambios generalmente se dan por interacciones entre partículas elementales. Si recordamos que toda partícula es una onda, la intensificación del campo hasta la manifestación materia no es otra cosa más que una interacción ondulatoria en la que un paquete onda estimula una morfología energética específica. Un caso extremo en este sentido es la autoestimulación o autoabsorción de los nucleones. Por ejemplo, un protón continuamente está emitiendo muones. Estos forman una nube alrededor del protón. Tanto los muones como el protón son ondas; el protón es capaz de desencadenar, además de la propia, otras morfologías de onda. Pero, además, el protón absorbe sus propios muones y esta autoabsorción es lo que lo mantiene estable. La física conoce gran cantidad de procesos de estimulación de morfologías del campo cuántico que se dan por intercambios entre partículas elementales. Sin embargo, existe otra forma de estimulación más sutil y que es dada por un proceso que básicamente es idéntico al mencionado anteriormente, pero cuyo nivel es diferente. Me refiero a la intensificación de morfologías del campo que da la conciencia, concretamente por la interacción del campo neuronal con el campo cuántico. El ejemplo más dramático de lo anterior es la capacidad de un oriental, Sai Baba, de materializar un polvo de textura fina únicamente con su pensamiento.

Si la materia se vislumbra desde el punto de vista ondulatorio y esta visión se lleva hacia la estructura cerebral, otra cognición se estimula. Una neurona, por ejemplo, es un conjunto energético hipercomplejo, una serie de morfologías ondulatorias la forman al igual que cualquier otro elemento de la estructura cerebral. Cualquier cambio en la activación del cerebro afectará el campo cuántico hasta el grado de la materialización del espacio y probablemente sea la conciencia la responsable del mantenimiento del mundo material.

Ahora, ya en la conciencia de Unidad, esta no es otra cosa que la vivencia del sustrato común que se encuentra por detrás de toda manifestación relativa.

El fundamento en este nivel es de inclusión total. Lo que se percibe se vive como parte de la misma conciencia o como ella misma. De la misma forma en la que el campo cuántico es capaz de dar lugar a cualquier manifestación material, así la conciencia que vive la Unidad es capaz de provocar cualquier efecto. La relación entre la conciencia de Unidad y el campo cuántico es tan estrecha que debería ser posible postular algún principio de identidad energético entre los dos.

Ya he mencionado que la conciencia de Unidad se da por un funcionamiento neurosintérgico elevado y que el espacio (lo que en la física se llama campo cuántico) es también una organización energética de alta sintergia.

El punto de unión entre la conciencia de Unidad y el campo cuántico lo había colocado en la activación de un campo neuronal de alta sintergia y la interacción energética de este con el espacio.

Aquí ampliaré el punto de vista anterior considerando a la estructura cerebral y a su activación como conjunto de paquetes de onda en un continuo con el campo cuántico.

Cuando analicé el campo neuronal y mencioné que este resultaba de todo el conjunto de interacciones electroquímicas entre elementos neuronales, pasé por alto la posible existencia de otro tipo de activación e intercambio neuronales.

Nada impide dudar que la actividad cerebral no esté fundada en procesos de intercambio mucho más sutiles que los conocidos por la electrofisiología y la neuroquímica contemporánea. Intercambios similares a los que ocurren en cualquier interacción entre partículas elementales se deben dar a nivel cerebral, por lo que el campo neuronal debe resultar no solo de los intercambios electroquímicos entre células neuronales, sino también de las interacciones energéticas sutiles. Más aún, la conciencia correlativa de la interacción entre el campo neuronal y la estructura del espacio debe también involucrar interacciones entre este mismo espacio (el campo cuántico) y campos energéticos asociados con el resto de los órganos corporales, y no únicamente el sistema nervioso.

IX

EL CAMPO CUÁNTICO, LA CONCIENCIA DE UNIDAD Y LA INDIVIDUALIDAD

Cuando una porción del campo cuántico intensifica una de las morfologías de onda que lo constituyen, aparece la materia en su forma más fundamental, una partícula elemental.

El campo cuántico que forma el sustrato de todo lo existente es la base de la Unidad. La aparición de un paquete onda manifestado como partícula elemental es una individualización del campo cuántico. La Unidad da lugar a lo individual cuando de todo su contenido sobresale una porción. Lo individual en la materia forma un continuo con su sustrato. De la misma forma, la conciencia individual es la intensificación de una porción del todo, y como tal adquiere individualidad sin perder, por ello, su sustrato y contacto con la Unidad.

En el caso de la conciencia individual, esta puede avanzar hasta colocarse en un plano de identidad con la Unidad. Desde un punto de vista energético, esto querría decir que el campo neuronal asociado con tal conciencia se transforma en el mismo campo cuántico. Esta transformación es un regreso al origen de la Unidad y contiene en sí la posibilidad de modificar el campo cuántico.

Visto desde un punto de vista global, la Unidad en sí (el campo cuántico) se diferencia por manifestar secciones de sí mismo en forma de intensificaciones morfológicas específicas que incluyen en ellas la particular geometría hipercompleja de los campos orgánicos.

La relación entre neurosintergia y campo cuántico es clara. Cuando un cerebro funciona en una alta sintergia modificando en este mismo sentido el campo neuronal asociado con ella, este campo adquiere las características del campo cuántico. La conciencia individual tiene así la posibilidad de llegar a la Unidad o de mantenerse como particular intensificación morfológica. Es muy probable que la identidad entre campo cuántico y conciencia de alta sintergia (conciencia de Unidad) se base en un incremento de frecuencia del campo neuronal y que en estas condiciones se manifiesten y aun estimulen fenómenos de alta complejidad, tales como los sincronísticos jungianos.

Esto último merece una amplia explicación. Todos, en diferentes circunstancias y edades, hemos experimentado coincidencias entre eventos que no pueden ser explicados ni con base en un determinismo formal, ni por medio de la lógica racional, ni probabilísticamente.

El mismo Jung da un ejemplo claro en este sentido: una paciente le relataba circunstancias asociadas con un escarabajo y en ese instante un escarabajo chocó contra la ventana del consultorio. Anécdotas en la misma línea se podrían transcribir en cantidades considerables. Seguramente algún factor asociado a la trilogía sincronicidad, campo cuántico y sintergia debe ser el responsable de tales eventos.

Cuando un campo neuronal entra en un contacto de identidad con el campo cuántico, las características de incremento de redundancia, omnipresencia informacional y poderosa algoritmización se estimulan tanto energética como experiencialmente. Con ellas, la capacidad de unificación se exagera hasta niveles en los que se determina una relación directa entre eventos que de otra forma se mantendrían desconectados. La causalidad no es suficiente constructo ni adecuado concepto para explicar las relaciones de eventos durante un fenómeno de sincronicidad. Desde un punto de vista perceptual existen eventos y objetos diferenciados unos de los otros. Si uno de estos objetos intersecta el movimiento de otro y provoca así una alteración direccional, decimos que esta última es un efecto y que su causa está en la intersección o choque.

Desde el punto de vista del campo cuántico o de una neurosintergia elevada no existen objetos o eventos diferenciados o independientes. Todo es una manifestación del mismo sustrato o realidad energética común.

El hecho de que una conciencia establezca un contacto con el campo cuántico implica la facilitación de relaciones entre eventos.

Con respecto a la posible determinación o facilitación de los eventos sincronísticos, es necesario acudir a la consideración de que un cerebro que funciona en una alta neurosintergia afecta las características del campo y da lugar a manifestaciones que de otra manera no ocurrirían.

Las leyes específicas de la relación sincronicidad-campo cuántico-sintergia son desconocidas en sus detalles, aunque definitivamente deben asociarse a las características de toda organización sintérgica. Estas leyes serán tratadas en el próximo capítulo.

X

LA TRILOGÍA CAMPO CUÁNTICO, SINCRONICIDAD Y SINTERGIA

Una partícula elemental como el electrón, que es una particular intensificación de un componente de frecuencia del campo cuántico, es además todos los efectos que estimula y todos los patrones de interacciones que sufre.

La física contemporánea ya no vislumbra la existencia de paquetes-ondas-partículas como entidades individuales, sino más bien como partes o componentes de patrones de interacción. Este salto en concepción es enteramente similar al que se observa entre una ciencia dedicada (por ejemplo) al estudio del hombre como entidad orgánica aislada y una ciencia social.

En el caso de los patrones de interacción entre partículas elementales, es posible conceptualizar toda una serie de interacciones como si formasen una Unidad. Así, si un protón choca contra un neutrón y de esa interacción surgen otras partículas, todas ellas forman, además de las originales, una nueva entidad que se puede manejar como elemento.

La misma situación puede ser aplicada al fenómeno de sincronicidad. En este, una serie de interacciones forma patrones complejos que en sí mismos son unidades o elementos de patrones de interacción aún más complejos.

Por supuesto que las unidades que forman parte de un patrón sincronístico son infinitamente más complejas que las que dan lugar a una red de interacciones entre partículas elementales. De ahí la tremenda dificultad ya no de catalogar, sino inclusive de percibir algún patrón de sincronicidad.

En este capítulo intentaré analizar los fundamentos sobre los cuales deberá ser posible realizar una compartimentalización de patrones de sincronicidad.

Cada partícula elemental tiene características como su carga, masa, *spin*, etcétera, que determinan una forma peculiar de una probabilidad de interacción específica con otras partículas. La misma situación impera en el campo de la conciencia, pero multiplicada en complejidad.

No sabemos cuáles son las características morfológicas de un campo neuronal que hagan que el poseedor del mismo tenga más o menos probabilidades de interacción con otros campos. En otras palabras, además de ciertos rasgos generales como el sexo, edad y circunstancias sociales y familiares que determinan ciertos patrones de interacción, no podemos hablar actualmente acerca de la existencia de un *spin*, carga o masa humanas determinantes de los peculiares patrones sincronísticos. Será cuando tengamos técnicas precisas de registro de campos neuronales cuando las características fundamentales de los modos de interactuar se nos muestren, si no con la claridad y exactitud, sí con alguna presencia similar a la de las fotografías de cámaras de burbujas de la física.

Por ahora, nos debemos contentar con un análisis teórico.

En primer lugar, es posible postular que uno de los factores que determinan la existencia de patrones de sincronicidad específicos es la sintergia neuronal. Ya había mencionado que una de las características de una elevada sintergia es la mayor cantidad y densidad de conexiones. En otras palabras, tanto a nivel CMEICO como de conciencia, un elemento de mayor sintergia es el que establece mayor número de conexiones o interacciones con otros elementos. Así, la posibilidad de eventos sincronísticos se incrementa conforme lo hace la sintergia.

Por otro lado, un campo neuronal proveniente de un cerebro de elevada neurosintergia es el que más cercanamente se identifica con el campo cuántico sustrato común de cualquier diferenciación.

El contacto más íntimo con el campo cuántico a un nivel de indiferenciación y el mayor número de conexiones hace que el campo de la sincronicidad tenga un suelo fértil en una conciencia expandida.

Desde un punto de vista fenomenológico, una neurosintergia elevada es una capacidad de unificación perceptual amplificada. Eventos que para una conciencia sintérgica restringida aparecerían como si estuvieran desligados unos de los otros, para una conciencia basada en una neurosintergia elevada aparecen en íntima relación. Puesto que los eventos sincronísticos siempre implican la manifestación y la percepción de relaciones sutiles o gruesas entre eventos, la relación entre sintergia y sincronicidad es clara.

Ya no desde un punto de vista perceptual y fenomenológico, sino de estimulación activa, la relación directa entre sincronicidad y sintergia también es clara.

El campo cuántico es el sustrato de cualquier posibilidad. De ahí surge la materia en toda su infinita variedad. Cuando una conciencia de elevada sintergia se pone en contacto con el campo cuántico a nivel de identidad, se coloca en la situación de poder lograr actualizar cualquier manifestación, entre ella la de estimular interacciones entre eventos. Así, la sincronicidad como fenómeno de concientización y la sincronicidad como proceso de estimulación activa de relaciones guardan una muy estrecha relación con la sintergia y con el campo cuántico. Dependerá del punto de corte del cono convergente de la organización sintérgica del espacio y del cerebro lo que sea un evento sincronístico y lo que solo se vislumbre como una serie de fenómenos aislados. Dependerá del mismo nivel de corte el que se puedan o no estimular interacciones.

En última instancia, todo se halla interconectado y por tanto el universo es en sí mismo un evento sincronístico.

XI

EL ORIGEN DE LA EXPERIENCIA

Por lo tanto, el origen de la experiencia es la interacción entre el campo neuronal y el campo sintérgico.

El campo neuronal es la resultante sinergista del conjunto total de interacciones neuronales en la duración del presente. Esta última es el tiempo suficiente como para dar lugar a un percepto unificado. En el hombre adulto en vigilia, la duración del presente es de alrededor de 50 milisegundos.

Por lo tanto, las interacciones neuronales totales que ocurren en 50 milisegundos de actividad cerebral dan lugar a un campo neuronal de un ser humano adulto. El campo neuronal abandona la infraestructura cerebral y se expande internándose en el espacio circundante e interactuando con su organización energética e informacional. El cerebro constituye el centro del campo neuronal y el origen de la interacción de campos.

El campo sintérgico es la organización energético-informacional del espacio independiente del campo neuronal.

La interacción de ambos campos los afecta mutuamente y activa la existencia de un campo unificado. Este último es el que experimenta.

Una de las fuentes informacionales del campo sintérgico las constituyen las modificaciones del espacio-tiempo que en la percepción humana aparecen como objetos materiales. Estas alteraciones de la continuidad espacio-temporal afectan su espacio circundante hasta zonas en las que el espacio-tiempo vuelve a adquirir su forma original. Esta última está caracterizada por una alta redundancia informacional y una no menor concentración informacional en cada una de sus porciones.

La aparición de un objeto material tiene como efecto el disminuir la redundancia y el crear zonas de alteración expandida de redundancia y convergencia.

Imaginémonos un espacio vacío en el que se introduce una esfera de plomo. A medida que nos alejemos de la esfera, el espacio contendrá la información acerca de ella en forma cada vez más redundante.

A una distancia infinita de la esfera, cualquier porción de espacio, por mínima que sea, contendrá información idéntica acerca de la esfera. Conforme consideramos zonas de espacio más cercanas a la esfera, observamos una disminución de redundancia energético-informacional.

El aumento de redundancia positivamente relacionada con un incremento de distancia a partir de una fuente informacional se explica por un aumento de divergencia de la información desde la fuente hacia el espacio.

Un espacio de alta redundancia y alta concentración informacional en cada una de sus porciones es un espacio de alta sintergia, y en él, cada punto contiene con mayor abundancia información acerca de fuentes informacionales lejanas, y con menor abundancia información de objetos cercanos.

Un espacio de baja redundancia y bajo contenido informacional unificado en cada uno de sus puntos es un espacio de baja sintergia.

En la realidad, los espacios de baja y alta sintergia coexisten siendo su carácter más relativo que absoluto y dependiendo su caracterización de la localización relativa del observador.

Sin embargo, es concebible la existencia de espacios puros de alta sintergia en zonas completamente alejadas de cualquier alteración espacio-temporal relativa (léase objetos) y espacios de baja sintergia en el interior de objetos.

La transferencia de un observador de un espacio de alta sintergia a uno de baja sintergia activa la experiencia gravitacional y la temporal. De hecho, la fuerza gravitacional aumenta con una disminución de redundancia y disminuye con un incremento de redundancia y concentración informacional de tal forma que la fuerza gravitacional y el tiempo se incrementan conforme se les mide durante una aproximación desde un espacio de alta hacia un espacio de baja sintergia.

El campo neuronal también manifiesta regulaciones sintérgicas que se denominan *neurosintérgicas*.

La infraestructura del campo neuronal (léase cerebro) está formada por circuitos neuronales que difieren entre sí en muchos aspectos, siendo uno de tantos su capacidad de concentrar información.

Desde la periferia del sistema hacia sus estructuras centrales se observa un incremento de convergencia y por tanto de unificación informacional junto con una tendencia también incrementada hacia la redundancia a través de circuitos de divergencia informacional. Las zonas neuronales de mayor redundancia y concentración informacionales constituyen espacios de alta neurosintergia y en ellos se activan procesos de abstracción, de unificación conceptual y lingüística y de síntesis. Las zonas de menos concentración informacional y redundancia actúan como espacios de baja sintergia y en su carácter neurosintérgico se asocian con procesos de diferenciación perceptual y en general de contacto con patrones concretos.

El campo neuronal depende en su morfología del nivel neurosintérgico de la infraestructura responsable de activarlo. Un campo neuronal proveniente de un espacio de alta neurosintergia será más unificado, redundante y vibrará a mayor frecuencia (contendrá mayor información en cada una de sus porciones) que un campo neuronal de baja neurosintergia.

La sintergia del espacio variará dependiendo de la neurosintergia del campo neuronal que interactúa en ella, incrementándose o disminuyendo según sea el caso y, correspondientemente, la neurosintergia del campo neuronal se incrementará en un espacio de alta sintergia y disminuirá en uno de baja sintergia.

Las alteraciones sintérgicas por interacción de los campos neuronales se manifestarán en cambios en la estructura del espacio-tiempo en forma de oscilaciones del campo gravitacional y/o aceleraciones o retardos temporales (véanse los apéndices).

Los diferentes niveles del campo sintérgico y del neurosintérgico en interacción determinan cambios en la experiencia. Algunos de estos cambios se analizarán en seguida.

Entre todos los milagros de la creación, uno de los más inexplicables es la sensación de continuidad del uno mismo. Cuando se logra tener la experiencia del yo trascendiendo todas las ilusiones, se le reconoce como siempre existente y se intuye que la misma sensación de poseerlo debe ser común para cualquier ser humano que sea capaz de sentirse a sí mismo trascendidos los engaños y las ilusiones del ego.

No menos milagroso, sin embargo, es la cambiante experiencia sensorial y la diversidad de los estados corporales subjetivos. Entre estos últimos, los de la experiencia sensorial y los del yo mismo; parece vislumbrarse una escala cuyos diferentes niveles son diferentes tiempos de permanencia de una experiencia y diversas velocidades y frecuencias de los cambios de contenido de la misma experiencia.

En otras palabras, es posible considerar a la aparentemente permanente sensación del yo mismo ocupando el nivel de mayor continuidad de la experiencia (de cualquier experiencia) y a la experiencia sensorial caracterizada por cambios abruptos, rápidos y en "alta frecuencia" ocupando el extremo opuesto, caracterizado por una absoluta falta de continuidad.

¿Por qué es así y qué correlativos sintérgicos y neurosintérgicos se asocian con esta escala?

Paréceme que en el análisis de redundancia informacional y su relación con la distancia con respecto a la infraestructura responsable del campo neuronal está la respuesta.

El problema no es simple ni falto de trascendencia. En realidad forma parte de una de las interrogantes más antiguas que se ha planteado el hombre. De hecho, la aproximación oriental ha denominado a los dos extremos de la escala antes descrita con los nombres de *absoluto* y *relativo*.

El mundo relativo es el mundo de los perceptos cambiantes y de poca duración. Una persona identificada con el mundo relativo depende de sus impresiones sensoriales, es más concreta y dispersa que quien se basa en la sensación "permanente" de sí misma.

La tradición occidental en manos de uno de sus psicólogos, H. Witkin, ha denominado a los dos extremos y a las gentes que se encuentran en ellos como dependientes e independientes del campo. Los sujetos dependientes del campo son los que se identifican con el mundo relativo de las impresiones perceptuales. Cambiará su humor, confianza, etcétera, con cambios correlativos de sus aparatos perceptuales. En cambio, los independientes del campo son sujetos seguros de sí mismos, identificados con su yo y no dependientes de los cambios en las condiciones perceptuales. En realidad, sabemos que tanto la experiencia perceptual como la sensación de poseer un yo mismo son un contacto con la totalidad, por lo que la denominación de relativo y absoluto deja mucho que desear desde este punto de vista, lo mismo que la de dependencia e independencia del campo. Sin embargo, desde un punto de referencia práctico y fenomenológico son denominaciones aceptables.

¿Qué es pues lo que diferencia a un sujeto centrado en sí mismo y con una sensación continua de mismicidad de aquel que se localiza en la periferia de su cambiante sistema perceptual?

Recordemos por un momento la ya mencionada relación entre redundancia informacional y distancia con respecto a un observador.

Un punto del espacio o una zona del mismo contendrá información más redundante acerca de objetos situados a una distancia mayor y menos redundante en relación con información espacial localizada en su cercanía.

Si en lugar de un punto en el espacio nos imaginamos el centro expansivo de un campo neuronal, y a la experiencia como localizada en alguna zona de su interfase con el campo sintérgico, podemos afirmar que tal localización determinará el nivel de continuidad de la experiencia.

Obviamente con localización no quiero decir una concreta posición en el espacio, sino más bien un factor dinámico de activación energética que en otros lugares he denominado *factor de direccionalidad* y que determina junto con la interacción de campos el carácter de la experiencia.

Habrá zonas de la interacción que reflejen en mayor grado una alta redundancia y un contacto con el resto de la información, en cambio otras manifestarán una redundancia baja. Postulo que cuando la experiencia se localiza en las zonas de mayor redundancia el nivel de la escala de continuidad de la experiencia será alto. En cambio, la experiencia será cambiante cuando la zona de interacción sea de baja redundancia.

En nuestra vida cotidiana estamos simultáneamente interactuando con un espacio de baja redundancia asociado con la cercanía de objetos y con un espacio de alta redundancia en el que se concentra información acerca de la disposición estelar.

Cualquier zona del espacio contiene las dos organizaciones informacionales, por lo que el campo neuronal interactúa con ambas. El factor de direccionalidad determina si la experiencia se asociará con las zonas de menor redundancia (zonas de baja sintergia) o con las de mayor redundancia (zonas de alta sintergia). La localización en las porciones de baja sintergia dará como resultado la experiencia del mundo relativo, el cambio, la falta de continuidad y permanencia y la dependencia del campo.

En cambio, la localización en las zonas de alta sintergia dará como resultado una experiencia de mayor permanencia, un contacto con el absoluto, etcétera.

En realidad, es la neurosintergia cerebral y por tanto los diferentes niveles morfológicos del campo neuronal los que determinarán la localización del factor de direccionalidad y por ende el carácter y nivel de la experiencia subjetiva. Así, una neurosintergia elevada y por tanto un campo neuronal de alta frecuencia interactuará con la organización de elevada sintergia del espacio activando una experiencia más absoluta. En contraste, una neurosintergia baja y por tanto un campo neuronal de baja frecuencia solo podrá interactuar con regiones homólogas del espacio, es decir, con las porciones del mismo de sintergia baja, dando como resultado una experiencia cambiante y relativa.

Es necesario aclarar el término *interacción*. Cuando menciono que un campo neuronal de elevada neurosintergia interactúa con la organización espacial de alta sintergia en forma preferencial, lo que quiero decir es que solamente en contacto con ese nivel de organización el campo neuronal se verá afectado.

Un ejemplo que aclara lo anterior es la imposibilidad de detectar una imagen cuando una placa holográfica se ilumina con la luz del sol y la facilidad de creación de la imagen holográfica cuando se utiliza luz láser. Obviamente ambas, la luz solar y la láser, interactúan con la placa holográfica, pero solamente la láser es capaz de activar la imagen holográfica porque tanto el patrón de interferencia inscrito en la placa como la frecuencia y coherencia de la luz láser son más compatibles.

De la misma forma, un campo neuronal de alta neurosintergia es más compatible con su campo espacial de elevada sintergia e interactúa más satisfactoriamente con él que con un campo de baja sintergia.

Lo opuesto también es cierto, es decir, que la interacción de un campo neuronal de baja neurosintergia es más compatible con las zonas de baja sintergia del espacio que con las de elevada sintergia del mismo espacio.

Todo esto indica que en realidad existe un único campo y no dos, y que el único campo se ve afectado en un sentido o en otro por porciones focales dentro de sí mismo. En otras palabras, la experiencia subjetiva es la experiencia de un campo unificado y los cambios de la experiencia son alteraciones de este único campo por el desarrollo de procesos energéticos que se originan y se expanden en su propio seno.

De esta manera se explica que cuando un sujeto se pone en contacto con su verdadero centro, establece un contacto con el centro de todos.

Cuando en el laboratorio observamos (véanse los apéndices que vienen al final) que un incremento en la coherencia cortical cerebral de dos sujetos (léase un incremento en la neurosintergia cortical de dos sujetos) hace que su comunicación se incremente y en momentos llegue a ser directa o cuando en el mismo laboratorio demostramos que las alteraciones en la coherencia cortical de un sujeto provocan alteraciones del campo gravitacional en el espacio circundante, lo que realmente estamos diciendo es que existe un solo campo y diferentes formas de afectarlo y experimentarlo.

Dos sujetos aumentan su comunicación cuando al elevar su neurosintergia establecen una interacción más fluida con la matriz energética del campo sintérgico.

Un sujeto es capaz de alterar la fuerza gravitacional al cambiar las características del espacio-tiempo a través de un campo neuronal proveniente de un cerebro en el que ocurren cambios neurosintérgicos (véanse los apéndices al final).

La experiencia humana aparece cuando al único campo se introducen campos neuronales que lo afectan.

El efecto de los campos neuronales sobre el único campo es fundamentalmente una alteración en el espacio-tiempo del mismo.

Una fuerza gravitacional es un cambio en el espacio-tiempo. El espacio se curva en la cercanía de un objeto material y a esto le llamamos gravedad.

Cualquier objeto en sí mismo es una alteración en la curvatura del espacio-tiempo. Cualquier planta, animal o ser viviente crea alteraciones del espacio-tiempo.

El campo neuronal es, entre todas las manifestaciones energéticas, el más complejo y, por lo tanto, su interacción con el campo sintérgico altera las características espacio-temporales de este último en una forma tan extraordinaria que resulta no solamente (como ya lo hemos demostrado) en una alteración de los campos gravitacionales, sino en el surgimiento de la experiencia humana.

Cuando la neurosintergia alcanza niveles muy elevados y por lo tanto se pone en contacto con una sintergia espacial también muy alta, la experiencia resultante tiende a ser la del mismo campo único o unificado y por ello la experiencia humana roza en esos instantes el absoluto, trascendiendo los mismos límites del campo neuronal.

Por otro lado, las imágenes visuales son en realidad la visión indirecta de uno de los niveles de organización del campo unificado.

Nuestros perceptos visuales son la manifestación de la interacción del campo neuronal con el sintérgico en un cierto nivel de la misma (interacción). Se antoja recordar la descripción de la percepción sensorial como una especie de burbuja que refleja en sus paredes al mismo observador y por tanto le da una visión de sí mismo en una mezcla sofisticada con la realidad. Esta percepción sensorial es, no cabe duda, resultante de interacciones de relativa baja sintergia. Lo que se encuentra por detrás de la burbuja, el trascender del mundo relativo, se produce cuando en un incremento neurosintérgico el observador se pone en contacto con la misma fuente que lo nutre y experimenta atisbos de un absoluto por detrás y más allá de su propio reflejo iluminado en las paredes de su interacción con los espacios de baja sintergia.

He aquí, pues, una defensa de la realidad del mundo sensorial y una invitación a trascenderlo para descubrir niveles más absolutos de la misma realidad.

Queda claro que los niveles de experiencia de mayor constancia y por lo tanto de mayor unificación y profundidad están relacionados con la experiencia directa del campo unificado o con su representación como patrón de alta sintergia en el espacio, mientras que la experiencia de objetos concretos cambiantes, relativa y de menor constancia resulta de la interacción de baja sintergia entre un campo neuronal y el campo sintérgico.

La pregunta obvia que cualquiera podría plantear es acerca de niveles intermedios entre una experiencia del mundo relativo y una del absoluto. Desde un punto de vista fenomenológico, la respuesta existe y es clara.

Existen innumerables niveles de experiencia intermedios que van desde los relativamente cambiantes estados de ánimo, los temporales deseos e inclinaciones, etcétera.

La psicología tradicional se ha encargado de describir estados y formas de experiencia que asociadas con aspectos de la personalidad y el carácter tienen larga permanencia, y otras como las emociones cuya vida es corta pero larga comparada con la de los perceptos sensoriales.

¿Es posible hallar organizaciones energético-informacionales del campo sintérgico cuya vida media corresponda a las señaladas interiormente?

Definitivamente sí, y además se ajustan sus patrones o ciclos que parecen corresponder con la fenomenología y la observación "externa" de pautas de comportamiento y de experiencia subjetiva.

En un mismo espacio coexiste la información energética relativa a objetos cercanos y la influencia energética y gravitacional de objetos lejanos. La influencia lunar es un buen ejemplo de lo anterior, de la misma forma que la solar y la correspondiente a otros planetas del sistema solar en el que vivimos.

Un instrumento de la adecuada sensibilidad podría (teóricamente) detectar información proveniente de los planetas y las estrellas en cualquier zona del espacio transectada por campos neuronales. Obviamente, la información acerca de estrellas lejanas estará representada en forma más redundante y constante que la información de cuerpos cósmicos más cercanos. Dependiendo de la neurosintergia del campo neuronal es posible predecir con qué grado de redundancia espacial este podría interactuar de tal forma de activar el surgimiento de la experiencia. Postulo que incrementos neurosintérgicos harían más factible la activación de experiencias asociadas con eventos muy lejanos, y por tanto con una representación más constante, continua y redundante.

Patrones de movimientos relativos de masas estelares, estrellas, soles, satélites y planetas deben estar representados en patrones energéticos muy complejos en cualquier zona del espacio.

La expansión de campos neuronales hace que esta manifestación de la actividad cerebral sea la más apropiada herramienta para interactuar con esos patrones energéticos y por tanto activar experiencias subjetivas asociadas con ellos.

Es tiempo de que la psicofisiología se interese en establecer correlativos serios entre los patrones cósmicos y estelares y la experiencia subjetiva.

LIBRO TERCERO

La creación de las conciencias

INTRODUCCIÓN

Existe una conciencia de grupo. Lo he "visto" innumerables veces y comprendido cuando recuerdo la imposibilidad lógica de ciertos estados de conciencia que se comparten y solamente aparecen en unión de otros seres.

El sistema nervioso transforma a códigos neuronales la estructura energética del espacio. Experimentamos y vemos siempre nuestra propia actividad neuronal transformada en experiencia.

De todas las posibilidades de creación, nuestra estructura cerebral y un factor de direccionalidad deciden, transforman y decodifican una parte y esa transformación es nuestra experiencia relativa. No existe límite alguno para la decisión excepto aquel dado por la cultura, el aprendizaje y la estructura genética.

La creación de las conciencias es la creación de las realidades específicas a partir del conjunto total de realidades latentes en la indiferenciada estructura energética del espacio. La unión con otros seres amplía el rango de posibilidades de creación de nuevas realidades y conciencias. *Conciencia* y *realidad* son (en los términos anteriores) sinónimos y así se manejarán en el resto de esta obra.

La creación de una conciencia comienza en cualquier interacción humana. El campo cuántico matriz energética sustrato del todo se intensifica y una nueva manifestación aparece siempre que dos seres humanos interactúan.

Es necesario un periodo de reacomodo para que los campos neuronales de una pareja alcancen la posibilidad de materializar en lo orgánico a un nuevo ser.

En ocasiones esto último nunca sucede. Los campos se han anulado y la intensificación del campo cuántico ha sido revertida. En general, la creación de las conciencias es la transformación a experiencia de algún rango o parte de lo indiferenciado.

El campo tiene en su capacidad la de manipular instrumentos que a lo largo de la evolución se han constituido en constantes físicas, que transfieren la modificación (del campo) puramente energético, en activación de estructuras fisicoquímicas, como el ácido desoxirribonucleico y los cuerpos orgánicos.

La formación de la conciencia no es un fenómeno puramente grupal. El caso de dos seres humanos es quizás su clímax de complejidad. En un solo "elemento" la formación también se da, aunque limitada en capacidad creativa.

En ocasiones la creación de una nueva conciencia se manifiesta antes de su transformación material.

En términos sintérgicos la creación antecedente a la materialización tiene mayor sintergia que esta. El proceso, a grandes rasgos, es la formación primaria (durante la interacción y antes de la materialización) de un espacio de muy alta sintergia y la subsecuente disminución de esta hasta llegar a lo orgánico.

La muerte de lo orgánico es un proceso inverso. Aquí la conciencia alcanza la sintergia inicial y en ocasiones la sobrepasa. Cuando esto ocurre vuelve al campo cuántico y se confunde con él. Lo que en el Oriente se llama reencarnación y finalización de la cadena reencarnativa tiene que ver con lo anterior.

Por otro lado, existe una conciencia que se da cuenta de un contenido y una conciencia de la conciencia que se da cuenta de que se dio cuenta del contenido de cualquier experiencia. La creación de las conciencias es también este continuo englobamiento o inclusión de una conciencia por otra. En realidad, es la misma conciencia la que cambia de nivel.

La mejor forma de comprender esta inclusión (correlativo de cualquier incremento sintérgico) es analizando la operación de los circuitos convergentes cerebrales y la organización convergente del espacio.

En el cerebro es la creación de nuevos algoritmos el resultado de la inclusión convergente.

El proceso es infinito y no debe explicarse por ningún ente metafísico sino por un circuito de retroalimentación que conecta los últimos niveles de convergencia con los iniciales. De esta forma los algoritmos neuronales finales forman los elementos iniciales de un nuevo además de continuo proceso.

La creación de las conciencias es, pues, por un lado, resultado de interacciones globales entre dos o más seres íntegros y, por el otro, resultado de una interacción inclusiva entre los elementos de un mismo ser.

En el primer caso el resultado es la creación de una conciencia humana absolutamente original y en el segundo la transformación sintérgica creciente de una conciencia ya existente. Esto último implica siempre una incrementada capacidad de percibir relaciones y patrones. Una nueva conciencia se crea en cada nuevo patrón de relaciones que se experimenta.

En este libro, además de profundizar en el análisis de lo anterior, intentaré continuar con la investigación de los correlativos energéticos de la conciencia.

I

INTERACCIONES ENERGÉTICAS

Recordemos que el hecho de que podamos percibir un objeto material a distancia implica que la información acerca del objeto se encuentra contenida en la porción de espacio con la cual interactúa nuestra retina.

Es una porción de espacio la que transformamos en imagen visual. La colosal cantidad de información que contiene cualquier imagen es (en la porción de espacio con la que interactuamos) una no menos colosal e hipercompleja organización energética. Esta organización forma el sustrato de cualquier manifestación material y es conocida en la física contemporánea como *campo cuántico.*

Si "frente" a nosotros se encuentra un árbol, este puede percibirse visualmente desde cualquier localización espacial, siempre y cuando no se encuentre un obstáculo material que intercepte al árbol con el observador del mismo.

Implica esto que la organización energética que contiene la información acerca del árbol es omnipresente para cualquier localización. En otras palabras, la información acerca del árbol está contenida en forma relativamente redundante en todo el espacio. Esta información y el árbol mismo son organizaciones energéticas que en sí mismas no contienen cualidad alguna de experiencia.

El árbol tal y como aparece a nuestra percepción es resultado de la transformación de una porción de la red energética que constituye el campo cuántico en actividad neuronal.

La actividad neuronal a su vez da lugar a un campo energético neuronal que al interactuar con el campo cuántico activa la experiencia visual.

La porción de espacio capaz de contener toda la información visual acerca del árbol disminuye sus dimensiones conforme el observador se aleja del árbol. Esta disminución dimensional relativa a la distancia es la manifestación de la organización convergente sintérgica de la información contenida en el campo cuántico.

La convergencia informacional explica la redundancia que también es parte de la organización energética del espacio.

A una distancia de varios kilómetros del árbol, la información acerca del mismo converge en porciones de espacio más diminutas que a un metro. Estas porciones diminutas son redundantes y omnipresentes para cualquier localización.

Si el observador se mueve, la imagen del árbol es más constante y redundante dimensionalmente a los 10 kilómetros que a una distancia menor.

La Luna, vista desde la Tierra, permanece inmóvil en el campo perceptual de un observador a pesar de los movimientos del mismo. A la distancia, entre la Tierra y su satélite, la convergencia informacional de este último es máxima al igual que su redundancia. En otras palabras, a mayor convergencia, la misma información está contenida en diferentes porciones del campo. La redundancia es omnipresencia. La alta convergencia es alta sintergia, por tanto, a mayor sintergia mayor redundancia.

Varias preguntas se pueden plantear en este punto. En primer lugar, acerca del trasfondo energético de la convergencia y de la redundancia. En segundo lugar, acerca del efecto energético de un objeto material sobre el espacio que lo circunda.

Puesto que estas preguntas implican un conocimiento acerca del campo cuántico, la materialización y el manejo energético de la información, comenzaré el análisis en el primer punto de la trilogía anterior y después utilizaré cualquier herramienta a mi alcance (la holografía, por ejemplo) para atender el segundo y el tercer punto.

La omnipresencia informacional, el hecho de que la misma información acerca de un objeto material esté contenida en una colosal cantidad de porciones de espacio (sobre todo cuando este espacio es de alta sintergia), depende de una divergencia energética. En otras palabras, la redundancia y la convergencia son un resultado directo de la divergencia.

Esto, que parece paradójico, se puede entender con el siguiente ejemplo. Supongamos que iluminamos una pieza de ajedrez con una luz intensa. Ahora, nos alejamos 100 km de la pieza y la observamos con un potente telescopio. No importa cuántas veces movamos de lugar el telescopio, siempre veremos (conservando una direccionalidad) la pieza de ajedrez.

La información de la pieza está contenida en todos los puntos de observación del espacio. La dimensión de los puntos del espacio en los cuales converge la información de la pieza es microscópica (a esa distancia). Existe, pues, una gran convergencia informacional y una no menor redundancia. Ambas están dadas por una divergencia informacional. Esto es, la pieza refleja la luz en "abanicos" divergentes en expansión y por tanto todos los puntos del espacio se "bañan" con la misma información. Aquí entra la consideración acerca del campo cuántico.

En la física contemporánea, es usual encontrarse con la aparente creación de partículas elementales y con la eventual desaparición de las mismas como si la "nada" les diera nacimiento y la misma "nada" las engullera.

Con el conocimiento de que una partícula es en realidad un paquete-onda, una morfología ondulatoria específica, nada era más lógico que considerar que esa "nada" aparente es una especie de receptáculo energético o una red informacional estructurada como matriz energética hipercompleja. Esta matriz es de tal complejidad que nada, ni siquiera un cerebro humano, es capaz de decodificarla y por tanto de percibirla.

Una partícula elemental es la intensificación de una morfología energética específica de entre todas las que constituyen el campo. La aparición de una partícula a partir de la "nada" es la diferenciación de una porción del campo. Su desaparición en la nada es la incorporación del paquete onda específico a la matriz energética sustrato del todo.

Más aún, los efectos de atracción y repulsión entre partículas y todas sus mutuas interacciones son explicadas en el mismo contexto como alteraciones expandidas del campo.

Veamos esto último con detalle.

Uno de los más asombrosos fenómenos de la física es el de interacciones a distancia. Existen varios niveles en los que tales interacciones pueden ser catalogadas.

Primero, la fuerza gravitacional; segundo, la eléctrica y electromagnética; tercero, las llamadas interacciones débiles, y cuarto, la fuerza nuclear que mantiene a las partículas elementales de los núcleos atómicos unidas entre sí.

Todas estas fuerzas actúan a distancia sin que aparentemente medie ningún sustrato material que las explique.

Actualmente se piensa[1] que las interacciones a distancia son realmente intercambio de partículas. Para la fuerza gravitatoria, el gravitón, para las interacciones electromagnéticas, los fotones, para las interacciones nucleares, los mesones.

Veamos el caso de una interacción entre electrones.

El siguiente diagrama la describe:

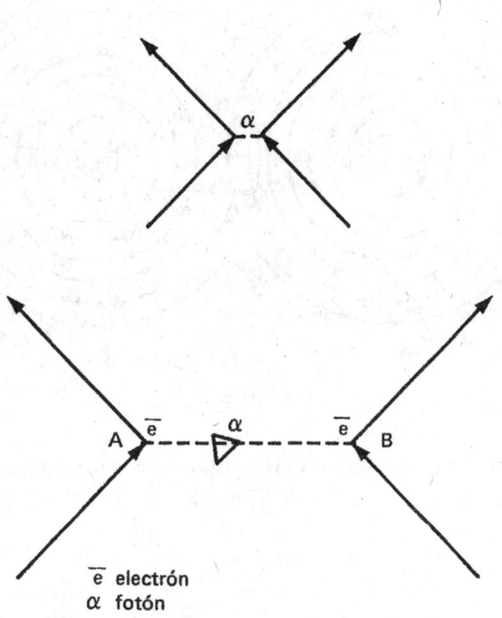

Figura 2

El electrón A despide un fotón y al hacerlo desvía su trayectoria hacia la izquierda. El electrón B capta el fotón y desvía su trayectoria hacia la derecha. Ha ocurrido una interacción a distancia de repulsión dada por un intercambio de una partícula elemental, el fotón.

En realidad, el fotón al igual que los electrones son paquetes-onda, intensificaciones del campo cuántico mutuamente afectadas.

Si vemos esta interacción desde una perspectiva puramente ondulatoria, podemos afirmar que ha ocurrido una mutua interferencia

[1] Capra, F., *The Tao of Physics*, Bantam Books Edition, 1977.

ondulatoria dada por cambios energéticos en el campo cuántico (véase la figura 3).

Inclusive podríamos explicar la mutua repulsión entre electrones de la siguiente forma.[2]

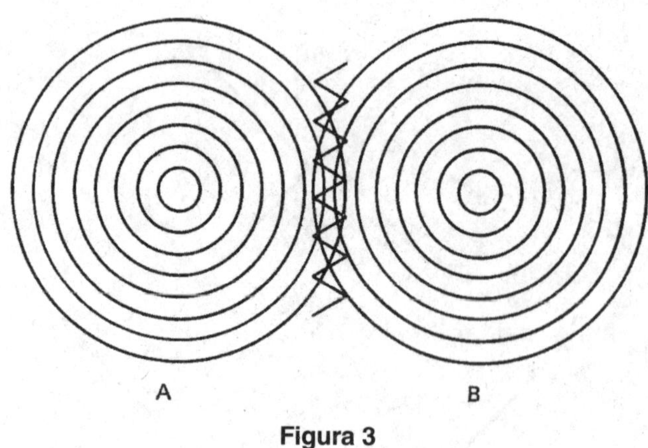

Figura 3

Un electrón y otro en cercanía serían dos campos ondulatorios en cuya interfase ocurre una intensificación energética que se interpone en su trayectoria:

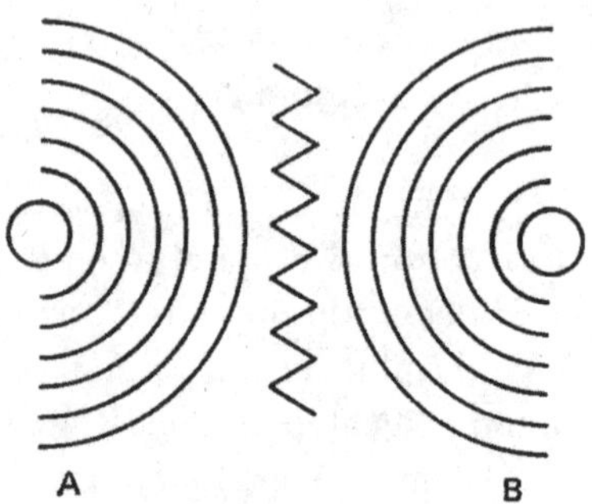

Figura 4

---

[2] J. Gilbert, comunicación personal, 1978.

De la misma forma en la que dos crestas de sendas ondas se amplifican cuando se superponen, así, la interfase entre los dos paquetes-onda (electrones) crea una intensificación del campo cuántico de tal naturaleza que no son capaces de aproximarse.

El caso de dos protones sería semejante. Para las fuerzas nucleares, la siguiente descripción es pertinente: cuando dos protones se acercan lo suficiente, la fuerza eléctrica de repulsión desaparece para dar lugar a la llamada fuerza nuclear. Esta es atractiva y de una intensidad tal que hace que los nucleones en el núcleo permanezcan unidos entre sí. Si entre dos protones se intensifica el campo cuántico cuando estas partículas están a la distancia mínima que ocupa la intensificación, se convierten en la intensificación misma, de tal manera que forman un todo integrado. Eso explicaría su aparente y clara atracción mutua.

La fuerza de atracción entre partículas con carga opuesta podría explicarse si en lugar de una intensificación del campo en su interfase ocurriera una amplificación negativa del mismo. Se crearía entonces una especie de vacío energético que atraería a las partículas.

La relación de estas consideraciones con el problema que nos ocupa es directa.

La información dentro del campo se transfiere a distintas localizaciones del mismo a través de la intensificación de morfologías energéticas específicas. La divergencia informacional de la que hablaba antes es la expansión (en todas las direcciones del campo) de esta intensificación. La convergencia sería dada por las interacciones entre los elementos ondulatorios interactuantes en todas las direcciones. La redundancia sería la repetición multiplicada de la misma serie de interacciones dada por la misma divergencia.

Obviamente en toda la descripción precedente es clave la idea de que una intensificación del campo cuántico (manifestada a nuestra percepción como un objeto material) influye en el espacio circundante.

Por otro lado, tal influencia se expande a la velocidad de la luz creando alteraciones energéticas en porciones alejadas del campo.

Ahora intentaré aún mayor precisión. Ya sabemos que un objeto material afecta el espacio que lo rodea a través de un efecto de intensificación y modificación de la red energética que constituye el campo cuántico.

¿Por qué y cómo se realiza la convergencia energética y cuáles son las bases energéticas informacionales de la convergencia y la redundancia?

Si un punto del espacio contiene información colosal, ¿cómo es la organización energética que sirve de sustrato a tal convergencia?

Para contestar estas preguntas en un nivel aún más directo que el que he tocado hasta el momento, me valdré de una herramienta y un fenómeno óptico que manifiesta las mismas propiedades que el espacio en cuanto a convergencia-redundancia. Me refiero a la holografía.

Un holograma es una placa fotográfica translúcida, la que al ser iluminada por la luz del sol deja ver una serie de sombras complejas, formadas por trazos diminutos que no forman imagen alguna. El verdadero holograma es, sin embargo, microscópico y cuando se amplifica se observan líneas, puntos, rayas oscuras y espacios transparentes formando una filigrana hipercompleja.

Cuando la placa holográfica se ilumina con luz láser homogénea, un espectáculo insospechado aparece a la vista. La placa fotográfica sin sentido se transforma en una especie de ventana que deja ver (por detrás y flotando en el espacio) una figura perfecta y tridimensional. Tan cercana es la visión a la de asomarse por una ventana, que la figura tridimensional cambia de perspectiva dependiendo de la porción del holograma que se vea.

Así, si la figura es una roca, el ver la parte superior del holograma permite ver la porción superior de la roca y la inferior la de abajo. Inclusive se tiene la impresión de que asomándose lo suficiente, se podría vislumbrar la porción posterior del objeto.

De alguna manera, un plano fotográfico de dos dimensiones sirve de sustrato a una imagen tridimensional.

Pero esto no es lo más extraordinario. Si ahora se corta el holograma por su mitad, y se vuelve a cortar innumerables veces hasta dejar pequeños pedazos, y cada uno de ellos se ilumina con la luz láser, la imagen tridimensional y total de la roca aparece en cada uno de ellos. Implica esto una alta concentración y una alta redundancia informacional en cada una de las diminutas porciones del holograma.

De alguna forma, también el holograma reproduce las leyes sintérgicas del espacio, a saber:

1) Cada porción del espacio contiene información gigantesca concentrada y convergente.
2) Existe una redundancia informacional en cada porción del espacio.

Puesto que en la placa holográfica la información ha quedado registrada en un medio manejable y materializado, su análisis se facilita y promete ayudarnos a contestar las preguntas acerca del sustrato energético-informacional de la convergencia y la redundancia.

Penetremos un poco más en la técnica holográfica analizando primero el procedimiento que se utiliza para obtener un holograma.

El esquema de la página siguiente lo describe:

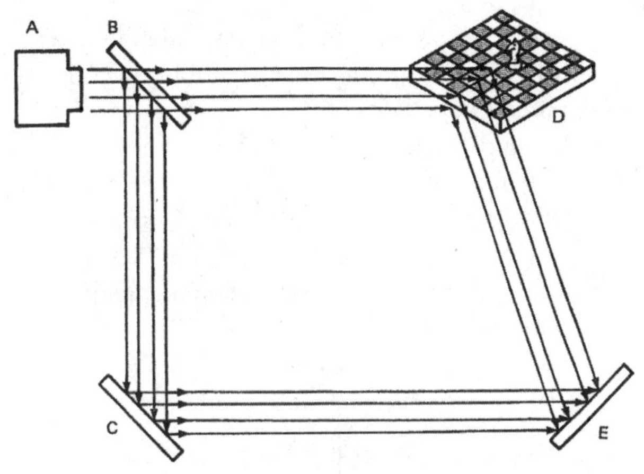

Figura 5

El proyector A atraviesa el semiespejo B e ilumina el objeto D, que a su vez refleja la luz en la placa fotográfica E.

La misma luz del proyector se refleja en el semiespejo B, incidiendo en el espejo C, que la desvía hasta la misma placa fotográfica E.

Tenemos, pues, un haz de luz reflejado por el objeto y un haz de luz de referencia.

En la placa fotográfica los dos haces se mezclan y dejan inscrita en la emulsión un patrón de interferencia. Este patrón es el que contiene la información total y tridimensional acerca del objeto, información que crea una imagen tridimensional cuando la placa holográfica es iluminada con la misma luz láser que se utilizó para registrarla.

La luz láser es una luz coherente de una frecuencia pura y homogénea. Se produce al hacer que todos los átomos de un rubí, o un gas, cambien de nivel energético (salten orbitales atómicos) al aplicarles una energía. Los electrones de los átomos, al retornar a su orbital original, desprenden la energía recibida, emitiendo fotones de una sola frecuencia.

Cuando esta luz incide sobre el objeto y llega a la placa fotográfica "inscribe" en ella un patrón que respecto a la luz de referencia es un cambio de frentes de ondas que contienen información acerca de las características tridimensionales del objeto.

Además de esta información se inscriben como diferencias de magnitud los cambios de iluminación asociados con las áreas más o menos claras del objeto.

Basta que en el patrón de interferencia obtenido estén los dos elementos informacionales anteriores (magnitud y fase de las ondas luminosas) para reproducir al objeto.

El patrón de interferencia holográfico es en realidad producto de la interacción ondulatoria entre el haz de referencia y el reflejado.

Para entender lo que se quiere decir por patrón de interferencia, el siguiente ejemplo es útil:

Imaginemos un recipiente rectangular conteniendo agua y una barrera en su parte intermedia:

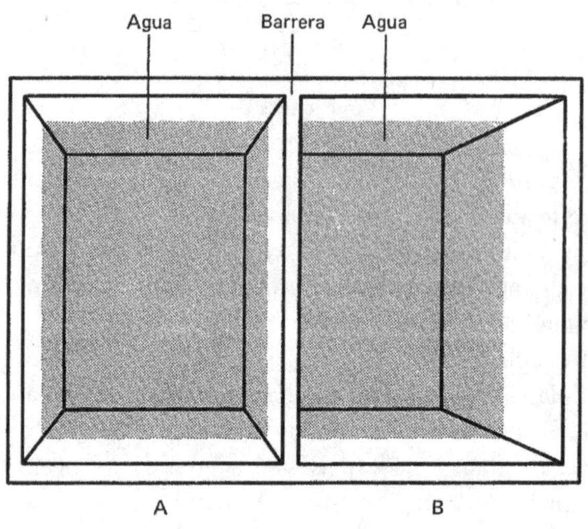

Figura 6

Si en el compartimento A creamos ondas concéntricas, estas no pasarán al compartimento B por la barrera:

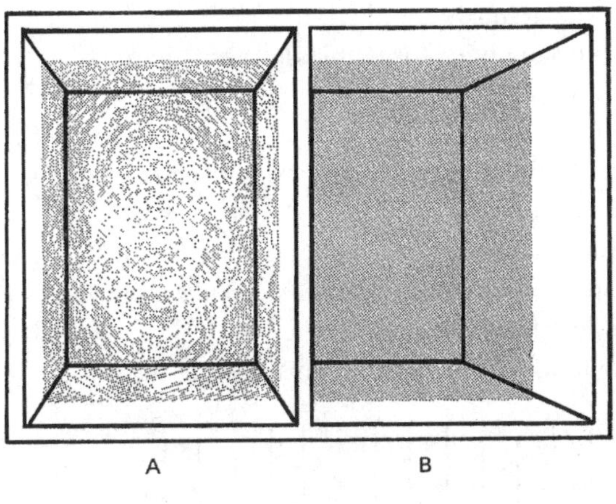

Figura 7

Sin embargo, la intersección de sus ondas en A creará un patrón complejo en el que la coincidencia de ondas producirá interferencias entre las mismas. Este es un patrón de interferencia.

Ahora abramos varios orificios en la barrera de separación y volvamos a crear las ondas concéntricas.

Observamos que cada orificio actúa como una fuente de ondas que se manifiestan en el compartimento B:

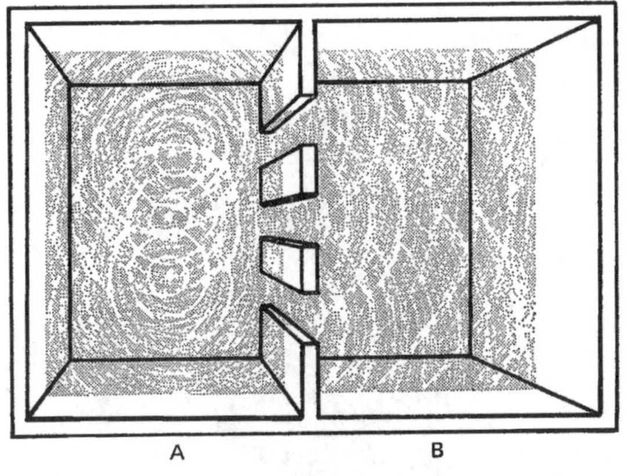

Figura 8

El patrón de interferencia en B es específico y relativo al patrón A.

Más aún, si logramos reproducir el patrón B, se creará el patrón A.

Este es precisamente el principio de la holografía. Cuando se hace incidir la luz láser sobre la placa fotográfica que contiene el patrón de interferencia resultante de la interacción entre el haz reflejado y el de referencia, se reproduce el objeto en sus características ondulatorias y por ello se percibe.

El holograma equivale a la disposición de orificios en la barrera del ejemplo que actúan como fuentes de onda al incidirles de nueva cuenta el haz de referencia.

Si representamos la luz láser de la siguiente forma:

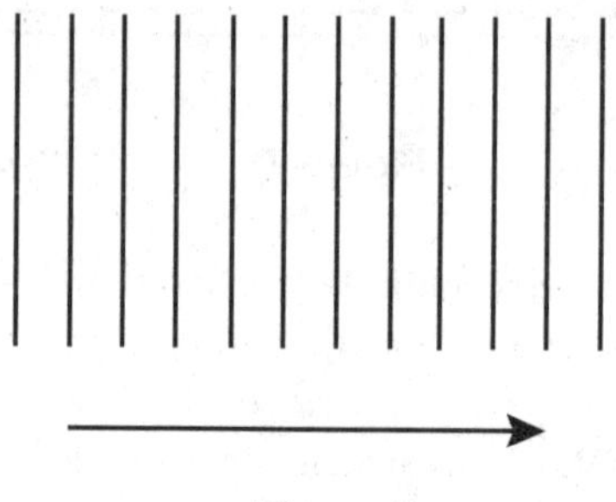

Figura 9

y la placa holográfica como un plano lleno de "orificios" de diferente forma, inclinación y dimensiones:

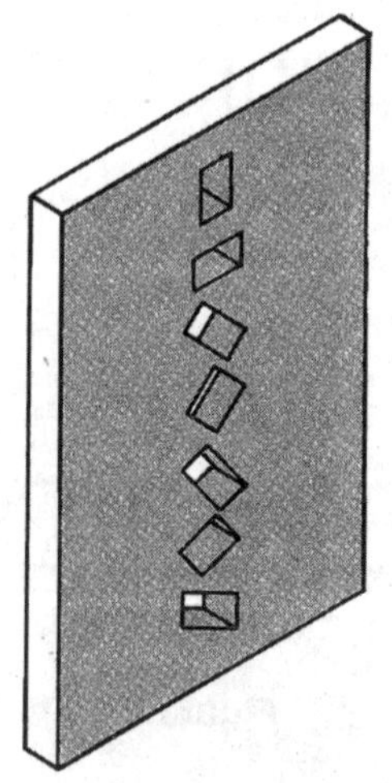

Figura 10

la luz al incidir sobre la placa creará un efecto como el siguiente:

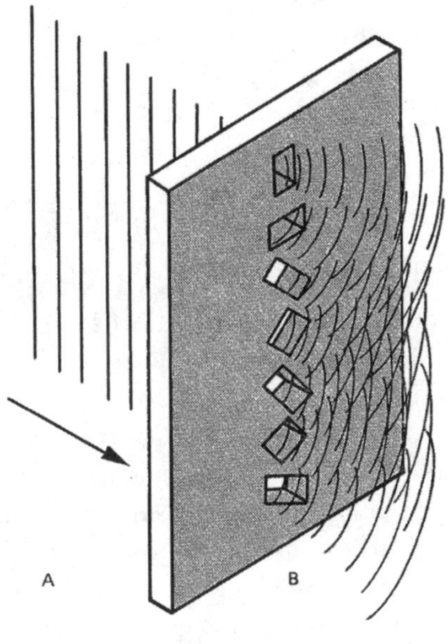

Figura 11

El patrón de interferencia en el espacio B será percibido como "la imagen tridimensional" del objeto.

La redundancia y la convergencia holográfica se explican porque cada diminuta porción de la placa holográfica contiene la misma o muy similar disposición de "orificios" que sirviendo (cada uno de ellos) como una fuente de ondas (al ser traspasados por la luz láser) crean una imagen resultante de un patrón de interferencia ondulatorio localizado en el espacio.

La redundancia holográfica es, pues, esta reproducción de fuentes de onda dada por la grabación repetitiva de los mismos "orificios" en la placa fotográfica.

La imagen holográfica proviene, por tanto, de una distribución energética que en sí misma no es imagen alguna. La convergencia y la redundancia que se observan en un holograma y que están basadas en una divergencia ondulatoria ayudan a entender la convergencia y la redundancia del espacio y el campo cuántico.

II

LA CONCIENCIA Y LA EXPANSIÓN DEL PRESENTE

Toda una familia de propiedades nuevas son el resultado de procesos de interacción energética. Un ejemplo muy claro en este sentido es la propia imagen holográfica que resulta de la interacción de dos haces luminosos. Otro ejemplo es la experiencia, la cual resulta de la interacción de dos campos energéticos. Nuestra percepción del mundo visual también es un proceso que originalmente involucra una interacción, la de la organización energética del espacio con nuestros receptores retinianos.

En este capítulo analizaré algunas ideas relacionadas con la expansión de la duración del presente, la percepción de patrones y la creación de relaciones entre eventos y la conciencia.

La experiencia siempre representa el contenido de un particular nivel de conciencia. Cada ser humano manifiesta en su experiencia consciente su contacto y relación con un nivel de la realidad.

Esta relación no es otra cosa más que la vivencia de patrones experimentados como elementos o unidades.

La conciencia es la capacidad de detectar relaciones. Un ser humano es más consciente que otro, mientras más expandida sea (en él) esta capacidad.

La posibilidad de detectar relaciones está directamente asociada con la duración del presente en la que funciona cada ser humano.

Veámoslo con un ejemplo: nosotros no somos capaces de percibir el movimiento atómico. Los electrones en un átomo y el átomo entero se mueven a tal velocidad, que ver los detalles de tal movimiento solo podría ser posible si nuestro funcionamiento fuera completamente distinto.

En un adulto sano, la duración promedio del presente es de alrededor de 50 milisegundos. Todo lo que sucede en ese tiempo se percibe como simultáneo y atemporal.

Vemos un cuerpo orgánico unitario, porque en la duración del presente, todos los movimientos atómicos y moleculares que constituyen y forman el cuerpo se han unificado en una gestalt.

En realidad, lo que percibimos son patrones hipercomplejos de relaciones entre eventos unificados en imágenes unitarias.

Si la duración de nuestro presente fuese de un millón de años, en lugar de 50 milisegundos, veríamos, en lugar de estrellas inmóviles, cuerpos lumínicos hipercomplejos en los que las trazas luminosas asociadas con los movimientos estelares habrán tejido un patrón gestáltico y unificado.

En otras palabras, la duración del presente determina el nivel de relaciones o patrones a los que somos sensibles perceptualmente.

El nivel de conciencia de un sujeto se relaciona en forma directa con la capacidad de detectar relaciones. Así, una expansión en la duración del presente implica un cambio en el nivel de conciencia.

Supongamos que nuestra duración del presente no sea ni de 50 milisegundos ni de un millón de años, sino de 30 minutos.

Supongamos también que con esta duración del presente asistimos a una reunión. Nuestra percepción de los invitados sería muy diferente a la usual. En lugar de cuerpos humanos moviéndose en un espacio en el que cada uno de ellos aparece en una posición determinada y después en la siguiente desapareciendo de la primera, lo que observaríamos serían trazos de cuerpos ocupando simultáneamente grandes porciones de espacio.

Así, si una mujer entra por una puerta, se acerca al anfitrión, le da un beso, se sienta en un sillón, se para y baila y todo esto acontece en los 30 minutos de duración de nuestro presente expandido, la percepción sería la de una huella de luz mantenida desde la puerta hasta el baile y formando un patrón complejo conteniendo todas las interacciones ocurridas en los 30 minutos.

La figura 12 ejemplifica lo anterior.

En el caso B, la visita desaparece como Unidad y lo que se transforma en Unidad es su continuo de movimientos y todas sus interacciones. La demás gente forma un todo indivisible con la visita, mientras que en A la percepción es discontinua.

Es muy interesante que la física contemporánea ya no defina y analice al electrón o a cualquier otra partícula elemental como Unidad separada de otras partículas o independiente de sus interacciones. La física actual considera que el electrón es el paquete-onda que se verbaliza con ese término, su trayectoria y todas sus interacciones. La física ha expandido la duración de su presente y ha cambiado de nivel de conciencia. Lo mismo acontece en una duración expandida del presente humano, la Unidad es el patrón percibido y no el elemento aislado.

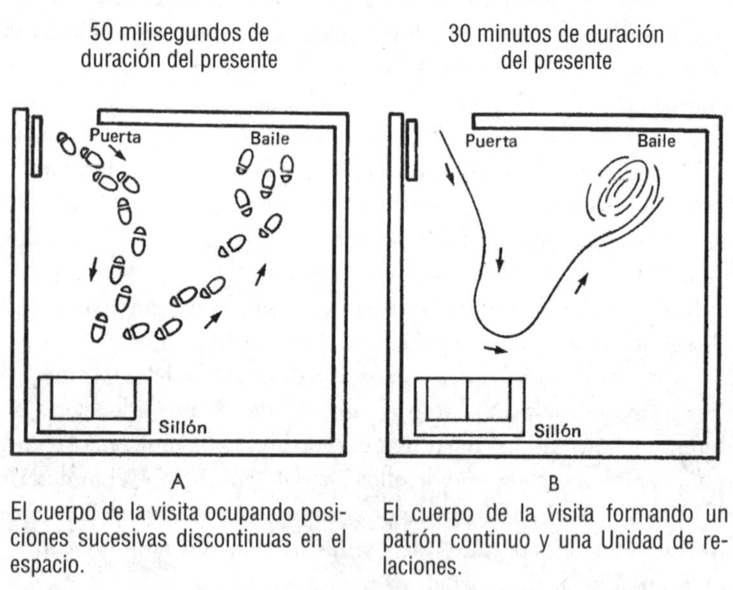

A
El cuerpo de la visita ocupando posiciones sucesivas discontinuas en el espacio.

B
El cuerpo de la visita formando un patrón continuo y una Unidad de relaciones.

Figura 12

En un presente expandido, las relaciones se manifiestan directa y perceptualmente en forma de patrones complejos.

Existe allí una expansión de conciencia y de capacidad perceptual concomitante, ambas basadas en la percepción directa de relaciones.

Es llamativo el hecho de que la duración del presente se expanda con la edad. Un niño pequeño tiene una duración del presente menor que la de un adulto, por lo que experimenta un mayor número de vivencias en la Unidad de tiempo (comparativamente con el adulto) y su capacidad de encontrar y percibir relaciones es restringida.

Un adulto (en cambio) paga con una disminución del número de experiencias en la Unidad de tiempo, una capacidad expandida de percibir relaciones.

Para un anciano sano los días transcurren con una rapidez desmesurada, al mismo tiempo que lo que percibe son ciclos de eventos. Le llama la atención las relaciones expandidas en el tiempo, los eventos que recurren cada cierto número de años, y no las experiencias que para un niño constituyen los elementos vivenciales de su infancia.

Un anciano vive más los ciclos, un niño las experiencias concretas.

Es casi inconcebible vivir en una duración del presente muy expandida. El ver un cuerpo como trayectoria o huella omnipresente en el espacio nos parecería demasiado extraño. Sin embargo, de hecho vivimos en un presente expandido con respecto a nuestras células. Ellas se "asombrarían" de nuestra percepción de unidades corporales complejas de la misma forma que nosotros nos asombraríamos de un ser que no viviera viendo objetos digitalizados, sino más bien trayectorias temporales expandidas.

Es claro entonces que la capacidad de percibir relaciones se expande con una expansión del presente y que esto implica un cambio de conciencia; un desarrollo de la misma.

La expansión de la duración del presente, el desarrollo de la conciencia en una capacidad incrementada de percepción de relaciones son avances sintérgicos de la conciencia.

Al lector le parecerá extraño que reinicie una discusión acerca de la organización sintérgica del espacio hablando de la experiencia consciente asociada con una expansión en la duración del presente. Si es así, le pido disculpas, aunque espero volver a demostrarle que la conciencia, el espacio y la experiencia se unifican si son vistos desde una referencia sintérgica. Más aún, espero volver a ser capaz de demostrar que las propiedades de la conciencia y sus operaciones son idénticas a las del espacio, y que ambas (la conciencia y el espacio) manifiestan una organización sintérgica similar.

Ya sabemos que los cambios perceptuales y de conciencia asociados con una expansión del presente son solo una propiedad de las muchas en la que se encuentra una relación con la llamada organización sintérgica del espacio.

Antes de volver a penetrar de lleno en el análisis de esta organización, quisiera replantear dos consideraciones que parecen desconectadas entre sí, pero que más adelante se expandirán y formarán las bases de nuevas unificaciones.

Por un lado, la de una nueva conciencia se crea siempre que aparece un patrón de relaciones más inclusivo.

De acuerdo con José Cueli,[1] cuando una relación entre eventos no es percibida, forma parte del inconsciente, de tal forma que este último término es verdaderamente las relaciones no experimentadas como tales.

Lo inconsciente se transforma en consciente cuando las relaciones entre eventos, aparentemente desconectados entre sí, se vislumbran.

En este contexto, se crea un nuevo nivel de conciencia cuando un patrón de relaciones antes inexistente es percibido.

Ya recordaremos más adelante que cada expansión sintérgica o desarrollo de sintergia es una creación de un nuevo nivel de relaciones. La discusión previa acerca de la expansión del presente está en la misma línea. Cada expansión del presente implica la creación de un nuevo nivel de relaciones. La expansión del presente es, a su vez, una expansión en poderío sintérgico de cualquier organización. Por ello el desarrollo sintérgico es siempre un desarrollo de la conciencia.

La segunda consideración se relaciona con el concepto de *campo cuántico*, constancia de la velocidad de la luz y organización sintérgica del espacio.

La física sufrió una verdadera sacudida cuando se demostró que la velocidad de la luz permanecía constante independientemente de los movimientos del observador encargado de medirla. En otras palabras, si un observador viaja en un avión y ve aproximarse a otro avión, para él, la velocidad del avión que se aproxima es una suma. Si un avión viaja a 1 000 km por hora y otro viaja a la misma velocidad pero aproximándose al primero, la velocidad del que se aproxima será de 2 000 km por hora para un observador situado en el primer avión. En forma similar, si dos aviones viajan en la misma dirección con una velocidad idéntica, un observador desde un avión verá como inmóvil al segundo. En otras palabras, la velocidad relativa del segundo con respecto a la del primero será nula.

Esto no acontece con la velocidad de la luz, esta permanece constante independientemente del movimiento relativo del observador.

---

[1] Comunicación personal, 1977.

Aún más, la velocidad de la luz es el límite de velocidad.

La única forma de entender lo anterior es considerando que la luz es realmente inmóvil y que manifiesta la existencia de una matriz energética omnipresente. Un buen ejemplo para entender lo anterior es una tela de araña alumbrada por el sol. Al moverse el sol, el reflejo de los hilos plateados de la tela cambiará de posición, de tal forma que para cualquier observador parecerá como si la luz se moviera en sí misma y no que es un cambio de reflejo en algo presente de antemano.

La misma ilusión aparecería si en lugar de movimiento solar, lo que se trasladara de posición fuera el observador. Aquí no es la luz la que se mueve en la tela de araña, sino más bien es el observador el que se mueve.

La tela de araña equivale a la matriz energética de la que hablaba, y la velocidad de la luz sería la misma matriz y no algo moviéndose en ella.

Aquí entra la consideración acerca del campo cuántico. La luz es la manifestación del omnipresente campo cuántico. Su velocidad en realidad no es en sí, sino para el observador humano. En realidad, la luz es el nivel basal y lo que verdaderamente asombra es que algo pueda "moverse" a una velocidad menor que la de la luz.

Ya veremos más adelante que un incremento sintérgico es un acercamiento a la omnipresencia del campo cuántico y por tanto a la luz.

Con estas dos consideraciones en mente y con nuestra discusión acerca de la expansión en la duración del presente y su relación con la percepción de relaciones y creación de conciencia, estamos preparados para introducirnos a la organización sintérgica vislumbrándola desde la referencia de la conciencia.

III

LA ORGANIZACIÓN SINTÉRGICA Y LA CONCIENCIA

De la misma forma en la que existe un continuo sintérgico del espacio en el cual uno de sus extremos (mínima sintergia) es la materia y el otro (máxima sintergia) es el espacio y el campo cuántico, así también existe un continuo neurosintérgico de la conciencia.

Lo inconsciente es lo que se percibe como azaroso, lo que no se vislumbra relacionado. Cuando dos eventos parecen desconectados, hay inconsciencia. La conciencia es el darse cuenta de la existencia de relaciones, el vivirlas como alejadas de cualquier azar. Todo aquello que estimule la percepción de relaciones impulsará la conciencia. Lo que en un nivel se percibe como elementos independientes, en otro (nivel) más inclusivo y sintérgico se ve como conectado.

Supongamos que mantenemos constantes las dimensiones de una porción de espacio, y que somos capaces de analizar la información contenida en ella. Aún más, consideremos que contamos con un instrumento que nos permite cuantificar las relaciones entre los elementos informacionales contenidos en la dimensión constante de espacio antes enunciada. Lo que observaremos al trasladar esa porción de un espacio de baja a un espacio de alta sintergia es que la cantidad de información y las relaciones entre elementos informacionales se incrementan a medida que nos acerquemos a una sintergia espacial elevada.

Todavía más, lo que en un espacio de baja sintergia era la totalidad informacional, en el siguiente más elevado nivel se convierte en un elemento de una totalidad más expandida. Con totalidad me refiero a toda la porción del espacio considerada. Para la neurosintergia el panorama es equivalente.

A nivel de los receptores retinianos (nivel de sintergia neuronal mínima), las relaciones entre elementos neuronales son inexistentes. En cambio, a nivel de las células bipolares de la retina, la relación comienza a ser estimulada por y a través de una codificación convergente.

La situación se "amplifica" a nivel de las células ganglionares de la retina. Aquí, cantidades considerables de receptores se relacionan. Las relaciones inexistentes en un nivel neurosintérgico pobre (los receptores retinianos) se hacen aparentes a medida que se incrementa la neurosintergia (células ganglionares).

El continuo neurosintérgico va desde la activación de receptores hasta los procesos de abstracción y la intuición.

Una mesa es percibida como Unidad porque a cierto nivel neurosintérgico de su procesamiento, todos los elementos informacionales que la constituyen se han unificado.

Los elementos que maneja un nivel neurosintérgico elevado son concentraciones informacionales colosales. Un ejemplo claro en este sentido es el lenguaje verbal. Una palabra concentra información gigantesca en una Unidad que se transforma en elemento hiperinclusivo de análisis.

Cuando los elementos de manejo informacional son de una neurosintergia muy elevada, aparece la intuición. Esta no es otra cosa sino un manejo de información colosal que ya no puede aparecer en una secuencia lógica o racional conocida, puesto que sobrepasa toda descripción y toda decodificación algorítmica.

Así, si la conciencia es el darse cuenta y la vivencia de la inexistencia de azar, es decir, el manejo y la vivencia de las relaciones entre eventos, entonces, por definición, cualquier manejo neurosintérgico elevado equivale a una expansión de conciencia. En otras palabras, un elemento de manejo neurosintérgico elevado es, en sí mismo, producto de la inclusión de relaciones en una Unidad de análisis. Por tanto, estas unidades que contienen relaciones, al ser los bloques o elementos de relaciones aún más poderosos, expanden la conciencia. Los niveles intuitivos son el extremo en este incremento de inclusión de relaciones.

Uno de los fenómenos relacionados con la expansión de conciencia y con el logro de niveles neurosintérgicos más elevados lo comenzamos a analizar en la expansión de la duración del presente.

Mientras más expandida sea esta duración, más directamente podrán ser percibidas relaciones entre eventos formando patrones perceptuales. Como mencioné antes, con la duración virtual del presente en el nivel humano, de alrededor de 50 milisegundos, el hombre es capaz de ver cuerpos orgánicos como unidades y objetos materiales como unidades y no sumas inconexas de conjuntos de células y de átomos.

El percibir un cuerpo humano como un todo es haber alcanzado un poder evolutivo de percepción directa de patrones complejos.

Si en lugar de 50 milisegundos, nuestro presente durara 50 minutos, los elementos unitarios que percibiríamos no serían cuerpos humanos desligados unos de otros, sino trayectorias de cuerpos e interrelaciones entre estos.

Si en los 50 minutos alguien se encuentra y relaciona con objetos, gente, animales, viaja, se mueve de un lugar a otro, etcétera, ese alguien sería (para nuestra percepción expandida) toda la serie de sus movimientos e interacciones. En otras palabras, nuestra percepción sería la de patrones complejos vislumbrados como unidades. Esto es lo que actualmente verbalizamos y lo que en un futuro percibiremos directamente.

El mismo desarrollo en la dirección de una expansión en la duración del presente se observa en la física. Ya vimos que en ella, el electrón, el protón y el neutrón dejan de ser los elementos de análisis y en su lugar se considera como elemento a todas las interacciones de varias partículas.

Existen patrones de interacciones entre partículas más probables de aparecer y repetirse que otros patrones. Cuando el elemento de análisis es un patrón de interacciones y la identidad de una partícula es ella misma junto con todas las relaciones que establece con otras partículas, la capacidad de percibir relaciones se expande colosalmente.

Este desarrollo de la física es en realidad un incremento sintérgico enteramente similar al que se observa en un ser humano que con una neurosintergia elevada y una expandida duración del presente percibe relaciones complejas en forma directa. Es decir, de un ser humano con una conciencia elevada.

El clímax de tal conciencia es la Unidad. Aquí, la vivencia perceptual es la de un todo formando un elemento, el único y más global. Aquí también desaparece la dicotomía observador-observado, externo-interno, subjetivo-objetivo.

Por tanto, al hablar de un incremento sintérgico en el fenómeno de la conciencia siempre me refiero a una expandida capacidad de unificación, es decir, de construcción y vivencia de patrones como unidades perceptuales.

En los libros anteriores definí la sintergia de acuerdo con una lista de propiedades organizacionales.

Intentaré penetrar en la hipercompleja organización sintérgica listando las propiedades que la describen. La discusión previa a este listado nos permitirá vislumbrar a la organización sintérgica desde un punto de referencia profundo.

Las siguientes son listas de propiedades de la organización sintérgica.

Para una organización sintérgica elevada del espacio se pueden considerar:

1) Incremento de convergencia.
2) Incremento de concentración informacional.
3) Incremento de redundancia informacional.
4) Atemporalidad.
5) Incremento de inclusión informacional.
6) Aparición de patrones complejos.
7) Desaparición de la fuerza gravitacional.
8) Correlación incrementada entre elementos.
9) Decremento dimensional de unidades de dimensión (CME).
10) Conexión más directa con el campo cuántico.
11) Incremento de frecuencia vibracional.
12) Incremento de orden y coherencia.
13) Efectos más directos de una porción sobre otras.
14) Alejamiento de lo material y concreto.

Para los incrementos sintérgicos de la experiencia y la conciencia:

1) Incremento de convergencia informacional.
2) Incremento de concentración informacional.
3) Incremento de redundancia informacional.
4) Experiencia de atemporalidad.
5) Incremento de inclusión.
6) Percepción directa de patrones complejos.
7) Experiencia a-gravitatoria.
8) Experiencia de transparencia vivencial.
9) Experiencia de la inexistencia del azar.

10) Percepción estimulada de correlaciones entre eventos.
11) Unidades de abstracción más poderosas.
12) Experiencia de unión con el campo cuántico.
13) Experiencia de transformarse en espacio.
14) Alejamiento de la materialización por incremento en capacidad de abstracción.
15) Alejamiento de lo concreto.
16) Incremento de frecuencia vibracional.
17) Incremento de orden y coherencia.
18) Efectos directos sobre la materia, otras conciencias y el espacio.
19) Estimulación de capacidades psíquicas.
20) Desaparición de la dicotomía subjetivo-objetivo.
21) Desaparición de la dicotomía externo-interno.
22) Desaparición de la dicotomía observador-observado.
23) Estimulación de la vivencia de Unidad.
24) Omnipresencia.
25) Contacto con el absoluto.
26) Expansión del presente.
27) Acercamiento a la totalidad de uno mismo.
28) Experiencia de trascendencia.
29) Expansión de la capacidad de reconocer relaciones.
30) Capacidad incrementada de comunicación con otros seres y otras conciencias.
31) Cumplimiento de deseos.
31) Conexión directa con el sustrato común a toda manifestación.
33) Invisibilidad.
34) Mayor probabilidad de vivir eventos sincronísticos.

En el resto de esta obra se expandirán las propiedades anteriores y se analizarán algunas de ellas con detalle.

Por ahora es interesante el hecho de la alta correspondencia entre la organización del espacio y la de la experiencia.

Por otro lado, resulta estimulante darse cuenta de que las propiedades sintérgicas de la conciencia coinciden con la descripción de poderes psíquicos que se encuentra en las filosofías orientales.

IV

LAS PROPIEDADES SINTÉRGICAS

"En el principio era el Verbo, y el Verbo era con Dios, y el Verbo era Dios. Este era en el principio con Dios. Todas las cosas por él fueron hechas, y sin él nada de lo que ha sido hecho, fue hecho" (San Juan).

En el principio era el campo cuántico, y el campo cuántico era con la conciencia y la conciencia era el campo cuántico. Este era en el principio con la conciencia. Y alteraciones en porciones del campo fueron hechas y la primera partícula material fue manifestada. Y a partir de su creación, a partir del campo, otras partículas fueron creadas.

Y el principio era el final y el final principio. Si se había iniciado en el campo, en él debía terminar.

Y la conciencia jugó con su creación y a partir de mutuas interacciones las partículas se organizaron en unidades cada vez más complejas.

Así aparecieron los átomos y en una vertiginosa dirección y energía las unidades se complicaron, todo para alguna vez regresar al principio.

Y de la misma forma en la que una mayor concentración se disuelve en una menor a través de un gradiente, así como un soluto ocupa hasta el mínimo recodo de su solvente, así la ley de complejificación fue creando unidades cada vez más parecidas a su sustrato, el campo cuántico.

La sintergia infinita del campo podía alcanzarse si la complejidad de una organización material rozaba el absoluto.

Así, de los átomos se pasó a las moléculas y de estas a la células, tejidos y organismos.

Con los cerebros el aumento de sintergia pasó a ser de complejidad química a inclusión de patrones neuronales en árboles de convergencia.

Demasiado tiempo llevaba crear nuevas especies. Así la conciencia anterior al campo prefirió experimentar con la lógica neuronal. La evolución fue acelerada y el gradiente de concentración disminuyó su distancia. El principio y el final se acercaron.

Cerebros de cada vez mayor sintergia fueron puestos a funcionar y todo para regresar al campo.

Por fin algunos especímenes lograron la transparencia, fluidez y unificación suficiente y su experiencia se volvió atemporal, aespacial e infinita.

Las propiedades sintérgicas son las propiedades del campo cuántico. En el capítulo anterior las mencioné sin entrar en su análisis. En este capítulo intentaré volver a penetrar en las propiedades sintérgicas analizando su contenido.

Conforme se incrementa la sintergia de cualquier organización, la posibilidad de unificación se estimula. Las relaciones entre elementos se aclaran y se establecen como inherentes en el próximo nivel sintérgico que se alcanza. Patrones complejos comienzan a ser los nuevos elementos de unificación y los detalles de los patrones pierden su individualidad y carácter distintivo.

Todo lo anterior es la propiedad de inclusión dada por un incremento en la convergencia informacional.

La propiedad inclusiva aplicada a la conciencia explica cómo esta se identifica cada vez más con patrones y no con elementos.

En el espacio, la inclusión se manifiesta en el colosal contenido informacional concentrado en todos y cada uno de los puntos del espacio.

Conforme aumenta la sintergia espacial, la redundancia se incrementa de tal forma que la manifestación gravitatoria de la interfase espacio-materia desaparece.

En otras palabras, un espacio de alta sintergia deja atrás su curvatura y se homogeneiza.

La ausencia de fuerza gravitatoria en un espacio de alta sintergia es también ausencia de tiempo. La incrementada redundancia es por divergencia y su manifestación es un espacio sin cambios. Por ello ni la gravedad ni el tiempo existen en un espacio de alta sintergia.

La incrementada redundancia informacional es omnipresencia.

El hecho de que cada punto de un espacio de alta sintergia contenga al todo hace que la labor de decodificar algún patrón organizacional de tal espacio exceda la capacidad de manejo informacional cerebral. Por ello el espacio es transparente para nuestra percepción.

La materia, en cambio, siendo un espacio de baja sintergia no es omnipresente en sí misma, ni altamente redundante. Su organización se puede reducir a un algoritmo neuronal y eso la hace visible como opacidad.

En el cerebro, una elevada neurosintergia se manifiesta en la redundancia conceptual y la abstracción unificadora.

Cuando dos observadores viajan a la misma velocidad, desde la referencia de uno de ellos, el otro permanece inmóvil. Existe aquí una constancia de tal forma que si un observador viajara a la misma velocidad (simultáneamente y en todas direcciones) que lo observado, siempre viviría en una constancia de no movimiento. Este es precisamente el caso de la luz.

La constancia de la velocidad de la luz es en realidad manifestación de ausencia de movimiento. Un objeto viajando a la velocidad de la luz crea un espacio de alta sintergia. Su omnipresencia es aparente al igual que su identidad con el campo cuántico. Este último es el espacio de mayor sintergia. Su creación es imposible de testificar en tanto que no se conoce un antecedente a su formación.

La redundancia incrementada de un espacio de alta sintergia se manifiesta como máxima coherencia y correlación entre los elementos que lo forman.

Una conciencia de alta neurosintergia de la misma forma se manifiesta en un incremento de coherencia EEG definida como una alta similitud en la morfología de patrones EEG registrados de diferentes zonas cerebrales.

Por otro lado, la concentración inclusiva implica un funcionamiento en frecuencias altas, lo que facilita la penetración energética. Así, un cerebro de neurosintergia elevada es capaz de establecer contacto directo con otros cerebros y diferentes entidades.

Al mismo tiempo, puesto que en una conciencia de alta neurosintergia los elementos de análisis son *gestalten* complejas, los procesos intuitivos son más aparentes en ella que en una conciencia de sintergia restringida.

La unificación de elementos manifestada como percepción directa y de patrones y relaciones da lugar a una certeza acerca de la inexistencia del azar.

El contacto de una conciencia de sintergia elevada con el campo cuántico da lugar a eventos sincronísticos y a la percepción directa de lo que para otras conciencias permanece como contenido inconsciente.

La unificación informacional estimula la conciencia de Unidad y la expansión del yo.

Las dos propiedades anteriores se manifiestan en una incrementada y asombrosa capacidad de provocar cambios físicos utilizando como única herramienta el pensamiento.

Cuando una conciencia eleva su sintergia, se acerca (en vivencia) a la experiencia de espacio confundiéndose con este último. Allí desaparece el observador y lo único que persiste es la experiencia en sí misma.

V

EL PRINCIPIO DE EXCLUSIÓN GRAVITACIONAL

La morfología de un campo neuronal proveniente de un cerebro de neurosintergia elevada es tal, que altera las características organizacionales del campo cuántico, dando lugar a una zona del espacio independiente de la fuerza gravitatoria. En otras palabras, se determina una exclusión de una zona del espacio y las ondas gravitacionales no penetran en ella.

La fuerza gravitacional es una alteración de la organización sintérgica del espacio. Cualquier zona de este último (espacio) que manifieste alteraciones en su sintergia dará lugar a una fuerza gravitatoria. Una sintergia espacial elevada equivale a una homogeneización del espacio debida a un incremento colosal de redundancia informacional. En este espacio, la gravedad no existe. Cualquier medio que incremente la sintergia del espacio provocará una zona a-gravitatoria en el mismo (véanse los apéndices).

El incremento de redundancia equivale a una homogeneización porque se incrementa enormemente la correlación entre cuantums mínimos de espacio (CME). Esto ocurre cuando se incrementa la frecuencia vibracional de cada CME.

Un campo neuronal proveniente de un cerebro funcionando en una sintergia elevada incrementa la sintergia del espacio que lo rodea. De esta forma, ese espacio actúa como una barrera para la intromisión de cualquier onda gravitatoria. Así, una zona del espacio se transforma en a-gravitacional y todo lo que se encuentre en esa zona quedará libre de influencias gravitatorias. A este fenómeno le llamaré principio de exclusión gravitacional (PEG).

El PEG es lo que permite la levitación humana. Esta ocurre cuando la conciencia humana se aproxima a la Unidad.

Esto es así porque la *conciencia de Unidad* es la máxima inclusión y por tanto el sistema nervioso que la manifiesta es aquel que logra activar los algoritmos neuronales más poderosos.

El PEG es, pues, un subproducto de la organización sintérgica.

VI

EL FACTOR DE DIRECCIONALIDAD

En repetidas ocasiones he mencionado que la aparición de la experiencia requiere, además de dos campos energéticos en interacción, un tercer elemento al que he denominado *factor de direccionalidad*. Sin este último factor no sería posible explicar el carácter específico y espacialmente localizado de la experiencia.

La experiencia, en otras palabras, puede surgir en cualquier zona de interacción de los dos campos energéticos y además simultáneamente en varias localizaciones.

El que esto no ocurra así resulta del haber aprendido a considerar como posible una sola localización y de haber aprendido a considerar como imposible la simultaneidad.

Si el aprendizaje de direccionalidad hubiera sido diferente, la experiencia no sería la que la mayoría de nosotros vive como normal.

De hecho, Carlos Castaneda[1] reporta vivencias de ausencia de direccionalidad y por tanto de aparición de la experiencia en diferentes localizaciones del espacio y en situaciones de simultaneidad.

Después de una experiencia en la que el mismo Castaneda se vive desintegrado en decenas de conciencias, Don Juan lo explica:

> —El secreto de doble radica en la burbuja de la percepción, que en tu caso estaba, aquella noche, en lo alto del peñasco y en el fondo del barranco al mismo tiempo. El racimo de sentimientos puede agruparse al instante en cualquier parte. En otras palabras, podemos percibir a la vez el aquí y el allí.

[1] *Relatos de poder*, México: Fondo de Cultura Económica, 1972.

Lo que aquí llamo *direccionalidad*, Don Juan lo denomina *voluntad*. Lo que Don Juan denomina *nagual*, yo lo llamo *campo cuántico*. La relación entre *voluntad* y *nagual* o entre direccionalidad y campo cuántico, para la creación de una experiencia unificada, queda descrita en los *Relatos de poder* de la siguiente forma:

> —No hay manera de referirse a lo desconocido. Uno solo puede presenciarlo. La explicación de los brujos dice que cada uno de nosotros tiene un centro desde el cual podemos presenciar el nagual: la voluntad. Así un guerrero puede aventurarse en el nagual y dejar que su racimo se organice y se reorganice en todas las formas posibles. Te he dicho que la expresión del nagual es un asunto personal. Con eso quise decir que depende del guerrero mismo dirigir la organización y reorganización de ese racimo. La forma humana o el sentimiento humano es el arreglo original; capaz, para nosotros, esa es la más dulce de todas las formas; sin embargo, hay un número infinito de formas alternas que el racimo puede adoptar. Te he dicho que un brujo puede adoptar la forma que quiera. Eso es cierto. Un brujo que está en posesión de la totalidad de sí mismo puede dirigir las partes de su racimo para que se unan en cualquier forma concebible. La fuerza de la vida es lo que hace posible ese barajeo, pero una vez que la fuerza de la vida se agota, no hay modo de reintegrar el racimo.

La experiencia unificada es la resultante final de un procesamiento hipercomplejo. Cada nivel de procesamiento es una experiencia diferente al resto.

Los circuitos de convergencia unifican todas esas experiencias en una sola y obviamente la unificación puede variar de la misma forma que su resultante.

En la siguiente descripción Don Juan explica su conocimiento del ser unificado:

> —Esta es la explicación de los brujos. El nagual es lo impronunciable. Todos los sentimientos y todos los seres, y todos los uno mismos que son posibles flotan en él para siempre, como barcas, apacibles y constantes. Entonces la goma de la vida pega a algunos de ellos…
>
> Cuando la goma de la vida pega a esos sentimientos se crea un ser, un ser que pierde el sentido de su verdadera naturaleza y se ciega con el brillo y el clamor del área donde están los seres: el tonal. El

tonal es donde existe toda la organización unificada. Un ser entra al tonal una vez que la fuerza de la vida ha unido los sentimientos que se necesitan. Una vez te dije que el tonal empieza al nacer y termina al morir; lo dije porque sé que, apenas la fuerza de la vida deja el cuerpo, todos esos pedazos aislados o que forman el racimo se desintegran y regresan al sitio de donde vinieron: el nagual. Lo que un guerrero hace al viajar a lo desconocido se parece mucho a la muerte, excepto que su racimo de sentimientos aislados no se desintegra, sino que se expande un poco sin perder la unión. En la muerte, sin embargo, todos se hunden en lo profundo y se mueven por su propia cuenta, como si nunca hubieran sido una Unidad.

Cuando el campo cuántico intensifica algunas de sus porciones, se crea la materia en todas sus formas. El nagual se transforma en tonal. La unificación de sentimientos equivale a lo que yo he denominado *incremento sintérgico*.

La experiencia que Don Juan trata de explicar es la siguiente:

—Experimenté nuevamente las sensaciones de ser arrojado, girar, y caer a tremenda velocidad. Luego estallé. Me desintegré. Algo cedió en mí; soltó algo que yo había retenido toda mi vida. Me di perfecta cuenta entonces de que mi reserva secreta había sido perforada y se vertía sin restricciones. Ya no había la dulce Unidad que llamo "yo". No había nada y sin embargo esa nada estaba llena. No era luz ni oscuridad, calor ni frío, agradable ni desagradable. Yo no me movía ni flotaba, ni me hallaba estacionario; tampoco era una Unidad, un yo mismo, como estoy acostumbrado a serlo. Yo era una miríada de yo mismos y todos eran "yo", una colonia de unidades independientes, que tenían una alianza especial entre sí e inevitablemente se unirían para integrar una sola conciencia, mi conciencia humana. No era que yo "supiese" sin duda alguna, porque no había nada con lo que hubiera podido "saber", pero todos mis yo mismos "sabían" que el "yo" de mi mundo familiar era una colonia, un conglomerado de sentimientos separados e independientes, que poseían una inflexible solidaridad mutua. La solidaridad inflexible de mis incontables conciencias, la alianza mutua de esas partes, era mi fuerza vital.

Una manera de describir aquella sensación unificada sería decir que las pepitas de conciencia se hallaban dispersas; cada una poseía conciencia de sí y ninguna predominaba más que otra. Entonces algo

> las agitaba, y se reunían para emerger en una zona donde todas tenían que juntarse en un bloque, el "yo" que conozco. Luego, "yo", como "yo mismo", presenciaba una escena coherente de actividad mundana, o una escena referente a otros mundos y que me parecía pura imaginación, o una escena que pertenecía al "pensamiento puro"; es decir, visiones de sistemas intelectuales, o de ideas concatenadas como verbalizaciones [...] Después de cada una de esas visiones coherentes, el "yo" se desintegraba y volvía a no ser nada.

La visión parece hablar de cuantums mínimos de espacio, cada uno de ellos constituyendo sendas conciencias y luego su unificación en un sistema de inclusión materializado.

Las relaciones entre CME podrían estar asociadas a las leyes sintérgicas y las particularidades de las interacciones energéticas discutidas antes.

El factor de direccionalidad sería, en este nivel, las leyes de unificación.

En el nivel de la interacción del campo neuronal con la organización energética del espacio como sustrato de la experiencia, el factor de direccionalidad parecería estar íntimamente ligado a la lógica de interacción de porciones del campo. Un ejemplo muy fundamental en este sentido son las leyes de interacción entre partículas elementales.

La relación de atracción entre cargas opuestas y de repulsión entre iguales es en sí misma el factor de direccionalidad en este nivel elemental.

Para morfologías tan complejas como las asociadas con el campo neuronal y el campo cuántico, el factor de direccionalidad parecería dado por características de interacción dependientes de una multitud de factores, los que solo podrán analizarse si el campo neuronal en su interacción con el campo cuántico pudiese ser registrado.

Por ahora es necesario repetir que el factor de direccionalidad determina la zona de interacción en la cual surge la experiencia.

La creación de las conciencias debe estar también fundamentada en ese factor de direccionalidad y sus operaciones y características.

VII

EL PRINCIPIO TERCIARIO

Las diferentes evidencias que indican que la experiencia puede crearse en una atemporalidad total son otras tantas demostraciones de que más allá de todo principio físico conocido, la experiencia y la conciencia tienen vida propia y son en sí mismas existentes sin sustrato.

Antes postulé tal independencia y advertí que no es la materia la que se transforma en experiencia y conciencia sino la conciencia es la creadora de lo material.

En *El cerebro consciente*[1] afirmé que el sistema nervioso es en realidad una antena hipercompleja para la conciencia manifestando a esta como experiencia humana temporal.

En este capítulo mencionaré las evidencias de atemporalidad y analizaré lo que he dado en llamar *principio terciario*. En este último, la conciencia adquiere conciencia de su realidad atemporal y de su identidad como unidad con el todo.

La primera evidencia de atemporalidad se da en la técnica denominada "parar el tiempo".

En ella, un sujeto entrenado a detener perceptualmente el movimiento del segundero de un reloj reporta que durante tal detención persiste la conciencia y la experiencia continua, aunque en un contexto completamente distinto al usual. En realidad, la experiencia durante esta detención se caracteriza por su contenido abstracto y por su

[1] Grinberg-Zylberbaum, J., *El cerebro consciente. Psicofiología de la conciencia II*, México: Trillas, 1979.

aceleración. Esta evidencia se ha replicado un número considerable de veces, por lo que su realidad no deja lugar a dudas.[2]

La segunda evidencia la constituye la experiencia de "trascender" observada en los periodos de clímax durante la meditación. Aquí el sujeto que medita aleja su experiencia de todo contexto temporal y espacial, de tal forma que puede vivir experiencias de una duración subjetiva colosal, mientras el tiempo objetivo (medido con un reloj) es insignificante.

La tercera evidencia está contenida en la descripción de la experiencia durante los llamados desdoblamientos, exteriorizaciones o viajes astrales y en la vivencia de pacientes terminales. Aquí la experiencia pierde toda relación temporal y se convierte en experiencia en sí.

Todas estas evidencias indican que lo que denominamos *experiencia* y lo que llamamos *conciencia* son fenómenos que (aunque generalmente están ligados con un transcurrir temporal objetivo) en sí mismos son independientes de la dimensión temporal, de la espacial y en general de cualquier parámetro o sustrato físico conocido.

En el capítulo anterior incluí la descripción de Carlos Castaneda relativa a la posibilidad de localizar la experiencia en cualquier lugar del espacio, inclusive en dos lugares al mismo tiempo. Esto demuestra la independencia de la experiencia con respecto a la localización especial. Evidencias como esta están de acuerdo en que la experiencia surge como resultado de la interacción de campos en cualquier zona del espacio.

Sin embargo, a pesar de estas relaciones, entre la interacción de campos y la experiencia en sí existe un abismo inconmensurable.

En realidad y en fundamento el único sustrato posible para la conciencia es el mismo campo cuántico. Este es una Unidad absoluta, indiferenciada e indivisible.

Durante el desarrollo ontogenético la conciencia surge de este campo y poco a poco el sistema nervioso actúa para decodificarlo.

En otras palabras, la conciencia en sí es el campo, el que es penetrado por un cerebro vivo para lograr su transformación a códigos neuronales.

---

[2] Bentov, I., *Stalking the Wild Pendulum on the Mechanics of Consciousness*, Nueva York: E. P. Dutton, 1977.

Las primeras etapas del desarrollo de un ser humano se caracterizan por un contacto indiferenciado con la Unidad (el campo cuántico).

En este estadio existe la experiencia en sí sin asignación de contenidos lógicos. Es (esta etapa) lo que los psicoanalistas denominan *proceso primario.*

Aquí el infante no ha logrado diferenciarse de lo que le rodea, estableciendo con los objetos y los seres una relación de continuidad sin límites o barreras.

Con la conciencia corporal y la independencia objetal comienza el desarrollo del proceso secundario. Cuando este proceso se completa, el sujeto se siente con una identidad separada y única. La conciencia del yo es clara y dramática en el proceso secundario, el que se define como la aparición y desarrollo de un yo independiente y autorreconocido como único y aislado.

Lo que denomino *proceso terciario* es un desarrollo a partir del primario y una continuación del secundario.

El proceso terciario es el contacto vivencial con el campo cuántico y la ausencia de una identidad yoica separada del resto de objetos y seres.

En el proceso terciario, el adulto retorna al proceso primario, pero con una clara conciencia de Unidad.

Es necesario completar el proceso primario y el secundario para penetrar en el terciario.

Esto es así porque la verdadera conciencia de Unidad es conciencia y es Unidad. En el proceso primario solamente existe Unidad y en el secundario esta se sacrifica en aras del logro de la identidad separada.

Solamente cuando la inutilidad de tal separación es vivida, la penetración a lo terciario se hace posible.

El proceso terciario trae como consecuencia la vivencia de la realidad como conjunto de todas las experiencias y la consideración de que nada es irreal. Así, un sujeto en el proceso terciario sabe que lo que se imagina tiene tanta realidad física como lo que ve y comienza a experimentar el efecto directo de sus pensamientos sobre objetos y seres humanos. Si con su mente traza una línea en el espacio, sabe que esa línea existe como entidad física. Por otro lado, en el proceso terciario, los fenómenos sincronísticos se estimulan.

En este punto, es necesario hacer una aclaración. Cuando analicé la concentración informacional incrementada en un espacio de alta sintergia, mencioné que cada CME de tal espacio contiene (en forma de una organización energética compleja) las resultantes informacionales de todo lo que le antecede. En otras palabras, convergen en ese CME todos los CME previos.

Esta concentración informacional no debe entenderse como una simple suma de información en una porción de espacio, sino como la creación de algoritmos más poderosos. En otras palabras, el manejo informacional en porciones de alta sintergia es, en realidad, una transformación algorítmica. Una porción de espacio difiere de otra, precisamente en el carácter de los algoritmos energéticos que la conforman.

En un espacio de alta sintergia, el algoritmo energético será aquel que, con mayor propiedad, unifique en una misma organización energética lo previamente disperso. Esta característica es la que explica la relación entre elevada sintergia y sincronicidad. En esta última, relaciones entre eventos aparentemente desconectados entre sí aparecen y se manifiestan.

Una conciencia basada en una neurosintergia elevada no solamente vive los eventos como conectados entre sí, sino que determina relaciones y conexiones entre ellos.

Precisamente por estar basada en una neurosintergia elevada, la conciencia, funcionando en principio terciario, tiene acceso a fenómenos de unificación como el mencionado de sincronicidad.

VIII

EL SER Y LA SIMETRÍA LOCAL Y GLOBAL

Existe la experiencia pura, pero no la conciencia pura. La conciencia siempre es de contenidos. La experiencia puede ser en sí misma.

La técnica para llegar a la experiencia pura consiste en una identificación total con lo percibido. Se transforma al observador en observado y lo único que persiste es la experiencia en sí, sin un sujeto que la perciba.

El mantenimiento de la experiencia pura es extremadamente complejo. Son necesarios aprendizajes "terribles", en los cuales el mundo enseña a no perderse en trampas inútiles y desventajosas. En otras palabras, a transformar lo que la física denomina *simetrías globales* en simetrías locales, introduciendo campos inclusivos.

Esta transformación es lo que permite mantener invariante al Ser a pesar de todas las transformaciones.

Quiero decir que, aun cuando la transformación implique el logro de la experiencia pura, el Ser y la conciencia persisten. La conciencia es la que posee el carácter y manifiesta el proceso de simetría local. La experiencia pura es una simetría global mantenida invariante por la introducción del campo de la conciencia como simetría local.

La conciencia es una invariante que se mantiene a pesar de cualquier transformación cuando su carácter simétrico se manifiesta.

La experiencia es la transformación y el cambio; la conciencia mantiene la constancia del Ser. Es lo que ocurre cuando se forma el carácter.

Previamente al encuentro del Ser consigo mismo, no existe constancia ni invarianza, aun de la conciencia. Después, esta última se conserva a pesar de todas las experiencias.

Para comprender lo que la física llama simetría local y global, transcribiré un texto reciente de Daniel Z. Freedman y Peter van Nieuwenhuizen.[1]

Dicen los autores:

> Una simetría puede entenderse como un movimiento que deja invariante la forma de un patrón o un objetivo. Por ejemplo, un cubo rotado 90° aparece como sin cambio, y una esfera es invariante después de cualquier rotación sobre su centro.
>
> Las teorías físicas pueden tener simetrías del mismo tipo, pero lo que permanece invariante después de una transformación no es un patrón o un objeto, sino las leyes matemáticas de la propia teoría.
>
> Los físicos reconocen ahora el conocimiento de la simetría como básico en nuestro entendimiento de la naturaleza. Como un ejemplo de una simetría fundamental, consideren los astronautas estudiando fenómenos electromagnéticos desde dos naves (flotando libremente y con una velocidad relativa constante) en el espacio interestelar.
>
> Cada astronauta define un sistema de coordenadas centrado en su posición y con una orientación diferente a la del otro.
>
> Los dos astronautas identifican por tanto eventos externos con coordenadas diferentes, por lo que el registro de sus observaciones será también diferente.
>
> Sin embargo, si ellos reducen sus datos a leyes físicas, ambos encuentran que las leyes de Maxwell son válidas.
>
> El principio demostrado por este experimento imaginario es llamado de invarianza de Poincaré (en nombre del matemático francés Henri Poincaré). Es la simetría del espacio-tiempo, sustrato de la teoría espacial de la Relatividad.
>
> Comparaciones de las observaciones hechas por los dos astronautas demostrarían que sus sistemas de coordenadas están relacionados en la forma que requiere la relatividad espacial.

La invarianza de Poincaré se aplica siempre y cuando los dos sistemas de observación mantengan una constancia en su velocidad relativa.

Existen simetrías locales y globales.

---

[1] *Scientific American*, pp. 126-143, febrero de 1978.

> [...] La transición de una simetría global a una local describe el origen de las fuerzas gravitacionales y electromagnéticas, y existen razones para sospechar que las otras fuerzas también emerjan de simetrías locales. Una simetría global es aquella en la que una transformación es aplicada uniformemente a todos los puntos del espacio; en una simetría local, cada punto es transformado independientemente.

El ejemplo de una simetría global es una esfera que gira sobre su eje. Todos los puntos de la esfera se transforman en modo similar y la esfera mantiene su forma.

Con una esfera ideal se podría mover cada punto independientemente de los otros, empujando o jalando cada punto de su superficie, pero conservando la distancia constante entre esos puntos y el centro.

Puesto que la esfera conserva su forma, se puede hablar de una simetría. Sin embargo, cada punto es transformado independientemente de los otros, y por ello es una simetría local.

Existe una diferencia fundamental. Si la esfera es de hule, la simetría local crea jalones de su membrana por el movimiento independiente de los puntos en ella.

Fuerzas elásticas son creadas similares a las fuerzas que aparecen cuando una teoría física posee una simetría local.

Las fuerzas son las unificadoras de las transformaciones locales puesto que actúan sostenidas por un patrón que descubren cuando son activadas. (Las fuerzas son una manifestación de la forma total). Siguen los autores:

> La invarianza de Poincaré es una simetría global porque una transformación entre los dos grupos de coordenadas empleados para describir un determinado punto en el espacio-tiempo es la misma para todos los puntos.
>
> Una limitación mucho más fuerte para la invarianza local de Poincaré es establecida al requerir que las leyes de la física conserven su misma forma cuando las coordenadas de cada punto son transformadas de manera independiente. Este cambio es equivalente a dejar que los dos observadores tengan movimientos acelerados uno con respecto al otro.
>
> A primera vista parecería que los observadores en estas circunstancias no derivarán las mismas leyes de la física porque un observador

en aceleración percibe fuerzas "ficticias", como la fuerza centrífuga o el movimiento rotacional.

Einstein reconoció que las fuerzas ficticias inducidas por la aceleración están cercanamente relacionadas a las fuerzas gravitacionales asociadas con masas.

Demostró que las leyes de la física pueden mantenerse invariantes si un campo gravitacional es introducido a las ecuaciones. El resultado es la teoría general de la relatividad.

Este ejemplo ilustra la poderosa y generalizada característica de la relación entre simetrías globales y locales.

Si un grupo de leyes físicas es invariante en una simetría global, el requerimiento más poderoso de invarianza bajo una simetría local solo puede resolverse introduciendo nuevos campos, los que dan lugar a nuevas fuerzas.

La invarianza del Ser es precisamente la existencia de un nuevo campo.

Un algoritmo neuronal de alta sintergia equivale a una teoría física que se mantiene invariante a pesar de transformaciones de su contenido.

De la misma forma, la conciencia se mantiene invariante a pesar de que ocurran transformaciones en la experiencia.

Esto sucede a partir del momento en el que el algoritmo neuronal sea de tan alta sintergia que se manifieste como omnipresente, altamente redundante e inclusivo.

En otras palabras, cuando el Ser se transforma en un modelo consciente de todo el universo.

Su totalidad equivale a la creación de un nuevo campo de fuerzas. Lo mismo acontece con su capacidad inclusiva.

La interacción de un campo neuronal con el campo cuántico es el nuevo campo de fuerzas necesario para mantener la simetría global de la conciencia y la local de la experiencia.

La interacción implica la transformación de todos los puntos del espacio conservando (sin embargo) la forma fundamental de este como sustrato del campo cuántico.

La decisión acerca de si la experiencia es la simetría global y la conciencia la local es extremadamente compleja.

Si bien es verdad que "la experiencia" y las experiencias son alteraciones particulares del campo de la conciencia, y por lo tanto crean fuerzas, la conciencia es el campo que las unifica, por lo que la experiencia debiera denominarse simetría global y la conciencia local; también es cierto que la conciencia es un caso particular de la experiencia pura, por lo que esta última es el campo que unifica a todas las experiencias, incluyendo a la conciencia como una experiencia más.

Desde este último punto de referencia, la experiencia pura sería el campo de fuerzas necesario para unificar las transformaciones independientes de todas las conciencias. Las conciencias serían las simetrías globales enclavadas dentro del todo que es la experiencia pura (simetría local).

En realidad, la simetría local es una inclusión más poderosa y la global menos.

El desarrollo de la física muestra la aparición de concepciones cada vez más unificadoras, transformando a las simetrías globales en locales por el contacto con universos más expandidos.

En otras palabras, la aparición de un nuevo campo de fuerza unificador es a su vez elemento de una matriz más amplia y que le sirve de trasfondo o sustrato al campo de fuerzas.

Este último es la manifestación (una de tantas) del sustrato.

Así, el campo cuántico es menos inclusivo que el espacio. Es concebible un espacio sin campo cuántico, pero no un campo cuántico sin espacio. El espacio es la simetría local y el campo cuántico la global.

De la misma forma, entre la experiencia, la conciencia y el Ser, existe una serie de relaciones de inclusión que son otras tantas simetrías locales.

Esto último es de suprema importancia para entender el desarrollo humano.

Considerando a la experiencia como pura, ya dije que la conciencia sería la simetría global y la simetría global y la experiencia la local.

Sin embargo, si la experiencia como pura es experimentada, debe serlo por alguien. Puesto que la experiencia pura es trascender todo factor de direccionalidad, el experimentador de la experiencia pura debe ser el todo.

Llamemos a esta nueva simetría local el *Ser*.

El *Ser* sería la interacción misma.

IX

LOS MECANISMOS DEL VER

El hallazgo de una nueva simetría local implica la unificación de lo previamente disperso dentro de una inclusión de mayor poder algorítmico.

Una de las leyes sintérgicas asociadas con este incremento inclusivo es que desde el nuevo punto de referencia se tiene la capacidad de modificar cualquier elemento del procesamiento que le dio lugar.

Muchas veces el logro de una nueva inclusión implica el descubrimiento de algún nuevo hecho que sirve como pivote para la nueva concepción de mayor capacidad de unificación.

Es precisamente la detección de nuevas simetrías locales lo que denomino *ver.*

Un buen ejemplo de lo anterior son los resultados experimentales y la concepción teórica subyacente a una investigación que me gustaría comentar.

Con el objeto de demostrar que la fuerza gravitacional se altera con la actividad cerebral, diseñamos el siguiente experimento (véanse los apéndices).

Sujetos entrenados en introspección meditan en el interior de una cámara silente blindada y adaptada para amortiguar vibraciones mientras su actividad EEG es registrada desde una cámara adyacente.

Junto a la cabeza de los sujetos se coloca un transductor hipersensible a cambios en el peso de una pequeña pesa que cuelga del mismo. Uno de los canales de registro poligráfico son las señales de alteraciones de peso registradas con el transductor.

Cada vez que una alteración es detectada, se le informa al sujeto a través de un sistema de retroalimentación que consiste en una serie de destellos luminosos. El sujeto debe encontrar la clave para hacer que la luz se mantenga.

Los resultados hasta la fecha obtenidos indican que existen cambios francos de peso, asociados con alteraciones de la actividad EEG de los sujetos.

La teoría sintérgica había postulado que deberían esperarse tales cambios en la fuerza gravitacional, por lo que el resultado obtenido apoya la teoría.

Sin embargo, lo más extraordinario del experimento (al que he bautizado como *retroalimentación gravitacional*), es el estado de conciencia que el sujeto debe alcanzar para que el cambio gravitacional ocurra.

Quizás la mejor descripción de este estado de conciencia esté incluida en las palabras de uno de los sujetos: "Siento que me dan la luz cuando algo en mí se aclara. Multitud de imágenes y recuerdos vienen y no es sino hasta que lo que es común a todos ellos aparece claro a mi conciencia que recibo la luz. Es como si empezara a ver todo desde las alturas, desde un lugar en el que ya no hay detalles sino unificación".

La descripción es claramente sugestiva de un incremento en la capacidad neurosintérgica. Este incremento no es otra cosa sino una ampliada capacidad de *ver.*

Quisiera reproducir un escrito del gran maestro espiritual hindú Swami Vivekananda, que habla acerca de lo que yo denomino *incremento de sintergia*.

Dice Vivekananda:

> Una particularidad de la mente hindú es inquirir para alcanzar la última generalización posible, dejando para más adelante el logro de los detalles. Esta cuestión fue formulada en los Vedas: "¿Qué es aquello conocido [a partir de] lo cual conocemos todas las cosas?". De modo que, toda escritura y toda filosofía que haya sido escrita se ha hecho solamente para demostrar la existencia de "aquello", conocido lo cual, todo queda conocido. Si un hombre quiere conocer este universo pedacito por pedacito, tendrá que conocer uno por uno cada grano de arena, lo que significa disponer de infinito tiempo; no podrá nunca conocer todo. Entonces, ¿cómo puede tenerse el conocimiento? ¿Cómo es posible para el hombre ser todo conocedor por medio de los detalles? El yogui dice que detrás de todas estas manifestaciones particulares hay una generalización. Tras toda idea particular hay un

principio generalizado, abstracto; alcanzando este se han logrado todas las cosas.[1]

De acuerdo con la teoría sintérgica y con el raya yoga, desde el principio generalizador todo lo demás puede controlarse y conocerse.

En términos matemáticos, esto implica que el algoritmo de mayor poder es el que puede manejar toda la información.

Los mecanismos del *ver* son precisamente los procesos neurosintérgicos y el acceso de la conciencia a su propio procesamiento.

Desde un punto de vista concreto, la percepción visual siempre es de objetos que poseen una organización sintérgica menor que la cerebral. Lo invisible es aquello que sobrepasa la neurosintergia. Cualquier objeto que corresponda en complejidad a la neurosintergia aparecerá a nuestra percepción como opaco, de la misma manera que todos los objetos que posean menor sintergia que aquel.

De la misma forma, todo incremento neurosintérgico coloca al observador en un nivel de expansión, de tal forma que tiene acceso a planos de complejidad. El *ver* y sus mecanismos son estos incrementos y sus operaciones.

Podría decir que todo aquello que puede ser reducido a un algoritmo neuronal puede ser visto. En cambio, lo que no puede decodificarse por poseer mayor sintergia que la que el cerebro puede manejar, permanece invisible hasta que el desarrollo incremente la neurosintergia hasta hacerla llegar a la posibilidad de manejo algorítmico adecuado.

Por otro lado, toda organización posee propiedades sinergistas. La resultante final de cualquier organización es siempre distante en cualidad y características a las de los elementos que la forman.

Los elementos no pueden experimentar la resultante sinérgica, pero se ven afectados por ella.

Existen muchos niveles sinérgicos, cada uno de ellos más inclusivo y cercano a la Unidad. *Ver* es de alguna manera tener acceso desde el último nivel sinérgico (en el que se encuentra la conciencia) a los niveles previos.

Ver es también conocer un nivel sinérgico más complejo y unificado a través de las consecuencias que ese nivel evoca sobre el observador colocado en un nivel menos unificado. Para un cerebro vivo, la

[1] Vivekananda, S., *Raya yoga*, Kier.

experiencia resulta de todo el conjunto de interacciones entre los elementos neuronales que lo forman. La resultante sinérgica afecta cada uno de los elementos y determina su conducta. Un elemento neuronal que tuviera la capacidad de *ver* podría acercarse a la resultante sinérgica a través del análisis de los cambios que suceden en él.

De la misma manera, cada ser humano forma parte de la noosfera pensante. El nivel sintérgico de la noosfera es inaccesible para el elemento humano excepto cuando este puede adquirir conciencia de sus relaciones. En otras palabras, cuando, a partir de su conducta, puede vislumbrarse como partícipe de una totalidad más expandida de la cual forma parte.

En realidad, el último nivel sinérgico es el del Ser, de tal forma que cuando se vive al Ser, se tiene acceso a la Unidad atemporal y aespacial.

X

EL SER, LA SINTERGIA Y LA COHERENCIA CEREBRAL

En el aforismo 49 sobre yoga de Patanyali, este autor afirma: "El conocimiento que se logra por el testimonio e inferencia se refiere a los objetos comunes. Aquel que proviene del samadhi antes mencionado es de un orden muy superior, siendo capaz de penetrar donde la inferencia y el testimonio no pueden llegar".

Swami Vivekananda comenta:

> La idea es que tenemos que conseguir nuestro conocimiento de los objetos ordinarios por la percepción directa y por la inferencia de ella, y por el testimonio de la gente que es competente. Cuando los yoguis dicen "gente que es competente" se refiere a los *rishis* o videntes [que han realizado] las palabras registradas en las escrituras [los Vedas]. Según ellos, la única prueba de la verdad de las escrituras es que ellas reflejan el testimonio de personas competentes, aunque dicen también que las escrituras no pueden llevarnos a la realización. Podemos leer todos los Vedas y sin embargo no realizar cosa alguna, pero cuando practicamos sus enseñanzas alcanzamos ese estado del cual habla la escritura, que penetra donde ni la razón, ni la percepción, ni la inferencia pueden llegar y donde no pueden servirnos los testimonios de los demás. Esto es lo que se quiere decir en el aforismo. La realización (percepción íntima de la verdad) es real religión, todo el resto solo es preparación —escuchar conferencias, leer libros, es meramente preparar el terreno; no es religión—. Asentimiento o disentimiento intelectual no es religión. La idea central de los yoguis es que así como nos podemos poner en contacto directo con los objetos de los sentidos, podemos de manera semejante percibir directamente la

religión, pero en un sentido enormemente más intenso. Las verdades de la religión, como Dios y Alma, no pueden ser percibidas (realizadas íntimamente) por medio de los sentidos externos. Yo no puedo ver a Dios con mis ojos, ni tocar a Él con mis manos, y todos sabemos que tampoco podemos razonar más allá de los sentidos. La razón nos lleva a un punto excesivamente dudoso; podemos razonar toda nuestra vida, como lo ha estado haciendo el hombre por millares de años, y el resultado de ello es que encontramos que somos incompetentes para probar o desaprobar los hechos de la religión. Aquello que percibimos directamente lo tomamos como base y es sobre esa base que razonamos. De manera que es obvio que todo razonar debe girar dentro de los límites de la percepción. Nunca puede ir más allá; por tanto, el campo todo de la realización está más allá de la percepción sensoria. El yogui dice que el hombre puede ir más allá de su percepción sensoria directa y también de su razón. El hombre tiene en sí la facultad, el poder de trascender hasta su intelecto; poder que está en cada ser, en cada criatura. Por la práctica del yoga este poder es despertado y entonces el hombre trasciende los límites ordinarios de la razón y percibe directamente cosas que están más allá de la razón.

Desde un punto de vista psicofisiológico, la posibilidad de estar en el Ser está dada cuando el cerebro funciona en forma totalmente coherente y con una elevada sintergia.

Trataré de explicar lo anterior con el máximo cuidado puesto que constituye el más elevado nivel de posibilidad científica para entender el Ser y promete extraordinarias técnicas para implementarse.

Una alta coherencia cerebral implica que diferentes zonas del cerebro manejan similares contenidos. Cuando esto sucede no existen estructuras que manifiesten alteraciones restringidas a contenidos concretos. En otras palabras, no existen olas en el lago de la mente.

Equivale lo anterior a la condición basal del campo cuántico antes o por detrás de la aparición de cualquier partícula elemental.

Cuando la alta coherencia se combina con una alta sintergia del contenido informacional de cada elemento; y esto a su vez se suma con la posibilidad de encontrar el patrón unificador de todos los elementos informacionales de alta sintergia; el Ser se manifiesta.

La alta coherencia cerebral permite la fluidez total, mientras que la posibilidad de unificación de todos los contenidos implica la adquisición del punto de referencia que trasciende a los mismos. En realidad, en cada uno de los niveles de los árboles de convergencia se da el mismo proceso de trascender contenidos. Cuando la coherencia cerebral es máxima, el trascender se convierte en total.

La pregunta que surge de inmediato es acerca del observador. ¿Quién es el que puede llegar a la vivencia del Ser al trascender todos los contenidos de los circuitos de sintergia?

La respuesta es de carácter sinérgico. En otras palabras y para dar un ejemplo, pensemos en la química de los compuestos. Cualquier combinación de elementos químicos da lugar a propiedades emergentes no contenidas en los elementos.

El *líquido* agua surge de la combinación del *gas* hidrógeno y del *gas* oxígeno.

O en un ejemplo de la biología: un conjunto de moléculas espectacularmente complejas que no poseen *vida* da lugar a la célula *viva.*

Ningún elemento constitutivo de la célula puede trascender sus límites para llegar a la vida. Es necesaria la creación de una nueva organización para que sus caminos de interacción como un todo posean vida.

De la misma forma, todos los elementos cerebrales funcionando en una elevada sintergia muestran (en un carácter global) la capacidad de verse a sí mismos más allá de cualquier contenido específico.

Esta conciencia de Ser no es posible cuando una zona del todo cerebral actúa como fuente de heterogeneidad exagerada. En otras palabras, cuando existe una ola en el lago se percibe la ola, pero no el sustrato.

Lo que Vivekananda comenta de la siguiente forma:

> Hemos visto en el aforismo anterior que la única manera de alcanzar el estado supraconsciente es la concentración, y también hemos visto que lo que obstaculiza a la mente para lograr la concentración son los pasados *samskaras*, impresiones pasadas. Todos vosotros habéis podido observar que cuando estáis tratando de concentrar vuestra mente, vuestros pensamientos vagabundean. Cuando estáis tratando de pensar en Dios ese es el momento justo en que aparecen esos *samskaras.* En otros momentos no son tan activos, pero cuando vosotros no lo queréis estad seguros de que allí estarán haciendo el máximo de esfuerzo para poblar vuestras mentes. ¿Por qué es eso así? ¿Por qué tienen que ser ellos mucho más potentes en los momentos de concentración? Es porque los estáis reprimiendo y reaccionan con toda

su fuerza. En otros momentos no reaccionan. ¡Cuán innumerables deben ser esas viejas impresiones del pasado, todas alojadas en algún lugar del *chitta*, listas esperando como tigres para saltar! Estas deben ser suprimidas para que la única idea que nosotros queremos pueda levantarse, con exclusión de todas las otras. En cambio todas ellas están luchando para ascender al mismo tiempo. Esos son los diferentes poderes que tienen los *samskaras* para obstaculizar la concentración de la mente. De modo que el *samadhi* que ha sido expuesto es el mejor para ser practicado en razón de su poder en suprimir los *samskaras*. El *samskara* que pueda alzarse con esta clase de concentración será tan poderoso que impedirá la acción de los otros y los tendrá sofocados.

Sin lugar a dudas, la resultante de este proceso es la vivencia del Ser.

Patanyali menciona un estado aún más trascendente: "Por la contención hasta de esta [impresión que impide la aparición de toda otra impresión, estando todo bajo control], llega el samadhi 'sin simiente'".

Aquí inclusive las tendencias no manifiestas a identificaciones con contenidos concretos quedan abolidas (samadhi "sin simiente").

En el siguiente aforismo es clara la consideración de operaciones inclusivas y de incremento sintérgico extremo. La impresión es la de una unificación de cualquier contenido de experiencia dentro de la consideración genérica de experiencia y un estado de trascender aun a esta última en el Ser.

Dice Patanyali y comenta Vivekananda:

"Lo experimentado está compuesto de elementos y órganos, su naturaleza es la iluminación, acción e inercia y tiene el propósito de tener experiencia y liberar [al experimentador]".

Lo experimentado, que es la naturaleza, está compuesto de elementos y órganos —los elementos densos y sutiles, que componen la totalidad de la naturaleza, y los órganos de los sentidos, mente, etcétera—, y su naturaleza es la iluminación, *sativa*; acción, *rayas*, e inercia, *tamas*. ¿Cuál es el propósito de la naturaleza toda? Que el *Purusha* pueda adquirir experiencia. El *Purusha*, podría decirse, ha olvidado su naturaleza real que es magna, divina. Hay un cuento en el que el rey de los dioses, Indra, se volvió cerdo y se solazaba viviendo y revolcándose en el barro; tenía una compañera y unos cuantos chanchitos, y se sentía muy feliz. Algunos dioses al verlo en tan lastimoso estado se acercaron y le dijeron: "Tú eres el rey de los dioses, tienes todos los dioses bajo tus órdenes, ¿por qué estás aquí?". Pero Indra replicó: "No me importa; yo estoy bien aquí; no me preocupa el cielo mientras tenga esta cerda y los lechoncitos". Los pobres dioses quedaron cortados, sin saber qué decir. Después de un tiempo ellos decidieron matar los lechoncitos, uno tras otro. Cuando todos fueron muertos, Indra comenzó a reír cuando se dio cuenta del odioso sueño que había tenido; ¿él, rey de los dioses, haberse vuelto cerdo y pensado que la vida de cerdo era la única vida? No solo eso, sino que hubiera querido ¡que el universo todo llevara la vida de cerdo! El *Purusha*, cuando se identifica a sí mismo con la naturaleza, olvida que es puro e infinito. El *Purusha* no ama, es el amor en sí. No existe, es la existencia en sí. El alma no conoce, es el conocimiento en sí. Es una equivocación decir que el alma ama, existe o conoce. Amor, existencia y conocimiento no son cualidades del *Purusha*, sino su esencia. Cuando son reflejadas sobre alguna cosa podéis llamarlas cualidades de esa cosa. Esos tres no son las cualidades sino la esencia del *Purusha*, el gran *Atman*, el Ser Infinito, sin nacimiento o muerte, establecido en su propia gloria.

XI

LA SINTERGIA Y LA HIPERSENSIBILIDAD

Ya vimos que la relación entre la neurosintergia (NS) y la sintergia asociada con cualquier organización energética (SOP) determina la posibilidad de percibir. Cuando la razón NS/SOP es mayor que la Unidad, se percibe. Cuando es menor que la Unidad, no se percibe. El espacio aparece como invisible y transparente porque su complejidad sobrepasa la de la neurosintergia.

Cualquier incremento neurosintérgico implica un aumento de sensibilidad precisamente por lo expuesto antes.

Por otro lado, el Ser es el reflejo de su propia luz. La ciencia podrá conocerlo en sus operaciones, pero la sensación en sí misma le está vedada.

La aproximación de una conciencia a esta sensación ocurre cuando las operaciones cerebrales que la sustentan (a la conciencia) se aproximan al sustrato de lo relativo. En otras palabras, cuando la neurosintergia se incrementa. En las palabras de Patanyali: "Cuando esta [la mente], abandonando todas las formas, refleja solamente el significado, esto es samadhi".

La asignación de significado con independencia de las formas ocurre aproximadamente a los 160 milisegundos, después de presentar un estímulo.[1] Esto, además de datos teóricos, indica que el significado es una operación sintérgica que debe cursar (antes de su aparición) a través de muchos niveles de unificación y por lo tanto aparecer tarde en el procesamiento cerebral.

---

[1] Grinberg-Zylberbaum, J., y Roy John, E., observaciones no publicadas, 1974.

Si extrapoláramos a partir de lo anterior, podríamos afirmar que el Ser es el más elevado nivel sintérgico y, por tanto, es idéntico a la conciencia de Unidad.

Sin embargo, esta identidad es más bien inclusión. El Ser es incambiable y permanente. Solo esto es posible si el Ser es la simetría local de la conciencia de Unidad o el nivel de inclusión desde el cual se percibe a la conciencia de Unidad.

En términos matemáticos, lo anterior equivale a decir que la conciencia de Unidad es el algoritmo final de una serie tan expandida de algoritmos que difícilmente cualquier variación en la cadena algorítmica previa a su aparición es capaz de modificarlo. Por tanto, el Ser como metaalgoritmo del algoritmo final es eterno y absolutamente inmodificable.

Puesto que este metaalgoritmo contiene a todos los demás, a partir del mismo, cualquier modificación sobre la naturaleza es posible.

El acceso del metaalgoritmo a los demás algoritmos es también posible. Esto permite que la conciencia pueda recorrer todo su procesamiento a partir inclusive de la organización energética del espacio.

Allí se obtiene todo el conocimiento esencial acerca de la estructura de la naturaleza.

A partir de tal experiencia, el Ser es capaz de diferenciar la resultante final de cualquier procesamiento (una imagen visual, por ejemplo) del procesamiento mismo.

Se tiene así discernimiento entre la forma y el significado de cualquier evento.

En las palabras de Patanyali: "Dharana es mantener la mente sobre algún objeto particular. Un ininterrumpido fluir de conocimiento de ese objeto es dhyana. Cuando esta [la mente], abandonando todas las formas, refleja solamente el significado, esto es samadhi.

Estos tres (dharana, dhyana y samadhi) con relación a un objeto es *samyama*".

El acceso al procesamiento, o en otras palabras, la asignación de significado, es la base de cualquier conocimiento real y por tanto objetivo de cualquier objeto, evento, etcétera.

El conocimiento objetivo, después de ser vislumbrado por el Ser, es abandonado para solamente experimentar el sí mismo inclusor del yo.

La hipersensibilidad que acompaña cualquier incremento neurosintérgico es precisamente el rescate del Ser trascendiendo todas sus manifestaciones.

En un experimento grupal que consiste en impulsar la neurosintergia de un conjunto de 11 conciencias he observado que el proceso para llegar al Ser cursa a través de por lo menos tres etapas. En la primera de ellas, el samyama se practica con objetos "externos". En la segunda, el samyama se hace con el procesamiento "interno". En la tercera el samyama se hace sobre el samyama y se llega así al Ser.

Solamente cuando las dos primeras etapas se completan, el abandono de toda manifestación subjetiva en la forma de objetos externos y procesamiento interno, es posible dando lugar entonces a la percepción objetiva de la conciencia por la conciencia misma. Cuando aun este conocimiento objetivo se trasciende, aparece el Ser.

El proceso de unificación es explicado por Vivekananda después de este aforismo de Patanyali:

> "Los estados de la mente son siempre conocidos porque el Señor de la mente, el Purusha, es incambiable".

> La clave total de esta teoría es que el universo es mental y material. Los dos están en constante estado de flujo. ¿Qué es este libro? Es una combinación de moléculas en constante cambio. Una porción sale y otra entra; es un remolino, pero, ¿qué hace la Unidad? ¿Qué hace que sea el mismo libro? *Los cambios son rítmicos*; en armonioso orden ellos están enviando impresiones a mi mente, y esos fragmentos unidos forman un cuadro continuo, aunque las partes están cambiando incesantemente. La mente misma está continuamente cambiando. La mente y el cuerpo son como dos capas de la misma sustancia, moviéndose a diferentes tipos de velocidad. Siendo, relativamente, una lenta y la otra rápida, podemos hacer la distinción entre los dos movimientos. Por ejemplo, un tren está en movimiento, y un carruaje también, a un costado. Es posible considerar el movimiento de los dos hasta un cierto punto. Es necesario todavía alguna otra cosa más. El movimiento puede solo ser percibido cuando hay alguna otra cosa que no está moviéndose. Pero cuando dos o tres cosas están en relativo movimiento, lo que primero percibimos es el movimiento más rápido, y luego el menos rápido. ¿Cómo está la mente para percibir esto? Está también en flujo. Por tanto, otra cosa que se mueva más lentamente es necesario; luego, debéis conseguir otra cosa cuyo movimiento es todavía más lento, y así por el estilo, sin término. De modo que, la lógica los compele a parar en alguna parte. Debéis completar las series

conociendo algo que nunca cambia. Detrás de esta cadena sin fin de movimientos está el *Purusha*, inmutable, incoloro, puro. Todas estas impresiones son meros reflejos sobre él, como las imágenes que una linterna mágica proyecta en la pantalla, sin mancillar en modo alguno la pureza del *Purusha*.

La percepción de patrones rítmicos implica la existencia de una duración del presente. La expansión de esta percepción de patrones implica también una expansión en la duración del presente.

Los procesos de unificación (de cualquier nivel) concluyen con la asignación de un algoritmo al patrón rítmico. El proceso es reductivo de detalles y amplificador en poder de abstracción.

Puesto que el Ser es el metaalgoritmo, unifica en su vivencia al todo y por tanto se vuelve independiente de la naturaleza.

Esta independencia explica lo que antes describí acerca de las experiencias de Carlos Castaneda y de Don Juan.

En otras palabras, la capacidad de crear un doble y la experiencia de omnipresencia.

El Ser (*Purusha* en la terminología sánscrita) es independiente de la naturaleza. Los siguientes aforismos de Patanyali con sus respectivos comentarios de Vivekananda expresan claramente lo anterior:

"Siendo un objeto, la mente no tiene luz propia".

Tremendo poder es manifestado en todas partes por la naturaleza, pero esto no tiene luz propia ni es esencialmente inteligente. El *Purusha* es el único que posee luz propia, y da su luz a todas las cosas. El poder del *Purusha* es el que penetra a través de toda materia y energía.

"Siendo incapaz de conocer los dos al mismo tiempo".

Si la mente tuviera luz propia sería capaz de conocerse a sí misma y sus objetos al mismo tiempo, lo cual no puede, cuando percibe el objeto no se puede reflejar sobre sí misma. Por tanto, el *Purusha* es autoluminoso, y la mente no lo es.

"Suponiendo que hubiere otra mente conocedora no habría término a esta suposición y el resultado sería confundir la memoria".

Supongamos que hubiere otra mente que conoce la mente ordinaria, entonces tendría que haber otra mente todavía para conocer a la primera, y así no se terminaría nunca. Habría confusión de la memoria, y no habría dónde almacenar esta.

"La esencia del conocimiento [el *Purusha*] siendo incambiable, cuando la mente toma su forma, se vuelve consciente".

Patanyali dice esto para hacer más claro que el conocimiento no es una cualidad del *Purusha*. Cuando la mente se acerca, el *Purusha* es reflejado, por decirlo así, sobre la mente, y la mente, durante ese tiempo, se vuelve conocedora y aparece como siendo ella misma el *Purusha*.

"Coloreada por el veedor y lo visto, la mente es capaz de comprender todas las cosas".

A un lado de la mente el mundo externo, lo visto, está siendo reflejado, y en el otro lado, el veedor está siendo reflejado; así es como viene el poder de todo conocimiento a la mente.

"La mente aunque veteada por innumerables deseos actúa por otro [el *Purusha*], porque ella actúa en combinación".

La mente es un compuesto de varias cosas y por eso no puede actuar por sí misma. Toda cosa que es una combinación en este mundo tiene algún objeto que causa esa combinación, alguna tercera cosa por la cual esta continúa. Por eso esta combinación de la mente es causada por el *Purusha*.

"Cesa para el discernidor la percepción de la mente como Atman".

Por medio del discernimiento el yogui conoce que el *Purusha* no es la mente.

"Entonces, dedicada al discernimiento, la mente alcanza el estado previo al kaivalia (aislamiento)".

De modo que la práctica del yoga conduce al poder del discernimiento, a clarificar la visión. El velo cae de nuestros ojos, y vemos las cosas como son: vemos que la naturaleza es un compuesto, y que está mostrando su panorama para el *Purusha*, que es el testigo; que la naturaleza no es el Señor, que todas las combinaciones de la naturaleza son simplemente con el fin de mostrar este fenómeno al *Purusha*, el rey entronizado en lo íntimo. Cuando por larga práctica llega el discernimiento, cesa el temor, y la mente alcanza el aislamiento.

"Los pensamientos que se levantan como obstrucciones a eso provienen de las impresiones".

Todas las variadas ideas que se levantan haciéndonos creer que necesitamos alguna cosa externa para ser felices son obstrucciones a esa perfección. El *Purusha* es felicidad y bienaventuranza, por propia naturaleza. Pero este conocimiento está cubierto por las impresiones pasadas. Estas impresiones tienen que agotarse por sí mismas.

"Se destruyen de igual manera que a la ignorancia, egoísmo, etcétera, conforme a lo dicho antes.

Aun habiendo llegado al recto conocimiento de las esencias por medio del discernimiento, ante aquel que abandona los frutos le llega, como resultado del perfecto discernimiento, el *samadhi* llamado: nube de la virtud".

Cuando el yogui ha alcanzado este discernimiento, todos los poderes [mencionados en el último capítulo] llegan a él, pero el verdadero yogui rechaza todos ellos. Ante él llega un conocimiento peculiar, una particular luz llamada el *dharma megha*, la nube de la virtud. Todos los grandes profetas del mundo que ha registrado la historia lo tuvieron. Ellos encontraron dentro de sí mismos el fundamento total del conocimiento. La verdad para ellos se hizo real. Después que renunciaron a la vanidad de los poderes, la paz y la calma, y la perfecta pureza devinieron su propia naturaleza.

"De eso viene la cesación de pesares y acciones".

Cuando llega esa nube de la virtud, entonces no hay más temor de caer, nada puede arrastrar al yogui. Nunca más habrá males para él. Nunca más tendrá pesares.

"Entonces el conocimiento, despojado de capas e impurezas, se hace infinito, volviéndose lo cognoscible insignificante".

El conocimiento en sí está ahí; lo que lo cubría se fue. Una de las escrituras budhistas define lo que significa Budha (que es el nombre de un estado) como infinito conocimiento, infinito como el cielo. Jesús lo alcanzó y se volvió Cristo. Todos vosotros llegaréis a este estado. Volviéndose infinito el conocimiento, lo cognoscible resulta insignificante. El universo todo, con todos sus objetos del conocimiento, se convierte en una nadería ante el *Purusha*. El hombre común se considera a sí mismo como muy pequeño porque para él aparece lo cognoscible como siendo infinito.

"Entonces terminan las sucesivas transformaciones de las cualidades, habiendo ellas llegado a su fin".

Entonces todas esas variadas transformaciones de las cualidades, que cambian de una a otra especie, cesan para siempre.

"Los cambios que existen con relación a los 'momentos' y los cuales son percibidos al otro extremo (al final de una serie) son una sucesión".

Patanyali define aquí la palabra *sucesión* como los cambios que existen con relación a un determinado tiempo. Mientras pienso muchos momentos pasan, y con cada momento hay un cambio de idea, pero yo solo percibo esos cambios al término de una serie. Esto es llamado sucesión; pero, para la mente que ha realizado la omnipresencia, no hay ninguna sucesión. Todas las cosas para ella se han vuelto *presente*; para ella solamente existe el presente; el pasado y el futuro se han perdido. El tiempo está controlado; todo conocimiento está ahí en un segundo. Toda cosa es conocida como en un relámpago.

"La resolución de las cualidades en el orden inverso, despejadas de cualquier motivo de acción para el *Purusha*, es *kaivalia*, o establecimiento del poder de conocer su propia naturaleza".

Terminó la obra, esta tarea inegoísta que nuestra dulce nodriza, la naturaleza, ella misma se ha impuesto. Cariñosamente tomó de la mano al alma que, por así decir, se olvidó de sí misma y le mostró todas las experiencias en el universo, todas las manifestaciones elevándola cada vez más por medio de variados cuerpos hasta que su perdida gloria retornó, y el alma recordó su propia y real naturaleza. Entonces, la tierra madre se vuelve por el camino que vino, para ayudar a otros que también extraviaron el sendero en medio del desolado desierto de la vida. Y así está ella obrando, sin principio y sin fin. Y de este modo a través del placer y dolor, a través del bien y mal, el río infinito de almas individuales desemboca y se diluye en el océano de la perfección, en la realización del Ser.

¡Gloria a aquellos que han realizado su propia naturaleza real; que sus bendiciones no lleguen a todos nosotros!

XII

LA INDEPENDENCIA DEL SER

La capacidad de acceso de la conciencia a su propio procesamiento y la idea de que de este procesamiento emerge la conciencia son contradictorias y mutuamente excluyentes. Por lo tanto, debe existir un Ser independiente del procesamiento y de la conciencia.

En una serie algorítmica, el algoritmo final contiene a toda la serie, pero su existencia no se puede desligar de la serie, de tal forma que no podría conservarse como algoritmo final y al mismo tiempo recorrer un paso previo a su emergencia. Para la conciencia no existe recorrido, sino vivencia absoluta, por tanto, al conectarse con cualquier algoritmo de la serie, se transformaría en este y no podría conservar el punto de referencia del algoritmo final al mismo tiempo que vivir un algoritmo previo.

Por ello, es necesario un tercer principio completamente independiente del procesamiento y de la conciencia, y este es el Ser.

Retomando dos aforismos de Patanyali: "Los estados de la mente son siempre conocidos porque el Señor de la mente, el Purusha, es incambiable". "La esencia del conocimiento (el Purusha) siendo incambiable, cuando la mente toma su forma, se vuelve consciente".

En términos fisiológicos, lo anterior ocurre cuando el campo neuronal interactúa con el campo cuántico *sin afectarlo*. Implica esto que la morfología del campo neuronal encaja perfectamente en el campo cuántico. Solo es posible llegar a este nivel si la neurosintergia fuera capaz de volverse infinita. Esto ocurriría si y solo si los últimos niveles neurosintérgicos de cualquier procesamiento inclusivo fueran retroalimentados a los niveles iniciales. Veamos lo anterior con mayor detalle.

Cualquier proceso perceptual implica por lo menos tres operaciones: En primer lugar, el contacto de los receptores con la organización del espacio que contiene la información algoritmizada de un objeto.

En segundo lugar, la transformación de ese espacio a un código neuronal, por último, todas las operaciones de interacción de campos que he descrito.

En algún momento del procesamiento surge la experiencia perceptual y la conciencia de la misma. Este momento es muy posterior a la activación de los receptores y a la codificación y decodificación neuronal, y, sin embargo, la conciencia puede tener acceso a los instantes iniciales de procesamiento.

Desde un punto de vista fisiológico ortodoxo, lo anterior es un absurdo. Implicaría una independencia de la conciencia con respecto a su procesamiento, pues solo esta independencia podría explicar la capacidad de acceso.

Ahora, esta capacidad no es ilusoria, Patanyali describió el método para lograrla y este método no es otra cosa más que Samyama aplicada al propio proceso perceptual. De hecho, aplicando este método, la experiencia de la conciencia recorriéndose a sí misma es absolutamente vivencial y realizable por cualquier ser humano. Además de los extraordinarios beneficios del Samyama aplicado al proceso perceptual, la vivencia directa de acceso al procesamiento hace resaltar la incógnita de independencia en toda su fuerza.

Antes de continuar en el análisis de esta independencia, me gustaría hablar un momento acerca de los beneficios del Samyama aplicado al procesamiento perceptual.

Recordemos que todo Samyama involucra tres pasos:

Primero, la concentración total en el fenómeno, objeto o evento que se desea conocer.

En segundo término, un mantenimiento de esta concentración hasta que comienza a ocurrir un fluir de conocimiento directo relativo al objeto.

En tercer lugar, la transformación de la forma del objeto al significado del mismo. Este último punto es una expansión neurosintérgica al igual que cualquier asignación de significado.

Pues bien, cuando el Samyama se aplica al proceso perceptual y se logra independizar la primera fase de este proceso, es decir, el contacto de los receptores con la organización del espacio, del resto del mismo, se adquiere la capacidad de reconocer en forma directa la estructura y el significado del espacio previo a cualquier intervención neuronal en el mismo.

En otras palabras, se logra independizar el contenido informacional *objetivo* de un fenómeno o un objeto de la intervención y procesamiento cerebral del mismo.

Este hecho implica el desarrollo de la capacidad de conocer en su esencia a la creación de la experiencia.

El sujeto que logra hacer lo anterior sabe que él interviene activamente en esta creación y reconoce su participación en la misma. Logra así un autoconocimiento profundo al mismo tiempo que un conocimiento objetivo acerca de la realidad.

El término *objetivo* está empleado aquí en un sentido menos totalizador que en el capítulo anterior. En aquel, *objetivo* hacía referencia a cualquier experiencia. Aquí, *objetivo* se refiere a la información contenida en la organización del espacio antes de la intervención del cerebro en su decodificación.

Una técnica de retroalimentación que estoy investigando en la actualidad permite realizar Samyama sobre el procesamiento perceptual. Consiste en presentarle a un sujeto el registro de sus potenciales provocados por una luz. Esta retroalimentación permite que el sujeto aprenda a reconocer y a controlar todos y cada uno de los componentes de sus potenciales. Este reconocimiento es en realidad un acceso al propio procesamiento y constituye una nueva aplicación del antiquísimo método de Samyama. Es un Samyama aplicado a potenciales provocados.

Por supuesto que lo anterior nada dice acerca de la independencia del *Ser* y de la *conciencia*, excepto que existe.

Ahora retomaré este problema.

El pensamiento occidental no acepta la independencia del Ser, y por ello acude al análisis como medio para adquirir conocimiento.

El pensamiento oriental se basa y da por un hecho la realidad de la independencia y considera que el conocimiento se da (fluye) cuando se logra establecer un contacto con el Ser.

La Cábala judía habla de la existencia de un espíritu independiente que colorea y da luz a la experiencia.

El pensamiento hindú considera la existencia de un cuerpo, una mente ligada al mismo y un Ser independiente de ambos.

La cienciología considera la existencia de un *Thetan* (Ser o conciencia) independiente y creador de todo lo existente.

Solamente la fisiología como parte del pensamiento occidental no acepta la independencia, aunque toda la evidencia de acceso al procesamiento la apoye (a la concepción de independencia).

Swami Vivekananda habla de la naturaleza y del Ser como de dos entidades separadas e independientes.

El problema que enfrenta el pensamiento fisiológico tradicional al considerar la independencia del Ser es la necesidad inherente al análisis de encontrar algún sustrato energético al Ser y a la independencia.

Con la mayor facilidad, este pensamiento tradicional puede llegar a considerar como necesaria (para aceptar la independencia) la obligación de detallar o al menos hipotetizar en la existencia de algún principio energético completamente diferente de todos los conocidos.

Este pensamiento es falso y relativo. Implica el no abandono de una estructura establecida que considera básico el determinar un sustrato cualquiera que este sea. Además es aristotélico e incapaz de trascender la consideración de causa-efecto.

La independencia del Ser es precisamente al abandono de la consideración de sustrato y la aceptación de un principio acausal.

El Ser, como primer dato y como principio, es difícil de aceptar por el pensamiento occidental, pero esta dificultad no es prueba concluyente de la inexistencia de la independencia. Si analizamos a la experiencia como propiedad emergente, nos encontramos con un límite. Este límite es la inconmensurabilidad de la experiencia en sí, con respecto al último proceso fisiológico que puede hipotetizarse como su sustrato; esto es, la interacción del campo neuronal con la sintergia del espacio. Entre esta interacción y la experiencia existe un abismo. Si el Ser y la experiencia en sí es vislumbrada como primer dato independiente; la dificultad de la inconmensurabilidad se salva sin que se invalide la interacción de campos como proceso necesario para trasladar al Ser a un plano temporal y espacial.

De esta forma, aun partiendo de la experiencia como propiedad emergente, se llega a la misma conclusión de independencia.

Por supuesto que la independencia del Ser plantea incógnitas muy profundas. Quizá ayude a resolverlas el segundo aforismo de Patanyali y el comentario de Vivekananda:

> "El yoga es impedir, por el control, que la sustancia (o elemento fundamental) que constituye la mente (chitta) tome diversas formas (vrittis)".
>
> Esto requiere bastante explicación. Tenemos que comprender qué es el *chitta,* y qué son los *vrittis.* Yo tengo ojos. Los ojos no ven.

Separemos el centro cerebral que está en la cabeza; los ojos seguirán ahí, con la retina completa, así como también las imágenes de los objetos sobre ella y no obstante los ojos no ven. De modo que los ojos solo son un instrumento secundario, no el órgano de la visión. El órgano de la visión está en un centro nervioso del cerebro. Los dos ojos no son suficientes. Algunas veces un hombre está dormido con sus ojos abiertos. La luz está ahí y también los objetos están ahí, pero es necesaria una tercera cosa; la mente debe conectarse al órgano. El ojo es el instrumento externo; necesitamos también el centro cerebral y la actuación de la mente. Pasan vehículos por la calle, pero no escucháis esos ruidos. ¿Por qué? Porque la mente no se ha adherido al órgano auditivo. Primero, está el instrumento, luego el órgano y, en tercer término, la conexión de la mente a ellos dos. La mente toma la impresión ulteriormente y se la presenta a la facultad determinativa —*buddhi*—, la cual reacciona. A la par de esta reacción surge en forma repentina y rápida la idea del "yo" individual. Luego esta mezcla de acción y reacción es presentada al *Purusha*, el Alma real, que percibe un objeto en el conjunto de esa mezcla. Los órganos *(indriyas)* junto con la mente *(manas)*, la facultad determinativa *(buddhi)* y el ego *(ahámkara)* forma el grupo llamado *antahkarana* (instrumento interno). Ellos no son sino variados procesos de la mente material *(chitta)*. Las olas de pensamiento que se levantan en el *chitta* son llamadas *vrittis* (literalmente: remolinos). ¿Qué es el pensamiento? El pensamiento es una fuerza, como lo es la gravitación o la repulsión. Del almacén infinito de fuerza de la naturaleza, el instrumento llamado *chitta* saca algo, lo absorbe y lo envía al exterior como pensamiento. Nosotros tomamos la fuerza del alimento y de este alimento el cuerpo adquiere el poder de moverse, etcétera. Las otras, las fuerzas sutiles, son emitidas en aquello que llamamos pensamiento. De modo que vemos que la mente no es inteligente; sin embargo aparece como siendo inteligente. ¿Por qué? porque el alma inteligente está detrás de ella. Vosotros sois el único Ser senciente: la mente es solo el instrumento por medio del cual captáis el mundo exterior. Tomemos este libro; como libro no existe afuera, lo que existe afuera es desconocido e incognoscible. Lo incognoscible lleva la sugestión que golpea la mente y la mente proclama la reacción en la forma de un libro, de igual manera que cuando es tirada una piedra en el agua, el agua reacciona en contra en la forma de ondas. El universo real es el que ocasiona la reacción de la mente. Una forma de libro, o una forma de elefante, o la forma de un hombre, no está afuera; todo lo que nosotros conocemos es nuestra reacción mental de la sugestión externa. Dijo Juan Stuart Mili: "La materia es la permanente posibilidad de sensaciones". Es solamente la sugestión que está afuera. Tomemos una ostra, por ejemplo. Sabemos cómo se hace la perla. Un parásito entra en la valva y causa una irritación; la ostra segrega una especie de esmalte y lo encierra, y eso hace la perla. El universo de la experiencia es nuestro propio esmalte, podría decirse, y el universo real es el parásito sirviendo de núcleo. El hombre ordinario nunca entenderá esto, porque cuando trata de hacerlo, extrae un esmalte y lo que ve solamente es su propio esmalte, nunca ve el núcleo. Ahora nosotros comprendemos qué quiere decir *vrittis*. El hombre real está detrás de la mente; la mente es el instrumento en sus manos; es su inteligencia la que se está filtrando a través de la mente. Solo cuando os paráis detrás de la mente ella se vuelve inteligente. Cuando el hombre la abandona cae hecha trizas y no es nada. De manera que ahora comprendéis qué significa *chitta*. Es la sustancia o elemento fundamental de la mente, y *vrittis* son las ondas y olas que se levantan cuando una causa externa tropieza con ella. Estos *vrittis* son nuestro universo.

Cuando su superficie está cubierta de rizadas olas no podemos ver el fondo de un lago. Solamente podemos tener una vislumbre del fondo cuando se han apaciguado las olas y el agua está calma. Si el agua está turbia, o está *agitada* continuamente, el fondo no será visto. Si está clara y no hay olas veremos el fondo. El fondo del lago es nuestro propio Ser; el lago es el *chitta* y las olas son los *vrittis*. Por otra parte, la mente actúa en tres estados, uno de los cuales es torpidez, llamado *tamas*, que se encuentra entre los brutos e idiotas; solo produce actos dañinos. Ninguna otra idea entra en ese estado mental. Luego está el estado activo de la mente, *rayas*, cuyo objetivo principal es: poder y placer. Alimenta esta idea: "Seré poderoso y dominaré a los demás". Después sigue el estado llamado *sativa*, de serenidad, calma, en el cual cesa toda ola y el agua del lago de la mente se vuelve clara. No es inactiva, sino más bien intensamente activa. Ser calmo es la más grande manifestación de poder. Es fácil ser activo. Aflojad las riendas y los caballos os arrastrarán en su carrera. Cualquiera puede hacer eso, pero aquel que puede refrenar los indómitos caballos es el hombre fuerte. ¿Quién requiere mayor fuerza, aquel que suelta las riendas o aquel que es capaz de frenar? El hombre calmo no es torpe, negado u obtuso. No debéis confundir *sativa* con torpeza, ignorancia o pereza. El hombre calmo es aquel que tiene control sobre las olas mentales. La manifestación inferior de la fuerza es la actividad, y la superior es la calma.

El *chitta* está tratando siempre de retornar a su natural estado puro, pero los órganos lo dirigen hacia afuera. Restringir y detener esta tendencia a exteriorizarse y comenzar el viaje de retorno hacia la esencia de la inteligencia es el primer paso en el *raya yoga*, porque solamente en esta forma el *chitta* puede obrar adecuadamente dentro de su propia esfera.

Aunque el *chitta* está en todo animal, desde el más inferior al más elevado, únicamente en la forma humana es donde lo encontramos como intelecto. Hasta tanto la esencia o sustancia mental no pueda tomar la forma de intelecto no es posible para ella retornar a través de todas esas etapas y liberar al alma. El logro de la salvación por vía directa, en forma intuitiva, es algo imposible para la vaca o el perro, aunque ellos tienen también mente, porque su *chitta* no puede todavía asumir esa forma que llamamos intelecto. El *chitta* se manifiesta en las siguientes formas: dispersa; confusa; esforzándose por reunirse; tratando de mantenerse en un tema, y concentrada. La forma "dispersa" es actividad. Su tendencia es manifestarse como placer o dolor. La forma "confusa" es reflejo de la ignorancia; tiende a dañar. El comentador dice que la primera forma es natural en los *devas*, ángeles, y la segunda en los demonios. La forma que sigue es cuando trata de juntar las fuerzas dispersas y reunirlas. Luego tenemos el esfuerzo por sujetarla o mantenerla en un sitio, tema u objeto. Y finalmente la forma "concentrada" es lo que nos lleva al *samadhi*.

La facultad determinativa equivale a la comparación de los neuroalgoritmos del árbol de convergencia con los neuroalgoritmos almacenados en la memoria. La repentina y rápida aparición del yo no es otra cosa más que la actividad del metaalgoritmo y la *unificación* de la actividad cerebral en el campo neuronal.

Vivekananda dice que la mezcla de acción-reacción es presentada al Purusha, el *alma real*, que percibe un objeto en el conjunto de esta mezcla.

Esto equivale a la interacción del campo neuronal con la estructura energética del espacio bajo la focalización del factor de direccionalidad. Cuando el campo neuronal proviene de un funcionamiento altamente neurosintérgico, la morfología y la estructura del mismo se vuelven indistinguibles de la estructura del campo cuántico.

Esto equivale a cumplir la condición expresada en el aforismo:

> "Impedir que la sustancia (o elemento fundamental) que constituye la mente (*chitta*) tome diversas formas (*vrittis*)".

XIII

LA CONCIENCIA FISIOLÓGICA

Cuando un estímulo impacta el sistema nervioso, provoca un patrón de activación hipercomplejo. Esta transformación está íntimamente ligada a la memoria de tal manera que, como lo ha demostrado E. Roy John, todo patrón electrofisiológico en forma de potenciales provocados, resulta de la mezcla de las características peculiares del estímulo y de la que este activa en la memoria.

Así, lo que percibimos siempre es nuestra propia actividad. Aquí, sin embargo, comienzan las incógnitas. Al decir *percibimos* estoy suponiendo la existencia de algo que tiene acceso al patrón electrofisiológico y lo transforma en experiencia. El patrón en sí mismo no es más que una alteración energética muy sofisticada, pero no es la experiencia. Esta última implica un observador, y puesto que este debe pertenecer a una dimensión inclusiva de la actividad cerebral, debe considerársele independiente de la misma.

El método de Samyama sobre potenciales provocados promete y permite la vivencia de la independencia del observador.

Oigamos qué tienen que decir Patanyali y Vivekananda acerca de lo anterior:

> "Durante ese tiempo (el tiempo de la concentración) el veedor (*Purusha*) descansa en su propio estado (inmodificado)".

> Tan pronto como las olas han cesado y el lago se ha aquietado, nosotros vemos su fondo. Así ocurre con la mente; cuando está en calma, percibimos qué es nuestra propia naturaleza; real; no es que nos asociemos a nuestro ser, sino que permanecemos establecidos en nuestro propio *ser.*

La electrofisiología contemporánea reconoce que existen clases o tipos de actividades cerebrales cada una de ellas asociada con un diferente estado de conciencia.

De acuerdo con Patanyali-Vivekananda:

> "Memoria es: cuando (los *vrittis*) aquello que ha sido percibido no desaparece de inmediato (y por medio de impresiones retorna al plano de la conciencia)".
>
> Podemos tener memoria de la percepción directa, falso conocimiento, engañosa expresión verbal y del sueño con ensueños. Por ejemplo, escuchamos una palabra. Esta palabra es como una piedra tirada en el lago del *chitta*; causa una onda y esta onda produce una serie de nuevas ondas; esto es la memoria. Lo mismo ocurre con el sueño. Cuando la clase peculiar de onda llamada sueño impele al *chitta* en una onda de la memoria, se llama soñar. El soñar es otra forma de la onda que en el estado de vigilia es llamada memoria.

Supongamos que nuestro cerebro se activa de tal forma que la actividad electrofisiológica de la corteza es desincrónica y es de bajo voltaje, al mismo tiempo que aparecen las espigas pontogeniculocorticales y la actividad del hipocampo es theta. A esto le llamamos sueño paradójico y se acompaña de una serie de experiencias peculiares (imágenes oníricas).

Las imágenes oníricas son la transformación que el observador hace de la actividad cerebral peculiar. Algo debe acontecer entre la actividad electrofisiológica y la experiencia, para que la primera se transforme en esta última. El intermediario no es otra cosa más que el observador cuya esencia y naturaleza es el Ser.

Entre la activación de los receptores y la aparición de la experiencia consciente sucede una serie de transformaciones energéticas. Existe un momento en la cadena de acontecimientos en el que el contacto con el observador se produce.

Desde el punto de vista de la teoría neurosintérgica y del campo, este momento es cuando la actividad cerebral es unificada en un meta-algoritmo y el campo neuronal resultante alcanza la complejidad suficiente como para establecer un contacto directo con el campo cuántico.

Este contacto es el correlativo más cercano a lo que llamo el observador, sin embargo, no es el observador en sí.

De la misma manera, el factor de direccionalidad está determinado por la forma peculiar de activación cerebral, y sin embargo este factor se determina desde otro nivel inconmensurable con esta actividad.

La experiencia de luz, tal y como la conocemos los humanos, está definida por el tipo específico de patrón cerebral que es activado por una transformación de una alteración en la organización energética del espacio. Esta peculiar activación cerebral determina la modalidad de la experiencia (y por tanto es parte correlativa del factor de direccionalidad), pero no es en sí misma el factor de direccionalidad.

El observador y el Ser que lo incluye tienen vida propia separada de las ondas cerebrales, pero al percibir a estas las transforman en experiencia temporal y espacialmente caracterizadas.

Una de las preguntas más fundamentales que podríamos plantear en este punto es: ¿qué sucedería con el observador si cesaran los patrones cerebrales?

Obviamente la transformación de la actividad cerebral en experiencia no tendría lugar al cesar el objeto de la percepción (los patrones electrofisiológicos). Por tanto, el único objeto del observador sería él mismo.

El Ser se vislumbraría a sí mismo como la única realidad.

De acuerdo con Patanyali: "El veedor es la inteligencia solamente y aunque es puro, ve a través del coloreado intelecto".

XIV

LAS TRANSFORMACIONES DIMENSIONALES

El cerebro es un transformador energético y dimensional. Lo que está contenido en el campo cuántico como una matriz energética hipercompleja, es transformado por el cerebro en actividad neuronal y después en un campo neuronal.

Recordemos que la interacción de este campo con el campo cuántico, con la participación del factor de direccionalidad, dan lugar a la experiencia humana temporal y especialmente localizada.

El indiferenciado campo cuántico se transforma así en experiencia. Lo que previamente era una "sopa" energética sin cualidades específicas es transformada a una dimensión distinta. No es correcto afirmar que la experiencia es creada a partir de la actividad cerebral.

Más bien lo preexistente indiferenciado sufre una transformación y se nos manifiesta como experiencia.

Lo único que no sufre transformación alguna es el observador o Ser independiente.

Las transformaciones dimensionales son el tema de este capítulo y de cualquier pensamiento que intente entender los fundamentos de la actividad cerebral.

Las transformaciones dimensionales siempre implican, más que una creación, una penetración a lo previamente existente como envolvente o contenedor implícito de lo que después se transforma en explícito.

El siguiente ejemplo ayudará a entender lo anterior. Las hojas elementales de una rama de palmera tienen la misma forma bidimensional que la rama a la que se adhieren.

Entre la hoja y la rama no ocurre un cambio dimensional propiamente dicho. Se conserva la bidimensionalidad y la forma, y se expande un principio común de organización que es la inclusión. La inclusión es la transformación de la forma y de la organización de la hoja y de la rama al significado de la misma (recuérdese aquí la técnica de Samyama).

Cuando todas las ramas de la palmera se observan, entonces sí se vislumbra una transformación dimensional. La palmera como un todo es un eje sosteniendo una esfera.

De hoja a rama se conserva la dimensionalidad de espacio, pero de rama a palmera acontece una penetración a la tridimensionalidad.

En otras palabras, ocurre una transformación dimensional pero no por creación sino más bien por penetración en lo previamente existente.

La tridimensionalidad no fue creada sino incorporada por una organización cuando esta es capaz de penetrarla.

Lo mismo acontece con cualquier otra transformación dimensional.

El caso del cerebro humano no es una excepción a la regla anterior. Aquí, el procesador (en este caso el cerebro, en el anterior la palmera) alcanza una complejidad tal que es capaz de penetrar a la dimensión experiencia y a la dimensión Ser.

La experiencia se alcanza cuando ocurre la penetración al campo cuántico. La dimensión Ser se penetra cuando el campo neuronal se vuelve indiferenciado con la organización del espacio.

En el caso de la palmera, el espacio tridimensional existe antes de que la palmera penetre al mismo. El cambio dimensional es penetración y no creación.

XV

LA UNIFICACIÓN EMOCIONAL Y LA CONCIENCIA CORPORAL

Supongamos que en cierto instante la amígdala cerebral se activa con cierta frecuencia simultáneamente con un cambio en la frecuencia de descarga de las células hipocámpicas, y con una disminución en la coherencia de la actividad de los circuitos límbicos.

Así, todo este cuadro de activaciones específicas podría ser representado en un neuroalgoritmo y este último, junto con la activación anteriormente descrita, dar lugar a una emoción específica.

Supongamos ahora que el lóbulo frontal se desincroniza simultáneamente con una sincronización en ritmo theta del hipocampo y una disminución en la frecuencia de disparo de las células del núcleo caudado.

Todo este patrón de activación tridimensional también se podría incluir en un neuroalgoritmo, el que, junto con la activación global, despertaría una emoción diferente a la anterior.

A nivel del campo neuronal, existirían (en los ejemplos anteriores) dos morfologías tetradimensionales diferentes entre sí como correlativos cercanos de la experiencia emocional.

Cada una de las morfologías de los campos neuronales así activados alteraría la organización del campo cuántico al interactuar con él, determinando así un cambio en la organización energética del espacio y del espacio mismo, estableciéndose así un contacto con el observador.

Cuando, en cambio, la activación cerebral es de coherencia total, no existe una alteración diferenciada de la organización energética del espacio, sino una sintonía indiferenciada con el campo cuántico. En este caso, el observador está localizado en sí mismo y la experiencia resultante es el Ser.

Generalmente somos incapaces de diferenciar los elementos electrofisiológicos que construyen una emoción. Estas últimas son experimentadas como resultantes finales unificadas probablemente como efecto de la unificación neuroalgorítmica.

De la misma forma en la que un conjunto de activaciones cerebrales diferenciadas en sus elementos pero unificadas lógicamente en un neuroalgoritmo dan lugar a una experiencia emocional unificada, también el cuerpo en cada una de sus estructuras y órganos posee la capacidad de activación diferencial, de unificación y de activación de experiencias.

Cada órgano de nuestro cuerpo es sintónico con cierta morfología y frecuencia de campos energéticos y los activa al ponerse en funcionamiento. La totalidad de nuestro cuerpo orgánico actúa como un conjunto de captadores y emisores morfoenergéticos, que en conjunto son experimentados como una conciencia corporal.

Nuestro cuerpo se da cuenta y manifiesta reacciones que muchas veces se alejan de nuestros razonamientos y lógica cognoscitiva. Nuestro cuerpo es capaz de recibir y enviar mensajes que pueden o no ser asequibles a un escrutinio consciente.

Existe una sabiduría corporal que en muchos casos es mucho más sensible, poderosa y directa que la conciencia cerebral.

El acceso consciente a tal sabiduría es uno de los determinantes de la expansión y un paso evolutivo innegable.

Volviendo a la consideración del observador en la experiencia del Ser, es indudable que esta constituye un misterio que desafía todo intento de análisis.

La consideración de que el Ser es experimentado durante un incremento de coherencia cerebral y en general durante un aumento neurosintérgico está basada en observación empírica y no contradice la construcción sintérgico-teórica.

Sin embargo, al igual que cualquier experiencia en sí misma, una consideración teórica o una observación empírica no alcanza a explicar en forma directa la vivencia actual de la misma (de la experiencia).

A pesar de esto, vale la pena meditar en la experiencia del Ser como resultantes de un indiferenciado contacto del campo neuronal con la estructura energética del espacio, meditación a la que me dedicaré en seguida.

Recordemos que cuando nuestro sistema nervioso se pone en contacto con la organización energética del espacio, la transforma en actividad neuronal.

Vale la pena repetir que lo que experimentamos y vemos son patrones neuronales. Sin embargo, estos patrones neuronales se nos presentan como experiencias, cada una de las cuales posee una cualidad inefable.

Es necesario asumir que quien observa los patrones neuronales en forma de experiencias ejecuta una transformación colosal. Este observador es al mismo tiempo alguna resultante de la actividad cerebral y algo que permanece distanciado de la misma.

La experiencia introspectiva muestra que este distanciamiento puede llegar a ser total, de tal forma que lo único experimentado es la existencia en sí (el Ser) sin contenido relativo alguno.

En esta instancia, el observador se transforma en la misma organización indiferenciada del espacio. La identidad con este absoluto indiferenciado ocurre como resultado de un incremento neurosintérgico.

El observador, siendo la interacción entre el campo neuronal y el campo cuántico, es por ello simultáneamente una resultante de la actividad cerebral y un "algo" distanciado de la misma.

La condición de experiencia relativa implica una cuasiarbitraria selección de una particular realidad de todo el conjunto de realidades posibles contenidas en forma "implícita" o en potencia en la estructura energética del espacio. Esta selección es por un lado resultado de una organización cerebral heredada y por el otro de la activación de un factor direccional que determina la porción o el rango energético de la interacción de campos que será puesta a la disposición del observador.

La experiencia del Ser implica o una desaparición del factor direccional o la apertura en abanico del mismo, expandiendo así el rango de realidades transformables y por tanto acercando al observador a la experiencia de lo indiferenciado.

La existencia de un factor direccional implica que su procesamiento y puesta en marcha es realizada tras una decisión que necesariamente debe realizar aquello que tiene acceso a todas las posibilidades de transformación.

En otras palabras, por detrás de lo que creamos como experiencia específica, debe hallarse aquello que decide la especificidad, y esto solo es posible si el mismo "aquello" tiene la capacidad de establecer un contacto con la fuente total de posibilidades de las que va a decidir transformar alguna.

Este "aquello" es el Ser antes de cualquier transformación neuronal.

Puesto que un ser humano es capaz de establecer un contacto directo con este Ser localizado por detrás de lo específico; al hacerlo tiene la posibilidad de ejercer el poder de decisión consciente acerca de la realidad específica que le gustaría experimentar.

El contacto con el Ser es entonces el contacto con lo absoluto y la fuente de cualquier posibilidad de creación.

LIBRO CUARTO

La creación de la experiencia

Un sufí le pedía a Dios:
—Muéstrame tu presencia sin el velo de tus atributos.
Dios le contestaba:
—Si lo hago, no soportarás la soledad de mi divina Unidad.
El sufí ansioso le volvía a suplicar:
—Eso es precisamente lo que deseo, ver tu divina Unidad.
Dios le contestó:
—¡Bien!, sabes entonces que tú eres aquello…

INTRODUCCIÓN

¿Para quién escribo este libro?

Aun en esta época de crisis en la que la mayor parte de las conciencias ha olvidado la "luz", existen seres que se respetan y que saben que la historia personal no determina al Ser. Seres que experimentan lo trascendente y que reconocen en sí mismos a la divinidad por encima de cualquier evento concreto.

Seres amantes de la abstracción, valientes opositores de los límites, seres puros que saben de la absoluta inexistencia del azar y que encuentran que no existe separación entre ellos mismos y el resto de la creación.

Seres en continua renovación y permanente meditación que se horrorizan cuando alguien habla de la existencia de un estado usual o normal del Ser, separado de otro que "idealizan" como místico, iluminado o trascendido.

Seres que conservan su inocencia y para quienes los convencionalismos y las estructuras son asuntos risibles si no es que despreciables.

¡Para ellos escribo!

El azar no existe, creamos nuestra experiencia y estamos unidos y cada vez más sentimos y vivimos la existencia de una conciencia sublime que está detrás y por encima de cualquier evento concreto; he aquí las tesis que escudriñaré. No digo demostraré, porque no me interesa el acuerdo y porque tales verdades no requieren demostración.

Me he guardado de comenzar esta obra durante meses porque en mis múltiples caídas olvidé…, y solamente cuando comprendí que las tales caídas eran lecciones y pude conservar mi optimismo, a pesar de un mundo cada vez más ignorante, materializado y borracho con creaciones adormecedoras y malsanas… solo entonces me decidí a deleitarme con la verbalización de mis cogniciones.

Sé, sin embargo, que soy instrumento de la mente universal con la que he tenido el grandioso honor de establecer un diálogo, hasta que recibí autorización para considerarlo un monólogo.

No creo ser el único y al mismo tiempo sé que existe un solo Ser y los aparentes muchos que primero dialogamos con él y después monologamos somos *uno*.

He recibido ayuda y deseo agradecer a Pir Vilayat Inayat Khan, a Eric Schwartz, a Estusha, a Karl Pribram, a Joanna y a Patty, su amor e impulso.

Que Dios me dé suficiente claridad y que este libro ayude a impulsar a los que sabemos que estamos a punto de llegar a una masa crítica para traspasar el umbral que separa la "oscuridad" de la "luz", la ignorancia de la sabiduría y sobre todo el odio del amor.

I

LA CREACIÓN DE LA EXPERIENCIA

He preguntado cuál es el fenómeno que conocido permite el conocimiento del todo y siempre he recibido una contestación: "¡Conoce cómo se crea la experiencia y sabrás el resto de la creación, porque reconocerás que el resto y la experiencia son uno!".

Por ello, en mis escritos anteriores he puesto tanto énfasis en el asunto de la creación de la experiencia y paréceme que lo seguiré haciendo. Inclusive después de pensarlo mucho me he atrevido a titular a este capítulo "La creación de la experiencia".

Reconozco que todavía no logro desentrañar todo el misterio majestuoso que implicaría contestar la pregunta, y debo confesar que aun ahora, en ocasiones, olvido el significado (debería decir la vivencia) del planteamiento de la misma interrogante.

Encuentro una razón poderosa para el olvido, aunque no he llegado al cinismo de considerar justificada la amnesia.

La razón es muy simple y al mismo tiempo verdaderamente triste. Encuentro que los seres humanos con los que comparto la casa planetaria que en esta vida me ha tocado "disfrutar", están tan convencidos de que su participación en la creación de la realidad es tan pobre que paréceme se consideran una especie de "nada" experimentando un mundo que viven como dado, hecho, terminado, incambiable y externo.

Dicen cosas tan alarmantes como que el sonido existe independientemente de ellos, que el sol está allí afuera y que su calor es calor y que su luz es luz y apenas se les recuerda que tienen un cerebro se escandalizan por la herejía y la ausencia de modestia.

Pero he "exagerado", me parece que si por lo menos consideraran la cuestión aun cuando su conclusión fuera (como lo es) que no participan en la creación, la situación sería más optimista.

El verdadero problema es que, puesto que sus intereses se reducen a sofisticaciones tales como la situación económica de una industria, los robos de algún político, sus presentes, pasados o futuros amantes, los suicidios colectivos, el artista de moda y mil y un olvidos más, jamás recuerdan lo verdaderamente esencial.

Vivir en una sociedad así y conservar la vivencia de creación de la experiencia es demostración de fuerza y adquisición de la misma.

Por ello, agradezco la suerte de vivir en medio de tanto olvido, aunque mi cuerpo resienta y se muestre reacio a aceptar como gracia lo que le ha causado tanto dolor.

Todo es un proceso, y la consideración de existencia de metas es tan falsa como la idea de que existe lo concreto.

El hombre que no es capaz de seguir, a voluntad, cualquiera de sus procesos "internos"; el que no tiene una percepción clara del origen de sus pensamientos, ni siquiera está vivo para lo que se le ofrece como "producto acabado".

Veo una flor y si no recuerdo ni tengo acceso al proceso que le da vida en mi percepción, desconozco y soy ignorante de la mitad del *universo*.

Esta ignorancia es tan común para los miembros de la cultura contemporánea que no es muy aventurado afirmar que lo "externo" ha ganado la partida y que la meta de la sociedad de consumo se ha alcanzado.

Sin embargo, no es mi intención el plantear una crítica, generalizada y demoledora hacia lo "externo". Más bien, hacer recordar que lo que llamamos "externo" es un proceso "cerebral" y que lo que vemos es un reflejo de nuestra actividad "neuronal". Cuando recordamos que lo "externo" proviene de lo "interno", trascendemos una ilusión, lo que necesariamente ayuda. En otras palabras, impulsa el desarrollo hacia la Unidad.

Es delicioso vivir en el mundo cuando se recuerda que la visión del mismo es una demostración de nuestra capacidad creativa y cuando se sabe que esta capacidad proviene de nuestra misma esencia.

Por otro lado, el término *experiencia* es semánticamente peligroso y roza lo inadecuado. Por lo menos existen dos acepciones para el mismo, las que en ocasiones se confunden. En una, experiencia es entendida como capacidad. Decimos que fulanito tiene mucha experiencia porque conoce la vida o ha tenido vivencias que le permiten reconocer y elaborar en forma adecuada, realista o madura la "realidad".

En otra acepción, experiencia es todo lo que se siente, percibe y vivencia.

Es esta segunda acepción la que he manejado en otros escritos y la que elaboraré en este puesto que incluye a la primera. Experiencia es la luz que percibimos, el sonido que escuchamos, el miedo, amor, dolor, placer, etcétera, que sentimos. Con mayor exactitud, lo que se encuentra por "detrás" de cualquier vivencia, no lo que la "colorea" sino lo que es en sí misma.

Por lo tanto, cuando hable de experiencia siempre haré referencia a lo que de común "fenomenológicamente" hablando tiene cualquier vivencia.

Creación es otro término que requiere aclaración. En realidad, toda creación es una transformación. Cuando aseguro que la experiencia se crea, lo que quiero decir es que el sujeto ejerce una función transformadora sobre el conjunto total de realidades posibles vivenciando un rango restringido de las mismas.

En este contexto, la luz que se experimenta forma parte del conjunto de la creación de la experiencia, porque campos electromagnéticos de cierta frecuencia son transformados por el sistema nervioso en actividad neuronal, la que después se percibe como luz.

En tanto que la luz no existe (fuera de nuestra participación) sino como determinados rangos de frecuencia de campos electromagnéticos, la luz como experiencia es una transformación dimensional a partir de tales campos. Creación es, entonces, transformación y sobre todo transformación dimensional.

El estudio de la creación de la experiencia es entonces el análisis de las transformaciones dimensionales que un sujeto ejerce sobre una matriz indiferenciada hasta convertirla en vivencia fenomenológica y diferenciada.

Detrás de cualquier experiencia existe "la experiencia" y esta es el punto de partida y al mismo tiempo la cognición suprema.

Cada modalidad de la experiencia no es más que un caso particular o una manifestación relativa del fenómeno mismo y esencial del experimentar. Así, la luz, el sonido, la emoción, etcétera, son casos particulares del hecho de experimentar.

Si estamos lejos de conocer las bases de la creación de la experiencia, el conocimiento del fundamento de cada una de sus modalidades está todavía más distante para nuestro entendimiento.

Sin embargo, espero ser capaz de explicar lo que yo considero ser el punto de partida para lograr este entendimiento.

En mi vida, el acercamiento y la elaboración de una intuición puede o no estar acompañada de amor, como si este último fuera un elemento o quizá matriz independiente cuya "función mantenedora de la motivación" pudiera o no "colorear" el entendimiento.

Quizás suceda lo mismo para quien esto lea. Lo cierto es que se antoja pensar que de la misma forma en la que se puede encontrar el experimentar por detrás de cualquier experiencia, también el amor constituye una función básica.

Confieso que en ausencia de esta "fuerza motivadora", nada tiene asidero y el conocimiento se transforma en puramente académico y sin valor porque, ¿qué sentido tiene el mencionar que existe una fuerza impulsora de la evolución o que existe toda una técnica que permite obtener un conocimiento directo y total de cualquier fenómeno si la aventura de utilizarla no se acompaña de amor?

El amor, como la vida y quizá la experiencia misma, sobrepasan todo intento reflexivo que quiera darles una explicación racional. No se crea que no estoy al tanto de tal consideración, por lo que lo único que puedo permitirme es mostrar un conocimiento confiando que, al igual que yo, el lector lo matice con amor.

De esta forma, y con esta advertencia que, por supuesto, tiene su contraparte, es decir, que aquel que no sienta amor por conocer cómo crea su experiencia debería dejar aquí esta lectura; inicio la discusión.

En primer lugar, el Ser no está determinado por la experiencia. Cuando parece estarlo, el hombre ha perdido la noción de la esencia.

Esta última es lo inefable, lo que permanece y se encuentra por detrás de cualquier manifestación. Yo lo llamo el Ser y considero que la experiencia en cualquiera de sus modalidades es solo un producto secundario, una manifestación relativa del Ser.

Este último es *la experiencia* a la que hacía referencia antes. Decía que es posible abstraer lo que de común tiene cualquier experiencia y esto no es otra cosa más que el mismo acto de experimentar, experimentando en forma absolutamente pura y sin ningún otro contenido más que el sí mismo.

En cualquier experiencia está este Ser y es característica fundamental de la experiencia el que su misma vivencia transpire lo esencial.

Cuando veo una luz, por detrás de su cualidad está el hecho mismo de experimentarla y este hecho de carácter absolutamente inefable, pero al mismo tiempo certero, convierte a la luz que percibo en el Ser que se experimenta a sí mismo en sí mismo.

En realidad no es necesario considerar un objeto o sensación o modalidad cualesquiera para entender lo anterior. Antes al contrario, sería la desaparición de cualquier contenido de experiencia lo que daría como primer dato vivencial la realidad del Ser en la experiencia que quedaría después de que cualquier experiencia concreta terminara.

Así, un ser humano sordo, ciego, sin tacto y en un completo silencio de pensamientos se vivirá experimentando lo que podría denominarse el *sí mismo sin contenido*, es decir, el Ser.

Este Ser es el primer dato y lo verdaderamente permanente. De él surge el resto de la creación como si la contuviera algoritmizada e hiperconcentrada en la experiencia de mismicidad.

Conteniendo al todo, el Ser es capaz de manifestar una dentro de un número infinito de realidades. Por ello no existe el azar y nada es imposible.

La creación de una realidad dentro del conjunto infinito de las posibles se hace de acuerdo a determinadas leyes y en ellas está la ausencia de azar.

De esta forma, cualquier conocimiento puede llegar a ser real, aunque sí existe uno verdadero y es el que logre desentrañar el misterio del Ser y el de la creación de la experiencia.

El Ser utiliza herramientas para crear realidades. El cerebro es una de estas herramientas, por lo que se puede tomar como válida la consideración de que el sistema nervioso es una especie de "lente" a través de la cual el Ser percibe una realidad. La idea de externo surge de la similitud en la estructura de la "lente". En otras palabras, compartimos (los seres humanos) un cerebro similar y por tanto vivimos una realidad semejante, lo que nos hace suponer que esa realidad es la única valedera y objetiva.

Cuando, en cambio, el Ser trasciende la estructura que él mismo ha creado, se encuentra con que todo el contenido de la realidad que consideraba como la única valedera se desmorona y se crea otra y con suerte ninguna excepto la vivencia del mismo Ser.

La vivencia de la posibilidad de creación de cualquier realidad es la verdadera libertad y esta se puede ganar a través del entendimiento de la creación de la experiencia.

De aquí resulta que todo lo que nos sucede es creación propia, incluyendo desgracias, accidentes y enfermedades. El conocimiento adecuado de lo anterior es la comprensión de la verdadera responsabilidad y (por supuesto) su aceptación.

Más allá, está el manejo consciente de la creación, o sea la capacidad ilimitada de ejercer poder, pero de ello quizás hable después.

Por ahora, preguntémonos lo que sucede cuando se toca una campana. El metal de la misma comienza a vibrar, y junto con él las moléculas del aire que la circundan. Por supuesto que no existe sonido a este nivel, sino únicamente movimiento vibracional.

Es de la mayor importancia entender que fuera de nuestra participación no existe ninguna cualidad sensorial. Lo que denominamos *sonido de una campana* es producto de una multitud de procesos "cerebrales" y no existe por sí mismo fuera de estos.

El sonido es una resultante y, en el nivel espacio "entre" la campana y el observador, solo pueden ser detectados movimientos vibracionales en elementos moleculares. Cuando estas vibraciones activan la membrana timpánica, esta transfiere las vibraciones a la cadena de huesecillos del oído medio y estos las comunican al oído interno, en el cual los receptores ciliados transforman las oscilaciones de su medio a señales eléctricas que en los receptores son conocidas como potenciales generadores. Ocurre aquí una transformación energética, pero el sonido todavía no existe a este nivel.

Las vibraciones de la campana y del espacio circundante se transmiten en un rango de frecuencias relativamente bajo y requieren (para su transmisión) de un medio ligado a la "materia". Son por tanto definitivamente menos evolucionadas que las vibraciones asociadas con otras modalidades.

De hecho, cada modalidad sensorial está encadenada a un rango restringido de frecuencias y ya veremos después que, al igual que los diferentes niveles de conciencia, se puede definir una escala en la que el sonido ocuparía un lugar bajo.

En el caso de las frecuencias electromagnéticas asociadas a la emisión de fotones, la experiencia resultante de la activación neuronal, lo que llamamos luz, ocupa un rango mucho más elevado que el sonido, y, sin embargo, la creación de la experiencia luz es muy similar a la del sonido, por lo que se refiere a los procesos iniciales de su activación.

Al igual que con las vibraciones producidas al golpear una campana, las ondas que emite una lámpara incandescente no son luz en el espacio que "separa" al observador del foco emisor. Todo lo que ocurre en ese espacio es una serie de ondulaciones energéticas que, al transectar la retina, activan los receptores especializados (conos y bastones) que transforman la energía ondulatoria-fotónica en potenciales generadores.

De la misma manera que con la activación coclear, en la retina tampoco se puede hablar de luz.

La activación de receptores es, por lo tanto, el primer nivel de transformación energética y es similar en sus aspectos fundamentales para la luz, el sonido y cualquier otra modalidad.

El caso de la transmisión fotónica es, sin embargo, extraordinariamente interesante, porque el análisis de sus características permite reconocer la estructura fundamental del espacio y lo que he dado en llamar la organización sintérgica del mismo.

El conocimiento de esta organización es fundamental para entender la creación de la experiencia. Por ello, dejaré para un poco más adelante lo que acontece después de la activación de los potenciales generadores para analizar ahora la estructura sintérgica del espacio.

En toda la discusión que sigue, utilizaré al observador humano como instrumento de análisis de la estructura del espacio, sin que esto implique que estoy suponiendo que esta estructura no puede ser abstraída utilizando cualquier otro instrumento, de tal forma que se pueda afirmar que existe en sí misma y no es un artefacto ligado al observador.

Desde luego que, en otro nivel, aun la estructura del espacio es producto del observador (nivel que discutiré más adelante), pero en otro, no lo es.

Por tanto, la organización sintérgica del espacio se puede abstraer a partir del análisis fenomenológico del observador, pero al mismo tiempo tiene vida propia.

Permítaseme considerar el mismo ejemplo que he utilizado para el análisis de la organización sintérgica.

Si un observador toma un pedazo de papel y con un delgado alfiler hace un orificio en el mismo y ve "a través" de este un cielo estrellado, sabiendo que lo que ve no son las estrellas sino la información energética contenida en el espacio del orificio, le bastarán solo unos cuantos segundos de reflexión para reconocer que una de las características de a organización de la información en el espacio es la concentración de grandes cantidades de información provenientes de una dimensión de espacio gigantesca en dimensiones de espacio diminutas.

Esta convergencia informacional se asemeja a la fenomenología del estado de conciencia denominado *atestiguador*.

En este último, un observador es capaz de vivir (por ejemplo) un estado emocional desde fuera del mismo, no reprimiéndolo ni controlándolo; sino simplemente atestiguando su ocurrencia; sin someter la misma a ninguna integración racional, teórica o analítica, excepto la que le brinda su mismo estado de atestiguar.

En otras palabras, aquí, el sujeto se separa de su experiencia y la observa desde la inocencia del Ser asombrado de que el "milagro" del sentir ocurra, pero sin identificarse con este último.

La experiencia es vislumbrada desde un "balcón" que la incluye o integra independiente de los elementos de inclusión, pero ligado a ellos por la conciencia.

En el caso del orificio, este se constituye en punto de unificación independiente de los elementos informacionales que concentra (las ondas-partículas emitidas por las estrellas), pero ligado a ellas por una transformación energético-algorítmica. Naturalmente, el orificio hecho en el papel es únicamente un modelo didáctico cuya importancia es la de mostrar que cada punto del espacio contiene información hiperconcentrada. Así, la información en el espacio tiene una distribución cónica o convergente en el sentido dimensional y en el informacional.

Un cielo estrellado de una dimensión astronómica y conteniendo miles de billones de astros puede ser visto "a través" del orificio de nuestro ejemplo. "A través" está entrecomillado porque lo que vemos no son estrellas sino el espacio mismo del orificio, en el cual la información de las estrellas está contenida.

La dimensión del orificio es infinitamente menor que la dimensión de espacio que algoritmiza. La información en el espacio del orificio está concentrada en una dimensión diminuta y sin embargo es la misma que la del espacio estrellado pero transformada.

Un observador, en contacto físico con una estrella, será capaz de ver multitud de detalles; el mismo observador en contacto con el espacio del orificio también será capaz de percibirlos, aunque deberá utilizar un instrumento amplificador como un telescopio. Este último escudriña el espacio del orificio "desdoblando" la concentración informacional del mismo y permitiendo observar los detalles de los algoritmos energéticos concentrados.

Cuando un ser humano se mueve, su retina transecta millones de "puntos" dimensionales similares a los del ejemplo del orificio. Cada uno de estos puntos concentra información gigantesca, siendo su distribución infinita. No existe el espacio vacío. Antes al contrario, estamos sumergidos en un mar energético, el que en cada uno de sus puntos concentra información colosal.

Ese es el espacio en el que vivimos y del cual formamos parte. En este espacio no existen ni sonidos ni luces, ni cualquier otra cualidad sensorial, sino solamente la distribución cónica de información hiperconcentrada en cada una de sus localizaciones diminutas.

Dentro de ese espacio que he denominado *sintérgico* existen zonas diferenciadas por las características globales de su distribución informacional.

Un ejemplo sencillo ayudará a visualizar lo anterior. Vamos a suponer que viajamos en una nave estelar y nos aproximamos a un planeta desconocido. Nuestra nave posee un instrumento capaz de determinar la dimensión mínima de espacio capaz de contener toda la información visible del planeta en cuestión.

A medida que nos aproximamos a la masa estelar planetaria el instrumento indicará que la mínima zona incrementa su dimensión. Recordemos que llamamos a esta zona mínima capaz de contener toda la información visible del planeta el *cuantum mínimo de espacio* (CME) para ese planeta.

La dimensión de los CME para ese planeta guarda una relación inversa con respecto a la distancia.

Lejos del planeta, los CME del planeta serán muy pequeños. Cerca del planeta serán mayores. Es muy probable que la relación entre dimensión de CME y distancia sea la misma que Newton describió para la relación entre la fuerza gravitacional y distancia, es decir, que la fuerza decrece en relación inversa con el cuadrado de la distancia. En el caso de la concepción CMEICA, la dimensión decrece en relación inversa con el cuadrado de la distancia, conservando constante la cantidad de información contenida en cada CME.

Ya veremos más adelante que existe una relación interesante entre fuerzas gravitacionales y distribuciones CMEICAS.

Es posible concebir una zona de espacio alejada de cualquier objeto material. Esa zona estaría repleta de CME infinitamente pequeños, conteniendo cantidades inmensas de información. Esa zona de altísima concentración informacional y mínima dimensionalidad CMEICA posee características extraordinarias.

En primer lugar, su homogeneidad sería altísima. En otras palabras, la redundancia CMEICA sería máxima. Si partimos de esa zona y nos aproximamos a otra en la que existan estrellas y planetas, a medida que lo hagamos la homogeneidad y la redundancia disminuirán y las dimensiones CMEICAS cambiarán (aumentarán).

Globalmente vislumbrado, el espacio se transformaría hasta que, en el extremo del contacto directo con una masa planetaria o estelar, un CME sería todo un planeta o una estrella.

Este cambio de distribución CMEICA es la que Einstein denominó una curvatura en el espacio-tiempo.

A medida que un espacio disminuye su redundancia y aumenta el tamaño de los CME que contiene, varias fuerzas se manifiestan en el mismo.

La más aparente es la fuerza gravitacional y la menos aparente es el tiempo.

La fuerza gravitacional se incrementa en relación directa con el incremento en las dimensiones CMEICAS, y con la disminución de su redundancia. El tiempo hace lo mismo.

Un espacio absolutamente redundante, CMEICAMENTE hablando, es un espacio en el que no existe ni tiempo ni fuerza gravitacional.

Puesto que en este espacio cada CME contiene una máxima cantidad de información, cada CME es idéntico con respecto a los demás y por tanto omnipresente y omnisciente. Llamo a ese espacio *espacio de alta sintergia*.

Un observador viajando a través de un espacio de alta sintergia percibirá lo mismo, independientemente de la dirección y la velocidad a la cual viaje.

Su retina transectará la misma información y su sistema nervioso la transformará en idéntica representación neuronal en toda su trayectoria.

Un observador viajando en un espacio de alta sintergia se vivirá en una impresión de estar en todos los lugares al mismo tiempo y en todos los tiempos en el mismo tiempo, es decir, vivirá en una sensación de omnipresencia y atemporalidad total.

Para ese observador, el tiempo no transcurrirá ni tampoco la fuerza gravitacional tendrá para él realidad alguna. Su visión será la de un todo incambiable y eterno.

Ya veremos más adelante que existe un nivel de conciencia que tiene las características anteriores y que se obtiene cuando el sistema nervioso reproduce las características de un espacio de alta sintergia.

En el continuo sintérgico, la materia es el extremo de menor sintergia y el espacio alejado de cualquier objeto material es el extremo de mayor sintergia.

Fuera de estos extremos, la distribución CMEICA es muy compleja y depende, entre otras cosas, de un *factor de direccionalidad.*

Un ejemplo de lo anterior es un observador viajando sobre la superficie del planeta Tierra y observando la Luna. A la distancia entre la Tierra y la Luna, esta se representa en CME diminutos y altamente redundantes. Conservando la direccionalidad de su trayectoria y de su punto de observación, el observador del ejemplo tendrá la impresión de que la Luna no se mueve y sigue su trayectoria como si lo acompañara.

En cambio, si voltea a ver la carretera, la verá borrosa. Estando en el mismo espacio, en una dirección percibirá todas las características de una alta sintergia y en otra de una baja sintergia. En otras palabras, entre los extremos sintérgicos existe una relatividad CMEICA.

Varias de las características de un espacio de alta sintergia se mimifican para un observador viajando a una velocidad muy alta. Este observador transectará una dimensión gigantesca de espacio durante un solo cuadro perceptual.

Desde la activación de los receptores, hasta la aparición de un percepto, transcurre un cierto tiempo. Este tiempo necesario para la creación de la experiencia es la *duración del presente* del observador. No transcurre tiempo subjetivo durante el presente y su duración varía, entre otras cosas, dependiendo de la velocidad relativa del observador.

Un cuadro perceptual asociado a una duración del presente específico equivale a un CME, pero en este caso "subjetivo". En el límite de la velocidad de la luz, la duración del presente del observador tenderá a hacerse infinita, por lo que se incrementará la concentración y la redundancia de su observación. En otras palabras, interactuará con el todo en cada presente, por lo que vivirá en una máxima inclusión y redundancia y su vivencia será idéntica a la de un observador inmóvil en un espacio de alta sintergia. A la velocidad de la luz, el tiempo desaparece, lo que está de acuerdo con la interpretación anterior.

Desde luego que sería posible hablar de CME subjetivos, los que dependen del funcionamiento cerebral; en particular de la activación de circuitos convergentes y polisensoriales, de la coherencia cerebral y de la duración del presente del observador. De los CME subjetivos hablaremos más adelante con amplitud.

Por ahora recordemos que un espacio de alta sintergia es aquel en el que no existe la fuerza gravitacional ni el tiempo, la concentración informacional en cada CME de ese espacio es prácticamente infinita e infinitesimal la dimensión de cada CME.

Por otro lado, es un espacio de alta redundancia y homogeneidad y equivale al espacio que un observador vislumbraría viajando a la velocidad de la luz.

Por cierto que existe multitud de aplicaciones prácticas posibles a partir de la concepción sintérgica. Una de las más llamativas es la creación de motores antigravitacionales.

Si fuera posible incrementar artificialmente la cantidad de información, la redundancia y la homogeneidad de un espacio cualquiera, se crearía una fuerza antigravitacional.

Un instrumento que ha demostrado ser capaz de lograr lo anterior es el cerebro humano durante la levitación.

Una máquina antigravitatoria podría ser un motor holográfico capaz de incrementar la redundancia y concentración informacional CMEICA de un espacio cualquiera. Un CME es un inclusor informacional. Cualquier CME vislumbrado desde otro CME que lo incluya contiene una totalidad dentro de otra totalidad. El estado de conciencia de "atestiguar" al que hacía referencia antes es similar a la inclusión CMEICA, y de hecho tiene las mismas bases. En un caso, una porción de espacio incluye a otra, y en el otro, un patrón neuronal incluye a otro (véase más adelante).

El mundo que vemos es, como decía antes, una creación nuestra y los objetos que lo forman son la resultante final de un proceso hipercomplejo que analizaré en este y los próximos capítulos.

En este proceso creativo, el espacio repleto de CME es analizado, y a partir de una decodificación en la que las dimensiones CMEICAS, la redundancia y los cambios globales de organización son transformados, primero en actividad neuronal y después en perceptos, una visión del mundo es lograda.

Los cambios globales de organización (la curvatura del espacio-tiempo) se nos ofrece como sensaciones de transcurrir temporal e impresiones de peso y fuerza gravitacional. Los cambios de dimensiones CMEICAS y de redundancia nos dan la ilusión de aproximación y alejamiento con respecto a objetos materiales, en tanto que estos últimos no son otra cosa más que la ilusión de solidez a partir de una organización energética que en sí misma es etérea.

Por supuesto que dentro de la misma categoría de ilusión están la proyección externa del mundo y la transparencia del espacio.

Vivimos los objetos como externos a nosotros mismos cuando en realidad la exteriorización es falsa. Percibimos una separación entre nuestro cuerpo y los objetos cuando en realidad la vivencia de espacio trasparente solo resulta de una incapacidad para percibir simultáneamente todos los CME que forman el espacio.

Esto último merece una explicación: generalmente estamos en contacto con una cantidad restringida de CME, aquellos que interactúan con nuestra superficie retiniana. Esta restricción nos hace suponer la existencia de un espacio transparente. Si fuésemos capaces de percibir simultáneamente todos los CME del espacio, este se materializaría y dejaríamos de pensar que el espacio existe. De hecho, en un nivel de conciencia caracterizado por una alta coherencia cerebral, el espacio se anula al desaparecer la artificiosa división dialéctica sujeto-objeto.

Detrás del mundo de las apariencias relativas, de los objetos separados unos de los otros y de un espacio transparente en el cual objetos y seres "sólidos" se nos presentan como localizados, existe lo indiferenciado, lo que es *uno* sin divisiones y de lo cual procede nuestra experiencia.

La física contemporánea ha intentado aproximarse a la Unidad y el concepto de *campo cuántico* es quizás una de las concepciones más cercanas al ideal einsteniano de conceptualizar y darle validez al campo unificado. Según Fritjof Capra, el campo cuántico es una especie de "sopa" energética, la que contiene en "potencia" la posibilidad de manifestarse como una o una multitud de partículas elementales, y en la cual estas desaparecen cuando una partícula elemental se pone en contacto con su antipartícula.[1]

En la psicofisiología contemporánea, Karl Pribram habló de un universo holográfico,[2] base y origen de cualquier manifestación relativa.

La concepción de Pribram es muy similar a la mía propia y el concepto de *holograma* (excepto por su carácter estático) vislumbra la existencia de CME de alta concentración informacional y redundancia como elementos fundamentales de la estructura del espacio y del cerebro.

La concepción sintérgica y lo que podría denominarse el *campo sintérgico* también contemplan como ideal la consideración de Unidad.

---

[1] Véase Capra, F., *The Tao of Physics*, Bantam Books Edition, 1977.

[2] Comunicación personal, 1978.

Después de nuestra discusión acerca de la organización sintérgica del espacio, es concebible que el lector se pregunte: ¿cómo a partir de tal concepción se puede llegar a la experiencia?

La contestación a tan difícil interrogante requiere además del conocimiento acerca de la estructura del espacio, un análisis somero de algunas características de la organización anatómica y funcional del cerebro. Recordemos que desde la activación de la retina, hasta la percepción de una imagen, transcurren aproximadamente 50 milisegundos. Este es el intervalo que se conoce como la duración del presente en un estado de vigilia tranquila.

En esta duración del presente, la organización sintérgica del espacio es transformada en actividad neuronal y esta en experiencia como producto final de una serie de procesos que al principio del capítulo analicé, hasta la activación de potenciales generadores.

Decía que, independientemente del sistema sensorial activado, existe una similar transformación energética inicial, que es la activación de receptores en forma de potenciales generadores:

Estos son depolarizaciones lentas de las membranas celulares, provocadas por un intercambio iónico masivo al ser activado un receptor.

En la retina, la activación de receptores estimula la capa de células bipolares y después las células ganglionares, cuyos axones forman el nervio óptico. De la capa de receptores a la de neuronas ganglionares, la activación cursa a través de circuitos convergentes, los que concentran información de tal forma que cada axón del nervio óptico, al activarse, contiene en un patrón neuronal información proveniente de decenas de receptores.

Se podrá conceptualizar lo anterior como una especie de algoritmización de información similar a la CMEICA espacial.

La activación de toda la retina es un evento analógico, mientras que la del nervio óptico es digital. Lo mismo sucede en la transferencia de información de cóclea a nervio auditivo y en general para cualquier modalidad.

La activación digital es, en el sistema nervioso, el mecanismo de transferencia de información de una estructura a otra, mientras que la activación analógica es la base de la activación de campos neuronales fundamentales para la creación de la experiencia.

Tanto en el sistema visual como en el auditivo, la información proveniente de las estructuras receptoras se comunica al tálamo. En esta estructura la información es transformada de señales rápidas digitalizadas a potenciales lentos analógicos.

En el sistema visual del hombre existen 136 millones de receptores en cada retina y un millón de axones en cada nervio óptico e igual número de neuronas visuales en el cuerpo geniculado lateral. La activación analógica de la retina y del tálamo visual podría vislumbrarse como la transformación de la organización sintérgica del espacio a un conjunto hipercomplejo de frentes de onda globales, cuya importancia para entender la experiencia es fundamental, como veremos más adelante.

Del cuerpo geniculado lateral a la corteza visual, los circuitos neuronales poseen como característica fundamental la divergencia. Cada neurona del geniculado se comunica con docenas de neuronas corticales en abanicos divergentes que hacen que multitud de neuronas corticales "reproduzcan" la activación de una célula de geniculado.

Es posible considerar aquí la cuestión de redundancia neuronal, aunque esta ya se observa desde la retina. En realidad, y al igual que con el espacio, existe una relación directa entre convergencia y redundancia. Mientras más convergencia exista, mayor redundancia se produce, hasta el límite de un espacio de máxima sintergia, en el cual la totalidad está representada en cada CME y por tanto la similitud entre CME es máxima.

En el caso de la retina, el grupo de Galambos ha demostrado que es posible lesionar el 98.5% de las fibras del nervio óptico de gatos sin que se afecte la discriminación visual compleja de estos. Esto demuestra la extraordinaria redundancia informacional a este nivel, seguramente dada por los circuitos retinianos de convergencia.

La divergencia geniculocortical debe incrementar esta redundancia y, como veremos más adelante, probablemente explica la organización anatomofuncional cortical descubierta recientemente por Eric Schwartz.[3]

Los circuitos de convergencia que se observan a nivel de la retina son también postulados en la corteza visual y, aunque no se puede asegurar cuál es su proposición, existen evidencias que indican[4] que su función es similar que los de la retina, es decir, concentran información dispersa en patrones neuronales inclusivos.

---

[3] Comunicación personal, 1978.

[4] Véanse los trabajos de Hubel y Wiesel.

Recordemos que se puede hablar de una sintergia neuronal (neurosintergia) definida como capacidad de concentración informacional y redundancia. Un cerebro de una elevada neurosintergia sería un cerebro con mayor capacidad de unificación y de integración. Probablemente los objetos que vemos como sólidos poseen una menor sintergia que la neuronal, mientras que lo transparente o invisible posee una mayor sintergia que la neuronal. La razón neurosintergia-sintergia determina nuestra capacidad perceptual y presumiblemente ha sufrido un incremento durante la evolución filo y ontogenética.

La función de la conciencia es permitir la integración de información aparentemente no relacionada entre sí en un todo congruente que trascienda los elementos que lo integran. Esto es fácilmente observable en el desarrollo de la conciencia. Un infante logra, en una etapa relativamente temprana de su crecimiento, visualizar su cuerpo como un todo y poco a poco llega a sentirse a sí mismo como una entidad independiente y unificada, como si en su procesamiento de información lograra percibir lo que de común tiene una serie de elementos informacionales, hasta lograr adquirir un punto de referencia inclusivo y centralizador de los mismos.

La misma operación centralizadora e inclusiva se observa a lo largo de la evolución del universo, en la cual un conjunto de partículas elementales se integra en un átomo, el que funciona como una Unidad inclusiva que trasciende los elementos que lo constituyen para después unificarse a su vez en una molécula, una proteína, una célula, un tejido y por último un organismo completo. En cada etapa de centralización, la Unidad nueva sobrepasa a sus elementos unificándolos y dando lugar a propiedades emergentes no contenidas en lo disperso sino únicamente en lo inclusivo.

Estas características de inclusión, unificación o centralización son comunes para la organización sintérgica del espacio, la neurosintérgica del cerebro y para la expansión de la conciencia y fueron magistralmente interpretadas por Teilhard de Chardin y actualmente se puede considerar que también ocurren en el interior del cerebro a través de la activación de circuitos inclusores o de convergencia.

Estos últimos, además de existir en la retina y en la corteza visual, se observan en estructuras polisensoriales como la corteza inferotemporal.

La activación de estos circuitos puede explicar ciertos aspectos de la lógica o infraestructura de la experiencia, en particular la relación entre la duración del presente y la neurosintergia y la relación entre esta última y la percepción de objetos sólidos.

Ya mencioné la relación entre neurosintergia y sintergia. Un cerebro de elevada neurosintergia es capaz de percibir lo que para un cerebro de menor neurosintergia pasaría desapercibido. La neurosintergia, además de lo anterior, guarda una relación directa con la duración del presente.

En mi laboratorio, Enriqueta Canseco y Cecilia Torres han demostrado que la duración del presente es variable y que guarda una relación con la frecuencia de la actividad electroencefalográfica. Esto explica por qué un niño con una actividad EEG lenta tiene una duración del presente breve, y su adulto, con una frecuencia EEG mayor, funciona en una duración del presente más expandida.

Fenomenológicamente hablando, el niño vive un número considerablemente mayor de experiencias que el adulto en la misma Unidad de tiempo, por lo que el tiempo subjetivo (comparado con el objetivo) transcurre más lentamente para un infante que para un adulto.

Si es que se requiere un nivel de inclusión mínimo para dar lugar a una experiencia y si el desarrollo de circuitos de convergencia continúa con el desarrollo, se explica por qué la duración del presente es mayor para un adulto que para un infante. Presumiblemente la neurosintergia asociada con una activación más poderosa de la lógica inclusiva se incrementa con la edad y la aparición de un percepto que incluya en una Unidad una cantidad mayor de información debe asociarse con una duración del presente y con una neurosintergia más elevada que un percepto de menor capacidad integradora.

Durante la duración del presente no existe el tiempo y los eventos que se viven durante su transcurrir se perciben como simultáneos. Una expansión de esta duración, asociada con una activación más poderosa de la lógica cerebral de inclusión, permite el logro de integraciones más poderosas al incluirse en un solo elemento de unificación mayor información.

Obviamente, la activación de un patrón neuronal inclusivo no ocurre en una sola neurona sino en poblaciones neuronales gigantescas que manifiestan su actividad en forma de conglomerados globales de ondas lentas en volúmenes cerebrales tridimensionales. Estas ondas lentas son, en parte, el conjunto de potenciales dendríticos de la población neuronal activada. Cuando la retina se pone en contacto con la estructura sintérgica del espacio, esta, a nivel cortical, se representa como un conjunto hipercomplejo de ondas lentas resultantes, en parte, de la activación inclusiva.

La concentración informacional resultante de la activación de circuitos inclusivos y representada cortical y subcorticalmente como conjuntos (seguramente redundantes) de ondas es tan similar a la concepción sintérgico CMEICA y al modelo holográfico de Karl Pribram que no es extraño que una gran cantidad de trabajos teóricos y experimentales hayan enfocado su atención en su posible representación matemática.

Existe de hecho un método matemático que parece altamente prometedor en este sentido.

Si una onda de morfología compleja, tal como un potencial provocado, es sometido al llamado análisis de Fourier, es posible describir un conjunto de ondas sinusoidales simples pero de diferente frecuencia que combinadas dan lugar a la onda compleja.

Es concebible representar de esta forma cualquier figura geométrica por más compleja que esta sea. De la misma manera, es posible realizar similar tipo de análisis para la actividad cerebral.

Probablemente si una forma pictórica se proyecta en la retina, los componentes del análisis de Fourier para esta imagen "externa" serán isomórficos con los componentes del análisis de Fourier aplicado en la actividad cortical resultante. El isomorfismo debe incrementarse en relación directa con el aumento neurosintérgico. Este isomorfismo lo discutiré más adelante en relación con la concepción del campo neuronal y del campo unificado.

Es concebible suponer que las características del campo neuronal dependan, entre otras cosas, de la particular geometría tridimensional de las diferentes estructuras cerebrales, de la frecuencia a la que funcionan y de la neurosintergia.

Los frentes de ondas provocados por potenciales dendríticos en poblaciones neuronales colosales serían quizás el correlato intracerebral más cercano de la verdadera morfología del campo neuronal.

Por otro lado, resulta extraordinariamente difícil imaginar la complejidad de interacción, entre el campo neuronal y el espacio.

Basta pensar en la cantidad infinita de CME y en la distribución sintérgica espacial para reconocer que ninguna visualización imaginaria podría ni siquiera asemejarse a la verdadera estructura del espacio.

Si ahora pensamos en un campo neuronal hipercomplejo transectando la distribución CMEICA, solo queda el asombro inmenso por lo que cada uno de nosotros hace.

Obviamente, deben existir alteraciones en la organización sintérgica resultantes de la expansión de campos neuronales que puedan ser detectadas y que permitan demostrar experimentalmente la existencia del campo neuronal y la interacción de este con el campo sintérgico. Una posibilidad en este sentido sería una alteración en la fuerza gravitacional.

Ya mencioné que cualquier cambio global en la estructura sintérgica del espacio se manifiesta como fuerza gravitacional. Si se incrementa la redundancia CMEICA y la concentración informacional en cada CME se aumenta, la fuerza gravitacional debería disminuir.

Si las características de un campo neuronal reflejan los modos de activación cerebral y afectan a la organización sintérgica del espacio en la misma dirección, se podría esperar que un incremento de neurosintergia acompañado de una elevación en la coherencia cerebral (véase más adelante) produzca un cambio gravitacional intenso disminuyendo la fuerza gravitatoria.

Un aumento de coherencia cerebral es un incremento de la redundancia neuronal. Un incremento neurosintérgico, además de implicar lo anterior, se acompaña de una expansión en la duración del presente y de una elevación en la frecuencia electroencefalográfica.

El campo neuronal resultante de un incremento neurosintérgico debería ser más redundante, de mayor frecuencia y con mayor contenido informacional que un campo neuronal proveniente de un cerebro funcionando en una baja neurosintergia. La sintergia del espacio en interacción con un campo neuronal proveniente de un cerebro funcionando en una elevada neurosintergia debería incrementarse y decrementarse con una neurosintergia baja.

En mi laboratorio, Fay Tabachnick, Joana Órnelas, Jorge Romo y yo hemos demostrado que existen cambios gravitacionales asociados con alteraciones de la actividad cerebral, y aunque todavía no conocemos todos los detalles de estos cambios, estos indican que son en la misma dirección que lo que predicen nuestras postulaciones teóricas (véanse los apéndices).

Hemos denominado a esta técnica experimental *retroalimentación gravitacional.*

Estos resultados nos demuestran que sí existe un campo neuronal y que este interactúa con la organización sintérgica del espacio.

La posible relación de los hallazgos anteriores con la creación de la experiencia es clara.

Si la experiencia es la interacción entre estos dos campos, conclusiones de la mayor trascendencia se pueden postular.

En primer lugar, no existirá impedimento teórico alguno para considerar que la localización de la experiencia pudiera ser en cualquier zona de la interacción o en todas simultáneamente.

Para la organización sintérgica del espacio, percibida desde el punto de referencia de un observador, mencioné la necesidad de involucrar un factor de direccionalidad específico que define el modo de decodificación. La localización del surgimiento de la experiencia debe involucrar, además de la interacción de dos campos, también un factor de direccionalidad que determinaría el lugar de creación.

Generalmente esta localización es el cuerpo orgánico y tendemos a considerar como imposible que la experiencia pueda surgir en otra localización alejada del mismo. Es mi opinión que esta consideración es falsa, y solo depende de factores aprendidos y culturales, de tal forma que se podrían desarrollar técnicas de aprendizaje para hacer surgir la experiencia fuera del cuerpo. De hecho, el chamanismo mexicano conoce estas técnicas y las aplica con maestría.[5]

La posibilidad de hacer surgir la experiencia a lo ancho y a lo largo de toda la interacción de campos es conocida en la mística como *omnipresencia*. Existen técnicas de meditación que logran este estado.[6]

De hecho, el movimiento sufí en el Oeste ha detectado el inicio de una nueva etapa caracterizada por un abandono de lo que en la década de los setenta se consideró como tema básico: "*estar aquí y ahora [...]* para trasladarlo a un [...] *estar en todos lados al mismo tiempo*".[7]

Ya mencioné que en un espacio de alta sintergia no existe el tiempo, la gravitación desaparece y la redundancia es máxima, de tal forma que cada localización de tal espacio es omnipresente con respecto a las demás.

Este énfasis en la omnipresencia y la atemporalidad es el reconocimiento de la existencia de una elevada sintergia como nivel básico y de una elevada neurosintergia como ideal de funcionamiento consciente, siempre y cuando la capacidad de decodificación permanezca. Las

---

[5] Don Lucio, comunicación personal, 1976; Pachita, comunicación personal, 1978.

[6] Maharishi Mahesh Yogi, comunicación personal, 1978.

[7] Pir Vilayat Inayat Khan, comunicación personal, 1978.

descripciones de los siddhas del movimiento de Maharishi Mahesh Yogi acerca del fenómeno de levitación y los registros electroencefalográficos indicativos de un funcionamiento en alta coherencia y elevada frecuencia electroencefalográfica durante esta conducta también están de acuerdo con la hipótesis de una elevación neurosintérgica como correlato de niveles elevados de experiencia y de conciencia.

Desde otro punto de vista, en el momento en el que un cerebro logra incrementar su coherencia, contenido informacional y frecuencia, la separación entre el espacio y el sistema nervioso se derrumba y la experiencia resultante de esta desaparición de la separación entre sujeto y objeto es la *Unidad* con el todo y la atemporalidad.

De hecho, en ese momento dejan de existir dos campos en interacción para volverse uno solo. Volveré a este punto más adelante, aunque quisiera adelantar que el campo unificado es el Ser y la interacción del campo neuronal con el campo sintérgico cuando el primero todavía no logra el nivel sintérgico del segundo es lo que denominamos *modalidades sensoriales específicas* y en general el mundo relativo.

Otra de las conclusiones resultantes de la hipótesis de interacción de dos campos es que el sistema nervioso se encuentra en un constante intercambio energético con el espacio y que, al menos desde un punto de vista teórico, nuestros sistemas receptores no son indispensables para la percepción.

En otras palabras, debería ser suficiente la interacción del campo neuronal con el campo sintérgico para permitir la percepción del mundo sin la utilización de la retina o de cualquier otra superficie de receptores. De hecho, yo he tenido oportunidad de conocer una mujer ciega, pero con esta capacidad perceptual directa. Reconozco, sin embargo, que los casos conocidos son anecdóticos y permanecerán en esta categoría hasta que la ciencia haga estudios precisos de la interacción de campos.

En este sentido, en mi laboratorio José Cueli, Patricia Villanueva, David Szydlo, Fay Tabachnick y yo hemos iniciado una serie de estudios para demostrar la existencia de una comunicación energética directa y averiguar sus correlatos neurofisiológicos (véanse los apéndices).

El estudio consiste en el registro de la actividad electroencefalográfica de pares de sujetos en un proceso de comunicación que comienza por ser verbal y tiende hacia la completa empatía, definida como la capacidad (generalmente averbal) de compartir experiencias.

En otras palabras, capacidad de alcanzar un nivel de relación en el que ambos sujetos experimenten sensaciones, emociones y aun imágenes similares. Hemos logrado este estado de empatía o de comunicación directa en un solo par de sujetos, en tanto que el resto (tres pares) no lo ha logrado.

En el par empático hemos hallado un simultáneo incremento en la coherencia electroencefalográfica de ambos cerebros. Este estado de alta coherencia cerebral es individual para cada sujeto del par empático y se mantiene todo el tiempo que dura la comunicación directa.

En el caso de los pares no empáticos (hemos denominado simbiótica su comunicación), la coherencia de ambos sujetos se caracteriza por estar desfasada 90°. En otras palabras, en el momento en el que un sujeto del par simbiótico alcanza un estado de alta coherencia, el otro sujeto pierde su coherencia y viceversa. Simultáneamente con esto, una zona cortical (T-5) funciona en ambos cerebros en un alto nivel de correlación intersujetos. Es decir, la morfología de la actividad EEG en la zona T-5 de ambos cerebros es prácticamente idéntica entre sí.

Hemos interpretado estos resultados como sugiriendo que en la comunicación empática no existe un verdadero intercambio informacional en el sentido convencional, sino que ambos sujetos penetran en el mismo nivel de conciencia que se caracteriza por un estado de orden, independencia y centro. En otras palabras, el penetrar simultáneamente en un estado de alta coherencia equivale a permanecer en el Ser y eso es lo que se comunica.

En cambio, en la comunicación simbiótica, los sujetos no se encuentran en ese estado sino, por el contrario, su comunicación se basa en la intencionalidad, la expectancia y el cumplimiento de necesidades con una pérdida de independencia y centro.

Es interesante analizar los resultados anteriores desde el punto de referencia sintérgico.

Este análisis indica que en un estado de elevada neurosintergia desaparece la separación sujeto-objeto y que la experiencia resultante, el Ser, es en sí mismo la organización energética del espacio sin la interfase neurosintergia-sintergia.

De esta forma, un estado de elevada neurosintergia caracterizado por una alta coherencia cerebral da lugar a experiencias que cada vez más se asemejan al estado de conciencia caracterizado con un estar en el Ser.

En este sentido, el incremento de coherencia parecería ser una condición indispensable para establecer un contacto directo y fluido con la organización sintérgica del espacio, de tal forma que no es extraño que, durante ese contacto, la comunicación entre dos seres sea total, porque ambos seres se convierten en UNO.

Más aún, parecería que cuando la coherencia se comparte, además de permitir la comunicación empática directa, fortalece la permanencia en tal estado en el que la separación entre los sujetos y de estos con el espacio desaparece. Se podría conjeturar que la interacción de campos neuronales en la estructura sintérgica del espacio sigue ciertas leyes de umbral expansivo y aunque nuestros datos nada dicen (directamente) en este sentido, existen evidencias que apoyan lo anterior.

En un estudio etológico realizado en las islas japonesas sobre una colonia de monos se observó que, en una ocasión, uno de los miembros de la colonia realizó una conducta altamente creativa para los de su especie: tomó un plátano del suelo, se dirigió a un río cercano, lavó el plátano en el mismo y después lo ingirió.

Esta conducta fue rápidamente imitada por otros monos, hasta que por lo menos 100 animales de la colonia la realizaban cotidianamente. En ese momento, en una isla localizada a 20 millas de distancia y sin ningún medio de comunicación físico con la primera, la misma conducta apareció súbitamente.[8]

Este ejemplo indica que existe una "masa" crítica de campos neuronales funcionando en el mismo nivel neurosintérgico, que logran trasponer un umbral alterando las características sintérgicas de la organización espacial en una forma tal que logran ejercer efectos poderosos a distancia, incrementando la posibilidad de que otros seres penetren en el mismo modo de actividad neurosintérgica manifestada en cambios conductuales.

Esta descripción apoya la postulación de interacción entre campos como base para el surgimiento de la experiencia e indica que es posible modificar el campo sintérgico en forma tal que acelere o fortalezca ciertas experiencias.

En la misma dirección y sentido está la descripción del llamado efecto Maharishi, en el cual, si un 1% de una población medita con-

---

[8] Descrito por Lyall Watson, 1978.

suetudinariamente, se observa un efecto generalizado de incremento neurosintérgico en toda la población de la cual este 1% es parte.

En un futuro no muy lejano alguien desarrollará una técnica que desde ahora podría denominarse de *purificación vibracional*, que consiste en incrementar artificialmente la sintergia del espacio y así facilitar la experiencia de elevados niveles de conciencia en grandes poblaciones. Es urgente la investigación de alto nivel en este sentido, en principio replicando las condiciones del efecto Maharishi, pero en una situación experimental más controlada, exacta y objetiva.

En resumen, un cerebro funcionando en un estado elevado de conciencia o en una alta neurosintergia afecta la experiencia de otros cerebros a través de ejercer una influencia sobre la organización energética del espacio. Esta es quizá la base de las llamadas curaciones psíquicas y de las influencias directas de unos seres humanos sobre otros.

Estas influencias se observan en todos los niveles sin excepción. De hecho, la física de las partículas elementales ya poseía este conocimiento desde la postulación de la hipótesis Einstein-Rozen-Podolovsky. Estos tres físicos consideraban al espacio como una especie de "mar de resonancias" y le comunicaron al físico Bell una posibilidad experimental de demostrar que ningún evento, a nivel de partículas elementales, es independientemente de otros eventos.

La descripción detallada del experimento en cuestión se puede leer en los tratados especializados en física, por lo que aquí solo mencionaré que si dos partículas elementales provenientes de la misma interacción son sometidas a una maniobra en la que una de ellas es impactada por un campo electromagnético que altere su trayectoria, la otra partícula (independientemente de su distancia con respecto a la primera) tendrá las mismas alteraciones.

Este extraordinario hallazgo indica que, además de la existencia de una Unidad entre todos los eventos, ninguna conducta por más elemental que sea está desconectada del resto y por lo tanto que el azar no existe. Lo que Jung llamó *sincronicidad* se desprende de lo anterior.

En los eventos sincronísticos se manifiesta lo que se encuentra implícito en el Ser. Cuando una conciencia se pone en contacto con su verdadera esencia, se percata de que el fenómeno de sincronicidad no es excepcional ni raro, sino antes al contrario, lo más usual y normal. Todas las relaciones se encuentran en cada CME de un espacio de alta sintergia y en el Ser, pináculo de la neurosintergia.

Por ello no existen eventos aislados o independientes y una sabiduría sublime permea todo lo que somos y nos rodea.

Sin embargo, resulta extraordinario el momento en el que una conciencia se percata de que todo lo que le sucede tiene una razón de ser y así penetra en lo que podría denominarse *diálogo directo con el mundo*. En ese momento la inexistencia del azar se ofrece como única alternativa para explicar este diálogo con la naturaleza y en un paso más adelantado desemboca en la inescapable conclusión de la *Unidad*.

Hemos llegado al punto crucial de este capítulo. Como diría Pir Vilayat Inayat Khan, hemos analizado la obra musical pero explícitamente no hemos indagado acerca del compositor.

¿Quién es el observador y quién el Ser?

¿Quién es el que siente y quién se percibe a sí mismo percibiendo?

Antes mencionaba que posiblemente existe un isomorfismo en los componentes del análisis de Fourier para el espacio y para la actividad cerebral.

Me atrevería a postular que ese isomorfismo es total cuando la neurosintergia cerebral alcanza la sintergia del espacio.

En otras palabras, cuando la actividad cerebral y el campo neturonal resultante de la misma logran la misma redundancia y concentración informacional que cada CME del espacio, la conciencia se pone en contacto con el Ser y este parecería ser *uno* y el mismo, como indica nuestra investigación acerca de la comunicación directa.

En mi laboratorio, Joana Órnelas, Jorge Romo, Fay Tabachnik y yo hemos iniciado un estudio de una técnica de retroalimentación de la coherencia cerebral que permite que un sujeto incremente su neurosintergia. Los resultados iniciales indican que el estado de conciencia que se logra estimular así, es precisamente el del contacto con el Ser.

Estos hallazgos junto con los resultados experimentales y las especulaciones teóricas antes mencionadas me llevan a postular que la conciencia en sí misma, el Ser, el observador, son *uno* y lo mismo que el todo.

La descripción del Ser en palabras resulta extremadamente difícil si no es que completamente imposible, porque su vivencia involucra el contacto con lo que se encuentra más allá de cualquier manifestación o contenido concreto de la experiencia. Es un estado de absoluta calma, paz y resulta completamente natural para quien lo haya experimentado. La postulación de que este estado se logra cuando desaparece toda interface entre la actividad cerebral y el resto del universo, es decir, cuando existe un contacto de identidad con la totalidad, implica que la experiencia en su nivel más básico y fundamental no requiere de la actividad cerebral y que el sistema nervioso es una lente o herramienta que transforma el absoluto sintérgico en realidades específicas o concretas que se constituyen en el contenido de nuestra percepción.

Resulta extraordinariamente difícil demostrar experimentalmente lo anterior y, sin embargo, es posible, como lo demuestra una investigación que realizamos Patricia Villanueva, David Szydlo, Fay Tabachnik y yo en mi laboratorio.

Hemos denominado a este experimento "Samyama en potenciales provocados", en honor de Patanyali el creador del yoga.

Patanyali describió en sus aforismos sobre yoga una técnica que permite lograr el conocimiento directo de cualquier evento, técnica a la que denominó Samyama.

Si un sujeto aplica esta técnica a sus propios potenciales provocados retroalimentados visualmente, posee un medio para introducirse a su actividad cerebral con la máxima objetividad y exactitud. La retroalimentación de potenciales provocados la logramos presentando estos en una pantalla de osciloscopio e instruyendo al sujeto para detectar cambios en el contenido de su experiencia asociados con alteraciones en los distintos componentes de sus potenciales provocados corticales.

El sujeto aplica esta técnica primero para los componentes de mayor latencia y cuando logra establecer la relación de estos con su experiencia, trabaja con componentes de menor latencia, hasta lograr penetrar en los primeros componentes de sus potenciales provocados.

Hasta ahora únicamente en una ocasión un sujeto ha logrado lo anterior, y la descripción de su estado subjetivo es la de haberse introducido a un universo en el que no existe el tiempo, hallándose completamente separado de su propio cuerpo. De nuevo, la experiencia es difícil de describir y seguramente podrá ser replicada cuando otros laboratorios decidan implementar esta técnica de Samyama y retroalimentación de potenciales provocados.

Estos resultados que sin lugar a dudas requieren mayor experimentación, indican que el Ser es independiente y que no surge como producto sinergista de la actividad cerebral, sino que existe en sí mismo desligado del sistema nervioso.

El desarrollo onto y filogenético de nuestra percepción visual ha cursado por etapas en las que de un mundo visual indiferenciado y ausente de colores ha surgido la percepción de multitud de formas con exquisito detalle, color y textura.

Es concebible que la percepción directa de la interacción de campos curse por un camino similar, y lo que en la actualidad se manifiesta como sensaciones "vibracionales" indiferenciadas después se transforme en detalles exquisitos que nos informen acerca de nuestra relación íntima con la totalidad.

El Ser como percepción directa de la totalidad por la totalidad misma indica que existe un solo campo unificado.

Las modalidades sensoriales específicas surgen cuando el campo neuronal no alcanza aún la complejidad sintérgica del espacio.

En este último caso se puede hablar de la existencia de dos campos que conforme avanzamos en nuestra evolución cerebral se transforman en *uno* solo.

Sé que se requiere investigación experimental de muy alto nivel para lograr la comprobación total de las ideas que he expresado y espero que estas impulsen el desarrollo de nuevas técnicas y métodos dirigidos a la expansión de la conciencia. Lo que en la actualidad se puede afirmar sin lugar a dudas es que toda la evidencia teórica y experimental indica que el Ser es el campo unificado y que de él proviene la creación de la experiencia y todo el mundo relativo. Como totalidad, el Ser es independiente y se manifiesta en cada ser humano en toda su plenitud en la experiencia de mismicidad, cuando se incrementa la neurosintergia hasta el nivel de la desaparición de la interfase cerebro-espacio. Esta *Unidad* es el verdadero sentido de la evolución. En los próximos capítulos extenderé estas ideas y profundizaré aún más en su significado y fenomenología.

II

EL CAMPO UNIFICADO

Estar en contacto con el Ser es convertirse en el campo unificado y esto se logra cuando previamente ha ocurrido una purificación en la cual se han abandonado estructuras cognoscitivas limitantes y se ha aceptado que más allá de cualquier intento de explicación racional, la experiencia existe y el observador es un sentimiento.

En el Ser existe un solo campo, pero la experiencia relativa conserva una interfase que, como he dicho antes, implica que el campo neuronal no ha alcanzado el mismo nivel sintérgico que el espacio. Lo que determina cada modalidad sensorial es la característica frecuencia y morfología del campo neuronal que le da origen al interactuar con el campo sintérgico.

Cada modalidad sensorial y en general cada experiencia específica podría conceptualizarse como una diferente "conciencia" coexistiendo para el observador.

Cuando el campo neuronal no ha alcanzado la sintergia del espacio, existe la multidimensionalidad. En cambio, en el nivel del campo unificado la unidimensionalidad es el único modo de experiencia.

El desarrollo necesario para lograr la experiencia del Ser requiere de retroalimentación repetitiva. En otras palabras, así como cada modalidad sensorial se ha desarrollado alcanzando cada vez mayor detalle, exquisitez de formas y discriminación a través de una constante retroalimentación, la sinonimia de Ser y experiencia avanza en la misma dirección.

El conocimiento total se encuentra en cada uno de nosotros a pesar de que la conciencia no manifieste este conocimiento en el lenguaje que ha aprendido en su relación con el mundo relativo. Cuando en cambio la conciencia comienza a vislumbrar la realidad del Ser, se da cuenta de que siempre ha sabido.

Aquí es donde la rememoración encuentra que siempre existieron evidencias claras de la inexistencia del azar, pero nunca fueron percibidas con la lucidez suficiente o si lo fueron, fueron interpretadas erróneamente.

El desarrollo de la vivencia de la experiencia del Ser como campo unificado es un proceso lento que, como decía antes, requiere de retroalimentación constante de señales que primero son interpretadas como provenientes del mundo externo y después del interno-externo sin interfases. Estas señales han sido interpretadas en épocas diferentes como milagros, poderes sobrenaturales, mensajes de la divinidad o accidentes. Actualmente sabemos que provienen de la realidad del Ser como Unidad con el todo y de este último como campo unificado.

La modificación del campo sintérgico por la interacción de campos neuronales que por no poseer la suficiente neurosintergia actúan impartiendo *direccionalidad* al primero, es lo que conocemos como mundo relativo y como modalidades sensoriales específicas.

Otra de las avenidas reflexivas que desembocan en la realidad del campo unificado está relacionada con un factor que no hemos considerado aquí y que podría denominarse *gradiente de atemporalidad* CMEICA.

El tiempo necesario para que una información fotónica-ondulatoria llegue a un CME de un espacio de alta sintergia está en relación directa con la distancia del foco emisor con respecto al CME en cuestión.

Cualquier CME de tal espacio concentra en una simultaneidad atemporal información que ha tardado diferentes "tiempos" en impactarlo. El gradiente de atemporalidad CMEICA es mínimo en un espacio de baja sintergia y máximo en uno de alta sintergia.

En este último, un infinito tiempo se encuentra en cada CME, lo que equivale a una duración del presente infinita.

Como vimos antes, para un ser humano, la duración del presente es variable y está determinada, en parte, por la capacidad neuroinclusiva de su sistema nervioso. La relación entre capacidad de inclusión y duración del presente es directa y determina la capacidad de integración perceptual.

La duración del presente podría compararse con el tiempo que dura abierto un diafragma de una cámara fotográfica. Si uno de estos artefactos ópticos es enfocado en dirección a un cielo estrellado y la duración de la exposición fotográfica es breve, la placa fotográfica resultante contendrá una serie de puntos brillantes independientes, representando el cielo estrellado. Si, en cambio, la exposición se alarga hasta hacerse de horas, los puntos desaparecerán y en lugar de ellos se registrarán círculos continuos de luz reflejando el movimiento rotacional relativo de la Tierra.

En este último caso, la fotografía concentra en una imagen simultánea mayor duración temporal y la resultante empieza a ser ya no de elementos aislados (como en el caso de una exposición breve de las estrellas), sino de relaciones complejas dadas por una expansión temporal de análisis.

En el caso de un observador humano, si en lugar de que la duración de su presente fuese de 50 ms, fuera de varias horas, el cuadro perceptual resultante sería de trazos continuos y complejos de seres dejando huellas de su camino entrelazado con el de otros seres.

El observador vería algo que interpretaría no como la huella de elementos aislados en movimiento complejo, sino como una unidad de trazos en la que la individualidad de los elementos desaparecería.

Sería posible, inclusive, pensar en hipotéticas duraciones del presente colosales, que harían aparecer a una constelación de estrellas o aun a una galaxia entera como un solo Ser.

En realidad, nuestra percepción actual del mundo (con nuestra limitada duración del presente) nos permite percibir como unidades lo que en una duración del presente menor serían elementos independientes en interacción compleja. El caso más demostrativo de esta unificación es el propio cuerpo que, estando constituido por billones de células y billones de billones de átomos, se nos presenta como una gestalt unificada.

Si pudiéramos determinar la duración del presente para diferentes especies ordenadas a lo largo de la serie evolutiva nos daríamos cuenta de que a medida que se incrementa la complejidad orgánica, la duración del presente se expande, de tal forma que para un mosquito, lo que nosotros percibimos como unidades perceptuales, debe de "parecerle" un "absurdo".

No existe razón alguna para no suponer que existan conciencias que nos incluyan, como podría ser el caso de la *nooesfera* de Teilhard de Chardin. Este pensador consideraba que la interacción de todos los seres humanos crea un ser en sí mismo, el que, de acuerdo con mis consideraciones, debería de funcionar en una duración del presente grandiosamente expandida, por lo que sus "cuadros perceptuales" incluirían en un presente simultáneo y atemporal (quizá) toda la historia de una civilización o los acaeceres globales de una cultura.

Inclusive podría postularse la existencia de conciencias galácticas para las que los cuadros perceptuales y la duración del presente nooesféricos serían insignificantes. Tales seres aterrorizadoramente colosales verían el universo como un telar en el que el nacimiento, maduración y muerte de todo un sistema planetario sería un solo cuadro perceptual.

El hombre ha intentado mimetizar la duración del presente nooesférico y por ello ha desarrollado la ciencia de la historia. Inclusive se ha atrevido a penetrar a la conciencia galáctica, y habla de la evolución del universo: "una frase de un tratado acerca del nacimiento, desarrollo, maduración y muerte de una Super-Nova se puede leer (casi) en la duración del presente de cualquier humano".

Así, el incremento en la duración del presente da lugar a una unificación y es un camino para lograr la Unidad. En el caso de la organización CMEICA, de un espacio de máxima sintergia, la concentración temporal en cada CME es tal, que una duración del presente correspondiente a la misma sería prácticamente infinita. En esta consideración está contenida la idea del campo unificado.

En el nivel de la experiencia, tal duración infinita del presente equivaldría a la atemporalidad del Ser en la vivencia íntima con el todo del campo unificado. Aquí reside la identidad del espacio, del tiempo y de la experiencia.

La duración del presente y el gradiente de atemporalidad CMEICA guardan una relación directa con la redundancia y con la concentración informacional.

Las relaciones mutuas entre dimensionalidad CMEICA, redundancia, concentración informacional y concentración temporal merecen ser sometidas a un análisis matemático que las integre al lado de los cambios gravitacionales. Seguramente este análisis (para el que me declaro completamente incompetente) permitirá que surjan cogniciones que trasciendan mi limitada capacidad lingüística.

Sin embargo, es posible considerar aquí algunas de estas relaciones. En principio, a medida que se incrementa la duración del presente, debe aumentar la redundancia y, por supuesto, la concentración informacional integrada en unidades cada vez más atemporales. En el caso de la experiencia, el Ser es igual para todos, de tal forma que su vivencia es la verdadera comunión cristiana, el Jehová judío o el buda hindú. Esta alta redundancia del Ser no debe extrañarnos, ya que la identidad del Ser con el campo unificado la explica.

Desde el inicio de la investigación teórica y experimental de la ciencia de la física los expertos de esta disciplina han descrito la existencia de varias fuerzas de interacción, entre las cuales se encuentran la fuerza gravitacional, la eléctrica, la electromagnética, las fuerzas de interacción nucleares y las llamadas interacciones débiles. El físico siempre ha sentido el anhelo de hallar la simetría local que unifique todas las fuerzas en una sola. En otras palabras, descubrir aquella fuerza que incluye a todas las demás como casos particulares. Si el Ser es el campo unificado, un ser humano que se encuentre en el Ser debe ser capaz de ejercer una influencia y de manejar sin problemas todas las fuerzas descritas por la física.

Que esto parece ser realidad, se desprende de nuestro experimento de retroalimentación gravitacional. Sería extraordinariamente interesante iniciar una investigación que tuviera como finalidad mostrar que de la misma manera en la que es posible alterar la fuerza gravitacional, es factible modificar las demás fuerzas, pues esto demostraría experimentalmente la identidad entre el Ser y el campo unificado. Postularía que el experimento tendría éxito indudable.

III

MUNDOS SOBRE MUNDOS

La conciencia del campo unificado es dialéctica pero su experiencia no lo es.

En el Ser, el único modo de percibir es el sí mismo, y este no puede vislumbrarse desde fuera porque en ese instante deja de ser. Sin embargo, la conciencia puede analizar tal estado y en este sentido parecería ser independiente, inclusive del campo unificado. Obviamente, lo anterior indica que existe algo completamente independiente de todo lo imaginable y aunque parecería extraño y contradictorio considerar aquí su existencia después de haber afirmado que el Ser es el todo, por otro lado resulta natural.

Otro modo de análisis desemboca en la misma conclusión, aunque confieso que existe algo en la razón que no puede ni debe aproximarse a tal conocimiento. No por temor, ni por alguna consideración de estructura, sino porque no existen términos ni lógica adecuada para considerarlo. Sin embargo, helo aquí. Supongamos que hacemos interactuar todos los elementos de un sistema y tenemos formas de determinar el momento en el que surge del mismo alguna propiedad.

Tal propiedad contendrá al todo y lo incluirá, y en cierto sentido se podría afirmar que su misma identidad es el todo del cual surge. Sin embargo, aun así, sería independiente de esa totalidad.

De la misma forma, la conciencia que puede ver el campo unificado en la vivencia del Ser resulta idéntica al todo, pero simultáneamente independiente del mismo. Implica lo anterior que al lado del universo físico (llámesele campos energéticos, partículas elementales, objetos, ondas, etcétera), existe una realidad que es independiente de aquel, pero ligada al mismo.

Mundo espiritual es como se ha denominado a tal independencia, y esta se puede empezar a vislumbrar si se profundiza en la consideración de la inexistencia de azar. De esta última se desprende lo que he denominado *mundos sobre mundos*, aunque cualquier otra denominación podría ser valedera para lo que deseo decir.

Todo es un proceso independientemente del nivel en el que se considere la "realidad" y simultáneamente todo pertenece a un nivel de resultante.

Un claro ejemplo en este sentido es la percepción visual. Obviamente, todo en ella es proceso. Desde la activación retiniana hasta la interacción del campo neuronal con el sintérgico, ocurren tantas operaciones que se siguen unas a las otras sin un claro límite o interfase, que parecería un proceso continuo que sería imposible catalogar o considerar en forma discreta.

Y, sin embargo, existe un nivel de luz y uno de objetos, y en general, una resultante final que podríamos denominar *percepto*, *cuadro perceptual* o simplemente *imagen*, que se diferencia del proceso neuronal antecedente y también de la interacción de campos energéticos.

De esta forma, el proceso y la resultante provienen uno del otro, mimetizando la consideración de simultaneidad entre creación sinergista e independencia de la misma.

Por supuesto que la consideración de simultaneidad entre la independencia y la creación, y entre las resultantes y los procesos, se puede plantear para el caso de la individualidad.

Esta última existe y no existe también en forma simultánea. No existe en el nivel del Ser de la misma forma que existe en el nivel del experimentar relativo. Aun en este último caso, no existe en tanto que es impensable la existencia de una experiencia concreta solamente capaz de ser vivida por un ser humano. La luz la vemos todos y todos sentimos similares dolores. La individualidad total implicaría la relatividad total y esta no existe.

¿Quién es entonces el que experimenta? ¡Es seguramente el mismo que decide!

Las decisiones tampoco son individuales, sino que provienen y están determinadas por un conglomerado o matriz de relaciones complejas, cuyas manifestaciones pueden ser observadas en el mundo "externo". Sin embargo, la individualidad permanece como sensación aun cuando no exista en el sentido estricto. En otras palabras, el Ser se siente como individualizado, aun cuando su origen sea el mismo campo unificado.

La localización de la experiencia puede ser en cualquier zona del espacio. El sujeto que vive la experiencia, independientemente de su localización, la sigue sintiendo como suya propia, significando esto último una clara vivencia de individualidad a pesar de que esta no existe en un sentido estricto. Desde un punto de vista racional, la emergencia de la experiencia, independientemente de su localización, es contradictoria con el mantenimiento de la individualidad. En realidad no lo es, como veremos más adelante. Cuando un ser humano se percata de que en cierto nivel su experiencia es compartida y que esta ausencia aparente de individualidad no determina la pérdida de su sensación de existencia, se abre la posibilidad de una real vivencia de Unidad y de amor. Cuando al mismo tiempo aparece la conciencia de que lo que acontece en el "exterior" es idéntico a lo que sucede en el interior, se termina la dicotomía sujeto-objeto.

La vivencia de similitud entre toda experiencia puede provenir del análisis teórico de la creación de la experiencia, de la vivencia de la ausencia de diferencias entre sensaciones corporales localizadas y localización de eventos externos o de la clara conciencia del proceso de experimentar desde la perspectiva del Ser. En cualquier caso, se llega a la misma conclusión, y esta es que, al lado del observador mismo, existe otra realidad que es su experimentar, siendo esta última realidad un universo aparte del sí mismo centralizado. Es precisamente aquí en donde se valida la consideración de la existencia de mundos sobre mundos.

Para el caso del observador comparado con el mundo del experimentar relativo, es clara la existencia de dos mundos, uno (el observador) incluyendo al otro (el mundo relativo).

Desde otra perspectiva se puede arribar a la misma conclusión y esta es la consideración de los mundos de las relaciones.

Si tomamos como elementos de análisis los objetos concretos resultantes finales del proceso perceptual, un mundo sería el del movimiento, transformaciones y cambios de los objetos en sí mismos.

Si, en cambio, enfocamos nuestra atención en el mundo de las relaciones entre eventos particulares, se manifiesta la existencia de otro mundo que trasciende la manifestación concreta y que es (en sí mismo) la lógica de las relaciones. Este nuevo mundo es independiente y simultáneamente creado a partir de los eventos concretos, aunque desde otra perspectiva, la dirección de la creación pueda ser diferente.

Cuando se observan las relaciones entre eventos concretos, salta a la vista la existencia de una conciencia sublime, determinando (de alguna forma) una lógica congruente.

El mundo de las relaciones y el mundo de los eventos concretos es un mundo sobre otro mundo.

Cuando la conciencia se instala en el mundo de las relaciones, se percata de la inexistencia del azar e intuye la realidad de una sabiduría del mundo colosalmente superior a la de cualquier conciencia "individual".

Obviamente, la capacidad del sistema nervioso es tal, que después de que un individuo se percata del mundo de las relaciones, puede mimetizarlo en su actividad cerebral, expandiendo así su individualidad, hasta que esta se vuelva idéntica a la conciencia que antes se percibió como sublime y separada del centro de individualidad desde el cual se observaba.

En realidad, la expansión de la individualidad es otro de los caminos hacia la Unidad, quizás el más valedero.

La atención enfocada en el mundo de las relaciones entre eventos "concretos" más que en estos últimos necesariamente conlleva a la vivencia de lo que podría llamarse un *diálogo directo con el mundo.*

Mundo aquí es mundo todavía vislumbrado como externo, porque solamente antes de ser incluido en el Ser puede vislumbrársele.

En este nivel, un pensamiento siempre tiene una referencia, contestación o relación íntima con un evento "externo", de tal forma que todo contesta y todo es señal.

Más adelante se adquiere fe y por último súbita e irreversiblemente acontece que la experiencia deja de vivirse como separada de los eventos "externos" para ser ella misma estos.

Obviamente, tal vivencia de Unidad puede con facilidad confundirse con otro estado similar que la patología ha catalogado como *paranoia.*

El que haya aprendido a diferenciar, jamás confundiría ambos estados, mientras que el que los confunde no pasa de ser un ignorante.

Quizá la afirmación de que la individualidad no existe no resista el análisis cuando este es horizontal y lo que se pueda postular (en su lugar) es que la individualidad se expande y en cierto momento representa la totalidad. En este último nivel deja de existir, aunque los elementos que la forman no lo sientan así, simplemente porque la individualidad del campo unitario se les ha transferido.

Cuando se adquiere la conciencia de la existencia de diferentes niveles de conciencia se comprenden las aparentes incongruencias de la conducta de partículas elementales, puesto que se intuye que las leyes que rigen las operaciones de la resultante final del proceso perceptual son *solamente* válidas para este nivel, aunque contengan elementos de integración valederos para cualquier nivel.

En cambio, la confusión entre los procesos y las resultantes lleva al fanatismo miope de los incompetentes antiintrospeccionistas.

Los diferentes niveles de conciencia a los que hacía referencia son los mundos sobre mundos.

El mundo de los eventos vistos en la única perspectiva que brinda la resultante final del proceso perceptual es lo que en otras obras he llamado primer lenguaje.[1]

El mundo de las relaciones es otro nivel de conciencia al que he denominado *segundo lenguaje*.

La vivencia del segundo lenguaje es el ideal del movimiento psicoanalítico, el que la ha conceptualizado como una transformación del inconsciente al consciente, o como un acceso de este último al primero.

Para quien no se conforme con ideales limitantes, existe el tercer lenguaje, que no es otra cosa más que la realización de la existencia de una inteligencia que determina y es determinada por el mundo de las relaciones. Se comprende aquí la razón de la inexistencia del azar y se adquiere una mística y una fe que trasciende el positivismo infantil del primero y aun del segundo lenguaje.

Cuando el tercer lenguaje se vive en forma cotidiana, la individualidad se transfiere y surge la "iluminación".

Desde un punto de vista estrictamente psicofisiológico,[2] el proceso es inclusivo y algoritmizante, de tal forma que siempre la nueva conciencia es un sentimiento ausente de detalles.

El proceso de expansión de la individualidad o de desarrollo de los niveles de conciencia siempre sigue las mismas leyes. Una de ellas es que no se puede alcanzar un siguiente nivel y permanecer en él en forma permanente, en tanto que no se haya recorrido (horizontalmente) todo el nivel precedente.

---

[1] Véase *Más allá de los lenguajes*, México: Trillas, 1976.

[2] Véase mi obra *Nuevos principios de psicología fisiológica. La expansión de la conciencia*, México: Trillas, 1976.

Esto es precisamente lo que valida la postulación de inclusión como mecanismo básico para la expansión.

En la inclusión se observa con claridad lo que se denomina *trascender* y también se fundamenta el proceso de algoritmización y el de emergencia de nuevos niveles.

En la vida cotidiana, lo anterior implica la prohibición de efectuar "saltos".

La conciencia debe acompañar el proceso de su misma expansión. De otra forma se pierde perspectiva del proceso y, puesto que todo es un proceso, se acaba en el sin sentido.

Aprender a aprender es lo que se ha denominado a lo anterior.

Aquí resulta interesante analizar dos posiciones aparentemente divergentes que, sin embargo, desembocan en el mismo estado.

En el budismo zen, cada experiencia es el todo que no requiere provenir de algún nivel "superior" para ser validada ni tampoco ajustarse a determinado nivel de pensamiento o desarrollo para tener el carácter de digna. Cada experiencia es en sí misma válida y absoluta. No existe Dios para el budista ni necesidad de lograr el absoluto religioso. Lo que existe es la experiencia misma, la que no puede ni debe juzgarse. No existe la habituación en el zen ni tampoco consideraciones de nivel.

La mente budista es virgen y desapegada con respecto a doctrinas, pero absolutamente identificada con la experiencia.

Si el Ser es un lago y cada pensamiento una ola, el budista vive la ola y el lago y el sí mismo como idénticos.

En el pensamiento yoga hindú, sobre todo el que se ajusta a la tradición de Patanyali, es un error identificarse con la experiencia relativa y una virtud vivir la "reina" de las experiencias. Las olas del lago no interesan, sino más bien la quietud del mismo, única alternativa para verlo completo y trascenderlo.

El yogui habla de la necesidad de trascender las impresiones sensoriales y de considerar como únicamente válido el Ser instalado en sí mismo.

Desde allí, dice el yogui, todo lo demás adquiere una adecuada perspectiva.

Fuera de allí todo es dependencia.

En cambio, para el budista no interesa el nivel del experimentar. Vive cada impresión como un todo sin interfases o dicotomías. No existe el bien y el mal y lo único que se puede afirmar es que todo *es*.

Así, para el budista, el mundo terrenal existe mientras que para el yogui lo único que no es ilusión es el Ser.

El proceso de transferencia de la individualidad emergente a los elementos interactuantes puede y debe controlarse en el inicio de tales experiencias hasta adquirir la maestría suficiente como para dejarlo libre y fluido.

El proceso de aprendizaje es similar al que han descrito los sufís de la orden del Oeste para los bailes grupales que ejecutan. En estos, el sujeto interactúa y se da al grupo para después regresar al sí mismo centralizado previo a la emergente. El proceso se repite hasta que desaparece la diferencia individuo-grupo, pero no en un sentido simbiótico, sino más bien maduro, similar al que describí para nuestro experimento de comunicación.

El sufí que tiene conciencia del proceso se sabe idéntico consigo mismo previo a la emergente, de la misma forma en la que el budista se vive como idéntico a su experiencia y también en forma similar en la que el yogui se vive trascendido.

En el sufí desemboca el budista y el yogui en una combinación de amor hacia la experiencia en sí misma sin el olvido de la necesidad de trascender a través del ascenso en la adquisición de la maestría en la transferencia de las emergentes individualizadas.

La expansión de la conciencia es la expansión en la capacidad de ser la individualidad emergente. La verdadera madurez es cuando esta expansión conlleva el mensaje sufí de amor a la experiencia.

La conciencia es necesaria y en cierto sentido su existencia es o involucra la capacidad de decodificación.

Por otro lado, en el desarrollo ontogenético ocurre una expansión en la duración del presente.

Esta expansión, como ya dije, implica que la experiencia asociada a la ocurrencia de un cuadro perceptual contiene (más y más) integraciones asociadas con lo que (en la infancia) era simplemente una imagen.

En otras palabras, el niño vive su experiencia en una total inocencia de significados, juicios o integraciones valorativas. El adulto, en cambio, experimenta en un todo simultáneo el juicio y la experiencia en sí misma.

El incremento en la duración del presente explica lo anterior y es lo que usualmente se denomina *proceso de maduración*.

El incremento en neurosintergia puede convertirse en un alejamiento de la inocencia del experimentar puro cuando no se acompaña de la capacidad de autodecodificación. La capacidad de decodificación es aptitud para el análisis y es conciencia.

Cuando la expansión en neurosintergia no se acompaña de lo anterior, existe envejecimiento y en última instancia senilidad.

El Ser es exquisito en la información que concentra, pero pobre en detalles.

Es solamente a través de un proceso muy complejo de decodificación que se puede conocer a sí mismo y en este conocimiento está contenida una nueva forma de inocencia.

Cuando, en cambio, la neurosintergia solo existe en sí misma, la rigidez es la resultante.

La conciencia del budista es tan difícil de adquirir porque implica una especie de reducción en la neurosintergia, un abandono de integraciones lógicas que han probado ser relativamente efectivas para, en cambio, sumergirse en la valoración absoluta de una resultante final (la experiencia tal y como es dada como producto final de la percepción) y el abandono del análisis del proceso.

La conciencia de yoga, sobre todo del raya yoga, está interesada en el proceso aun cuando este no es analizado de la manera usual, sino con una base fenomenológica directa.

Si se quisiera hacer la comparación general, el budista representa a la conciencia femenina, mientras que el raya yogui a la masculina.

La combinación y el equilibrio de ambas probablemente está vislumbrado en el sufí.

Independientemente de lo anterior, a mí me parecería que el nivel ideal es el equilibrio entre el análisis de los procesos y el amor a las resultantes, sobre todo cuando cada paso del proceso adquiere el estatus de resultante.

Aquí, el desarrollo neurosintérgico no se contrapone con la inocencia y el amor y en cada nivel de producto final se vislumbra (amándolo) el proceso y viceversa.

En realidad, este nivel implica la desaparición total de la dicotomía proceso-resultante. En este nivel ocurre una sinonimia entre experiencia y conciencia. Esto último merece una aclaración.

La conciencia está determinada por la experiencia, mientras que a esta última la determina el Ser.

El mundo de las relaciones es una experiencia en sí misma, lo mismo que una conciencia. Alguien que no sea capaz de experimentar el mundo de las relaciones todavía posee enormes potencialidades de experiencia sin acceso.

En realidad, el acceso de la conciencia a la experiencia es tan infinito como las posibilidades del experimentar, y seguramente en un nivel desaparece también la dicotomía entre experiencia y conciencia.

Esto es taoísmo puro y en él se comprende la no necesidad de actuar.

Cuando la experiencia y la conciencia alcanzan la sinonimia, cada experiencia se convierte en el todo desapareciendo cualquier intento categorizante.

Aquí, el ser humano alcanza el verdadero sentido de su vida terrenal y comprende que el haber logrado que cada acto, respiración, sensación corporal, pensamiento o sentimiento, sea vislumbrado como único e irrepetible y al mismo tiempo como manifestación directa de su verdadera naturaleza esencial, lo convierten en un gigante y digno representante de la especie.

Puesto que no existe valoración, todo adquiere el carácter de profundidad, realidad y esencia que verdaderamente posee y el observador disfruta de su creación viviéndola como tal, asombrado de la exquisita atemporalidad de la experiencia y de la riqueza de su vivencia.

La vivencia de la identidad entre conciencia y experiencia implica, además, la capacidad de reconocer el origen de la segunda y su verdadero significado, el que siempre transpira la Unidad por encima de cualquier otra fenomenología.

La comunidad entre experiencia y conciencia no afecta, sin embargo, al observador. El que vivencia, el verdadero Ser, siempre permanece independiente de su propia creación.

Cuando mencioné que cualquier propiedad es independiente y creada y dije que la razón no podía comprender (ni sus operaciones englobar) la realidad del Ser como simultáneamente creado e independiente, pensaba, sobre todo, en la dirección de la creación. Una emergente aparece "después" de que ha ocurrido un proceso de interacción. Sobradamente complejo es el pensamiento anterior como para (intentar) intuir la dirección opuesta (es decir, que la interacción entre elementos aparece después que la emergente).

Sin embargo, en el caso del Ser, lo emergente es el primer dato.

Esto significa que no es la lógica el camino adecuado para lograr el entendimiento de la independencia del Ser, por lo que este último, más que derivativa racional, debe ser vivencia directa.

Existe algo que trasciende la razón y el universo en el que se penetra cuando esto sucede es inimaginable por la razón. De nuevo aquí se nos presenta la existencia de mundos sobre mundos. Por un lado, el mundo asociado a los eventos elementales, por el otro, el mundo de la experiencia y más allá el de la existencia del observador capaz de vislumbrar su creación como unificada por ser creación, el mundo de las relaciones y de las individualidades emergentes y el de la independencia del Ser.

Sería falso e inexacto considerar que existen leyes y procesos completamente diferentes en cada mundo. Antes al contrario, lo que se observa es que similares operaciones se manifiestan como si por detrás de todos los mundos existiera algo que los determina.

La afirmación del chamanismo mexicano[3] de que el aquí, el allá y el más allá son lo mismo, es una manifestación de la cognición de similitud de procesos en los diferentes planos de la existencia.

Para adquirir y vivir la conciencia de unificación es necesario liberar espacios sintérgicos del pasado. La purificación es necesaria para lograr la fluidez.

La fluidez total se consigue cuando dejan de existir consideraciones redundantes que necesariamente ocupan espacios neurosintérgicos. Ya sea como activación de poblaciones o circuitos neuronales que de otra forma permanecerían esclavizados como para fluir con el todo o (en otro nivel) como dependencia de una lógica limitante o una estructura rígida, la falta de fluidez hace que el humano desconozca la realidad como cambio permanente.

La fluidez total es la meditación permanente.

---

[3] Don Lucio, comunicación personal, 1977.

IV

LA INDIVIDUALIDAD EMERGENTE

Decía antes que aun cuando todo es un proceso continuo, se pueden detectar resultantes que tienen vida propia y se manifiestan como niveles discretos que se caracterizan por su emergencia.

El más claro ejemplo de lo anterior es el proceso perceptual con el que nos conectamos en el nivel de percepto final y excepcionalmente con los procesos que preceden a la imagen. La dificultad para percibir el proceso depende de una ausencia de entrenamiento más que de una imposibilidad esencial. La técnica de retroalimentación de potenciales provocados demuestra que cuando existe una manifestación objetiva de los componentes del proceso, este puede experimentarse de la misma forma en la que normalmente puede vivirse la resultante final.

Obviamente esto plantea las más interesantes interrogantes, sobre todo al respecto de la independencia del observador en relación con el proceso que aparentemente le da origen.

Digo aparentemente porque parecería que la palabra *observador* no es muy adecuada. Al decir observador pareceríamos hacer referencia a "algo" ligado a cierto mundo perceptual. Difícilmente el concepto puede separarse del mundo perceptual cuando en realidad a lo que se refiere (por lo menos lo que yo quiero decir con observador) es aquello que es capaz de experimentar independientemente de los atributos o cualidades concretas de la experiencia.

El observador es el Ser o el Purusha hindú.

Decía entonces que el observador tiende a conectarse con ciertos niveles del proceso, mientras que con otros no y que la capacidad de establecer contacto proviene más que de una imposibilidad esencial, de una falta de entrenamiento adecuado.

El observador está asociado a lo que se puede denominar *mundo espiritual* y las operaciones y leyes que se asocian con su activación están íntimamente ligadas con el concepto de *individualidad emergente*.

No quiero decir que el observador sea (en sí mismo) una propiedad emergente, ni tampoco que su carácter independiente lo desligue de algún proceso de creación.

La lógica proviene del análisis de las resultantes finales del proceso perceptual y solo es aplicable en ellas de tal forma que, aunque nuestra percepción nos indique que caemos en una contradicción al pensar que existe la simultaneidad entre independencia y creación, en el nivel elemental, su existencia es aparente y sigue una "lógica" completamente diferente a la acostumbrada.

¿Qué es entonces lo que obliga al observador a presentarse solamente al final de ciertos procesos?

Analicemos el fenómeno de la individualidad emergente porque de él se desprenden cogniciones que nos ayudarán a resolver la interrogante anterior.

En cualquier sistema en el que existan elementos en interacción surgen propiedades globales, emergentes y gestálticamente determinadas que trascienden a los elementos y los engloban. Estas propiedades son la individualidad del sistema y se transfieren a los elementos siempre y cuando estos posean una complejidad suficiente. En el caso de interacciones simples entre elementos pobres en complejidad, la transferencia de la individualidad emergente debe tener un límite. En el caso de cerebros humanos en interacción, la individualidad emergente debe ser capaz de transferirse a los elementos porque estos pueden mimetizar las condiciones del conjunto emergente.

Para que lo anterior ocurra, el cerebro humano debe poseer espacios neurosintérgicos libres. En el nivel de campos neuronales, la interacción entre varios de ellos da lugar a lo que en otras obras[1] he denominado *campos multineuronales globales* (CMG).

Los CMG, al interactuar con un campo neuronal individual, transformarán la experiencia de este último y la harán idéntica a la asociada con la individualidad emergente, siempre y cuando el cerebro que desarrolla el campo neuronal individual no bloquee los componentes

[1] Véase Grinberg-Zylberbaum, J., *Los fundamentos de la experiencia*, México: Trillas, 1978.

de experiencia resultantes de la interacción entre su campo neuronal y los CMG (la ausencia de bloqueos está determinada por la existencia de espacios neurosintérgicos libres). Si la experiencia es la interacción de campos, algo en la morfología de estos o en sus características energéticas es el experimentar y no existe razón alguna para dudar de que la organización energética del espacio mismo, lo que se ha denominado *campo cuántico* o *campo sintérgico*, posea tal fenómeno.

Cuando un cerebro incrementa su neurosintergia y su campo neuronal se hace idéntico al campo sintérgico, la experiencia es la del Ser (observador) centrado en sí mismo, es decir, la experiencia es la vivencia que el campo sintérgico tiene de sí mismo. Esta individualidad emergente existe sin necesidad de campos neuronales y sin sistemas nerviosos, por lo que su ocurrencia es independiente de aquellos y de estos. El observador es el Ser del campo sintérgico. El observador individual se convierte en este Ser cuando su sistema es capaz de trasladarse de una neurosintergia limitada a la sintergia elevada del campo cuántico.

Por ello, solamente cuando el proceso perceptual alcanza cierto nivel de complejidad aparece la conexión. El asunto parece reducirse a un problema de localización del observador o de la experiencia misma, de tal forma que cuando se da un entrenamiento adecuado, el observador queda localizado en el mismo campo cuántico y desde allí puede tener acceso a cualquier proceso.

Esto último es claramente visible en lo que podría denominarse *desarrollo expansivo de la individualidad* o *experiencia mística*.

El místico habla de la existencia de por lo menos dos localizaciones de la experiencia. En una de ellas (la menos desarrollada) existe un ego personal y el funcionamiento consciente es restringido y limitado por una serie de asociaciones determinadas por deseos, intenciones, historia personal y demás limitantes.

Aquí la localización es individual en el sentido personal. Cuando en cambio ha ocurrido un proceso expansivo en el que el ego individual ha sido transformado y puesto en contacto con un nivel más general de experiencia, el místico habla de la aparición de una sabiduría impersonal y "divina".

El sujeto deja de funcionar desde la perspectiva de una historia personal restringida y se pone en contacto con lo general, lo asociado con una sabiduría impersonal, y la individualidad se traslada desde un plano limitante a la transferencia de la individualidad emergente. Este es el nivel de Unidad en el que se reconoce la existencia del UNO (el Dios único, Jehová o Alá). Por lo tanto, existe ciertamente una dificultad mayúscula para que el observador tenga acceso al proceso perceptual cuando la complejidad del campo neuronal no ha alcanzado la del campo sintérgico. Cuando, en cambio, la alcanza, ocurre un salto de localización de la experiencia y se abren las compuertas que permiten el acceso a los procesos.

En un nivel, el observador emerge del proceso perceptual y en otro existe independientemente de este último. En el primer caso no existe posibilidad alguna de acceso, mientras que, en el segundo, el acceso se permea.

Obviamente *acceso* no quiere decir entendimiento lógico o racional o intelectual sino vivencia directa.

La existencia de diferentes localizaciones de la experiencia es clara en lo que el chamanismo mexicano denomina *desarrollo*.[2]

El chamán utiliza técnicas que le permiten localizar su experiencia fuera del cuerpo orgánico y enseña estas técnicas a sus discípulos.

Aquí se trata de una localización en el espacio mientras que las consideraciones que antes hacía en referencia a la interacción del campo neuronal con el campo sintérgico hablan más que de una localización espacial, de una localización expansiva de la individualidad.

En ambos casos, sin embargo, el proceso es similar y se hace necesario considerar la existencia de un factor de direccionalidad determinante de la localización.

Para el caso de chamán, el factor de direccionalidad debe activar cierta porción de la interacción de campos para que la experiencia surja en ella y no en otra.

De esta forma, el chamán puede tener la impresión de viajar de una localización espacial a otra cuando en realidad está en todas al mismo tiempo.

La existencia de campos neuronales es en realidad la existencia de un cuerpo "orgánico" que ocupa todo el espacio. El lugar de este que se siente como "centro del experimentar relativo" es variable y depende de un entrenamiento en el que se rompe la consideración de cuerpo físico como centro.

---

[2] Pachita, comunicación personal, 1978; Don Lucio, comunicación personal, 1976.

Obviamente esto implica que todas nuestras consideraciones acerca del cuerpo orgánico como centro de experiencia están equivocadas y que la manera en la que la cultura enseña a sus miembros a experimentarse y a experimentar el mundo es limitante.

Por otro lado, plantea las más profundas interrogantes acerca del Ser y de la experiencia.

En relación con el Ser, el factor de direccionalidad más que determinando (como ya dije) una localización espacial de la experiencia, determina la vivencia del Ser mismo como independiente o como ligado al ego personal.

Se desprende de todo lo anterior que es condición necesaria para la conexión con el observador el poseer una complejidad morfológica suficiente. Que cuando el proceso perceptual alcanza cierto desarrollo esta complejidad aparece y con ella la experiencia y el observador; también, que cuando la complejidad alcanza la organización del campo sintérgico, el observador se libera del proceso perceptual, se independiza del mismo y por tanto es capaz de tener acceso a todos los componentes del proceso.

En este último caso, aparece lo que se denomina *diálogo con el mundo*, en el que todo se convierte en señal desapareciendo la dicotomía entre observador y observación, y entre lo externo y lo interno.

Se podría inclusive considerar la existencia de un continuo de complejidad creciente que se inicia con la primera transformación del espacio al interactuar con receptores, que alcanza un nivel de experiencia cuando ocurre la interacción de un campo neuronal con un campo sintérgico y que continúa hasta que ambos campos se vuelven idénticos. En cierta "etapa" del continuo aparece el ego personal y el observador mantiene una dependencia con respecto a la resultante final del proceso perceptual del cual aparentemente emerge. Más allá, el observador se centra en sí mismo y se independiza de cualquier proceso.

En realidad, la independencia existe desde siempre pero no se es consciente de ella sino hasta que desaparece la barrera que separa al observador de lo observado.

V

LA CONCIENCIA DE LA CREACIÓN DE LA EXPERIENCIA

El secreto del verdadero amor está en la vivencia y el entendimiento de que cualquier existencia es milagrosa. En este estado se comprende la inocencia del budista, para quien no existe la habituación, simplemente porque reconoce el milagro del sentir desde el "balcón" de la inexistencia.

Aquí, en una completa ausencia de juicios se ve cualquier manifestación como proveniente de lo que podría concebirse como un milagroso salto en el vacío. Lo mismo podría decirse de cualquier acto creativo. La aparición de la flama del entendimiento en el vacío de la abstracción o como el cabalista diría: la imposibilidad de entender cómo el conocimiento se conecta con el observador.

Desde un punto de vista neurofisiológico, la afirmación de Cristo de que solo aquel que sea como un niño será capaz de alcanzar el reino de los cielos implica la reducción en la duración del presente hasta que la experiencia se purifique de todo juicio y la existencia de una imagen se desconecte de cualquier interpretación, que involucre el uso de espacios neurosintérgicos. Estos, libres, pueden usarse para permanecer en un estado de "arbórea" fluidez.

Obviamente lo anterior se completa cuando, además de la purificación antes mencionada, la experiencia y la conciencia alcanzan la sinonimia.

La inocencia del que es capaz de percibir sin juicio se convierte en majestad de madurez cuando además se reconoce que la experiencia es creada.

La conciencia de la creación de la experiencia es el reconocimiento y la vivencia en la creatividad total.

Nuestra naturaleza original es el silencio. En otro nivel, la misma situación se alcanza cuando la duración del presente se expande hacia el infinito trascendiéndose así las limitaciones de espacio y tiempo.

Existe una expansión en la capacidad de ser consciente de la creación de la experiencia y aquella se vislumbra con claridad en el caso de las individualidades emergentes.

Si toda interacción involucra la creación de un nuevo nivel de individualidad, no existe razón alguna para dudar de que el acceso de la conciencia a los nuevos niveles no se convierta en experiencia habitual.

De hecho, cuando mencioné que una de las características de toda individualidad emergente es su capacidad de transferirse a los elementos que la "originan", estaba pensando en la transformación en experiencia perceptual de tal individualidad por parte de los elementos interactuantes.

Esta expansión es un acceso de la conciencia a una región más cercana a su totalidad; verdadera identidad del Ser. Y aunque tal acceso parezca indicar que el sentido de la creación es desde el elemento interactuante hacia la individualidad emergente, en realidad la direccionalidad es inversa. Más aún, en un sentido estricto el Ser como totalidad es el que determina el nivel del acceso a sí mismo.

Las leyes y reglas que rigen tal determinación son lo que constituye el entrenamiento espiritual.

La apertura de un nuevo sentido sensorial, como es el caso del acceso de los elementos interactuantes a la vivencia de las individualidades emergentes, no tiene sentido alguno en sí mismo si no se acompaña de la conciencia y el entendimiento de que tal apertura es un acercamiento al verdadero Ser, es decir, una aproximación a la Unidad.

Cuando hablo de elementos en interacción me refiero a cualquier organismo o matriz energética individualizada, pero sobre todo al ser humano.

El entrenamiento espiritual para el ser humano es, sobre todo, un aprendizaje de purificación y un incremento en la capacidad de amar, aunado a un entendimiento consciente del propio desarrollo como unificado con todo el universo.

Todas las corrientes e interacciones energéticas que ocurren en el cuerpo humano son un modelo de las que acontecen en niveles más expandidos. De hecho, esto se traslada de modelo a identidad cuando como parte integrante del cuerpo orgánico se incluyen los campos energéticos (uno de ellos el neuronal) que la interacción celular activa.

El conocimiento oriental menciona la existencia de diferentes zonas corporales que al activarse determinan la activación de campos energéticos. Estos centros se llaman *chakras* y aunque no poseo un conocimiento profundo de los mismos, me da la impresión de que al menos uno de ellos (el chakra ajna o tercer ojo) es importante en el control del factor de direccionalidad, elemento básico para la localización de la experiencia.

Esta última, al surgir de la interacción entre el campo neuronal y la estructura sintérgica del espacio, es capaz de aparecer en cualquier localización, pero para la conciencia la experiencia parece estar localizada como si fuese necesario que "algo" de la interacción se activara para darle lugar.

El campo neuronal se ha denominado *mente* en la tradición espiritual y la estructura sintérgica del espacio se ha llamado *Ser.*

La interacción entre la mente y el Ser es la experiencia y su localización posiblemente la determina la direccionalidad activada por la puesta en marcha y el control del chakra ajna. Obviamente con *localización* no solamente quiero decir lugar en el espacio, sino algo más general.

Hablando de la evolución filogenética, es claro que, si a un nivel orgánico las organizaciones corporales son extraordinariamente complejas, las matrices energéticas que resultan de las interacciones celulares lo deben ser aún más. *Localización* se refiere a los patrones energéticos que son activados con la consecuente manifestación en términos de experiencia.

En el ser humano parece no existir límite alguno para la complejidad de los patrones energéticos activados, por lo que se hace indispensable un mecanismo de control y decodificación adecuada de los mismos. El factor de direccionalidad lo he postulado como tal mecanismo y la activación del ajna como posible manifestación de su puesta en marcha.

En realidad, tenemos la ventaja que nos da la evolución de contar con sistemas automatizados de decodificación que sin lugar a dudas, en alguna ocasión del pasado, tuvieron que ser desarrollados a través de un manejo voluntario hasta que la conciencia de su uso los transformó en experiencias cotidianas. Tal es el caso del sensorio visual, auditorio, táctil, etcétera. La posibilidad de activar la emergencia de la experiencia en cualquier zona de la interacción entre campos es precisamente el sobrepasar lo que limita al mundo visual. Parecería que, en cualquier nuevo desarrollo sensorial, la nueva decodificación es elaborada transfiriendo el proceso original a los sistemas sensoriales en uso. Es decir, utilizando herramientas familiares en la aventura del conocimiento nuevo, hasta que la maestría de este último activa una diferente forma de experimentar. Sucede lo mismo que con el conocimiento del Ser. Este no se puede presentar en sí mismo, sino que más bien utiliza manifestaciones familiares y diferenciadas que permiten vislumbrar un absoluto que se encuentra por detrás de ellas.

Durante siglos el hombre se ha debatido entre dos posiciones aparentemente antitéticas, pero que desembocan en lo mismo, por un lado, la manifestación del mundo relativo, es decir, los eventos "concretos" asociados con el devenir de objetos, seres y fenómenos discretos y, por el otro, la existencia de un absoluto que no es reducible a ninguna manifestación concreta y que incluye a todas estas trascendiéndolas. Sucede lo mismo que en la historia de una conversación de un sufí con Dios.

Un sufí le pide a Dios:

—Muéstrame tu presencia sin el velo de tus atributos...

A lo que Dios responde:

—¡No! porque si lo hago no soportarás la soledad de mi divina Unidad...

El sufí insiste:

—¡Pero si eso es precisamente lo que deseo!, ver tu divina Unidad...

Por fin Dios lo complace:

—Pues bien, sabe entonces que tú eres aquello.

La Cábala considera que el mundo físico no es una caída sino más bien un medio de aprendizaje, en tanto que el sujeto que aprende no olvide que todo proviene de una Unidad que es capaz de manifestarse en formas infinitas, y que detrás de cada experiencia "concreta" se encuentra la clave del conocimiento.

El hecho de que todo es un proceso y la consideración anterior hacen que la aparente contradicción y conflicto entre lo relativo y lo absoluto se resuelvan.

La expansión de la conciencia es la expansión en el grado del experimentar la totalidad y lleva aparejada una multiplicación en la capacidad de manifestar la diversidad. Mientras más completo sea el desarrollo de un ser humano, mayor será su capacidad de vivir diferentes realidades y mayor riqueza de experiencias y sensibilidad poseerá.

Sucede lo mismo que con un incremento de neurosintergia, el que equivale a la "decantación" de algoritmos más poderosos y por tanto de más potentes inclusiones.

El Ser como la totalidad es el algoritmo más colosal y por tanto un ser humano en desarrollo hacia el Ser contiene, cada vez más, riqueza en su capacidad de ser diverso. Si a esta capacidad se une la *conciencia del proceso,* las posibilidades de vivir la "divina Unidad" no como tristeza sino en un gozo permanente se incrementan.

La conciencia de la creación de la experiencia es, en todos los niveles de desarrollo hacia el Ser, un fenómeno siempre presente y por tanto se constituye en el pilar de la posibilidad de tener conciencia del proceso.

Decía en otros capítulos que la Unidad se puede experimentar en formas muy diversas y que son muchos los caminos que conducen a ella. Uno que parece esencial y que, sin lugar a dudas, constituye la base de lo que llamé entrenamiento espiritual, es el diálogo con el mundo.

Existen reglas de desarrollo que al ser violadas traen como consecuencias (más o menos inmediata) eventos que son interpretados como provenientes del mundo externo. Cuando se ha dejado atrás la supersticiosa y superficial idea de que existen accidentes y coincidencias, los eventos a los que hacía referencia se reconocen como contestación a la violación. De igual forma se interpretan los eventos que surgen como resultado de un respeto a las reglas de desarrollo.

El diálogo con el mundo no es otra cosa más que la real comprensión de los eventos como señales, indicadores o si se quiere mensajes de la existencia de la Unidad.

Mencionaba antes la relación entre la activación del chakra ajna y el control de la interacción de campos. Debo explicar ahora algunas observaciones experimentales que apoyan lo anterior. En primer lugar, cualquier experimentador que intente estudiar las relaciones entre activaciones chákricas y otras variables debe ser capaz de reconocer la puesta en marcha de los centros energéticos de su propio cuerpo y de sus sujetos de experimentación.

Cuando la activación del chakra ajna ocurre, el EEG muestra un incremento notable de coherencia y al mismo tiempo aparecen imágenes vívidas de lugares lejanos. El incremento de coherencia cerebral indica una “conexión” más “fluida” con el campo sintérgico y se manifiesta en la aparición de imágenes, como si la localización de la creación de la experiencia sufriera una alteración. El hecho de que la activación del chakra ajna ocurra simultáneamente con lo anterior indica que este centro energético se relaciona con cambios en la interacción de campos y específicamente con el factor de direccionalidad.

De toda la discusión precedente se desprenden interrogantes muy interesantes. En principio, si todos provenimos de lo mismo y en esencia existe una ausencia de individualidad, ¿por qué es más común la sensación de aislamiento y separación que la de comunión entre los seres humanos?

Cada vez que nos enfrentamos a una conciencia que se nos muestra incomprensible por diferente, surge la duda acerca de la Unidad. Existe tal diversidad en los modos de sentir que lo único que es posible afirmar es que las manifestaciones del *uno* son infinitas.

En segundo lugar, ¿por qué la conciencia no tiene un completo acceso a la totalidad del Ser como si este y aquella fueran dos entidades separadas?

VI

LA CONCIENCIA Y EL SER

Existe un sentido y una dirección en el desarrollo de la conciencia que se manifiesta como una expansión en el darse cuenta de que la verdadera identidad es el todo.

Las dos preguntas que me planteaba desembocan en una contestación clara cuando se vislumbran en referencia a ese sentido y a esa dirección. En el extremo de la identidad de la conciencia con el Ser todo es comunión, y la conciencia, el Ser y la experiencia se vuelven *uno*. Antes de ese momento la diversidad se nos muestra como separación e independencia de los objetos del llamado mundo material. Por supuesto que cualquier objeto que es percibido como perteneciente a la familia de lo físico es tan creación de la experiencia como el darse cuenta de la conciencia. Por ello, aun y quizás desde el mundo material, todo es unificación y apoyo del Ser como creador de realidades.

A esta conclusión he llegado y, aunque con peligro de caer en redundancia, permítaseme analizar, de nueva cuenta, el camino.

En el capítulo III del libro I de la obra *La vida divina, la realidad omnipresente y el universo*,[1] Sri Aurobindo dice:

> Y aún existe un más allá. Pues del otro lado de la conciencia cósmica existe, asequible para nosotros, una conciencia todavía más trascendente —trascendente no solo del Ego, sino del Cosmos mismo— contra la cual el universo parece proyectarse como un diminuto cuadro en un inconmensurable fondo. Eso soporta la actividad universal —o tal vez solo la tolera—. Eso abarca la vida con su vastedad, o también

[1] Kier, 1971.

la rechaza desde su infinitud. Si el materialista está justificado en su punto de vista de insistir en la Materia como realidad en el mundo relativo como única cosa de la que, en cierto sentido, podemos estar seguros, y en el Más Allá como totalmente incognoscible, si no inexistente, un sueño de la mente, una abstracción del Pensamiento divorciado de la realidad, de igual manera lo está el Sannyasin, enamorado de ese Más Allá, justificado en su punto de vista de insistir en el puro Espíritu como realidad, en la cosa única libre de mutación, nacimiento, muerte, y lo relativo como creación de la mente y los sentidos, un sueño, una abstracción en sentido contrario de la Mentalidad que se aparte del Conocimiento puro y eterno. ¿Qué justificación, lógica o experimental, puede proponerse en apoyo de un extremo que no se halle con una lógica igualmente convincente y una experiencia igualmente válida en el otro extremo? El mundo de la Materia se afirma en la experiencia de las sensaciones físicas, las que, puesto que son incapaces de percibir algo inmaterial o no organizado como burda Materia, nos persuadirían de que lo suprasensible es irreal. Este vulgar o rústico error de nuestros órganos corporales no cobra validez por ser promovido en el dominio del razonamiento filosófico. Obviamente, su pretensión es infundada. Incluso en el mundo de la Materia hay existencias de las cuales los sentidos físicos son incapaces de tomar conocimiento. Incluso la negación de lo Suprasensible como si fuese necesariamente una ilusión o una alucinación depende de esta constante asociación sensual de lo real con lo materialmente perceptible, que en sí mismo es una alucinación. Dando por sentado cuanto se propone probar, se torna en argumento de círculo vicioso y no puede tener validez para el razonamiento imparcial.

El materialista y el samyasin tienen razón y sus diferencias lo son solamente en el nivel de la resultante que han aceptado. Ambos experimentan, y lo que se encuentra por detrás de su experimentación es su Unidad. El samyasin, sin embargo, posee más conciencia y capacidad para llegar al Ser.

Ya había mencionado que la razón neurosintérgica/sintergia es la que determina el umbral de lo sensible con respecto a lo suprasensible, lo que nada dice del verdadero observador, el que necesariamente está encargado de efectuar la transformación de lo sensible y de lo suprasensible a la experiencia.

Sri Aurobindo marca, con toda claridad, la existencia del conflicto entre lo relativo y lo absoluto, que se resuelve parcialmente por el argumento que presenta y totalmente al enfocar la atención en la creación de la experiencia.

La experiencia que es inconsciente para la conciencia es consciente para el Ser y por tanto, aun cuando la persona sea incapaz de vivenciar algo como sensible, el patrón del cual ese algo forma parte es experiencia para su totalidad.

Un evento sincronístico que se vive como externo al punto de referencia personal es, sin duda, experiencia "interna" del Ser.

La experiencia es entonces el estado instantáneo del Ser mientras que la conciencia es el acceso (primero parcial y después total) a la experiencia del Ser.

Desde un punto de vista estrictamente psicofisiológico, el Ser es el campo unificado; la experiencia del Ser es el estado instantáneo del campo unificado, mientras que la experiencia parcial y la conciencia de tal experiencia se asocian con la porción del campo afectada por el factor de direccionalidad.

Así, el problema de lo relativo y lo absoluto podrían ejemplificarse como una especie de esfera cuya totalidad es el Ser y como una flecha que toca diferentes puntos de su superficie dando lugar a la experiencia relativa.

Obviamente tal imagen y aun la discusión precedente acerca del campo unificado y del factor de direccionalidad dejan mucho que desear y no resuelven, de manera clara, el problema planteado, porque ¿qué es, repito, la diferencia esencial entre el Ser y la conciencia y en qué "lugar" está la experiencia?

En toda esta obra he considerado a la experiencia como interacción entre el campo neuronal y el campo sintérgico y al Ser como la totalidad de la interacción que se traslada a la noción de campo unificado y también he mencionado que aun independiente del campo unificado existe algo que lo trasciende, el "aún existe un más allá" de Sri Aurobindo.

Quizás, como Tao podría bautizársele, quizás como ser esencial o en el lenguaje cabalístico como *eheieh*.

Lo cierto es que todo el mundo fenoménico se puede conceptualizar como un ser al lado del cual, independiente pero ligado al mismo, está el observador.

De la misma forma, cualquier razonamiento que se base en la existencia, interacciones y transformaciones de campos energéticos tiene un límite que no soporta la consideración de independencia y aun de la experiencia misma.

Sin embargo, el conflicto entre mundo relativo y absoluto se resuelve si se considera al primero como manifestación del segundo y se reconoce que en el experimentar en cualquier nivel está contenido el observador.

Las manifestaciones del mundo relativo son necesarias para la conciencia, pero no para el Ser. De esta forma, el experimentar (excepto la experiencia del Ser por el Ser mismo) es una herramienta que permite que la conciencia actúe. Me temo, sin embargo, que la división entre Ser, experiencia y conciencia es arbitraria, porque en cierto nivel todo se convierte en lo mismo y el análisis se vislumbra como un artificioso juego de quien todavía busca respuestas y no ha encontrado en sí mismo la única razón de existencia.

Al menos en mi propio desarrollo noto una ciclicidad en la que el punto de partida es la vivencia del mí mismo todo inclusor, para después vislumbrar la existencia de un ser que incluye a todo el mundo físico y con quien establezco un caballeroso diálogo para más adelante, de nuevo, integrarlo en el sí mismo en un monólogo y así sucesivamente. Probablemente no soy el único y todos nos convertimos en una especie de tentáculos de quien experimenta para después identificarnos con él.

Lo cierto es que existe un experimentar inconsciente para nosotros, pero seguramente vívido y cristalino para nuestra totalidad.

Creo que ese experimentar por parte de la totalidad incluye cualquier experiencia particular, incluso aquella que solo puede surgir como resultado de patrones colosales de los cuales el ser humano solo experimenta una diminuta periferia o a lo sumo un infinitesimal apéndice.

El análisis depende del punto de referencia. Se puede hablar de la existencia de un diálogo con el mundo solamente cuando se está alejado de la totalidad y en proceso de comprenderla. En cambio, en el Ser mismo, el budista es el que tiene razón y lo único que existe es experiencia. Lo cierto es que cambiamos y en momentos nuestra identidad parece permanecer en cierto nivel para enseguida trasladarse a otro desde el cual todo se ve diferente, no invalidando el periodo precedente sino simplemente entendiéndolo como parte de un proceso.

La diferencia entre la conciencia y el Ser es que la primera es manifestación de los cambios de referencia y del proceso, mientras que el segundo incluye todas las posibilidades del darse cuenta dentro de una experiencia de mismicidad y Unidad con el todo.

Acerca de las bases fisiológicas de la conciencia, sigo pensando que se relacionan con el fenómeno de inclusión y con la aparición de patrones integrados. Estos (morfológicamente considerados) son cada vez más similares a la estructura de lo que contiene en cada elemento al todo, por lo que en el extremo sintérgico de mayor redundancia y concentración informacional el Ser y la conciencia se vuelven *uno* y la experiencia de tal matrimonio es el observador vislumbrándose a sí mismo trascendidos todos los elementos del mundo relativo y experimentándolo a este último como parte integrante del sí mismo.

La tradición espiritual habla de la existencia de un ego personal y de una identidad que se identifica con un *yo* divino. Esta identificación es la luz para el chamán mexicano y la inspiración para el artista o la intuición creadora del pensador. Todos ellos sienten que en momentos se alejan de una serie de identificaciones restringidas y en otros se ponen en contacto con "algo" que posee el conocimiento y en quien encuentran la verdadera identidad alejada de cualquier limitación, emoción mundana y aun sensación de existencia como individualidad ligada a una historia personal.

El religioso llama a tal estado comunión con Dios y el Hassid, diálogo alegre con Jehová.

Puesto que la experiencia es capaz de cambiar la localización de su surgimiento y la conciencia también, este diálogo es ciertamente un monólogo en el que la conciencia y la experiencia ocupan el lugar de un patrón de interacciones que antes era vislumbrado desde la perspectiva del elemento interactuante y ahora ocupan la identidad del mismo conjunto.

Es ilusoria la centralización de la experiencia en el cuerpo orgánico, de la misma forma, el Ser y la conciencia siempre son extracorpóreos.

Una célula de nuestro cuerpo es incapaz de vislumbrar una realidad de conciencia y experiencia que la trasciendan como elemento y de la cual es partícipe inconsciente; de la misma manera que una conciencia y una experiencia centrada en el ego personal son incapaces de percibirse como elementos de una experiencia más expandida.

Parecería que, en el proceso hacia la Unidad, el catalizador puede ser la conciencia o la experiencia. En el primer caso, alguien puede darse cuenta de la existencia de una realidad más expandida y después transformar ese darse cuenta en experiencia o al contrario y en el segundo caso experimentar lo desconocido y después darse cuenta, ser consciente de su significado.

Probablemente el primer caso sea más característico de la conciencia masculina, mientras que el segundo de la femenina.

En cualquier caso se podrían postular experiencias y conciencias expandidas. Una de ellas podría ser la conciencia y la experiencia planetarias, las que (definitivamente) son accesibles para el ser humano, siempre y cuando este haya desarrollado la sensibilidad adecuada para transferir su localización de experiencia al campo noosférico a través de una reorientación de su factor de direccionalidad.

Esta reorientación no solamente es receptiva sino también ejerce una función transformadora.

Ya mencioné que una neurosintergia elevada puede lograrse viajando en cualquier espacio a una velocidad elevada. En ausencia de esta condición, el sistema nervioso puede crearla. De la misma forma y como ya dije, la estaticidad en un espacio alejado de cualquier objeto material es altamente sintérgica. Cuando el sistema nervioso aumenta su neurosintergia, a pesar de encontrarse en un espacio de baja sintergia, debe ejercer un manejo activo y transformador sobre el espacio. Obviamente esta es una de las funciones de la conciencia, la que siempre es más activa que la experiencia.

El incremento de la sintergia a través de un manejo neurosintérgico requiere de un conocimiento claro en referencia a los elementos informacionales "externos" y una especial capacidad que bien podría denominarse *fuerza* o *poder personal*.

La conciencia avanza hacia el Ser y a través del incremento o fortalecimiento de ese poder personal es capaz de transferir su neurosintergia al espacio y a otras conciencias.

La función transformadora está basada en la operación de trascender, misma que se correlaciona con la activación de la neurológica inclusiva.

Los elementos necesarios para lograr un incremento neurosintérgico están asociados a la experiencia y son experiencias que cuando se logran incluir en un patrón integrado y consciente dan lugar a experiencias más globales. El interjuego entre experiencia y conciencia no tiene límite y en todo su acaecer ejerce profundas modificaciones en el espacio.

Es decir, no solamente la neurosintergia se ve afectada sino la sintergia misma del espacio.

Hablaba de la existencia de una conciencia planetaria y de una experiencia también planetaria. Es muy clara la similitud entre el cerebro humano y lo que bien podría denominarse *cerebro planetario*. Si en el cerebro existen estructuras reconocibles por su característica forma tridimensional y por el tipo de neuronas que las constituyen, en el planeta estas estructuras son las ciudades, villas y pueblos, valles y montañas, ríos, lagos y mares.

Sus potenciales de acción son todos los medios de transporte de una estructura a otra y sus axones y nervios, las carreteras, caminos y veredas.

El campo neuronal planetario son el conjunto de interacciones entre los cerebros humanos que en él habitan. Existen partes hipertrofiadas dentro del gran cerebro planetario (las ciudades gigantescas) y colosales procesos de convergencia y divergencia informacionales (las estaciones de TV, los cines, las universidades, los estadios de futbol, las mismas ciudades).

Si se quisiera identificar el punto de desarrollo actual de la conciencia planetaria, este parecería estar relacionado con el aprendizaje en el control y manejo voluntario de su propio campo "neuronal".

Este trabajo es inquietud actual del planeta y se manifiesta en todas las operaciones y procesos asociados con el volar, la comunicación inalámbrica, los viajes espaciales, etcétera. Estos últimos han permitido que elementos físicos participantes en la creación del campo neuronal planetario se alejen del mismo, facilitándose en ellos la detección de individualidades emergentes.

Resulta extraordinario vivir dentro del campo neuronal planetario (la nooesfera) reconociendo la matriz emergente resultante de la interacción de elementos. Esta operación requiere del conocimiento y del uso de técnicas que permiten trascender. El trascender implica el contacto íntimo con el significado. Cuando un evento "concreto" es trascendido, esto implica que se ha podido establecer un contacto con su significado. Este último siempre se vislumbra cuando es posible encontrar la familia de relaciones de la cual el evento es manifestación "concreta".

La vivencia del mundo de las relaciones siempre desemboca en la Unidad y aquí es la única condición en la que la identidad es posible.

Cada ser humano cambia su nivel de resultante, pero todos sabemos que el único que puede llevarnos al ideal es la aceptación de un solo Ser.

La identidad con el campo nooesférico es una nueva localización de la experiencia de la conciencia. El Ser se encuentra todavía "más allá".

VII

LA LOCALIZACIÓN DE LA EXPERIENCIA

Ábrase la Biblia en cualquier página sin más intención que una pregunta y en un completo silencio y siempre se encontrará la respuesta precisa. Utilícese el *I Ching* de la misma forma y el hexagrama obtenido siempre será el adecuado. Vívase en silencio y las gentes y eventos que ocurran durante el día nunca serán azarosos y contestarán preguntas y serán señales y muestras e indicadores del camino a seguir.

Existe un conocimiento que trasciende la conciencia centrada en el ego y una sabiduría que fluye y se manifiesta siempre y cuando se le permita hacerlo. Quien haya vivido en libertad sabrá de lo que hablo y se asombrará, como yo, de la ceguera de quien no ve y de la propia cuando de la libertad se pasa al apego o a la dependencia.

Diálogo con el mundo he llamado a la condición de ver y ahora puedo afirmar que quien en tal condición viva, más tarde o más temprano trasladará su conciencia a un nivel en el cual los eventos del diálogo dejarán de ser vividos como externos para convertirse en parte integrante de la conciencia personal. Habrá un reconocimiento directo de la Unidad con el mundo hasta que el darse cuenta de la conciencia se transforme en experiencia directa.

Este es uno de los campos de localización de la experiencia. Implica dejar atrás un ego personal, y el logro de un acercamiento a una individualidad expandida e impersonal.

La sensación de que un "yo" permanece y sigue experimentando se conserva y lo que cambia es el alcance y la dimensión del "universo" que se siente como propio e individualizado.

¿Quién es el yo que se conserva a pesar de la expansión de su campo de experiencia?

¿Cuál es la física y la psicofisiología capaz de explicar el cambio en la localización del surgimiento de la experiencia y la expansión de la conciencia sin la pérdida de la sensación del *yo* y de la individualidad?

La conciencia y la experiencia son extracorpóreas. El *yo* que me creo ser no está localizado en mi cuerpo ni en un lugar concreto del espacio.

¿Quién es entonces el que experimenta?

El chamán habla de una capacidad voluntaria para separarse de su cuerpo, verlo desde fuera y viajar a lugares remotos, incluso al interior de otros cuerpos y otras conciencias.

He intentado contestar estas preguntas postulando que la experiencia es la interacción del campo neuronal con el sintérgico y que cualquier zona de la interacción puede convertirse en el centro del experimentar con tal de que ocurra un reacomodo en la orientación de un factor de direccionalidad.

Implícitamente he dejado ver que quien decide y maneja el factor de direccionalidad es el Ser, cuya identidad es completamente independiente del mundo físico; inclusive de la existencia de campo energéticos como el sintérgico y el neuronal.

Esa ha sido mi respuesta y sin embargo siento que todavía no logro contestar la pregunta acerca de la creación de la experiencia.

Contestarla en su totalidad implica responder acerca del *yo* y su permanencia independientemente de su localización; implica reconocer al ego personal y al impersonal; a la "luz" y a la "oscuridad"; a la individualidad corporalizada y a la emergente y mil cuestiones más.

Contestar la pregunta acerca de la creación de la experiencia es saber cómo se conecta el conocimiento con la sabiduría, la "luz" con el entendimiento, la conciencia con el Ser... y la experiencia con la conciencia...y el Ser con la experiencia...

Tantas preguntas que el hallar un modelo que las incorpore a todas es un reto colosal.

Dice Sri Aurobindo:

> Y con todo, la cuestión no puede resolverse mediante lógica que argumente sobre datos de nuestra ordinaria existencia física; pues en esos datos siempre hay una grieta de la experiencia que deja inconclusa toda argumentación. Normalmente, no tenemos ninguna experiencia definitiva de una mente cósmica o supercósmica ligada a la vida del

cuerpo individual, ni, por otra parte, ningún límite de experiencia que nos justifique en la suposición de que nuestro Yo subjetivo realmente depende de la estructura física y no pueda sobrevivir ni agrandarse más allá del cuerpo físico. Solo mediante una extensión del campo de nuestra conciencia o un inesperado incremento de nuestros instrumentos del conocimiento puede dirimirse la antigua disputa.

La extensión de nuestra conciencia, para ser satisfactoria, debe necesariamente consistir en alargarse interiormente el individuo dentro de la existencia cósmica. Pues el Testigo, si existe, no es la corporizada mente individual nacida en el mundo, sino esa Conciencia Cósmica que abarca el universo y parece una inteligencia inmanente en todas sus obras ante la que el mundo subsiste eterna y realmente como su propia existencia activa o de la que nace y en la que desaparece por un acto del conocimiento o por un acto del poder consciente. El Testigo de la existencia cósmica y su Señor no es la Mente organizada, sino la que calma y eterna, anida por igual en la tierra viviente y en el cuerpo humano viviente, y para la cual la mente y los sentidos son instrumentos dispensables.[1]

El Ser posee toda la sabiduría y sabe cuáles experiencias son necesarias para que la conciencia pueda aproximársele. El Ser es el testigo y su señor de Sri Aurobindo. El Ser crea el escenario de la experiencia a través de focalizaciones diferenciadas y aparentemente sucesivas del factor de direccionalidad. De esta forma, se crean experiencias y la conciencia surge a partir de los patrones de experiencias elementales que, como matriz o telar, se constituyen en la identidad del acto consciente y en la conciencia misma.

En tanto que la conciencia no sea idéntica al Ser, existe una dirección del desarrollo, la que siempre tiende a la Unidad.

En el Ser y en la Unidad no existe direccionalidad. Sucede lo mismo que en un espacio de máxima sintergia, en el cual la redundancia y la concentración informacional son totales.

Existe en mí, sin embargo, una inquietud al respecto de si la Unidad es el punto final de desarrollo. Me parece que el Ser inconcebi-

---

[1] Sri Aurobindo, *La vida divina. Libro I. La realidad omnipresente y el universo*, Kier, 1971.

blemente la trasciende, por lo menos aquella asociada con el universo dominado por patrones energéticos.

Había mencionado la postulación de independencia del Ser, pero siento que todavía existe un punto de duda en el argumento.

Quisiera reproducir aquí un análisis de Usharbudh Arya que ilustra esta inquietud.

Dice este autor:

> Dos de las principales escuelas de filosofía meditacional son la Vedanta y la Sankhya. En la filosofía Vedanta, el universo entero es la proyección de un grandioso, único y supremo Self conocido como Brahmán, cuya naturaleza propia y esencial es triple: existencia, conciencia y gozo.
>
> Todas las diferencias atribuidas a los jivas individuales o unidades de la energía viviente entre los diferentes seres vivientes existen solamente en forma temporal en el nivel de una realidad ilusoria y la experiencia trascendental es la Unidad de toda la energía viviente.
>
> En el sistema filosófico Sankhya, la realidad material está completamente separada de la realidad espiritual, y ambas realidades son coexistentes e interactuantes. La multiplicidad es real y no ilusoria.
>
> En la filosofía Vedanta, la ignorancia, la dependencia y los apegos consisten en confundir la multiplicidad cuando lo que existe es una realidad trascendental.
>
> En la filosofía Sankhya, la ignorancia consiste en consentir que el self consciente e individual asuma una identidad equivocada o que se identifique con la naturaleza material.
>
> En la Vedanta, la iluminación total y la liberación consisten en la realización de la suprema y trascendental Unidad, mientras que en la Sankhya, la iluminación es que el self individual y consciente se dé cuenta de su real identidad y discrimine entre un self y la naturaleza material, reconociendo que la aparente identidad de ambas, antes del logro de la discriminación final, era solamente una interacción. En otras palabras, el Sankhya reconoce al sujeto y al objeto como completamente separados, siendo la ignorancia espiritual el olvido de tal separación; en la Vedanta la separación es ilusoria y debe ser trascendida para que la realidad subjetiva y objetiva, la existencia material y la espiritual se reconozcan como la emanación de un único y supremo Self.

La pregunta surge entonces en relación con cuál de estas dos escuelas debe adherirse un meditador y la respuesta es que tanto en la Vedanta como en la Sankhya el primer caso consiste en diferenciar lo subjetivo de lo objetivo, discriminando entre el Self y el no self. Aun cuando en la Vedanta, la realidad trascendental es toda ella el Self, una vez que el mundo aparece, existe una dicotomía entre lo trascendental y lo empírico, entre lo absoluto y lo relativo, entre lo consciente y lo inconsciente. Una vez que la individuación ha ocurrido, el espíritu individual también debe ser reconocido aun si en la última realización, se liberará a sí mismo de las ligaduras de tal limitación.[2]

Pienso que la separación que el Sankhya propone entre el mundo material y el espiritual es un desconocimiento del fenómeno de la creación de la experiencia y una ignorancia del factor psicofisiológico que determina tal creación. Un objeto concreto no es materia sino proceso, por lo que pertenece a un nivel de resultante del proceso perceptual. Lo que posee vida propia, aunque tampoco desligada del Ser en el campo sintérgico, cuya organización al ser decodificado produce la aparición de objetos que parecen desligados unos de los otros y del observador mismo.

En realidad, todo es una Unidad, pero el Ser es independiente del mundo físico. En este punto la Vedanta está equivocada y confunde las leyes de los procesos perceptuales (de las que proviene la lógica del sentido común) con lo que no puede conceptualizar como simultáneamente independiente y ligado. Ya lo mencionaba en relación con el proceso de individualidad emergente y solo repetiré aquí que es necesario abandonar la lógica convencional para aceptar que algo es independiente y dependiente al mismo tiempo.

El Ser es independiente del mundo "físico" pero al mismo tiempo lo crea de tal forma que la verdad filosófica no es ni la Vedanta ni el Sankhya, sino un equilibrio entre ambos. Dentro de las características del Ser está la atemporalidad, la que en nuestro universo conceptual se confunde con inmortalidad.

---

[2] Pandit Dr. Usharbudh Arya, *Superconscious Meditation*, vol. 1, Himalayan International Institute of Yoga, Science and Philosophy of USA.

De la manifestación del mundo relativo a la Unidad del Ser, ocurre un desarrollo que trasciende el espacio y el tiempo y la soledad de la divina Unidad coexiste con la diversidad del mundo relativo.

El punto pinacular es la vivencia en la Unidad del Ser sin perder la capacidad de disfrutar y aprender del mundo de las manifestaciones, las que desde la perspectiva de la autocentralización del Ser supremo son vistas como dignas de ser amadas.

¿Por qué tuvo necesidad el Ser de crear la diversidad?

Quizá porque la conciencia requiere de elementos de experiencia diversificados para encontrar en ellos los patrones globales y así "retornar" a su verdadera sinonimia con el Ser.

La razón verdadera de la aparición de lo relativo no la sé, pero conozco que en el momento en el que una conciencia alcanza la vivencia directa de inmortalidad y de Unidad, requiere una sostenida alimentación del amor hacia sí misma, si no quiere perecer ahogada por la soledad.

Quizá esa es la verdadera razón de la existencia de las parejas y el sentido real del amor de un hombre hacia una mujer. En esa situación se da toda posibilidad de aprender a amar al Ser y si en lugar de ello se cae en el absurdo de los apegos y las estructuras, más tarde o más temprano la relación humana cae hecha pedazos porque el Ser sume en tinieblas a aquel que se aparte de su luz y al que en lugar de estimular su contacto con la esencia y con la Unidad, refuerce el contacto con el mundo relativo sin mayor perspectiva y conciencia que la dependencia.

La conciencia es un patrón de experiencias. Un telar de eventos que nace cuando la vida teje una tela gestáltica con los hilos y los entrecruzamientos de diferentes vivencias.

El Ser es el que tiene la capacidad de ver toda la urdimbre desde la perspectiva más inclusiva.

La conciencia, después de ser un telar, es tejida en otro utilizando como hilo el telar anterior hasta que de nuevo surge como magnífica red de telares y continúa hasta que al llegar al máximo grado de unificación se vuelve idéntica al Ser.

El tejido y el camino nunca son azarosos y asombra la sabiduría del Ser quien, como compositor maestro, mueve los hilos y desencadena los nudos a través de un manejo maestro colosal del factor de direccionalidad.

La experiencia corre al parejo de la creación de patrones de conciencia. En realidad, ocurre que existe un umbral a partir del cual la conciencia y la experiencia se vuelven sinónimos y lo que se vivencia son patrones y no elementos y más tarde patrones de patrones.

¿Cuáles son las bases físicas de este desenvolvimiento? Si un patrón de interacciones puede ser algoritmizado como morfología de campo, la interacción seguiría siendo la base psicofisiológica de la conciencia como lo es de la experiencia. Sin embargo, la reducción de la conciencia al intercurso de dos morfologías energéticas es insultante para la experiencia misma del ser consciente por lo que, aunque pueda ser válida y ayude en la conceptualización, la interacción de morfologías no es suficiente para abarcar el fenómeno.

El surgimiento de patrones de experiencia y su unificación en la conciencia, hasta que esta misma se transforma en experiencia y así sucesivamente, implica un cambio en la localización de la experiencia, aunque el cambio no se realiza en un sentido horizontal, sino en uno vertical siguiendo el eje de inclusión.

El factor de direccionalidad determina el flujo energético a través de este eje de la misma forma que en la evolución filogenética un eje similar corre paralelo al ascenso en complejificación y centralización de las diferentes especies en su recorrido hacia el punto omega de Teilhard de Chardin.

En este recorrido, la conciencia desemboca en experiencias que antes eran privativas del Ser e inconscientes para el ego personal. Se establece así un diálogo que trasciende el que he denominado diálogo con el mundo, y que bien podría denominarse *diálogo con el Ser*.

VIII

DEL DIÁLOGO CON EL MUNDO AL DIÁLOGO CON EL SER

No es posible concebir el amor al Ser sin el correspondiente amor a sus manifestaciones. Tan errado está el que se aparta del mundo por considerar lo relativo como ilusorio, como quien en la vivencia de las manifestaciones olvida la Unidad que transpira por detrás de ellos.

Ni el materialista ni el Sannyasin tienen razón, y ambos la tienen. El Ser es el todo y por tanto cualquier flor, nube, cielo y estrella son una amorosa creación a partir de lo que no es flor, nube, cielo y estrella, sino madre creadora de las mismas.

Este amor a cualquier manifestación relativa requiere, para ser completo, de la clara conciencia de su origen y naturaleza íntima. La diversidad es real en tanto que forma y se constituye en uno de los niveles ciertos del procesamiento y en tanto que actúa como enseñanza de la existencia del mismo Ser que les da origen.

En este último punto la percepción y las sensaciones junto con la conciencia sufren cambios de nivel. En un estadio del desarrollo, los elementos del universo de las manifestaciones se perciben como elementos concretos. Su belleza es *su* belleza y no requieren de ninguna otra conciencia para ser disfrutados. Tal es el sino de la infancia y de su característica inocencia. Más adelante, los elementos confluyen en matrices y el interjuego de sus manifestaciones da lugar a patrones que transpiran una lógica esencial y deliciosa. Tal es el universo del conocimiento científico y de la comprensión de las leyes naturales y en él, los elementos (a través de la colosal lógica neuroinclusiva) dejan de ser lo que fueron y se trasladan en un salto cuántico, a ser elementos-patrones o elementos-matrices. La percepción cambia como consecuencia y se vuelve natural una visión del mundo "expandida".

Si la lógica de las resultantes finales del proceso perceptual se logra diferenciar de la lógica de los patrones extracerebrales y no se cae en el absurdo del positivista ni en la ingenuidad de quien juzga como inexistentes eventos simplemente porque estos no se ajustan a las leyes restringidas de la lógica de los procesos perceptuales, entonces se establece el verdadero diálogo con el mundo y se reconoce una sabiduría suprema que algunos espíritus originales han intentado conceptualizar como acausal y sincronística.

La vivencia del mundo se vuelve propositiva o focalizada en el camino del desarrollo hacia el Ser y los patrones ya no se consideran como únicamente resultantes de cadenas cuyo origen es un pasado y se explican como legalizados por asociación, condicionamiento y otras "barbaridades" sino que, cada vez más, como determinadas por la sabiduría del futuro ocupado por lo que "sabe". No son las contingencias las que determinan el desarrollo sino el Ser es el que determina las contingencias.

Después se reconoce que tanto la consideración de pasado como de futuro son falsas y se vislumbra la atemporalidad como hábitat del verdadero Ser quien decide la orientación del factor de direccionalidad y quien lleva de la mano a la conciencia hacia la vivencia de sí misma.

Tal es el comienzo de la fe y su justificación. El diálogo con el mundo no sería posible sin ella y sin la capacidad de transferencia de la individualidad emergente.

Esto último es la base de otro salto en el que los elementos del diálogo con el mundo dejan de ser vividos como externos para, en cambio, internalizarse no como una absorción de un universo por otro sino como una identidad real.

Ya no se sintetiza a partir de la observación del interjuego entre elementos la existencia de un patrón y ya no se hace necesario ejercer el poder de la mente para reconocerlo, sino que se vive como parte integrante de la conciencia del mismo patrón. Esto es lo que quiero decir con transferencia de la individualidad emergente y algo más.

La Unidad no puede ser vivida permanentemente como parte integrante de la misma simplemente porque la conciencia es capaz de vislumbrar y por tanto trasladarse desde la perspectiva de ser un elemento más de un patrón colosal hacia ser incluso del mismo. Acompañando a todas las matrices de interacciones que se dan en el mundo físico y en el orgánico se encuentra una realidad aparte, por lo que el Ser se resiste a vivir siempre en Unidad con el todo y en cambio (como un polluelo rompiendo el cascarón de un universo restringido para asomarse a otro más expandido) una necesidad urgente lo impulsa a ir más allá inclusive de sí mismo.

En este desarrollo primero observa desde fuera y luego desde dentro. Tiende a transformarlo todo en experiencia interna. Ya dije que lo que para el Ser es experiencia puede ser inconsciente para la conciencia que todavía no abandona el ego personal. Así, un patrón de interacciones que es vivido en una participación elemental y en el que la conciencia individual se siente a sí misma como elemento sujeto a la voluntad suprema del patrón debe trascenderse y la misma conciencia colocarse en identidad con el patrón y no con ninguno de sus elementos y después, aún más allá, ver todo el patrón como parte incluida en el sí mismo.

Es como la observación de un evento sincronístico del cual uno es personaje al lado de otros hasta que la vivencia del mismo evento se transforma en la perspectiva de quien no solo conoce su razón de ser sino de quien lo incluye como parte de su *propia* sabiduría e identidad.

En este salto, la identidad de la conciencia se expande y en lugar de su ya acostumbrado diálogo con el mundo, penetra en un diálogo directo con el Ser y después aún más allá, en un monólogo en el mismo Ser.

Es, si se quiere, la creación de un cerebro extracorpóreo y su vivencia primero como neurona o circuito elemental del mismo y después como individualidad emergente que lo incluye en cualquier experiencia y en todo acto consciente.

En el cerebro orgánico, un cuadro perceptual incluye la actividad de todos los elementos neuronales que interactuando entre sí le dieron origen. En la infancia, la conciencia logra ser el cuadro perceptual y por lo tanto el yo logra incluir a todos los elementos neuronales que participan en su creación.

La sensación de ser, sin embargo, pronto se traslada al campo extracerebral y su localización también. La conciencia que ya aprendió a "surgir" de la totalidad de la masa encefálica tiende a intentar surgir de otra masa encefálica de la cual lo orgánico es solo elemento interactuante. Así como en el nivel procedente el bebé tuvo que aprender a recorrer su organicidad restringida y corporalizada y solo hasta que logró controlar su musculatura, su voz, sus sentidos perceptuales, salió de ella y se puso en contacto con los objetos extracorpóreos, después estos se constituyen (al lado de su cuerpo) en otro cuerpo más expandido que también debe aprender a recorrer. Cual una araña tejiendo su red, el ser humano vive cuerpos sobre cuerpos o mundos sobre mundos y más tarde o más temprano se da cuenta de que en cada salto de cuerpo, la experiencia y la conciencia fueron fieles acompañantes y solo en las interfases parecieron desaparecer para dar lugar a una sensación de confusión que, sin embargo, pronto fue transformada en conciencia del nuevo nivel y así sucesivamente en lo que parecerían ser vueltas de una espiral logarítmica en ascenso hacia su verdadera identidad con y como el todo.

Así pues, en cada nuevo cuerpo ocurre una metamorfosis y como las víboras, pieles inclusoras de cuerpos viejos se dejan atrás hasta que todos los cuerpos se comprenden pertenecientes a uno solo y se dejan de ver cuerpos para en cambio entender el compositor de las sucesivas metamorfosis y en este conocimiento se reconoce que su sabiduría sin tiempo creó la parafernalia para su propio deleite y para llevar a una reluciente conciencia a un contacto con el Ser y así dar más "luz" y quizá reforzar la propia.

La creación de nuevos cuerpos (o si se prefiere cerebros) es también parte de un patrón en el que la posibilidad de vislumbrarlo depende de una cierta recurrencia que deje ver la forma general de la espiral de la conciencia y no solamente partes restringidas de cada una de sus vueltas y giros.

El cerebro de quien se puede ver a sí mismo en la creación de todos sus cerebros es inconcebible para cualquiera de estos últimos y su identidad escapa a cualquier intento descriptivo que surja de la capacidad verbal.

Sin embargo, aun cuando la inclusión haya llegado a límites colosales, el contacto con todos los mundos "previos" no se pierde y se reconoce la necesidad de elevarlos a todos para asegurar la propia elevación.

Llega un momento en el que de una conciencia elevada surge la necesidad de ayuda y colaboración puesto que tal conciencia ya es todas las conciencias y no puede permitir que en su cuerpo colosalmente expandido persistan células enfermas.

Se penetra así al noveno mundo del decálogo budista porque, en cierto sentido, ya se está en el décimo.

La voz del profeta es la de la divinidad utilizando las cuerdas vocales de un cuerpo que ha dejado atrás. La inspiración es el contacto con el cerebro extracorpóreo en algunos de sus niveles. No quiero decir que en el cuerpo orgánico no exista la inspiración. En cada nivel existe sabiduría, pero es la ley que el desarrollo continúe y nunca se detenga. Lo que se siente como original, verdadero y creativo es el contacto de un mundo con el siguiente. El artista sabe lo que digo y reconoce que la interfase es dolorosa; es un dar a luz que en los primeros hijos todavía no es psicoprofiláctico y que muchas veces requiere de cesáreas.

Existe una interfase de todas las posibles a partir de la cual se atraviesa un umbral que cual masa crítica actúa de la periferia al centro impidiendo el retroceso. Es el amor de Dios de la concepción cristiana que vela por sus hijos y los mantiene y alimenta. Es el "cirujano de las cesáreas" el que, cual celosa y furibunda madre, castiga a sus retoños para hacerlos regresar al camino. Es el Jehová judío inmensamente poderoso, terrible en sus decisiones pero también compasivo y para quien el que se acerca es tan bien amado como el que apenas "comienza" el camino. El "comienzo" es la masa crítica y el umbral al que hacía referencia.

Dios ama a quien más castiga porque el castigo es de un mundo a otro del mismo cuerpo y quien más vislumbra los siguientes niveles es el que más temor de Jehová tiene y por tanto quien más lejos llegará.

El llegar, sin embargo, es una especie de retorno; el mismo del cuento budista:

> Un maestro budista tomó para su protección a un discípulo y como era la tradición lo colocó al servicio de su casa. El discípulo se dedicaba a cortar leña y a llevar agua de un pozo a la casa de su maestro. El agua era agua para él y la madera madera, el caminar caminar y la comida comida.
>
> El maestro le empezó a enseñar y poco a poco el agua dejó de ser agua, la madera dejo de ser madera y el caminar dejó de ser caminar.
>
> Muchos años duró el entrenamiento y al final, el nuevo maestro seguía cortando leña, trayendo agua y caminando. Por fin, el entrenamiento se completó y en su quehacer cotidiano el nuevo ser vivía el agua como agua, la madera como madera y el caminar como caminar… había sin embargo una diferencia.

IX

EL CONOCIMIENTO Y LA SABIDURÍA

Es por medio de Vidya (el conocimiento de la Unidad) que conocemos a Dios; sin esa, Avidya, la conciencia relativa y múltiple, es lóbrega noche y un desorden de la ignorancia. Y si excluimos el campo de esa ignorancia, si nos desembarazamos de Avidya como si fuese una cosa no-existente e irreal, entonces el Conocimiento mismo se convierte en una suerte de oscuridad y fuente de imperfección. Somos como hombres cegados por la luz, de modo que ya no podemos ver el campo que la luz ilumina.

Sri Aurobindo, *La vida divina*

La verdadera divinidad de la naturaleza consiste en no abandonar lo inferior a sí mismo, sino en transfigurarlo a la luz de lo superior que hemos alcanzado.

Sri Aurobindo, *La vida divina*

El conocimiento es la realización de la Unidad y por tanto de la inexistencia del azar.

La sabiduría es la capacidad para vivir este conocimiento en cada uno y en todos los eventos de la vida.

La sabiduría es amor y para que este se manifieste en toda su verdad y fuerza es necesaria la purificación. Esta última consiste en la discriminación de lo que es el verdadero Ser con el consiguiente abandono de identificaciones falsas e ilusorias.

Sin embargo, esto no es suficiente porque en la conciencia de Unidad, este Ser deja de excluir cualquier manifestación. Parecería que la etapa de discriminación es necesaria para que la Unidad posterior se mantenga. En realidad, en la primera etapa de la vida corporal el bebé se vive en Unidad, pero es una Unidad amorfa y sin conciencia. Proceso primario le ha llamado el psicoanálisis, considerándolo antecedente del funcionamiento "secundario", en el cual un ego ha sido establecido y comprendido en separación de objetos y otros egos.

Al secundario debe seguirle un proceso terciario, en el cual la Unidad retorna pero vislumbrada con conciencia y desde la perspectiva de quien la unifica.

La culminación del proceso, como ya dije, es el equilibrio entre Vedanta y Sannkya cuando se reconoce a un Ser trascendental verdadero y a un mundo relativo proveniente del Ser pero también real.

Podríamos hablar de un solo Ser manifestado en infinitas formas independiente de estas, pero dándoles vida.

Ninguna manifestación del mundo relativo es el Ser, aunque todas se incluyen y provienen de él.

El conocimiento profundo de lo anterior es la no identificación con nombres, roles, emociones, pensamientos, profesiones o logros.

El Ser no tiene cuerpo, familia, país, nombre ni profesión. Es lo que es y ninguna ideología, pensamiento o concepción es capaz de definirlo.

La meditación lleva al contacto con él y a la visión del mundo como resultante y manifestación de su existencia.

Su esencia es la existencia pura a partir de la cual todo el resto se vislumbra como amorosa creación.

En esta condición se da el amor porque todo se reconoce como milagrosa existencia y el universo se ama en su exquisita variación cual campo colosal en el que flores de todos colores y formas se mueven tejiendo una red multicolor y magnífica.

Con ninguna flor hay identificación ni apego, simplemente porque se vive una existencia desde la cual todo se puede ver desde la altura inefable del Ser.

Existe, ciertamente, una sensación de iniciación, que es tan difícil de describir como lo es la de la existencia. En aquella, del vacío del sentimiento sin contenido, "algo" elabora la cognición discriminada del momento en el que se vive y una voz indica lo que se encuentra sucediendo como proceso.

Un "alter ego" se presenta como posibilidad de transferencia de cierta individualización personal que siempre se ha mostrado como yo, e invita a considerar la transferencia de este yo hacia el mundo.

Así, dice aquella voz que del Self personalizado al Self del mundo lo único que permanece es la sensación de existencia y que esta es el verdadero Ser permanente, porque todo lo demás, incluso la conciencia de Unidad, cambia.

Es como decir que partícipe de la manifestación relativa es el pensamiento y la mente, que trascendidos el uno y la otra lo único que subsiste es la vida.

Debe ser difícil, me digo, estimular el amor a la vida cuando esta se presenta en un completo vacío de contenido o más bien cuando su contenido adquiere tal fluidez que nada de su visión perdura.

Sin embargo, sucede lo mismo que con el Ser, el cual, como la existencia misma, es un vacío de contenido en la llanura de la existencia pura.

Me parece a mí que nunca existe mayor peligro como cuando se confunde el proceso con una ilusoria sensación de arribo a una meta. Quiero decir que para considerar a la existencia como lo único vivo se requiere abandonar todo intento de explicación focalizada y aunque esto último pueda ser el sino de la iluminación, para mí todavía es necesario que la conciencia acompañe al proceso.

Por ello de la decisión de transferencia de mi Self al mundo prefiero la personalización limitada que, aunque restringida, todavía me permite ser dueño de mí mismo.

Dirán que esto es una incongruencia y quizás lo sea, pero no encuentro otra forma de decir que en la iniciación ocurren tantas cosas que pasando desapercibidas dejarían un hueco tan terrible de conciencia que es importante mantener una claridad y un control sobre la mente antes de ofrecerla al mundo para que sea sumergida en sus patrones.

También me dirán que esto último es lo que siempre sucede con o sin el acto voluntario de no sometimiento y yo podría contestar también que quizá así sea, pero que no encuentro otra forma de decir que en el periodo histórico en el que vivimos, el sacrificio de la mente para el mundo es el sometimiento a la voluntad del positivista, recalcitrante defensor de las manifestaciones relativas como única realidad y del amante del control poderoso a través de un manejo de voluntades hipertrofiadas en el consumismo.

Por ello, la aceptación del "alter ego mundis" y la participación en sus medidas constituyen una especie de prostitución en la que me rehúso a participar.

Más bien lo otro me atrae, la vivencia del Ser por encima de cualquier relativismo. Ni siquiera la aceptación de la existencia o de la vida como lo único permanente sino de lo otro, lo repito, lo que se me muestra como voz de iniciación y me recuerda que es posible reconocer en conciencia la existencia de un algo sobre todo el resto, de una fuerza que no admite mundos en decadencia como necesidades de identificaciones.

Es a ese "algo" a lo que me adhiero y de lo que quisiera hablar como puente para conectar el conocimiento con la sabiduría.

Decía que la sabiduría es amor y vivencia de las manifestaciones y los eventos como milagrosas creaciones.

¿Creaciones a partir de qué punto de observación?

El puente entre conocimiento y sabiduría se tiende cuando se logra responder esta pregunta.

Quizá unas palabras de Usharbudh Arya ayuden aquí:

> La personalidad no es el Self. La personalidad es un compuesto y agregado de muchos componentes. El Ser es uno, sin tacha. La personalidad es material, el Self es energía espiritual. La personalidad cambia constantemente, el Self es incambiable. La personalidad es transiente, el Self es permanente. El Self es intocable, no puede ser afectado, siempre puro, siempre sabio, siempre libre. Ni es atraído ni es repelido por nada y nunca está en ignorancia porque su naturaleza esencial es la conciencia. La personalidad está dividida en muchos niveles y planos, desde el más denso hasta el más fino, pero el Self es indivisible. El *Bhagavadgita* dice que las armas no pueden herirlo, el fuego no puede quemarlo, las aguas no pueden mojarlo y los vientos no pueden secarlo. La personalidad es la vestimenta y el Self quien la viste. La identificación del Self con la personalidad es ignorancia y apego.[1]

El Self de Usharbudh Arya es el Ser, el testigo de Sri Aurobindo y el puente de unión entre el conocimiento y la sabiduría.

Quien habite en el Ser amará toda manifestación, puesto que en un estado de permanente mismicidad se maravillará de todos los eventos, actos y del mundo.

---

[1] *Superconscious Meditation*, Himalayan International Institute of Yoga, Science and Philosophy of USA.

La Unidad será parte de su personalidad iluminada, pero su ser estará localizado más allá del Universo, en un lugar cuya esencia es la "luz".

Dice Sri Aurobindo:

> Así como no necesitamos descartar la vida corporal para lograr lo mental y espiritual, de igual manera podemos llegar a un punto en el que la preservación de las actividades individuales no guarde ya falta de correspondencia con nuestra comprensión de la conciencia cósmica o nuestro logro de la trascendente y supracósmica. Pues el Mundo Trascendente abarca al Universo, es uno con él y no lo excluye; así como el Universo es uno con él y no lo excluye. El individuo es un centro de toda la conciencia universal; el Universo es una forma y definición que ocupa la entera inmanencia de lo amorfo e indefinible. Esta es siempre la verdadera relación, velada a nosotros por nuestra ignorancia o equivocada conciencia de las cosas. Cuando alcanzamos el conocimiento o la conciencia correctos, nada esencial cambia en la eterna relación, y solo se modifica la visión interior y exterior desde el centro del individuo y por consiguiente el espíritu y efecto de su actividad. El individuo es aún necesario para la acción de lo Trascendente en el universo y esa acción en él no cesa de ser posible por su iluminación.
>
> Por el contrario, *dado que la manifestación consciente de lo Trascendente en el individuo es el medio por el que lo colectivo, lo universal también se torna consciente por sí mismo* [las cursivas son mías] la continuación del individuo iluminado en la acción del mundo es una necesidad imperiosa. Si es norma su inexorable eliminación a través del acto mismo de la iluminación, entonces el mundo está condenado a permanecer eternamente en el escenario de la oscuridad, la muerte y el sufrimiento irredentos. Y ese mundo solo puede ser una cruel ordalía o una ilusión mecánica.
>
> Es así como la filosofía ascética tiende a concebir eso. Pero la salvación individual no puede tener real sentido si la existencia en el cosmos es una ilusión. Según el criterio monístico, el alma individual es una con lo Supremo, su sentido de separación una ignorancia, el escape del sentido de separación y la identidad con lo supremo son su salvación. ¿Mas quién se beneficia con esta huida? No el *Yo* supremo, pues se lo supone siempre e inalienablemente libre, inmóvil, silencioso y puro. No el mundo, pues este permanece constantemente en cautiverio y no se libera con la huida de cualquier alma individual

de la Ilusión universal. Es el alma individual misma la que realiza su bien supremo huyendo del pesar y la división hacia la paz y la bienaventuranza. Parecería entonces existir cierto género de realidad del alma individual tan diferente del mundo como de lo Supremo, incluso en el caso de la libertad y la iluminación. Mas para el Ilusionista, el alma individual es una ilusión y no-existente excepto en el inexplicable misterio de Maya. Por tanto llegamos a la huida de una ilusoria alma no-existente, del ilusorio cautiverio no-existente, en un ilusorio mundo no-existente, como bien supremo por el que ha de pugnar el alma no-existente. Pues esta es la última palabra del Conocimiento: "No hay nadie confinado, nadie liberado, nadie que busque liberarse". Vidya resulta tan parte de lo Fenoménico como Avidya; Maya nos encuentra incluso en nuestra huida y risas en la triunfante lógica que pareció cortar el nudo de su misterio.

Estas cosas, se dice, no pueden explicarse; son el milagro inicial e insoluble. Son para nosotros un hecho práctico y han de aceptarse. Hemos de huir por la confusión de una confusión. El alma individual solo puede cortar el nudo del ego mediante un acto supremo de egoísmo, un exclusivo apego a su propia salvación individual que aporta una absoluta aserción de su existencia separada en Maya. Tendemos a considerar las otras almas como configuraciones de nuestra mente y su salvación sin importancia como si solo nuestra alma fuera enteramente real y su salvación la única cosa que cuenta. Vengo a considerar mi huida personal del cautiverio como real ¡mientras otras almas que son iguales a mí permanecen detrás en cautiverio!

Es solo cuando hacemos a un lado toda irreconciliable antinomia entre *Yo* y el mundo, que las cosas caen en su sitio por medio de una lógica menos paradójica. Debemos aceptar la multilateralidad de la manifestación incluso cuando afirmamos la Unidad de lo manifestado, ¿Y no es esta, después de todo, la verdad que perseguimos doquiera miremos, a menos que, viendo, prefiramos no ver? ¿No es este después de todo, el misterio perfectamente natural y simple del Ser Consciente que no está atado ni por su Unidad ni por su multiplicidad? Es "absoluto" en el sentido de ser enteramente libre para incluir y disponer a su propio modo todos los términos posibles de su autoexpresión. No hay nadie confinado, nadie liberado, nadie que busque liberarse, pues eso siempre es una libertad perfecta. Es tan libre que ni siquiera está limitado por su libertad. Puede jugar a estar confinado sin caer en un cautiverio real. Su cadena es una *convencional*

> [cursivas mías] auto imposición, su limitación en el ego un artilugio transicional que usa para reiterar su trascendencia y universalidad en el esquema del Brahmán individual.[2]

De acuerdo con todo excepto con la noción de convencionalidad. El Ser es libre para decidir y de hecho su manejo del factor de direccionalidad (aunque pase desapercibido por la "conciencia individual" y sea difícil para ella aceptar que todo lo que experimenta y vive es decisión soberana de su verdadera totalidad), es muestra de su liberación, pero esto no quiere decir que sus decisiones son convencionales o que no exista una direccionalidad global en sus acciones.

Direccionalidad es mal término, pero no encuentro otro que pueda definir con mayor exactitud la tendencia inmanente en el Ser para llevar a su misma liberación a la conciencia, apéndice tentacular de su soberanía.

Por supuesto que estoy hablando de una especie de dicotomía en la que Ser y conciencia individual (en el sentido en el que Sri Aurobindo maneja la conciencia individual como referida a un ego personal) están separados porque si no lo estuviesen en cierto periodo del desarrollo, no existiría la diversidad y por tanto sería imposible (inclusive) escribir una sola frase diferente de otras.

Por tanto y por una razón que desconozco, el Ser se representa a sí mismo en la multiplicidad de conciencias individuales y maneja sus vidas para llevarlas, pausada y pacientemente, a la sinonimia consigo mismo.

Existe, por lo tanto, un patrón de expansión y este jamás es convencional. La relación entre conocimiento y sabiduría es la capacidad para fluir sin bloqueos en las decisiones del Ser conociendo que ninguna vivencia es resultado de azar o convencionalismos caprichosos, sino antes al contrario que todo dirige hacia la libertad del Ser mismo en sí mismo.

Ninguna otra cosa significa la noción y la vivencia de la existencia pura o de la conciencia pura.

En esta, la única manifestación es la vivencia del sí mismo en el sí mismo.

---

[2] Sri Aurobindo, *La vida divina. Libro I. La realidad omnipresente y el universo*, Kier, 1971.

X

EL TAO

Las sucesivas orientaciones del factor de direccionalidad hacen que diferentes niveles de la interacción entre el campo neuronal y el sintérgico sean focalizadas, dando lugar a experiencias que también se viven en sucesión. Las experiencias así creadas forman parte de patrones que concluyen cuando los circuitos cerebrales logran sintetizar los neuroalgoritmos que los representan. El proceso es autorregulado puesto que no es posible obtener un neuroalgoritmo sino hasta que se completa un patrón, y un patrón no concluye sino hasta que es posible incluirlo en un neuroalgoritmo.

La conciencia es el patrón de experiencias en su representación neuroalgorítmica. El "¡darse cuenta!" de la conciencia es la síntesis neuroalgorítmica y su vislumbramiento desde la nueva focalización del factor de direccionalidad el que de alguna manera sobrepasa e incluye el neuroalgoritmo "previamente" sintetizado.

La "síntesis" de neuroalgoritmos es un evento recurrente y repetitivo a través de todo el proceso de expansión de la conciencia. Esta recurrencia hace posible que en otro nivel de inclusión la conciencia tenga acceso a la misma operación de neuroalgoritmización, de tal forma que a partir de este nivel el modo de neuroalgoritmizar se convierte en conciencia del proceso.

Así, de la experiencia concreta al patrón de experiencias y más tarde al patrón del patrón de experiencias, la conciencia asciende hacia su encuentro con el Ser.

Puesto que este último es el que decide la focalización del factor de direccionalidad hasta que sus sucesivas activaciones logren completar un patrón (el cual se constituye en conciencia *motu proprio*) el reconocimiento o acceso al modo de algoritmización de los patrones es un acercamiento a la *esencia* misma del decididor.

Cuando la conciencia ya no es únicamente el patrón de experiencias sino, cada vez más, el patrón del patrón, se reconoce una direccionalidad gestáltica de todo el proceso de expansión y en un paso más, la existencia de quien, en un estado de permanente trascendencia y soberana libertad, Es quien Es.

Ahora bien, lo que hago al analizar estos procesos es colocarme en la posición de testigo vislumbrando el interjuego entre *Ser*, *conciencia* y *experiencia* desde un lugar que incluye a la trilogía.

Lo mismo ocurre cuando la conciencia tiene acceso a su propio procesamiento. Aquí, la conciencia abandona su experimentarse como parte de la creación de patrones y ve el proceso de su misma creación desde una identidad que no es ni la experiencia, ni el patrón, ni aun el patrón del patrón, sino algo más allá para lo que no existe ni definición ni descripto conceptual.

Es un *ver* desde adentro que solo quien no lo haya experimentado podría confundir con una teorización. Lo que hago no se trata de cogniciones elaboradas "matemáticamente" a través de la utilización de reglas lógicas externas sino más bien de un acceso directo al procesamiento mismo.

Ya en este contexto, siempre es asombrosa la operación de acceso al propio procesamiento, e imposible vislumbrar al autor de la misma porque no existe (en mi vida como ser consciente y sensible) ninguna otra situación en la que la mismicidad sea mayor. No me puedo separar de aquel que se ve a sí mismo puesto que soy completamente yo. Ese es, por ahora, mi límite y sé a ciencia cierta que sobrepasa la vivencia de unión con el universo, la experiencia de cualquier manifestación del mundo relativo pero todavía no la creación de esta experiencia de mismicidad total y prodigiosamente poderosa.

En esta experiencia no existe ni tiempo ni espacio, ni externo ni interno, ni observador y observado, sino únicamente *ver* como conocimiento directo y acceso.

En capítulos anteriores intenté explicar mi insatisfacción con consideraciones finalistas tales como que la experiencia de *Unidad* es el pináculo de la conciencia o de que el Ser es la totalidad del universo, etcétera, etcétera, sintiendo que más allá de cualquier intento descriptivo y de cualquier consideración explicativa existía un "algo" más allá.

No creo que el punto final sea lograr la Unidad sino más bien que esta es un producto cierto y necesario, pero secundario y derivativo a partir de la condición de *Ser.*

El *ver* que he tratado de explicar en este capítulo se acerca más a lo que podría considerar como verdaderamente real.

Y ahora, de nuevo intento sobrepasar "mi" propio límite puesto que aún soy capaz de *ver* el *ver.* ¿Qué es aquello que *ve* su propio ver?…

Nunca he estado más de acuerdo con Lao-Tse y con su noción del Tao.

El Tao es, pues, lo que no puede definirse, describirse, explicarse y lo que sobrepasa cualquier intento finalista.

No tiene ni espacio ni tiempo y el universo en su totalidad no puede abarcarlo y menos aún incluirlo.

No surge de la totalidad ni es ella ni se transfiere, aunque de pronto se "conecta" con el *yo* y lo traslada hacia alturas inefables y magníficas.

XI

LA LÓGICA DE LOS PATRONES DE EXPERIENCIAS

En cierto nivel, la experiencia y la conciencia se vuelven sinónimos, pero en otro aparecen separadas.

La experiencia es una sola focalización del factor de direccionalidad. La experiencia es un elemento que no requiere de conciencia para existir. La conciencia, en cambio, es un patrón de experiencias que puede ser reducido a un neuroalgoritmo. El neuroalgoritmo vuelve a ser experiencia (he aquí la sinonimia entre *conciencia* y *experiencia*) para junto con otros neuroalgoritmos dar lugar a un patrón más general que es conciencia en sí mismo y así sucesivamente.

Al mencionar la existencia de patrones de experiencias estoy suponiendo que existen y además que pueden ser reconocidos. Este reconocimiento es lo que denominamos *conciencia* y sus bases neuroalgorítmicas son su fundamento psicofisiológico. Existe ciertamente una unicidad en cada conciencia y esta es, por un lado, su particular capacidad de reconocimiento, y por el otro, la individual sucesión y características de las experiencias, que formando patrones le dan origen.

Esta unicidad está asociada con la conciencia individual, la que en última instancia está íntimamente ligada al Tao.

Sin embargo, al lado de esta unicidad existe una característica común a todos los patrones, independientemente de la conciencia individual a la que pertenezcan. Esta comunión es precisamente la lógica de los patrones de experiencias, la que es generalizada y redundante para todos los individuos.

¿Existen realmente patrones reconocibles de experiencias?

Antes de penetrar a esta pregunta debo aclarar de nuevo y con toda exactitud que la diferencia entre experiencia y conciencia es que esta última siempre es un patrón organizado, cuyos elementos constitutivos son experiencias.

De esta forma, existen niveles de conciencia, cada uno de los cuales representa patrones integrados de experiencias. En este contexto, la conciencia depende de las experiencias que entretejidas dentro de un patrón congruente y gestáltico le dan origen.

El Ser determina la focalización del factor de direccionalidad y con esta operación da lugar a la creación de experiencias específicas. Además de esto, también controla la sucesión de experiencias hasta lograr que sus mutuas interrelaciones transpiren un patrón que el Ser ya contenía escondido en su unicidad.

De esta manera, el Ser se manifiesta y en los patrones de experiencias que entreteje está la oportunidad y los elementos del conocimiento que pueden llevar a la conciencia, al encuentro o identidad con el Ser.

Decía antes que todo conjunto de elementos entrelazados que pueda ser reducido (en su totalidad) a un algoritmo forman parte y son un patrón. Si la algoritmización fuera imposible querría decir que no existe patrón.

La pregunta acerca de la realidad de la existencia de patrones de experiencia es la pregunta acerca de la realidad de la conciencia y la respuesta a su existencia es francamente afirmativa.

La lógica cerebral de inclusión ejecuta operaciones de neuroalgoritmización y permite integrar en un patrón congruente elementos de experiencias que sin la operación inclusiva permanecerían dispersos.

La lógica de los patrones de experiencia es en parte la lógica de los circuitos cerebrales y en otra la que el Ser contiene en sí mismo.

Aún más, al observador se le presentan eventos que le indican la existencia de patrones extracerebrales que poseen vida propia.

Estos eventos también se ajustan a patrones que poseen una lógica.

Lo que debería intentar es el análisis de las similitudes esenciales entre todos estos patrones y también de sus características diferenciales. Obviamente el reto no es ligero e involucra el ponerse en contacto con la sabiduría misma del Ser.

Resulta claro que el trabajo que implica desentrañar esta lógica implica una nueva obra y no un capítulo más de esta. Finalizo aquí este libro para iniciar *Los patrones del Ser.*

LIBRO QUINTO

Los patrones del Ser

INTRODUCCIÓN

Entre lo relativo y lo absoluto existe un puente de unión. En la trinidad cristiana, este puente es el Espíritu Santo, quien conecta al Padre (lo absoluto) con el Hijo (lo relativo). En la Cábala judía es Ruah (espíritu) quien conecta a Nefesh (alma) con Neshamah (Dios). El Ser es lo absoluto. Nos internaremos en el estudio de los *patrones del Ser.* El Ser atrae a las conciencias individuales hacia sí mismo y a través del manejo del "factor de direccionalidad" determina la experiencia y las secuencias de experiencias que formando patrones son conciencias.

Los patrones de experiencias acercan a las conciencias hacia el Ser porque manifiestan conexiones entre experiencias, unificaciones de estas últimas y expansiones en su carácter inclusivo.

Existen patrones de experiencias que son conciencias y existe una lógica compartida de los patrones y un sentido o dirección en su ocurrencia.

La atracción que ejerce el Ser sobre las conciencias individuales es esta dirección, cuyo sentido es la Unidad y más allá el mismo Ser y aún más allá el Tao.

La lógica de los patrones debe ser entendida bajo la luz de la direccionalidad atractiva del Ser.

El pensamiento opera de acuerdo con patrones. Una secuencia de ideas es un todo lógico y el individuo que experimenta su pensamiento como un fluir no duda ni se asombra de su Unidad expandida.

Los eventos del mundo que vive una conciencia también forman y son patrones, y aquí, a diferencia que con el pensamiento, la conciencia siempre se asombra de una lógica que primero intuye como magistral y después reconoce como extraordinaria manifestación de un Ser único que nos engloba.

La Unidad, sin embargo, no es el último y pinacular estado de la conciencia. Al lado de ella está lo que no puede nombrarse.

El reconocimiento de la existencia de patrones de experiencias es un desarrollo fenomenal de la conciencia por la conciencia misma. El intento de desentrañar la lógica común que teje los elementos de los patrones (ya sean estos de pensamientos o de eventos "externos") es el deseo de entender la forma de operar del Ser y su esencia misma.

No se puede conocer al Ser sino a través de cualquiera de sus manifestaciones, hasta que en la identidad total con él no exista reconocimiento sino vivencia directa.

La experiencia es la interacción de campos, la conciencia es el patrón de sucesivas interacciones y el Ser el decididor de la focalización elemental y sucesiva del factor de direccionalidad indispensable para que la interacción de campos se localice.

El Ser es el campo unificado, pero aún más. Si en *La creación de la experiencia* analicé la interacción de campos y sus operaciones, en *Los patrones del Ser* me internaré en la lógica de las secuencias de experiencias, en el modo de surgimiento de la conciencia y en la sabiduría misma del creador.

I

PATRONES

Recordemos que cualquier experiencia por elemental que sea implica un patrón. Un ejemplo muy claro es el procesamiento perceptual, en el cual un hipercomplejo proceso de interacciones neuronales da lugar a una imagen. La imagen es una experiencia elemental pero también es un patrón y por tanto implica una conciencia.

Desde luego que la conceptualización de experiencia elemental es relativista porque cada especie vive experiencias elementales de diferentes niveles. En el ser humano, la experiencia elemental imagen, sonido, emoción, etcétera, es un conglomerado de un casi infinito número de procesamientos neuronales, cada uno de los cuales pasa desapercibido para el humano, pero seguramente constituye el nivel de experiencias elementales para especies menos evolucionadas.

Aquí se observa una direccionalidad clara en el sentido filogenético. La conciencia es un patrón de experiencias elementales, aunque cada experiencia elemental es a su vez otro patrón de experiencias elementales y así sucesivamente. La expansión de la conciencia filogenética está dada por la complejidad del patrón que se constituye en experiencia elemental.

Así, lo que para nosotros es una experiencia elemental, sería para un mosquito el patrón del patrón del patrón… *n* de sus propias experiencias elementales.

En el ser humano existe una tendencia a expandir su conciencia en la misma dirección a través de la integración de experiencias en todos lógicos o patrones y la subsecuente reducción de los patrones así sintetizados en cadenas neuroalgorítmicas.

En términos más cotidianos, alguien experimenta vivencias en la mañana de un día y otras en la tarde del mismo día. Seguramente todas estas vivencias están interconectadas y forman un patrón. Cuando este patrón es descubierto se adquiere conciencia. Esta no contiene ni es el detalle de todas las experiencias sino más bien una gestalt unificada.

Un proceso subyacente al encuentro y síntesis algorítmica de patrones de experiencias es la expansión en la duración del presente. En esta, se integran diversas experiencias dentro de un mismo cuadro perceptual, el que al incrementar su tiempo de procesamiento incorpora mayor número de experiencias dentro de una y por lo tanto extiende la capacidad de vivir patrones de experiencias como una sola experiencia elemental.

Cualquier secuencia, interacción o conexión entre varios eventos constituye un patrón en tanto pueda ser reducido a un algoritmo. El algoritmo demuestra y es demostración de la existencia de un patrón. El evento elemental en interacción puede ser el mismo algoritmo, de tal forma que la interacción de varios de estos forma un nuevo patrón, que a su vez puede ser reducido a un algoritmo más poderoso y así sucesivamente.

Existen, por tanto, niveles de algoritmización y niveles de patrones.

En términos de la conciencia, esto implica la existencia de diferentes niveles de conciencia.

Una de las preguntas esenciales que se pueden plantear es si existe una lógica común a diferentes patrones.

La respuesta es afirmativa en el sentido inclusivo. Los niveles de algoritmización implican inclusión y esta es común en cualquier desarrollo de la conciencia.

La inclusión incrementada implica un acercamiento a la Unidad del Ser, lo que a su vez implica que este último es el que determina la direccionalidad de la conciencia.

La siguiente descripción es un ejemplo, en el lenguaje de la música, de una organización inclusiva que por un lado demuestra la conclusión anterior de unificación y de direccionalidad (la idea original es de Juan Tubert).

En una sinfonía se pueden observar patrones que en un nivel elemental son capaces de ser reducidos a algoritmos y por lo tanto verbalizados. Las notas reciben un nombre y una secuencia de ellas constituye un compás. Un determinado compás puede ser descrito también con un nombre y por tanto reproducido y comunicado objetivamente. Cuando varios compases se unen, la secuencia de los mismos todavía no alcanza una complejidad suficiente que impida su algoritmización.

Sin embargo, un movimiento completo de una sinfonía es extraordinariamente difícil de ser reducido a un algoritmo. Cuando alguien menciona el tercer movimiento de la tercera sinfonía de Prokófiev (por ejemplo) y dice de él que es un *allegro agitato*, en realidad utiliza la misma denominación que para otro movimiento de cualquier otra sinfonía y por ello la denominación no constituye un algoritmo específico.

La unificación de todo un movimiento sinfónico se produce, pero en niveles imposibles de verbalizar. Quizá el movimiento provoque un sentimiento específico o una idea muy abstracta.

El compositor parte de una sensación global, la que más adelante se transforma en una sinfonía. La direccionalidad está dada por esa unificación y el producto acabado tiene como característica global tal sentimiento imposible de verbalizar.

Sucede aquí que un patrón hipercomplejo construido con base en la secuenciación de patrones elementales se acerca a un nivel de unificación similar (pero en definitiva infinitamente inferior) a la del *Ser*. En ambos casos se nota la misma lógica y las mismas leyes.

El lenguaje cotidiano presenta las mismas características. Si se sigue el desarrollo del lenguaje en un niño, resultará claro que una de las características más sobresalientes del mismo es la direccionalidad inclusiva y unificadora en la cual primero sonidos aislados son pronunciados, los que más adelante forman sílabas, y estas (secuenciadas), palabras completas, frases, oraciones y por último verdaderos discursos.

El análisis elemental del lenguaje muestra así una direccionalidad inclusiva, mientras que la transformación inversa (de idea a expresión) es siempre divergente partiendo de una Unidad preestablecida y desembocando en la articulación secuenciada de palabras.

La misma consideración es válida para la conducta motora, en la cual el punto de partida es una "idea" y la resultante una serie de movimientos que la expresan. La "idea" es siempre más unificada y única; en cambio la secuencia de movimientos constituye una serie de elementos discretos entrelazados.

La lógica de un patrón de movimientos puede deducirse a partir de la abstracción de estos, encontrando una unificación que dirige la acción y que se constituye en el subtexto de la misma.

A medida que la manifestación de lo previamente unificado es más compleja, larga y original, la Unidad que se puede abstraer de la misma resulta más difícil de hallar y por tanto de algoritmizar y de verbalizar.

De la misma forma ocurre con la conciencia, la que en sus niveles de unificación más poderosos no puede comunicarse a través de ninguna manifestación, excepto la vivencia directa del mismo estado de conciencia.

El camino y la direccionalidad inclusiva parecen ser comunes a multitud de patrones pertenecientes a diferentes manifestaciones.

A pesar de que lo anterior constituye una aproximación al estudio de patrones, deja sin contestar lo que más me interesa por el momento, y es la lógica interna de los mismos.

¿Qué es lo común en una obra musical, el lenguaje articulado, una danza, una teoría matemática y los eventos "externos" cotidianos que se cognitan como patrones?

La obra cumbre de Herman Hesse, *El juego de los abalorios*, plantea la misma interrogante y la instrumenta (sin realmente contestarla) en la forma de un juego magistral que es jugado en una sociedad ideal localizada en la legendaria Castalia y formando parte de una orden vastísima encargada de enseñar el juego y dirigida por un excelso Magister Ludi.

La idea de Hesse es que nada es azar y que existe una lógica común a cualquier patrón.

Que lo que intento sea el inicio de una especie de juego de abalorios es claro para mí, aunque las probabilidades de lograr éxito me parecen remotísimas.

Intuyo que una posibilidad de acceso al "juego" surja del análisis de patrones neuronales y lo pienso así porque lo que se experimenta en esencia es la transformación de estos patrones en campos neuronales en interacción con la estructura sintérgica del espacio.

Así, si todo lo que vivimos y percibimos son patrones neuronales, la lógica que entrelaza vivencias que aparentemente provienen del "mundo externo" y la que determina todas las creaciones del quehacer humano debe encontrarse en la estructura misma responsable del surgimiento de los patrones neuronales y en su neurofisiología. Puesto que, al mismo tiempo, esta experiencia requiere (para crearse) de la interacción entre los patrones neuronales con la estructura sintérgica del espacio, el análisis de esta última debe proporcionarnos claves ciertas para penetrar en la lógica de los patrones.

Quiero aclarar, sin embargo, que (como ya mencioné antes) existe un factor de direccionalidad y un decididor de su focalización. Este decididor es el verdadero "Magister Ludi del juego de los abalorios" y su lógica sobrepasa a la interna y común de cualquier patrón específico.

Si el análisis anatómico y neurofisiológico del sistema nervioso puede proporcionar datos que nos ayuden a entender el "juego", su verdadera comprensión requerirá del análisis del pensamiento directo del Magister, atrevimiento que intentaré en capítulos posteriores.

Por otro lado, ya he analizado la estructura sintérgica del espacio y la estructura cerebral neuroinclusiva.

Me propongo, por tanto, avanzar en este análisis sin recapitular (en lo posible) lo dicho en otras obras.

Quisiera enfatizar que todo es un proceso y que los elementos del mismo están sujetos a una interacción multifactorial, cuyo análisis nos puede dar luz y explicar un cierto nivel, pero jamás nos acercará al verdadero decididor, a menos que en nuestra capacidad de explicación trascendamos el nivel multifactorial independientemente de su complejidad y aparente suficiencia.

Un ejemplo que aclarará lo que deseo puntualizar está contenido en el diálogo que sostuvieron Cebes y Sócrates el día de la muerte de este último.

Sócrates menciona que una ocasión leyó de Anaxágoras su aserción de que es la mente la que produce orden y es la causa de todo.

> Esta afirmación [sigue diciendo Sócrates] me satisfizo sobremanera pero más tarde, después de pensar que Anaxágoras era una autoridad en el asunto de la causación me decepcioné porque el mismo sujeto, más adelante, atendía a razones tales como el aire, éter, y agua para explicar.
>
> Sería lo mismo que alguien dijera que la causa de todo lo que Sócrates hace es su mente y después explicara mis acciones diciendo que la razón que me tiene aquí tendido es que mi cuerpo está compuesto de huesos, músculos, etcétera, y que su estructura es la causa de que haya decidido aceptar el edicto de muerte de Atenas, o que la causa de que hable contigo es el aire, el sonido y la audición.
>
> Llamar a estas cosas causas es absurdo porque si bien es cierto que sin ellas no podría estar aquí, ellas no son la causa de esto...[1]

[1] La transcripción abreviada es mía.

Así, no se crea que el análisis neurofisiológico nos dirá algo del Magister Ludi en su esencia. De la misma forma, no es la actividad del sistema nervioso la que determina a los patrones. Más bien, algo que decide más allá de sistemas nerviosos individuales y corporalizados es quien determina la lógica y la existencia (aún) de los patrones neuronales, aunque el análisis de estos últimos (por ser fundamentales para la experiencia) es útil para entender la lógica común de multitud de patrones.

Dice la cábala que la existencia negativa no se puede entender en sí misma por lo que se debe aproximar a través del estudio de sus emanaciones.

Esta aseveración contiene en forma implícita la consideración de que existe una analogía en la lógica de cualquier manifestación, por lo que el estudio profundo de las "emanaciones" no solo es irremediable sino útil porque cada una de ellas es una especie de micromodelo del "decididor".

El análisis neurofisiológico y neuroanatómico lo iré intercalando a lo largo del texto cada vez que sea necesario. Por ahora hablaré de la vida cotidiana y de la existencia de patrones complejos en la misma.

En la vida cotidiana se tienen atisbos de la relación entre Ser y conciencia que indican que la direccionalidad es doble. Por un lado, una tendencia hacia la unificación, y por el otro y a partir de ella, una vivencia del mundo relativo en su realidad restringida.

Parecería que, en el proceso de desarrollo, el Ser y la conciencia se reconocen como diferentes (siendo este reconocimiento un avance gigantesco) para después alcanzar una sinonimia.

Antes de ese momento, la conciencia centralizada en el ego no reconoce la ausencia de azar en los eventos que vive, pero poco a poco vislumbra que esta ausencia es su propia naturaleza. Obviamente, el proceso es expansivo en identidad por lo que lo que antes era el todo, se transforma en algo particular.

El darse cuenta que un evento está relacionado con otro más allá de cualquier intención consciente es el primer paso en el desarrollo hacia el Ser. No se trata aquí del descubrimiento del inconsciente freudiano sino más bien del supraconsciente plotiniano.

El puente de unión entre lo relativo y lo absoluto es precisamente esta cognición o nueva conciencia que se aparta de cualquier límite personal y se empieza a ver a sí misma en lo que acontece.

Cualquier neurofisiólogo podría intentar reducir el atisbo y la existencia de los patrones de la vida cotidiana a un reduccionismo simplista afirmando que, puesto que la experiencia es creación a partir de la actividad del sistema nervioso, todo queda entrelazado por esta actividad y no por sí mismo.

La afirmación sería correcta en tanto se aceptara como sistema nervioso al todo, pero sin esta aceptación, solo es válida para un tipo particular de experiencias que no incluyen la realidad de la supraconciencia.

Esta última existe en sí misma como patrones globales de los cuales los fenómenos de sincronicidad jungiana son una manifestación.

El desarrollo hacia la unificación implica que el punto de referencia se traslada a partir de una identificación corporalizada hacia lo extracorpóreo y generalizado.

Esto es, de nueva cuenta, puente de unión entre lo relativo y lo absoluto y con él, la cada vez más clara conciencia que la direccionalidad del proceso no es de elementos discretos hacia inclusiones sino más bien de lo unificado hacia lo disperso.

Según L. Arditti,[2] tal es también el sino del arte pictórico abstraccionista, el que se inicia con un repudio hacia las formas concretas para (cada vez más) colocarse en la disposición y la referencia del uno y de lo inclusivo.

Aquí vale la pena hacer notar que lo inclusivo no necesariamente es algoritmizable sino muchas veces procedimiento heurístico el que, a través de sucesivas pruebas y aproximaciones con respecto a un patrón, encuentra pagmatismos que lo unifican en utilitarismos más o menos empíricos. Este es precisamente el proceso que se echa a andar en la meditación. El sistema unificador de la conciencia es (en este sentido) oscilatorio, aunque con un poder tan grande que más tarde o más temprano la oscilación heurística se transforma en algorítmica.

Es aquí cuando el artista abstracto comienza a producir una obra que más que detalles concretos refleja una lógica unificada.

La ausencia de azar se refleja en todo acaecer y a través de su contemplación se vislumbra que no existe otra alternativa más que la aceptación total. Parecería que la direccionalidad hacia el Ser es una especie de camino en el que existen muchos niveles, cada uno de los

---

[2] Comunicación personal, 1979.

cuales se alcanza a través de diferente vereda hasta que después de un umbral todas ellas se van angostando y se convierten en una sola, que no admite desviación alguna.

Cada nuevo nivel exige que el previo se encuentre "purificado", de tal manera que el nuevo conocimiento encuentra al aceptor del mismo con espacios neurosintérgicos libres. Cuando un nivel se ha completado, se alcanza un estado de homeostasis que para ser trasladado al nuevo nivel debe ser alterado. Esto se experimenta como dolor, el que (a medida que se repiten situaciones similares) se comienza a sentir como necesario. En todo evento biológico el dar a luz necesita un parto y este siempre involucra una muerte y un renacimiento.

Lo mismo acontece con el camino del despertar, que siempre involucra una expansión de realización de la realidad del Ser como inclusor y origen real de cualquier experiencia elemental y de todos los patrones.

También, en la vida cotidiana es cada vez más claro que el verdadero nivel de acción es siempre sutil y que toda manifestación es una resultante de cambios en el pensamiento.

Esta realización se hace más prístina a medida que se reconoce que la aparente dicotomía sujeto-objeto es ilusoria y que los patrones neuronales tienen tanto realidad en la activación de circuitos neuronales corporalizados como en la estructura sintérgica del espacio.

En este último reino energético, el efecto de las conocidas fuerzas físicas se vuelve uno con la actividad cerebral, sobre todo cuando su fisiología produce campos neuronales similares a los campos sintérgicos. En esta identidad está una de las llaves para entender la ausencia de azar.

En mi laboratorio hemos demostrado que el incremento de coherencia cerebral está íntimamente relacionado con cambios en la fuerza gravitacional: lo que está de acuerdo con el pensamiento precedente (véanse los apéndices). Obviamente, el resultado anterior plantea una de las más importantes interrogantes asociadas al desarrollo y aparición de patrones y esta es la ocurrencia de cambios o transformaciones energéticas y dimensionales como resultado de la estimulación de organizaciones complejas de elementos.

En otras palabras, al igual que la aparición de la experiencia, los cambios gravitacionales asociados con incrementos de coherencia cerebral ocurren como una especie de salto entre una dimensión de actividad a otra. Parecería que cuando un patrón alcanza cierta complejidad, la energía de sus elementos interactuantes da lugar a su misma transformación, de tal forma que lo que previamente era (por ejemplo) interacción neuronal, ahora se convierte en fuerza gravitacional o experiencia.

En el primer caso (cambios gravitacionales) se puede acudir a nociones explicativas tales como la ley de las analogías, que estipula que cuando una organización restringida mimifica organizaciones más amplias, afecta a estas últimas.

Así, un incremento de coherencia cerebral equivale al logro de un micromodelo de un espacio de alta sintergia y por tanto tiene el mismo efecto que este último en lo que se refiere a gravitación y tiempo.

Por supuesto que tanto la gravitación como el tiempo son denominaciones arbitrarias para lo que en sí mismo son cambios organizacionales de la misma matriz energética. Sucede que, al igual que la experiencia, la gravitación y el tiempo son resultantes finales de procesos que en sí mismos no son ni el uno ni la otra.

Con respecto a la transformación experiencia, la situación es mucho más difícil de resolver, y aunque en cierto sentido se puede reducir a la acción de la ley de analogías, esta reducción no alcanza a explicar la realidad del fenómeno.

La interacción de campos con el agregado de la acción focalizadora de un factor de direccionalidad tiene más fuerza explicativa, aunque deja sin explicar lo esencial, que es el corazón de las transformaciones dimensionales.

Retomando la vida cotidiana, resulta claro que una de las trampas que involucra es la consideración y vivencia de un nivel particular de resultante final del procesamiento como realidad absoluta.

La enajenación y la ignorancia resultan de este desgraciado error y confusión que en parte se justifica si se considera que el acceso a los procesos precedentes a las resultantes finales perceptuales está vedado para la gran mayoría de los seres humanos.

La dificultad de acceso es una de las razones que explican que la conciencia y el Ser permanezcan separados y que la realización del Ser sea un proceso tan difícil y tedioso por parte de la conciencia.

Resulta curioso, sin embargo, que la separación exista porque para quien "despierta" resulta claro que el Ser no se crea sino más bien se descubre como siempre existente.

Este descubrimiento requiere de manifestaciones específicas o emanaciones que siempre demuestran la existencia de una sabiduría infinita. Un ejemplo de esta sabiduría es el *I Ching*, en el que el sujeto que lo utiliza parecería conocer todo el contenido de la obra, hexagrama por hexagrama, sin la necesidad de haberla "estudiado" o "leído" previamente.

Un procedimiento interesante que permite tener un atisbo a esta sabiduría del Ser consiste en plantearse una pregunta y seguidamente abrir la Biblia en cualquier página y sin intenciones de localización voluntaria y en un completo silencio "mental". En mi experiencia, la página resultante siempre responde la pregunta en una forma absolutamente certera, como si el Ser (así conectado) supiese de memoria cada una de las frases del libro, y su ubicación exacta.

Un procedimiento similar era utilizado por Ludwig Wittgenstein como método de lectura. Se dice que este filósofo colocaba fajos de 100 hojas de un libro frente a él (enrollados con un listón) y que le bastaba concentrarse en el paquete para aprehender de él.

De nuevo, aquí se manifiesta la existencia de un conocimiento total que (cuando se utiliza el procedimiento adecuado y la actitud precisa) sirve de puente de unión entre el Ser y la conciencia. Las transformaciones dimensionales a las que hacía referencia antes explican cómo un patrón de un nivel se vuelve mimético con patrones de diferentes niveles y quizá cómo se activan. El conocimiento de cómo se realizan estas transformaciones es básico, pero desgraciadamente todavía un misterio.

Sin embargo, este estado de sinonimia es más aparente que real. Una de las concepciones más antiguas del Ser proviene de las enseñanzas de Hermes Trismegisto, quien vivió en Egipto hace miles de años y quien definía la realidad como el estado del Ser verdadero, eterno, permanente y fijo. El mismo Hermes consideraba que el Ser (él lo denominaba el *todo*) es incognoscible y que uno de los mayores peligros es precisamente la consideración de sinonimia antes mencionada.

Yo estoy de acuerdo con Hermes, y por ello dije que esta sinonimia es más aparente que real. La conciencia ciertamente tiene vislumbres del Ser, pero este último se encuentra más allá de cualquier intento de aprehensión.

Por otro lado y volviendo a los patrones de la vida cotidiana, me gustaría reproducir aquí una historia que se dice proviene de Lao-Tse y que los taoístas han repetido como medio didáctico durante centurias.

La historia revela la consideración de patrones y su existencia más allá de todo juicio, pero sobre todo habla de la inutilidad y del absurdo del juzgar y de la necesidad de la aceptación:

> En un pueblo vivía un viejo muy pobre. Su casa era una granja y en un establo de su propiedad tenía un bellísimo caballo blanco. Todos los reyes y grandes señores de los alrededores envidiaban su posesión y en muchas ocasiones le habían propuesto la compra del caballo ofreciéndole cuantiosas sumas de dinero. El viejo se había negado siempre, considerando que su caballo no era un objeto sino un amigo y compañero no apto de ser intercambiado o reducido a una operación comercial.
>
> Los habitantes del pueblo consideraban que el viejo estaba loco porque prefería vivir en la pobreza en lugar de aceptar las proposiciones tan tentadoras de los reyes.
>
> El viejo les contestaba diciendo que un amigo no puede venderse. Una mañana, el establo amaneció vacío. El pueblo, reunido frente a la granja criticaba la mala mentalidad del viejo diciéndole que ahora se había quedado sin caballo y sin dinero.
>
> Oyéndolos, el viejo les contestaba: "¡No se puede juzgar si esto es una maldición o una bendición! No podemos conocer la totalidad sino únicamente sus fragmentos, todo lo que puede afirmarse es que el caballo ya no habita en el establo".
>
> El pueblo criticaba al viejo diciéndole que nada era más claro, que el suceso significaba una maldición.
>
> Una tarde, tres semanas después, el caballo regresó a la granja trayendo consigo 12 caballos blancos que había encontrado en sus correrías.
>
> El pueblo se volvió a reunir para rectificar su juicio. "Tenías razón —le decían al viejo—, lo que te sucedió no fue una maldición sino una bendición".
>
> El viejo los miraba sorprendido. "Me extraña —les decía— su falta de entendimiento. Lo único que se puede decir ahora es que en el establo habitan 13 caballos blancos. Que sea una maldición o una bendición nadie lo sabe. Solo vemos fragmentos y no la totalidad…".
>
> El viejo tenía un solo hijo y este comenzó a entrenar a los caballos. Un día, uno de ellos resbaló cayendo sobre las piernas del joven inutilizándolas por completo.

El pueblo se volvió a reunir: "¡Tenías razón de nueva cuenta!, lo que te sucedió fue una maldición y no una bendición". El viejo no lo podía creer. Miraba a sus paisanos y les dijo: "De nuevo se comportan ustedes sin entendimiento. Son unos necios y tontos. Nadie sabe si esto es una bendición o una maldición. Solo vemos fragmentos y no la totalidad. Lo único que se puede decir es que mi hijo ya no puede caminar".

Los habitantes del pueblo se debatían entre sí. Algunos consideraban que el viejo tenía razón, pero otros no podían creer que un padre no considerara como maldición la invalidez de un hijo. A los pocos meses, el país vecino al pueblo declaró la guerra a este y el gobierno mandó llamar a todos los jóvenes de edad militar. La derrota era segura y todas las familias se pusieron de duelo al despedir a sus hijos para siempre. El único que no fue llamado fue el inválido hijo del viejo.

Otra vez, el pueblo se reunió frente a la granja del viejo. "¡De nuevo tenían razón! —le decían—, la invalidez de tu hijo no es maldición sino bendición".

El viejo se encolerizó. "¿Cuándo comprenderéis? Solo vemos un fragmento y no la totalidad. Por ello no es permitido juzgar…".

La historia habla por sí misma y lo único que podría añadir es que los sucesos en este pueblo remotísimo o en cualquier ciudad, villa o pueblo contemporáneo no son azarosos y en cambio están regidos por leyes supremas, las que al entenderse transpiran una sabiduría majestuosa y esencial.

El acceso para el reconocimiento de cualquier patrón comienza con la percepción de dos eventos elementales, interconectados o relacionados entre sí. Para detectar relaciones, nuestro sistema posee una capacidad inherente. La mejor prueba de lo anterior es la percepción de nuestro cuerpo orgánico.

Este es, en realidad, un conjunto hipercomplejo de relaciones entre elementos celulares que es percibido como un todo gestáltico o una Unidad.

Es quizá por la facilidad y el automatismo perceptual sintonizado para verlo como Unidad que consideramos al cuerpo como nuestra identidad. Esta identidad, sin embargo, es más expandida y su percepción también involucra la detección de relaciones extracorporales.

En otras palabras, al igual que todas las interacciones celulares nos dan la ilusión de una Unidad corporalizada, la percepción de la interacción entre experiencias elementales puede ser vislumbrada como determinando unidades más expandidas que el cuerpo orgánico pero que a semejanza de este, son capaces de activar gestalts perceptuales.

El proceso ocurre también en el interior del cerebro y se vislumbra con toda claridad cuando cualquier sistema sensorial es analizado en sus funciones y operaciones elementales neurofisiológicas. En el sistema auditivo, por ejemplo, se sabe que cualquier tono activa una población de receptores ciliados, los que, a su vez, desarrollan patrones neuronales globales que son decodificados como tales en las estructuras centrales del sistema. El hecho de que dos tonos de diferente frecuencia activen una población de receptores con la consiguiente superposición de los mismos indica que no es un receptor único el encargado de la transformación ni un único conjunto de vías las encargadas de transmitir el mensaje, sino más bien poblaciones gigantes de neuronas en las que los modos de decodificación son más que activaciones localizadas en elementos simples, patrones neuronales globales.

Sucede que la activación de uno de estos patrones da lugar a la experiencia unificada de un tono sonoro, igual que el conjunto global de experiencias elementales es capaz de dar lugar a un acto consciente unificado.

En un organismo unicelular, la capacidad de detectar patrones es sumamente restringida. Un estímulo simple activa el protoplasma y este es el alcance y el límite de su poder transformacional y de decodificación.

En el cerebro humano no se manejan estímulos simples sino patrones, pero al igual que en el organismo unicelular, la resultante final del procesamiento siempre es una unificación. Así, el caso de un tono sonoro es la experiencia de una unificación resultante final de un procesamiento y no la experiencia del procesamiento. Nadie duda que la percepción de un tono es una experiencia elemental para un ser humano, pero pocos saben lo que implica como antecedentes en términos de procesamiento.

Parecería ser modo generalizado de acción la percepción unificadora y acompañante común de todo desarrollo filogenético la complicación incrementada del número total de elementos interactuantes que le dan lugar independientemente de la modalidad activada.

Se manifiesta aquí, de nueva cuenta, la ley de la inclusión y la ley de correspondencia por analogía.

Por supuesto que la experiencia elemental unificada a partir de un procesamiento previo y su relación directa con la evolución en términos del incremento del número de elementos interactuantes y de la complicación de los mismos es lo que denominamos *expansión de la conciencia*, la que siempre involucra la captación de patrones.

Parecería, también, ser común a toda expansión el cursar por lo menos dos diferentes procesos. El primero de ellos involucra una acción "voluntaria", mientras que el segundo se automatiza una vez que el primer modo de procesamiento alcanza un cierto nivel de maestría.

Así, lo que primero es percepción consciente de interacciones entre experiencias elementales, después se transforma en nivel básico y automatizado de la conciencia-experiencia.

El proceso de automatización permite que las unidades que se procesan se expandan y con ellas la conciencia.

De nuevo, el caso de la percepción auditiva de un tono es ilustrativo. Si el tono de marras no estuviera automatizado como elemento de unificación de un procesamiento y en lugar de ello tuviéramos que atender y construir consciente y voluntariamente a este último, jamás podríamos componer sinfonías; el lenguaje verbal sería imposible, lo mismo que la percepción de cualquier patrón sonoro. La automatización inclusiva tiene la ventaja de expandir la capacidad de percibir y crear patrones y la desventaja de impedir el acceso a los elementos interactuantes.

En otras palabras y generalizando podría decir que un incremento en capacidad intuitiva guarda una relación inversa con una capacidad analítica.

Uno de los fenómenos más sorprendentes asociado con la percepción unitaria o unificada de patrones es la cualidad. Antes de la aparición de una infraestructura capaz de crear patrones neuronales asociados con transformaciones de vibraciones "sonoras" el sonido como cualidad sensorial era impensable e impredecible. La incrementada capacidad de manejar patrones es también la oportunidad de activar nuevas cualidades de experiencia.

Así, la unificación, en un acto consciente, de un conjunto de experiencias elementales y su automatización debe ser capaz de dar lugar a cualidades de conciencia que al automatizarse proverá al ser humano con nuevos universos de experiencias.

He mencionado en otras obras que existe una razón neurosintergia-sintergia que determina la capacidad perceptual. A medida que la neurosintergia se incrementa, el espacio sufre una materialización y lo que antes del incremento era invisible se torna en perceptible.

La ley de inclusión no implica la consideración de que un conjunto hipercomplejo y disperso de activaciones simples se concentre en un único elemento convergente. Esta visión sería demasiado simplista y falsa.

En el caso del sistema nervioso, un conjunto de activaciones neuronales convergente en un circuito de alta inclusión no es el único procedimiento de unificación de patrones. Más bien lo es la posibilidad de creación de nuevas y más complejas configuraciones energéticas.

En este punto debo corregir mis obras anteriores en las que los procedimientos de inclusión cerebral eran vistos en una forma más simplista que la que actualmente sostengo y aunque nunca llegué a considerar la existencia de unidades gnósticas al estilo Konorski, tampoco descarté la convergencia en canales como medio de inclusión.

No es esta última la clave para entender la unificación sino más bien (lo repito) la creación de conformaciones energéticas globales.

Por supuesto que esta última idea requiere que exista una clave para decodificar una conformación energética global como Unidad. Me parece que esta clave es la estructura energético-sintérgica del espacio y el modo de decodificación es altamente dinámico y ocurre cuando la conformación energética hipercompleja del campo neuronal interactúa con la organización sintérgica del espacio.

Esta última, para poder efectuar la unificación, debe ser potencialmente más compleja que cualquier complejidad morfológica del campo neuronal.

Queda así resuelto uno de los problemas más intrincados de la neurofisiología contemporánea.

Me he referido a un hipotético factor de direccionalidad como necesario para determinar la localización y cualidad de la experiencia. Me atrevería a sugerir que este factor es precisamente el equilibrio morfológico o más bien el nivel en el que una morfología del campo neuronal coincide con una morfología del campo sintérgico.

La interacción antígeno-anticuerpo, como basada en morfologías equivalentes, podría ser un modelo de lo que quiero dar a entender.

Inclusive hace unos años realicé un experimento en el cual demostré la interacción entre fenómenos de aprendizaje y relaciones antígeno-anticuerpo. Este experimento reproducido en el tercer volumen de mis *Bases psicofisiológicas de la memoria y el aprendizaje*[3] podría ser la base para considerar que la similitud entre las interacciones energéticas en el campo de la inmunología y en el de la experiencia son más que una extrapolación conceptual basada en la ley de las analogías, una realidad indiscutible.

La consideración del factor de direccionalidad como equilibrio o interacción "estereoenergética", entre el campo neuronal y el campo sintérgico, evita que este factor sea considerado como misteriosa entidad metafísica y aclara que la consideración de focalización energética y aun mi concepción del Ser no deben confundirse con una especie de reduccionismo simplista o con una concretización personalizada, sino más bien con un proceso dinámico que está aún lejos de ser entendido en sus bases y principios.

La direccionalidad global del factor de direccionalidad, en otras palabras, la tendencia de la conciencia a acercarse al *Ser* es el incremento de la complejidad energética que se observa a todo lo largo de la evolución.

Esta última es un acercamiento a la unificación y esta como experiencia es, al igual que cualquier nueva experiencia creada por una unificación más poderosa, impensable cuando todavía la conciencia está separada del Ser.

Sin embargo, y basándome en la ley de las analogías, la que postula que los procesos de diferentes niveles son similares y por tanto extrapolables, es posible decir que el estado actual de la evolución corporalizada del ser humano le permite vislumbrar, con base en su experiencia cotidiana, los niveles futuros de su evolución sin que esto permita conocer la exacta cualidad de los nuevos universos de experiencia por venir.

De esta forma, en cualquier experiencia perceptual actual existe unificación y es predecible que la atención focalizada en patrones de experiencia sea necesaria para impulsar la evolución.

El conocimiento es siempre entendimiento de patrones y su unificación, como experiencias poseyendo una cualidad única.

La aplicación de este principio produce verdaderas hazañas de conciencia. Supongamos que queremos conocer un insecto. Bastará observar su conducta hasta lograr unificar sus movimientos discretos

---

[3] México: Trillas, 1980.

en un patrón. "Hablar" con el insecto será transformar el patrón observado en una sensación con una cualidad unificadora. "Sentir" el insecto será manejar esta sensación en relación con él. Este ejemplo puede extenderse a cualquier conocimiento. A medida que los patrones son "sentidos", se despierta lo que se denomina conocimiento intuitivo, que no es otra cosa más que un grado de unificación muy poderosa que trasciende el conocimiento analítico de los elementos que lo forman. Por esta razón Kant llamó intuición a la imagen visual y, en general, a cualquier acto perceptual automatizado.

El incremento en la complejidad del campo neuronal parecería estar asociado con un aumento de unificación. En otra aproximación, cuando se incorporan nuevos elementos a una morfología, su Unidad permanece en tanto que el algoritmo que la describe como tal (como Unidad) se simplifica.

Una de las interrogantes más básicas que surgen de lo anterior se refiere a la relación del observador con respecto a la nueva unificación. En términos de la vida cotidiana, bastará un ejemplo para aclarar lo anterior.

Supongamos que alguien tiene varios problemas concretos que requieren de solución práctica y medita acerca de ellos. Durante esta meditación, la solución se le presenta y mientras mantiene su atención enfocada en ella se siente como participando y en identidad con los problemas y su solución. De pronto, satisfecho del desarrollo de sus pensamientos comienza a sentir que él, como observador, incluye a los problemas y su solución, pero que íntimamente se encuentra separado de ellos. En otras palabras, diferencia lo que podría denominarse el *mi* del *yo*. El *mi* sería lo que se conecta con los problemas y su solución o con cualquier contenido concreto y específico de experiencia tal como emociones, sensaciones corporales, percepciones de objetos, etcétera. En cambio, el yo es la sensación incambiable y separada de *ser.* El *yo* unifica al *mi* y lo incluye. Lo que es identidad en el *mi* es solo un aspecto restringido del *yo*, por lo que este último es más unificado que aquel.

En la transformación del *mi* al *yo* del ejemplo, el sujeto tiene la clara sensación de trasladarse de un universo restringido y concreto a otro inefable pero de mucha mayor realidad y fuerza.

Desde el punto de vista de interacción energética, la morfología del campo asociado con el *mi* es menos compleja que la del *yo*, puesto que este último incluye al otro.

¿Cómo, en este ejemplo, o en cualquier otro, se traslada la sensación de ser de uno a otro nivel de unificación?

¿Qué es lo que permanece independientemente del contenido de la experiencia?

En este punto me gustaría incluir un cuento basado en la tradición alquímica:

> Se dice que un aprendiz de alquimista todavía no comprendía el verdadero sentido de la alquimia y consideraba que este era la transformación de metales en oro. Durante muchos años estudió las técnicas alquímicas pero jamás obtuvo éxito. Cansado, se refugió en una cueva y en una noche de tormenta comprendió que lo que llamamos universo físico (incluyendo el oro) es simplemente pensamientos. Convencido de la verdad de su intuición comprendió que el verdadero sentido de la alquimia es la transmutación mental.
>
> Si estoy triste, se decía a sí mismo, el universo está triste; lo que debo aprender es a transformar mi tristeza en alegría. Durante los siguientes años y encerrado en su cueva se dedicó a aprender la forma de transformar sus pensamientos y su mente y tras largos esfuerzos adquirió una maestría inigualable en la verdadera ciencia alquímica. En ese momento decidió reintegrarse al mundo para probar si sus métodos eran adecuados y para comprobar si todo en realidad era su mente y su pensamiento.
>
> El mundo lo enfrentó con la existencia de mentes y pensamientos diferentes a los suyos y lo sumió en una confusión terrible.
>
> Una mañana despertó sudoroso después de un sueño revelador. En él, su maestro le mostró que todas las diferentes mentes formaban parte de una sola y todos los hombres de un solo cuerpo. Supo entonces que su convicción de que todo era pensamiento y mente no estaba errada, pero en cambio sí la consideración de que su mente y su pensamiento eran el todo.
>
> Se dedicó entonces a vivir en la conciencia del único cuerpo sabiéndose partícipe de él y de la única mente conociendo su participación en la misma.
>
> Al final de su vida, todo lo que experimentaba, los animales, las plantas, los hombres y las cosas, las veía como hermanadas en la construcción del *uno*.

Antes de dejar su cuerpo le confesó a un amigo que todo lo que había aprendido se podía reducir a una frase: *¡Todo es mente y esta es una!...*

Lo que se conserva en las sucesivas unificaciones es precisamente lo anterior, junto con la sensación de existencia.

Desde un punto de vista psicofisiológico, lo que se mantiene es el decididor de la focalización del factor de direccionalidad, es decir, lo que decide la particular complejidad que las morfologías energéticas en interacción.

Dice Plotino en la *Enéada VI, 9*: "Él está siempre presente, puesto que no tiene ninguna disimilitud; mientras que nosotros no lo presenciamos hasta que no desechamos nuestra disimilitud. Él no viene a nosotros y nos rodea; somos nosotros los que tendemos hacia Él y lo rodeamos. Pero, aunque estemos siempre en torno de él, no siempre lo contemplamos".

Lo mismo acontece con la realización de la existencia de los patrones del Ser. Cada experiencia y cada vivencia es un elemento de una trama majestuosa que se va hilvanando para el que todavía piensa que el tiempo existe pero que, en realidad, es simultánea y totalmente presente.

La capacidad de realización depende, por un lado, de la conciencia de la inexistencia del azar y, por el otro, de una necesaria purificación y abandono de estructuras limitantes asociadas con el pasado.

Lo que la tradición llama iniciación, es el umbral que, traspasado, pone en contacto a la experiencia con la conciencia y a esta última con el Ser, de tal forma que se conoce la necesidad de la aceptación total fundamentada en la fe absoluta del Ser como decididor del factor de direccionalidad.

La conciencia centrada en el ego debe trascenderse a sí misma y experimentarse como partícipe de una identidad más expandida. Cuando esto se logra, la sensación de existencia no se pierde y en cambio surge la vivencia de una identidad con los patrones y con la sabiduría que los determina.

El paso de una identidad concentrada en el ego a una identidad en la cual la dicotomía observador-observado se diluye en una sensación de ser es dolorosa pero necesaria para ponerse en contacto vivencial con los patrones.

En realidad, y como dice Plotino, estos siempre están presentes, por lo que su conciencia es más que un encuentro con algo nuevo, un reencuentro con lo existente y siempre presente, aunque (hasta entonces) no realizado o comprendido.

La transformación desde una visión del mundo centralizada en el ego personal hacia una vivencia en la cual la dicotomía observador-observado se diluye en la sensación de ser simultáneamente lo externo y lo interno requiere de muchas muertes y otros tantos renacimientos.

Puesto que cada experiencia es una conciencia, las muertes y los renacimientos son un acompañante del vivir en la manifestación. Lo que siempre se conserva, sin embargo, es aquello que decide y (cuando se ha avanzado lo suficiente) conscientemente observa este vivir.

En realidad, la muerte corporal es uno de tantos renacimientos hacia un nuevo nivel de conciencia en el que se comprende que los anteriores no diferían en esencia de este y se reconoce que en la inexistencia del azar estaba y está contenido este conocimiento.

El aquí, el allá y el más allá son lo mismo, dicen los chamanes mexicanos, por lo que aún aquí (en este conocimiento) se vislumbra una de las características más asombrosas de los patrones, que es el que cada elemento o parte contiene una representación de la totalidad.

De la misma manera, cualquier nivel es un modelo de los que le siguen por lo que su conocimiento da lugar a la trascendencia. Este punto es básico porque resuelve la paradoja de vivir en el mundo relativo y simultáneamente en el absoluto.

Quien penetra en el conocimiento de los patrones del Ser debe, necesariamente, resolver su vivencia en el mundo relativo y esto se logra adquiriendo conciencia de la ley de las analogías y de la algoritmización del todo en cada una de sus partes. En otras palabras, cada experiencia debe vivirse como la totalidad sin que esto evite mantener la conciencia del Ser como trascendente.

En términos más cotidianos y en segundo lenguaje,[4] debe haber una complementación del amor y del conocimiento como único recurso para llegar a la sabiduría.

Se manifiesta en la vida cotidiana una tensión entre estos dos polos que debe necesariamente encontrar su equilibrio.

---

[4] Véase *Más allá de los lenguajes*, México: Trillas, 1976.

Sucede con los patrones algo similar. Parecería que siempre se originan como efecto de la existencia de dos polos entre los cuales se teje una trama que, no siendo otra cosa que un camino hacia el equilibrio, se manifiesta como patrón.

En el estudio de los patrones se vislumbra como posibilidad de su entendimiento y decodificación la aplicación de la ley de las analogías. Esto ya lo hemos visto en algunos casos y ahora me gustaría proponer una posible herramienta de análisis precisamente basada en las correspondencias que existen entre diferentes niveles. La proposición se basa, además, en la consideración de que los extremos se tocan y prácticamente siguen los mismos procesos. Si esto es correcto en muchos reinos se antoja pensar que el extremo de funcionamiento consciente pueda (en sus patrones) ser conocido analizando la trayectoria, interacciones y demás procesos que ocurren entre partículas subatómicas.

La creación y desintegración de partículas como resultado de interacciones está magníficamente descrito (en sus bases) en *The Tao of Physics* de Fritjof Capra, por lo que no lo trataré aquí. Tampoco intentaré realizar la comparación entre los patrones de interacción subatómica y los patrones de la conciencia porque su estudio merece toda una nueva obra. Aquí solo me atrevería a afirmar que la similitud existe y que valdría la pena que algún lector interesado se interne en este fascinante universo conceptual.

Lo que sí recordaré es la obra de Hans Jenny,[5] quien se ha interesado en la activación de patrones como resultado de la interacción de un proceso vibratorio con diferentes medios (líquidos, arena fina, talco, etcétera). Jenny describe la formación visible de patrones extraordinariamente complejos que se crean cuando (por ejemplo) un sonido de determinada frecuencia hace vibrar una superficie metálica sobre la cual se ha esparcido un talco finísimo (*lycopodium*). Estos patrones son dinámicos y en ocasiones mimifican arborizaciones dendríticas y estructuras celulares.

El estudio es extraordinariamente seminal porque en él se observa el resultado de una interacción entre una organización vibracional espacial y un elemento estructural que, aun siendo inanimado, manifiesta respuestas complejas que podrían ser la base de la formación de patrones en otros niveles. Particularmente excitante es la idea de

---

[5] *Cymatics*, Basilius Presse Basel, 1967-1974.

que la interacción entre el sistema nervioso y la estructura sintérgica vibracional del espacio dé lugar a la misma formación de patrones que Jenny ha logrado crear. La experiencia en particular y los patrones complejos de la conciencia en particular, podrían estar basados en la influencia que un medio energético constituido por vibraciones hipercomplejas tenga en la estructura cerebral y en la resultante de su activación (el campo neuronal).

Más aún, se podría concebir que la estructura misma del cerebro se determina por la organización sintérgica del espacio, lo que podría ser la base científica de una astrología seria.

En términos aún más atrevidos, se podría postular que ni la conciencia ni la experiencia son propiedades emergentes, sino más bien resultantes de un contacto y de la formación de patrones energéticos hipercomplejos estimados por la organización espacial.

La conciencia y el Ser están separados y es el logro de una neurosintergia elevada lo que hace que la primera se vuelva idéntica al Ser. La *interacción cymatica* (término acuñado por Jenny para la nueva ciencia) sería la base de la conexión.

En la vida cotidiana la adecuada sensibilidad y el conocimiento de la inexistencia del azar dan lugar a una percepción del mundo en la cual lo más sobresaliente es la existencia de patrones. Estos siempre surgen como resultado de interacciones que muy bien podrían catalogarse como cymáticas.

La ilusoria separación entre observador y observado, o entre sujeto y objeto, se da cuando no se es capaz de detectar la existencia de patrones. Acostumbrados como estamos a considerar la realidad perceptual como la única válida, sin tomar en cuenta que esta no es más que un nivel de resultante final del procesamiento neuronal, nos debatimos unos contra otros por la ilusión de separación sin saber que en realidad estamos inmersos en un solo Ser. Aun la ciencia cae en la trampa y formula leyes y teorías basadas en la percepción sin recordar que esta es producto de un procesamiento.

Sucede que la sensación de separación desaparece cuando el nivel de conciencia es capaz de tener acceso al procesamiento y en él encuentra que la sensación de separación era ilusoria. La separación existe solo en niveles de conciencia primitivos y desaparece en niveles más inclusivos. En estos últimos es donde se detectan los patrones.

Esta detección es (como ya dije) un impulso hacia la Unidad y, simultáneamente, la manifestación de la misma. En este punto la consideración en la que se basa la ciencia contemporánea, es decir, la idea de que existe una realidad independiente del observador y por tanto objetiva, se derrumba.

El observador es tan parte de lo que percibe como lo observado lo es del observador. Ambos constituyen una Unidad inseparable, interactuando a través de muchos procesos "tentaculares", sobre todo de tipo energético.

Cualquier pensamiento o hipótesis de un investigador tiene potencialidad de materializarse, de la misma forma en la que los objetos de la percepción se materializan.

En el campo de la física de partículas subatómicas no se han hecho suficientes controles para descartar la influencia de los investigadores sobre la trayectoria, aparición o desintegración de partículas. ¿Hasta dónde la expectancia de encontrar una nueva partícula la crea...?

Para quien el mundo deja de consistir en objetos separados unos de los otros y del observador, las anteriores consideraciones no serán meras hipótesis sin base, sino, al contrario, fundamentos de la verdadera realidad.

Cada experiencia y cada suceso que experimentamos no son azarosos en su ocurrencia y secuenciación, sino, por el contrario, son partes de un patrón colosal del que solo vemos fragmentos y por tanto desconocemos su Unidad. Nada escapa a este sino y todo lo conforma y lo nutre.

Desde luego que esto no implica que exista un determinismo inflexible. Algo se gana con la existencia y nuevas interacciones son posibles en el camino de la conciencia hacia el Ser. Si así no fuese, el mundo de las manifestaciones no tendría ningún sentido y se derrumbaría como castillo de arena imaginado de antemano en la mente del todo.

El determinismo no es de contenido pero sí de proceso. Lo que se conserva es la ley más no las manifestaciones concretas que se regulan por ella. Comprendiendo el proceso y las leyes que lo regulan se vislumbra lo que se encuentra por detrás de las manifestaciones concretas. En otras palabras, se percibe lo que transpira por detrás de lo que aparece.

Esto lleva aparejado el conocimiento del significado real de los eventos y además su razón de ser tanto causal como final.

La visión de un evento ya no es la percepción de sus características concretas, sino de su relación con otros y con los patrones de los cuales forman parte. Por lo tanto, esta visión contiene en una simultaneidad perceptual atemporal el pasado y el futuro, la razón de ser y el propósito de cualquier acción, pensamiento, acto o evento fenoménico.

A este modo de percibir se le llama contemplación y, de nuevo, su relación con la existencia y dinámica de patrones es clara y evidente.

No pretendo afirmar que este modo de percibir la realidad sea analítico, voluntario y acorde con una lógica lineal. Generalmente se da en forma intuitiva y "automática". De la misma forma en la que la unificación de un procesamiento resulta en una cualidad nueva de experiencia, la contemplación de los significados es una forma cualitativamente novedosa de percibir.

Sin embargo, la percepción de los significados antes que de los contenidos concretos solo es real si se acompaña de amor. Matizada por cualquier otra emoción se justifica la sospecha de que lo que verdaderamente se percibe sea una estructura. El amor implica asombro, admiración y trascendencia. La razón de que un significado que no se acompañe de amor sea falso es muy sencilla: los verdaderos significados siempre están en resonancia y manifiestan la armonía y la belleza del orden natural. El amor es el perfecto equilibrio y por tanto surge siempre y cuando la conciencia adquiere acceso al orden integrado y coherente. Más aún, así como cualquier experiencia es una interacción entre campos de tal forma que surge como un contacto y no como una emergente, el amor es en sí mismo un ser con quien se establece un contacto, por lo que su vivencia es la misma realidad del Ser.

En este punto la Cábala está de acuerdo conmigo. No existe ninguna razón para el pesimismo cuando se comprende que lo que sucede es precisamente lo que debe suceder de acuerdo a la ley de la direccionalidad de la conciencia hacia el Ser.

Recapacítese sobre la vida y se verá que lo que en alguna ocasión se interpretó como desgracia más tarde o más temprano se vislumbra en su real sentido de impulso de la conciencia hacia la totalidad del Ser.

En este punto, yo podría debatir el cuento de Lao-Tse afirmando que todo es una bendición cuando se le mira con la perspectiva adecuada. No existe la tristeza en vano ni el dolor vacío. En realidad, todo es señal y mensaje con un significado prístino para el que sepa ver.

Por otro lado, existen muchos niveles en el "ver", pero solo uno de ellos es capaz de revelar el verdadero significado. Este nivel incluye a los otros y en él se da lo que he dado en llamar *diálogo con el mundo.* En este último, todo evento se reconoce en íntima conexión con la conciencia, por lo que su significado aparece prístino y certero. El diálogo con el mundo es en realidad el nivel del campo unificado o aquel en el que la neurosintergia alcanza la sintergia del espacio y por lo tanto cualquier organización de este último se vive sin interfases con el observador. En la cymática contemporánea se ha visto que el incremento en la frecuencia del medio vibracional utilizado para crear patrones provoca que estos incrementen su complejidad sin que esto conlleve una pérdida de una forma o matriz que se conserva a través de una gran gama de frecuencias. Lo mismo sucede con la conciencia del Ser, la que incrementa su complejidad a medida que la neurosintergia se incrementa, pero mantiene un patrón fundamental a través de todo el desarrollo.

La aparente inamovilidad del Ser y el hecho de que la existencia lo enriquezca no son contradictorios si se toma en consideración que un patrón fundamental o una forma esencial es mantenida aun cuando su complejidad se incremente.

En la figura 13 se observa un mismo patrón fundamental cymático con un incremento en el número de elementos que lo forman a medida que se incrementa la frecuencia de un sonido en interacción con un medio cymático.

Resuelve esto una de las más importantes contradicciones aparentes de la realidad del Ser como *uno y* al mismo tiempo del valor de la existencia, la que siempre persigue acercar a la conciencia hacia el Ser, no significando esto que durante el proceso el Ser no se enriquezca aunque al mismo tiempo no cambie.

En otras palabras, en todo desarrollo existe una forma fundamental que se conserva como una especie de fondo sobre el cual se trazan las filigranas de cada vez más complicados detalles. Desde la aparición de la forma fundamental pura, hasta el extremo de su hipercomplicación, la matriz fundamental se mantiene y sobre ella se crea un patrón cada vez más complejo.

Todo ser humano que recapacite sobre sí mismo encontrará que su sensación de Ser no se ha modificado a pesar de que se ha enriquecido notablemente.

El conocimiento de la cymática ha aportado, además de lo anterior, muchas otras cogniciones, entre las cuales destaca el que a medida que se aumenta la frecuencia vibracional, los patrones que han incrementado su complejidad, pero conservado su matriz fundamental y su bidimensionalidad, de pronto se alteran penetrando en el espacio tridimensional. He aquí un cambio dimensional cualitativo provocado por un incremento cuantitativo de frecuencia. Me atrevería a postular que existen umbrales de cambios dimensionales cuyo estudio es fundamental para entender la experiencia y la conciencia.

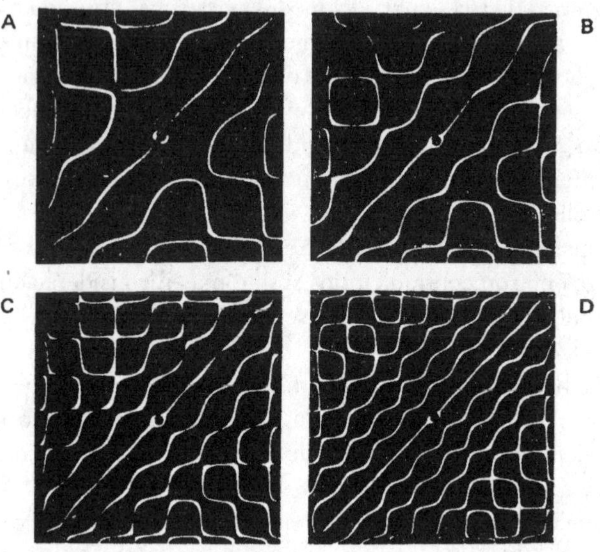

Figura 13. Las cuatro imágenes muestran el mismo patrón, pero el número de elementos aumenta a medida que un tono incrementa su frecuencia. Las frecuencias utilizadas fueron A1690, B2500, C4820 y D7800 cps. Tomado de Jenny, H., *Cymatics*, 1967, 1974.

En la vida cotidiana existe ciertamente un umbral que al ser traspasado da lugar a cambios de conciencia. Las denominadas *cogniciones* siguen una ley de umbral relativo.

Una cognición extraordinariamente interesante es la que acontece cuando un ser humano, se da cuenta de que existe toda una serie de experiencias que se repiten constantemente como si los eventos asociados con ellas fuesen determinados por una voluntad trascendente que habiendo detectado alguna carencia, presenta en forma repetitiva precisamente las situaciones que estimulan tal carencia, dando así oportunidad de tomar conciencia de la misma y por tanto resolverla.

No me refiero aquí a los casos en los que el sujeto busca constantemente la repetición y por tanto continuamente se introduce en ella, sino más bien a los acontecimientos que involucran la repetición, pero estimulados por "algo" que trasciende el ego personal.

La diferencia es muy sutil, y cualquier psicoanalista consideraría que todo es producto del sujeto funcionando dentro de los límites de su individualidad. Probablemente esto es cierto siempre y cuando (como ya mencioné antes) la individualidad y el sujeto se contemplen desde la referencia del Ser único.

De nuevo aquí es necesario distinguir entre conciencia y Ser..., y entre el mecanismo que actúa como proceso de interacción entre ambos. Este último *factor de direccionalidad* no es otra cosa más que un organizador similar a los organizadores celulares.

Un organizador tiene como función no solamente el hacer posible una integración de información, sino más aún una secuenciación ordenada de eventos. El factor de direccionalidad está regulado a su vez desde un nivel en el cual no existen visiones parciales de alguna parte de un patrón, sino más bien percepciones globales del conjunto de patrones. Surge esta idea de la clara concatenación de eventos (más allá del ego personal) que se presentan en forma de secuencias de experiencias para la conciencia.

En otros términos, el Ser comanda el factor de direccionalidad, mientras que la conciencia vive parcialmente al Ser a través de experiencias parciales cuya secuencia y orden están comandados por las localizaciones específicas del factor de direccionalidad.

Desde luego, existe una clara similitud entre lo anterior y la consideración de que el desarrollo cursa a través de sucesivas inclusiones dadas por el procesamiento a través del árbol de convergencia.

Pir Vilayat Inayat Khan menciona que *convergencia* debería ser sustituida como palabra por el término *congruencia*. Estoy de acuerdo con él y podría proponer que la codificación convergente es congruente en cada uno de sus niveles en el sentido de que se unifica (en ellos) cada vez mayor número de elementos, dando lugar a la aparición de patrones cada vez más amplios e inclusivos, los que dirigen a la conciencia hacia la totalidad del Ser. La conciencia *es* patrones por lo que existe una identidad entre niveles de cada vez mayor congruencia y niveles de conciencia.

El factor de direccionalidad es un organizador de patrones operando a través del procesamiento inclusivo. La lógica de congruencia, es decir, la forma en la que los elementos de sucesivos niveles se unifican en patrones cada vez más amplios y congruentes se puede entresacar y comprender a través del análisis de los circuitos cerebrales encargados y asociados con los árboles de convergencia.

Un magnífico modelo de esta lógica está contenido en la organización retiniana en la que se pueden observar, además de circuitos unificadores de convergencia, otros que siendo transversales comunican diversas estructuras longitudinales de inclusión.

En este sentido, casi se podría postular que, junto a la incrementada capacidad de inclusión, siempre existe otra, no menos potente, de activación perpendicular.

Una de las características más asombrosas del procesamiento de congruencia es que en cierto nivel de unificación aparece un estrato de procesamiento capaz de tener acceso transversal a todos los niveles longitudinales de inclusión. Algo así como un metasistema de procesamiento y observación se activa, capaz de trascender a todos los niveles longitudinales ofreciendo una perspectiva englobadora más total de los mismos. El metaprocesamiento es la conciencia de la conciencia y su relación con el factor de direccionalidad y con el Ser es clara.

En términos energéticos, esto implica que la morfología del campo neuronal de un cerebro en el proceso de desarrollar un metaprocesamiento debe ser cada vez más parecida a la organización del campo sintérgico del espacio. En este proceso, la diferencia entre campo neuronal y campo sintérgico se derrumba con la consiguiente desaparición de la dicotomía sujeto-objeto u observador-observado.

El verdadero metanivel es el Ser y este es *uno*, de tal forma que el todo podría conceptualizarse como un solo cerebro o una única mente cuyas partes constitutivas laboran para lograr un acercamiento hacia la totalidad de la que provienen.

Así, cada cambio de conciencia, incluyendo la aparición del metanivel es un salto dimensional probablemente cymático y similar a la transformación tridimensional de un patrón bidimensional como resultado del incremento cuantitativo de frecuencia. Desde un punto de vista funcional, la aparición de un metanivel no puede distinguirse de la misma lógica inclusiva en el sentido de que cada nivel de procesamiento contiene integrado el resto de los niveles de tal forma que en realidad cada nivel tiene acceso (algorítmico pero no transversal) al resto.

En otras palabras, el metanivel es en realidad cada nuevo nivel de inclusión con respecto a los previos y que estos "perciben" como localizado en una posición "perpendicular" o transversal con respecto al árbol de convergencia pero que en realidad forma parte del mismo procesamiento inclusivo.

Lo que definitivamente acontece es que en el procesamiento ocurren saltos cualitativos cuyo entendimiento es todavía lejano para mí.

La realidad de la experiencia está basada en estos saltos que nos presentan patrones como experiencias unificadas a las que denominamos *cualidades* o *modalidades sensoriales*. Cada una de estas últimas es en realidad una distinta conciencia, siendo su identidad un patrón.

Aquí se podría plantear la pregunta de por qué no percibimos los elementos de cualquier experiencia como relativamente aislados junto con sus interacciones, y en lugar de ello unificamos todo el conjunto en forma de cualidades perceptuales. En otras palabras, cuando percibo un paisaje, lo veo como unificado en una cualidad visual sin ser capaz de vislumbrarlo como proceso de interacción hipercompleja entre elementos energéticos, o como un patrón en el que las líneas y canales de interacción fueran percibidos como tales.

¿Por qué al ver un objeto, este se me presenta como unificado y no como procesamiento?

La respuesta parcial es precisamente la operación y los resultados de la unificación inclusiva, aunque en realidad la respuesta solo podría hallarse cuando se aclare la misteriosa localización de la experiencia y de la conciencia.

En otras palabras, si la focalización del factor de direccionalidad hace que solo una localización de la interacción de campos aparezca como experiencia, ¿cómo se traslada o se conecta el observador con tal localización?

Aunque muy fundamental, el problema no es verdaderamente general puesto que se pueden demostrar y vivenciar experiencias de omnipresencia por lo que la localización particularizada (a lo sumo) es un caso secundario.

Sin embargo, claras diferencias de localización acontecen por lo que la pregunta es válida aunque provenga de un nivel de funcionamiento todavía separado del absoluto por un abismo de cogniciones.

Cada nivel de inclusión es una especie de esfera que cuando es penetrada produce un conjunto de manifestaciones, las más de ellas, patrones e interacciones. Un cambio de conciencia de un observador implica la penetración a una de estas esferas y junto con ella un cambio total de vida. En realidad, no es distinguible el momento de la muerte orgánica puesto que sobreviene después de tantas muertes y otros tantos acercamientos y penetraciones a diferentes esferas de inclusión que se podría afirmar que así como existe la posibilidad de diferentes procesamientos de la realidad perceptual y por tanto de multitud de niveles de resultantes finales, de la misma forma, las esferas de inclusión son infinitas.

De acuerdo con la ley de las analogías, cada una de las anteriores (esferas) se rige por leyes particulares, pero al mismo tiempo compartidas de tal forma que el conocimiento de la esencia de un nivel o de una esfera se puede extrapolar a todas. Una de estas leyes es la de sincronicidad por patrones.

En realidad, todo está unido por lo que la ley anterior es solo una manifestación de la Unidad. Sin embargo, al englobar a las anteriores, la penetración a una esfera de conocimiento más inclusiva hace más aparentes las conexiones y los patrones.

Todo evento tiene un significado dentro de la gran Unidad y este significado se vuelve cada vez más amplio y poderoso conforme se avanza en el desarrollo hacia el Ser.

Ahora bien, tanto el análisis de las distintas localizaciones de la experiencia como el de la penetración en diferentes esferas de inclusión no aclaran, por sí mismos, la experiencia unificada. Con mayor precisión, aclaran la unificación, pero no la experiencia. O aún con mayor exactitud, hablan de la lógica de unificación y de la existencia de diferentes reinos, pero no explican la realidad del observador.

Este se mantiene en todos los niveles, esferas o inclusiones, por lo que parecería ser independiente de estos, estas y aquellas.

En este punto, toda consideración acerca de patrones se trasciende y la pregunta acerca de la lógica de los mismos queda relegada a un segundo plano oscurecido por la brillantez de la nueva interrogante.

En otras palabras, cualquier experiencia podría ser conceptualizada como una especie de proyección sobre una pantalla que es observada por un observador. El factor de direccionalidad sería la secuencia de imágenes que se proyectan y el decididor el camarógrafo, quien previamente y a través de un guion ha planeado las fotografías.

La existencia de patrones de imágenes sería un producto del pensamiento de un hipotético director y todo podría reducirse al mecanismo y antecedentes de la proyección cinematográfica, excepto el observador mismo.

De la misma manera es posible percibir el mundo y la vida, y lograr entender los patrones de vivencias y eventos junto con su lógica, pero de nuevo, el observador permanecería como incógnita suprema capaz de transformar la proyección en experiencias.

II

EL OBSERVADOR

¿Quién se traslada de nivel en nivel? ¿Quién es el que siente? ¿Quién observa la interacción de campos y la transforma en experiencia? ¿Quién experimenta una determinada morfología energética como cualidad sensorial asociada con una particular modalidad de experiencia? ¿Quién se conserva a lo largo del desarrollo?

Al hablar de la existencia de la experiencia de diversas cualidades sensoriales, y al mencionar la conservación de un observador que se puede diferenciar de estas, aparentemente estoy considerando la existencia de dos seres distintos: el de la sensación en sí y el que es capaz de experimentarla.

Veo el mundo como una grandiosa obra de arte, pero me sé observador de la misma, aunque no pueda sustraerme de su participación.

Existo como experiencia y como conciencia que se reconoce observadora de la experiencia. ¿Soy dos "entidades" distintas o una sola?

Me parece a mí que lo que aparenta ser dual es en realidad *uno*, pero solamente si se vislumbra la realidad desde la referencia de la cabalística *existencia negativa*.

Supongamos que no existo y que en el instante siguiente comienzo a experimentar cualquier sensación. Puesto que aun la sensación de existencia o la visión de mí mismo como observador es una experiencia, debo concluir que más allá de quien se siente *yo* existe aquel que experimenta una identidad como observador.

Temo que no soy capaz de expresar con claridad lo que deseo decir.

Lo intentaré de nuevo:

La visión de mí mismo como observador separado de una realidad que se proyecta en mí es, en sí misma, otra experiencia, por lo que la experiencia de mi sentirme como separado y la de la proyección misma se unifican en el hecho de que ambas son experiencia.

Desde la existencia negativa cualquier sentir es un milagro que conlleva (más allá del observador) la esencia de la existencia.

¿Qué decir, podría alguien objetar, de los patrones que no experimentan pero que permanecen como realidades fuera del acceso de mi conciencia?

¿Qué decir de aquello que existe como experiencia para el Ser, pero que todavía no se experimenta en la conciencia?

¿Si la experiencia es la unificación, aquello que no experimenta mi conciencia pero sí mi ser no se incluye en la unificación?

¿Por qué, si no se incluye, después se llega a experimentar?

¿Quién es el que primero no experimenta y después llega a hacerlo?

¿Por qué la conciencia está separada del Ser en la experiencia, pero no lo está en sí mismo?

¿Quién es el que viaja hacia su propia totalidad, no experimentando primero lo que más adelante sí experimenta?

Vemos fragmentos y no la totalidad, aunque en el camino los fragmentos que percibimos son cada vez menos fragmentos y más totalidad.

Nos experimentamos primero como un cuerpo, luego como experiencia y poco a poco como patrones, pero ¿quién es el que "salta" de nivel en nivel y se localiza primero en uno y luego en otro?

Es relativamente sencillo afirmar que todo consiste en un incremento de neurosintergia, hasta lograr la identidad con la sintergia del espacio; que la interacción en todos los niveles es lo que llamamos experiencia y que existe un factor de direccionalidad comandado por el Ser. Es sencillo y en cierto nivel aceptable como explicación, pero en otro no lo es.

Llegar también a la conclusión de la existencia de la realidad del observador como absolutamente independiente es un cierto nivel aceptable como explicación, pero en otro, tampoco lo es.

Este otro nivel surge precisamente de las diferencias de localización del observador y de su incapacidad para experimentar la totalidad y en cambio de vivir los fragmentos.

Intentaré contestar algunas de las interrogantes con una postulación extrema, pero capaz de ser verificada.

Sostengo que en realidad no experimentamos fragmentos, sino la totalidad, pero que esta se nos presenta en forma velada y no siempre (más bien casi nunca) revelada como tal.

Supongamos que, en un determinado instante, las condiciones del universo todo cambian, y un ser humano (en ese momento) conversa con un amigo. Repentinamente, ambos sienten algo, uno un dolor de estómago, el otro, náuseas. Sus experiencias son las de la totalidad, pero manifestadas en formas aparentemente restringidas. La experiencia de la totalidad está allí y no contiene ningún elemento inconsciente, pero sí una manifestación interpretada como diferente a la totalidad misma.

Otras veces es el nivel de ruido el bloqueo de la experiencia de la totalidad, y no la ausencia misma de esta experiencia, puesto que en el silencio esta aparece y se reconoce como previamente existente.

Obviamente el problema es entonces la diferenciación de la experiencia de la totalidad, pero no su ausencia. En otras palabras, lo inconsciente es de interpretación, más no de experiencia.

Si así es, no se puede decir que el observador experimenta cada vez más su totalidad, y que por tanto existen saltos de localización, sino más bien que la totalidad siempre se experimenta y lo que ocurre es que no se la diferencia.

La diferencia es crucial porque resuelve el problema del experimentar trascendiendo la consideración de interacción de campos para en cambio situar (al observador y a su experimentar) como idénticos al *todo*.

El problema es entonces entender cómo ese *todo* se diferencia.

Ver en cada experiencia
al todo.
Tal es la realidad
de la experiencia.

La visión es magnífica, pero en la resolución del problema de la diferenciación está, de nueva cuenta, la introducción del observador restringido, porque si cada experiencia es el todo experimentándose a sí mismo, ¿por qué existen experiencias diferentes?

De nuevo aquí debo postular que la diferencia es solo aparente, lo mismo que la individualidad. Con mayor exactitud, la experiencia en sí misma es idéntica para todos y es igual al *todo*.

En la experiencia en sí misma se unifican: observador, experiencia, conciencia y Ser.

Quisiera que esto se entendiera en sus fundamentos. La vida puede vivirse a partir y desde la visión de realidades restringidas y relativas, o puede ser guiada por una pregunta, la que más abarcará mientras más esencial sea.

En el acto de experimentar está la ausencia de individualidad y la identidad con el *todo*. El observador es esto último, lo mismo que el acto mismo de experimentar.

Cuando la pregunta es acerca del origen de la creación de la experiencia, la respuesta abarca al *todo*, porque en el hecho de sentir y experimentar está ese *todo*, único capaz de ser en sí mismo.

Con mayor exactitud, el único que experimenta y siente es la totalidad, y cada ser la es, pero con diferente grado de realización de la misma.

Véase la realidad desde esta perspectiva y cada evento coincidirá con el todo y cada experiencia será el todo experimentándose a sí mismo.

Dirán que desvarío y que, al contrario de lo que digo, lo más aparente es la individualidad, la separación y el sentir diferente, que nada es igual a otra cosa, y que la consideración de que el único que puede experimentar es el todo no tiene asidero y en cambio invalida al cerebro individual como con capacidad de experiencia.

Me temo que quien tal objeción manifieste, nunca ha sentido la Unidad y tampoco ha entendido lo que quiere decir la experiencia en sí misma.

Todo lo anterior resuelve la interrogante acerca de la identidad fundamental del observador y de lo observado, pero no responde la pregunta acerca de la dimensión experiencia en sí misma. Con mayor exactitud, contesta la cuestión acerca del origen de la experiencia, pero todavía no es capaz de aclararla en sí misma (a la experiencia).

Sin embargo, la consideración de la experiencia como idéntica al todo encierra posibilidades de desarrollo extraordinarias. Una de ellas es la expansión de la capacidad perceptual a través de la identificación de contenidos de experiencia externa-interna, y su correlación.

De la misma manera en la que un elemento de alta sintergia de una totalidad puede transformar a esta última y que la actividad cerebral afecta la organización sintérgica del espacio a través de la interacción de esta última con campos neuronales, igualmente, la diferenciación de un contenido particular de experiencia y la localización de sus correlativos "externos" puede transformar las condiciones de estos últimos a través de la transformación de los contenidos de experiencia.

Todas estas consideraciones están en clara oposición con la idea de la existencia de la dicotomía subjetivo-objetivo y externo-interno, y más bien postulan la existencia de una sola realidad.

Los alquimistas conocían profundamente los métodos y las técnicas necesarias para lograr transformaciones de la realidad a través del manejo consciente de la misma, siendo la transmutación de metales una manifestación velada y superficial de su trabajo real.

Es interesante que lo que la época contemporánea ha dado en llamar *Edad Oscura* o Media fue un hervidero de estos conocimientos que nuestra moderna tecnología y materialismo todavía desconocen.

A medida que la conciencia se expande y cada vez más grandiosos patrones son percibidos como pertenecientes al propio yo, la posibilidad de transformación también se expande. Sin embargo, al mismo tiempo se reconoce que cualquier patrón es elemento de un patrón aún más global y por lo tanto las posibilidades de transformación consciente solo son factibles para aquello que ya forma parte de la identidad consciente, pero no lo son para aquello que engloba a esta.

Por ello, al mismo tiempo que se adquiere poder se gana humildad.

Ciertamente existe un umbral en el cual una direccionalidad se activa y a partir de ese momento la humildad se transforma en fe. Nunca se conoce la totalidad, pero los fragmentos que conscientemente se perciben se acercan a ella y en la direccionalidad adquirida, el avance en el desarrollo se palpa como inevitable, mientras que la fe que se adquiere es permanente robustecida por eventos sincronísticos. Estos se reconocen como siempre existentes (aun antes de la percepción consciente de los mismos), por lo que este desarrollo es de atención, de reconocimiento, de significados y de conciencia.

La lógica común de todos los patrones está íntimamente ligada con el impulso hacia la totalidad y por lo tanto se asocia con el incremento en inclusión.

El paso de nivel a nivel inclusivo no es realmente una cadena continua, sino más bien cuántica, en la que cada nuevo nivel es un original modo de percibir, que, aunque incluye a los previos, no mantiene su misma dimensionalidad. Esto último es fundamental para entender el desarrollo de la conciencia.

Los niveles son infinitos, pero uno de ellos parece ser altamente seminal para entender el resto. Me refiero a la conciencia de Unidad manifestada en la percepción prístina de la inexistencia del azar.

III

LA INEXISTENCIA DEL AZAR

Existe un nivel de conciencia en el que la realidad se percibe desde una perspectiva en la cual es clara la inexistencia del azar.

La sensación al estar allí es que la verdadera realidad es una matriz colosalmente sabia de interacciones en la que un observador que se siente separado del resto de la creación se mueve. Es la ilusión de separación la que permite hablar de la "inexistencia del azar", porque si desde un principio todo se vislumbrara como en realidad es, es decir, como una Unidad, el término *azar* ni siquiera se hubiera inventado, y el concepto de *inexistencia del azar* se vería como absurdo.

Quien se siente unido al todo en sus múltiples manifestaciones, sabe que su cuerpo las contiene de tal forma que, en su percepción del mundo, no existe lo externo y lo interno como dos reinos independientes pero interconectados, ni tampoco el observador y lo observado como dos realidades dicotomizadas. Más bien una es la realidad y esta no admite separaciones en "entidades" independientes.

El cuerpo orgánico es un modelo del cuerpo universal y por lo tanto en su funcionamiento está la clave para comprender el resto. Una célula está inmersa dentro de una matriz energética que la nutre y de la que forma parte indisoluble. Nada es azar para una célula vista desde la perspectiva de la integridad corporal y de su cúspide… la conciencia.

De la misma forma ocurre con esta última, la que vislumbrada desde la perspectiva del "cuerpo universal" se constituye en célula indisolublemente ligada a galaxias, estrellas y a otras conciencias, formando un todo colosalmente organizado en el cual nada se escapa para independizarse.

Sin embargo, desde la perspectiva de la célula individual o de la conciencia individualizada, el mundo se presenta como externo, caótico y desligado, en su fundamento, de una unicidad corporalizada y rara vez expandida más allá de la frontera membranosa de la cobertura de la pared celular o de la piel humana. No es ausencia de verdadera Unidad, sino solamente error de perspectiva, que se comprende cabalmente cuando aparecen las primeras señales indicativas de una ausencia de azar.

Por ello es tan importante comprender a la matriz del todo como órgano del propio cuerpo, y sentir a la conciencia y a la experiencia como manifestaciones de la totalidad en un presente infinito y atemporal. No por el conocimiento mismo de los patrones, ni por el acceso a todas las leyes de interacción (aunque poderosamente significativo e interesante) se cursa la vida sino más bien para apoyarse en este conocimiento, para trascenderlo y lograr así la pérdida de la ilusión de separación.

Más allá de la Unidad está el Tao, quien no puede explicarse en base al todo, ni siquiera cuando se abandona el intento de considerarlo como emergente y se cae en el conocimiento de un mundo fuera de este mundo, en un Tao inefable e inexplicable.

La verdadera pregunta es la existencia de cualquier existencia, considerando a la experiencia (a cualquier experiencia) como sinónimo de existencia.

A la pregunta de por qué sentimos, no puede responderse con reduccionismos ni con expansiones corporales. Ciertamente en cualquier experiencia está el todo, pero desde el milagroso estado de asombro por la ocurrencia del sentir se conoce que no existe explicación plausible y satisfactoria para la presencia del mismo.

Bien podría denominársele pureza a tal estado o, si se prefiere, encantamiento. Cualquier nombre resulta insuficiente para transmitir el milagro del experienciar desde un balcón vacío, pero más allá, aun el planteamiento de la interrogante guarda un misterio aún más profundo, porque es algo que trasciende el sentir el único capaz de vislumbrar su existencia.

Así, la pregunta acerca del origen del experimentar siempre se traslada hacia la interrogante acerca de la identidad de quien plantea la existencia de la manifestación.

El capítulo anterior fue dedicado a esta pregunta y en este, la inexistencia del azar debe ser penetrada a partir de la conciencia de

Unidad, más para indagar acerca de las leyes particulares de las interacciones que para ofrecer la última de las contestaciones (pretensión por lo demás absurda y altisonante).

Ya en este contexto es necesario resolver: *1)* ¿Cuál es el nivel en el que el diálogo con el mundo ocurre? *2)* ¿Cuál es la dirección de la ausencia del azar? *3)* ¿Qué significado evolutivo tiene? Y *4)* ¿Cuáles son los puntales que sostienen a las matrices de relaciones?

En principio, es posible afirmar que el Ser decide los patrones y las experiencias necesarias para llevar al observador consciente hacia estados cada vez más expandidos de realización o de "darse cuenta". En cualquier situación humana, nada es inconsciente para el Ser y por tanto este reconoce la necesidad de crear patrones de experiencias que traigan como consecuencia la elaboración de contenidos erróneamente codificados, asociados con eventos del pasado, y así, acercar la conciencia al Ser.

Así, cada patrón tiene como finalidad el procurar el incremento del conocimiento por parte del observador junto con la resolución de errores de procesamiento. La direccionalidad está dada por el mismo Ser, quien intenta trasladar al observador consciente hacia sí mismo.

En realidad, cada experiencia es decidida de antemano por el Ser y sus consecuencias evaluadas para lograr una mayor conciencia.

La dirección de la ausencia de azar es un eje que incorpora a la conciencia en un extremo y al Ser en el otro. El Ser, sin embargo, no es estático. En su expansión la conciencia lo enriquece. El significado evolutivo es el logro de la conciencia de Unidad, pues esta última es el sino del Ser. Los puntales que sostienen las matrices de relaciones son el Ser y la conciencia.

La conciencia de Unidad no implica una pérdida de individualidad, sino, por el contrario, una expansión de la misma. En un nivel poco evolucionado, la individualidad y la Unidad se viven como excluyentes, pero en otro (más avanzado) son la misma vivencia.

El diálogo con el mundo ocurre cuando se logra el nivel de conciencia en el cual la individualidad y la Unidad se vuelven congruentes. No existe un solo camino para lograr lo anterior, sino tantos como seres.

De la misma manera en la que el agua trasciende los elementos que la forman y al mismo tiempo es la Unidad de ellos, así también el Ser es la Unidad, pero simultáneamente la trasciende.

Parecería que el equilibrio o la congruencia entre pares de "opuestos" es fundamental para el desarrollo. Así sucede con la individualidad-Unidad, con la conciencia-experiencia, con los patrones-elementos, etcétera.

Cuando un par de "opuestos" se trasciende, el efecto no solo es personal sino más bien incorpora los fenómenos que son parte de cualquier conciencia expandida, al conjunto de todos los campos neuronales y a todos los seres.

Este fenómeno está basado en el efecto de correspondencia de diferentes niveles y en la ley de las analogías.

En otras palabras, cuando un "individuo" resuelve la dicotomía individualidad-Unidad, la resolución afecta todo lo que este individuo ha incorporado en su expansión de conciencia. Sin embargo, en raras ocasiones el efecto es consciente. Esto último plantea, de nueva cuenta, la interrogante acerca del por qué la conciencia tiene un acceso limitado al procesamiento y al todo.

Parecería como si la realidad estuviese dividida en niveles, cada uno de los cuales forma una especie de esfera a la que se penetra cuando existe la adecuada preparación. La penetración a cualquier esfera es una entrada a un mundo de relaciones particular en el cual el observador se pone en contacto con otras conciencias que también habitan esa particular esfera.

La ausencia de azar es notable en todas las esferas, pero se vuelve más inclusiva y poderosa conforme el observador avanza.

Parecería también que cada esfera engloba a las precedentes y de allí la observación de su carácter inclusivo. Los cabalistas sostenían una idea parecida.

No se puede determinar si las esferas pertenecen al procesamiento "interno" o si son básicamente matrices de interacciones entre eventos "externos". Parecería que si acaso se pudiera hablar de "interno y externo", es siempre un acceso al procesamiento "interno" lo que da como resultado una conciencia de las matrices "externas" de interacciones. En realidad, mientras mayor sea el acceso de la conciencia a todas las etapas de su propio procesamiento, más profundo es el conocimiento del mundo.

La misma estructura del Ser es la que se abre y así, el observador, además de permanecer ligado a una resultante final de procesamiento, la trasciende y accede a experimentar el proceso previo a las emergentes.

La existencia indudable del diálogo con el mundo se produce cuando el acceso al interior se abre, mostrando así la identidad de mundo "exterior e interior".

Pero el mundo que se percibe no es de los eventos concretos, sino más bien el de sus interacciones, como si el observador comenzara a transformar en conciencia las redes que interconectan eventos, y así les otorgara (a las redes) una realidad aún mayor que la que poseen (como resultantes finales) los objetos.

Una conciencia extraordinaria es la del cabalista, quien percibe cualquier resultante final como conciencia y describe la realidad como interacciones entre estas conciencias.

Si una cualidad sensorial es resultado de un cambio dimensional de una matriz energética hipercompleja, la visión del cabalista es, en realidad, la de un ser capaz de percibir las relaciones íntimas entre unidades colosalmente congruentes de elementos.

En la conciencia del diálogo con el mundo sucede algo similar y aunque solo vemos las manifestaciones de las interacciones energéticas, podemos vislumbrar las leyes y reglas que desde la perspectiva de resultantes finales transpiran su realidad energética.

IV

LA UNIDAD Y LA INDIVIDUALIDAD

Aunque todo indica que el único sentimiento posible es el de Unidad, la individualidad existe y puede llegar a un extremo tal que oscurezca la Unidad.

Parecería que cuando un organismo alcanza cierto nivel de complejidad aparece la sensación de sí mismo como distinto de cualquier otro ser.

En esta sensación de individualidad existe una direccionalidad que se manifiesta en el fenómeno de la atención, atención vista no en un sentido restringido sino más bien extenso como facultad para incorporar cierto tipo de experiencias y no otras. Quizás, la individualidad es un camino del factor de direccionalidad y la Unidad lo que se encuentra por detrás de cualquier factor de direccionalidad.

Lo cierto es que la sensación de ser un individuo existe y el sentimiento de existencia individualizada también. La sensación de individualidad tiene muchos otros niveles. El más superficial es aquel en el que existe un desconocimiento total de la existencia de otros seres, ignorancia rayana en egoísmo. En un nivel más profundo, la individualidad es conciencia de existencia propia con conocimiento de la existencia de otros seres.

Aún más evolucionada es la sensación de individualidad en "transparencia" corporal. Antes de este nivel el *yo* se identifica con un cuerpo, una estructura social, un nombre, una obra, etcétera. Cuando ocurren experiencias de "transparencia", la individualidad se reconoce como independiente del cuerpo o de otras estructuras y por lo tanto más libre y soberana e independiente de puntos de referencia relativos, pero al fin y al cabo individualidad.

El paso de la individualidad asociada e identificada con un cuerpo a la individualidad independiente de estructuras es un desarrollo gigantesco de la conciencia.

Cuando la sensación de ser se percibe en la dimensión que he denominado *transparencia*, las experiencias son vislumbradas como poseyendo un carácter etéreo, pero todavía referidas al punto de referencia del *yo*. En este nivel ocurre un proceso de independización, primero del mundo material y luego aun del universo de experiencias.

Quiero decir con esto que aquí aparece la sensación clara de la existencia de un observador independiente primero de los objetos y eventos que percibe (de la misma manera que de su cuerpo orgánico) y después aun de sus propias experiencias, excepto la de sentirse un *yo* individualizado.

Este es un grado muy elevado de liberación, porque aquí el observador comienza a entender la diferencia que existe entre el mundo relativo y el absoluto. En la consideración y vivencia del mundo relativo entran las experiencias temporales, la percepción de objetos y del propio cuerpo y todo aquello que es manifestación concreta o resultante final del procesamiento neurofisiológico.

Por supuesto que en este nivel de individualidad, es la misma sensación de ser la que se conceptualiza como mundo absoluto, puesto que se experimenta como atemporal, aespacial y no dependiente de ninguna experiencia concreta y además separada del universo físico.

Sin embargo, este nivel de evolución todavía no incorpora a la Unidad dentro de la sensación de ser.

Para que la Unidad se incorpore a la individualidad, debe ser necesario tener atisbos de la ausencia de azar o, de otro modo, una percepción directa de la identidad como basada en el todo.

Mientras tanto, el sujeto que ha logrado vivirse a sí mismo como poseyendo una identidad libre de estructuras, por tanto independiente de su cuerpo y del mundo físico, sigue evolucionando.

En cierto momento se le aparece la clara conciencia de su desarro llo, al que percibe desde una especie de metanivel capaz de identificar con claridad el punto de la evolución en la que se encuentra como entidad.

Así, es capaz de identificar su propia individualidad y el universo de sus experiencias en una metaperspectiva, la que más adelante debe vivenciar como identidad.

Hasta este punto se pueden trazar con claridad los niveles de desarrollo de la individualidad.

La identificación del observador con su metaperspectiva es la identidad de la individualidad con la conciencia. La metaperspectiva o conciencia de la concierna es, sin embargo, una estructura, porque no se conserva o al menos se mantiene hasta el momento en el que se incorpora al universo de experiencias, vivencias que no pueden catalogarse, compararse o entenderse desde ninguna perspectiva o punto de referencia conocido. Queda entonces solamente la experiencia de identidad imposible de explicarse a sí misma.

A partir de este momento, se establece el contacto con la Unidad. Los primeros reconocimientos de la ausencia del azar y de la existencia de patrones supraindividuales impactan a esa individualidad que, por un lado, intenta dejar de serlo, y por otro, se aterroriza ante la perspectiva de perder el único punto de referencia que ha probado resistir todas las embestidas y los vaivenes del experimentar el mundo relativo.

Este último, sin embargo, se presenta cada vez más unido y relacionado con la propia conciencia, estableciéndose así el *diálogo con el mundo*.

A pesar de que es cada vez más clara la existencia de un orden global y unificado al que la individualidad pertenece, esta es mantenida.

Se requiere la recurrencia de multitud de patrones y el abandono de la consideración de mundo relativo para que el individuo acceda al compromiso de la fe y con él al atrevimiento de soltar las riendas de su propia identidad.

En ese momento, la individualidad parece expandirse y abandonar las fronteras impuestas por la metaperspectiva o cualquier otra conciencia de la conciencia y el Ser, así liberado, decide incorporar dentro de sí lo que antes había abandonado como identidad. En otras palabras, accede a considerarse a sí mismo ya no como sujeto separado de los objetos, sino como observador y observado, sujeto-objeto simultáneamente.

Su contacto con la Unidad se establece así y poco a poco su identidad con el todo también. Sin embargo, la sensación de existencia continúa, aunque deja de ser una verdadera individualidad para transformarse, en cambio, en una identidad con el mundo.

La dicotomía individualidad-Unidad se resquebraja y en su lugar algo inefable aparece. La pérdida de la individualidad puede llevar al vacío cuando el contacto con la Unidad es súbito (como en el caso de la ingestión de algunas drogas) y cuando conlleva la pérdida de la sensación de existencia.

La sensación de existencia pura es el equilibrio entre la individualidad y la Unidad, y jamás debe confundirse con el vacío.

Cuando en un capítulo anterior llegué a la conclusión de que la experiencia (cualquier experiencia) es la totalidad, me refería precisamente al nivel de la experiencia de la existencia pura. Maimonides se refiere a este mismo estado diciendo que Dios es una Unidad simple y no compuesta. Su esencia y su conocimiento y todas las cualidades y atributos del *uno* no agregan o se componen en su ser, sino que son una absoluta Unidad simple.

V
LOS PODERES

En este estado de la conciencia de la existencia pura en la que la Unidad y la individualidad se trascienden aparecen los poderes. En la existencia pura no existen deseos, puesto que nada se puede desear cuando se posee todo.

Puesto que se ha trascendido toda identificación estructurada con el tiempo, el espacio, la materia y el universo físico para, más adelante, volverse uno con él, cualquier contenido de experiencia se materializa y cualquier avance en el desarrollo trae consigo una alteración de todo el universo.

El medio energético a través del cual se ejerce este poder es el campo neuronal, que en este estado se ha vuelto idéntico al campo sintérgico.

Cada ser humano es uno con la totalidad y al mismo tiempo es una expresión única de todo el universo.

De la misma forma que la cymática ha demostrado que un conjunto de vibraciones sonoras crea un patrón en un medio, así, el campo sintérgico imprime en el primer contacto de un ser con esta estructura energética del espacio un patrón hipercomplejo (en el medio neuronal) activando de esta manera el desarrollo de una irrepetible matriz cerebral que, al mismo tiempo que representa al universo en su totalidad, es una manifestación única e individual del mismo.

De esta manera, es concebible que cuando un ser humano abandona estructuras restringidas y opresoras y se independiza de las mismas hasta alcanzar el estado de existencia pura, readquiera la capacidad de fluir libremente con el universo y por tanto de alterarlo.

Los poderes son precisamente resultantes de esta unión que a través de la ley de las analogías y del campo neuronal manifiesta sus efectos.

Al mismo tiempo, estos poderes son solamente una manifestación de esta unión y nunca deben confundirse con el verdadero desarrollo.

Por otro lado, muchos de los poderes se relacionan con la capacidad de decodificación y elaboración informacional.

El más claro ejemplo de lo anterior es la capacidad para decodificar en forma directa el campo neuronal. Esta capacidad es la base de la comunicación directa entre dos o más seres humanos y la hemos estudiado en el laboratorio intentando determinar sus correlativos electroencefalográficos. Nuestros resultados indican que la capacidad de decodificación guarda una relación directa con el incremento en la coherencia cerebral, lo que implica que la captación y posterior decodificación del campo requiere de un incremento neurosintérgico (véanse los apéndices).

Este resultado está de acuerdo con las consideraciones que hice al principio del capítulo, en otras palabras, que un acercamiento a la Unidad es la base y el fundamento de los poderes.

En la misma línea, pero aún sin el estudio correlativo de la actividad cerebral, se encuentra la capacidad de decodificar la información contenida en objetos.

En estudios de campo realizados con 12 sujetos, demostré que este poder requiere del logro de un silencio interno absoluto y de una capacidad de detección de imágenes "mentales". En este estudio, varios objetos fueron presentados para su identificación, cuidando que no hubiera problemas de sugestión o transferencia verbal de información de un sujeto al otro. El procedimiento consistió en tomar los objetos entre las manos y sin observarlos y con los ojos cerrados lograr el estado de silencio y activar la detección de imágenes. Los resultados han indicado que la información contenida en los objetos da como resultado imágenes similares en todos los sujetos, siendo estas más vividas mientras más cercanas en el tiempo sean las experiencias iniciales de los dueños de los objetos.

En otras palabras, si un sujeto adquiere un objeto y las siguientes horas vive una serie de experiencias con el mismo, el decodificador verá estas experiencias con mayor viveza que experiencias posteriores con el mismo objeto. Definitivamente podría sugerirle el uso de este método en la arqueología.

Otro de los poderes se relaciona con la capacidad de decodificar en forma directa el campo sintérgico. Lo que se ha denominado *registro akáshico* está relacionado con lo anterior. Aquí, el sujeto también requiere lograr un estado de silencio interno y activación de imágenes. Puesto que cada porción de espacio contiene información algoritmizada colosalmente concentrada acerca de objetos, pensamientos y eventos, el sujeto que ha adquirido este poder es capaz de percibir imágenes acerca de los alrededores sin la necesidad de la activación retiniana. Se antoja pensar en este método para la rehabilitación de ciegos, sordos, etcétera.

Aún más llamativa es la capacidad de enfocar a voluntad el factor de direccionalidad y así hacer aparecer a la experiencia en diferentes localizaciones del espacio alejadas del cuerpo orgánico.

Usando este poder, un sujeto es capaz de "viajar" grandes distancias y observar lo que sucede en lugares remotos.

La decodificación directa de campos neuronales tiene como consecuencia inmediata la capacidad de cualquier sujeto de reconocer a otro sujeto desde el "interior", permitiendo así un contacto directo de conciencia a conciencia.

La conciencia se activa después de un procesamiento, de tal forma que lo que se experimenta es la resultante final inclusora de todo el procesamiento. No existe razón teórica alguna para pensar que, con un entrenamiento adecuado, la conciencia pueda tener acceso al procesamiento mismo y no solo a la resultante final de este. Sabiendo que los procesos orgánicos poseen una complejidad y una riqueza extraordinarios, el sujeto que posea la capacidad para penetrar a su propio cuerpo tiene la llave para comprender en forma directa su anatomía, sus procesos bioquímicos y matemáticos, además de todo el procesamiento cerebral de la información. En otras palabras, este poder es la capacidad de lograr un conocimiento directo de la lógica orgánica. La aplicación de ese poder trae como consecuencia el conocimiento de realidades alternativas y, aplicando sobre el funcionamiento cerebral, la posibilidad de establecer un contacto directo con la fuente de todo el conocimiento.

En cuanto a los poderes asociados con la modificación voluntaria de procesos y eventos físicos, hemos demostrado en el laboratorio que sujetos humanos son capaces de aprender a modificar la fuerza gravitacional. Esta capacidad ocurre cuando se incrementa la coherencia cerebral, demostrando de nueva cuenta que la base de los poderes es un incremento de neurosintergia.

En la misma línea se encuentra la capacidad de un sujeto de modificar los campos energéticos resultantes de la actividad corporal de otros sujetos. Este poder es la base de las llamadas curaciones psíquicas.

El proceso puede ser autoaplicado, satisfaciendo así la necesidad de contar con técnicas de autoevaluación y autocuración.

Probablemente uno de los poderes más directamente relacionados con la expansión de conciencia es la detección de patrones. Esta detección puede entrenarse y desarrollarse, permitiendo que sujetos humanos adquieran un conocimiento directo acerca de las interacciones y las relaciones entre eventos.

Por otro lado, la capacidad inclusiva y por ende neurosintérgica es un requisito básico para la detección y percepción de objetos y para la materialización perceptual del espacio. El desarrollo de la neurosintergia trae como consecuencia una incrementada capacidad para detectar patrones y por ello información sutil en el espacio. El mismo método puede ser utilizado para la percepción directa de campos orgánicos y neuronales. La misma capacidad de incrementación neurosintérgica o su opuesto permite la materialización y desmaterialización de objetos, tal y como lo han demostrado Sai Baba y Pachita.[1]

Otro de los efectos del manejo neurosintérgico es la capacidad de modificar las condiciones meteorológicas, tal y como lo practican los Servidores del Tiempo del Estado de Morelos. Estos shamanes han aprendido técnicas que les permiten controlar las lluvias, las granizadas y los vientos a través de un manejo neurosintérgico y sintérgico de las condiciones atmosféricas.

Otra de las avenidas del manejo de los poderes se relaciona con la manipulación del tiempo. Probablemente una reducción y/o una ampliación o expansión de la duración del presente permite a un sujeto el internarse en realidades temporales distintas a las usuales. En realidad sería interminable el trabajo de compilar una lista de poderes junto con sus explicaciones.

Baste decir que las posibilidades parecen ser infinitas, siempre y cuando se haga buen uso de las mismas y no se confunda el desarrollo de la conciencia con un interés relativo en una de sus múltiples manifestaciones.

---

[1] Véase Grinberg-Zylberbaum, J., *Las manifestaciones del ser. "Pachita"*, México: Editores Asociados, 1980.

VI

LOS NIVELES DE LA CONCIENCIA

El conocimiento se da únicamente cuando el receptor del mismo está preparado para recibirlo. Esta preparación no es otra cosa sino el cierre de un patrón, el que, al completarse, deja espacios neurosintérgicos libres capaces de recibir y manejar información y experiencias novedosas. Si un patrón no se ha completado y, a pesar de ello, se fuerza la entrada de un nuevo conocimiento, el sistema entra en crisis, la que no es otra cosa más que una saturación debida a un "salto". Por ello, la vida debe ser cursada con paciencia y recorrerse completamente en cada uno de sus niveles.

Así como existen diferentes niveles de conciencia y de individualidad, también existen niveles de patrones. Véase por ejemplo la extraordinaria organización del cuerpo orgánico formado por sistemas congruentes y entrelazados para dar lugar a interacciones productivas y véase la organización del universo y de cualquier sociedad y se comprenderá que similares leyes de organización existen en estos diferentes niveles.

Así, por ejemplo, el cuerpo tiene un sistema de deshecho similar al que posee cualquier ciudad y quizás cumpliendo una función parecida a los asombrosos agujeros negros en el espacio. Un sistema de respiración mimética al de la atmósfera terrestre, con todos sus ciclos de intercambio gaseoso, un procesador central similar en función al de un gobierno de cualquier sociedad, etcétera, etcétera.

La interacción de los diferentes sistemas en cualquiera de los niveles antes mencionados da lugar a patrones lógicos. Aún más llamativa es la similitud que existe entre los patrones neuroanatómicos del cerebro y los patrones complejos de conducta. Un ejemplo será suficiente para comprender lo anterior. En el cerebro se han descrito patrones de conexiones neuronales cuya característica más importante es la retroalimentación. En ellos una señal nerviosa recurre a través de un camino "cerrado" que hace que las señales del circuito reverberen en una repetición autoalimentada.

Este patrón recurrente es fácilmente observable en la conducta. Así, si un niño pequeño vive la primera etapa de su desarrollo con una carencia importante, tenderá a repetir (en una edad posterior) conductas dirigidas a llenar esta carencia, dando así lugar a un patrón hipercomplejo que solamente se vuelve consciente después de muchas repeticiones. La existencia de estos patrones es conocida desde Freud, habiéndoseles sometido a un escrutinio profundo en la disciplina psicoanalítica. Otro nivel de patrones son los que *no* se asocian con carencias de este tipo y más bien parecerían poseer un carácter más creativo, novedoso e inclusive teleológico.

Una posible representación estructural de estos patrones son los circuitos cerebrales de convergencia y las interacciones morfológicas entre campos neuronales. En términos conductuales, estos patrones se asocian con lo que Jung llamó *sincronicidad* y con lo que he llamado patrones del Ser.

En estos, a diferencia de las repeticiones inconscientes motivadas por carencias, se establece el diálogo con el mundo y el sujeto que lo experimenta se introduce en una interacción con lo que parecería ser una inteligencia supra-humana y global. Aquí, más que en ningún otro nivel, las experiencias y los datos informacionales aparecen únicamente cuando el sujeto está preparado para recibirlos. En el análisis de esta preparación están contenidos los fundamentos lógicos de la existencia de patrones.

Ya mencioné en los capítulos anteriores que es cuando se logra trascender la aparente dicotomía entre la individualidad y la Unidad, y se penetra en el nivel de conciencia de la experiencia pura, cuando los patrones del Ser alimentan en forma directa a la conciencia. Es también aquí cuando aparecen los poderes, manifestándose de esta manera una conexión más fluida con el *Uno*.

¿Cuál es el pensamiento íntimo del Magister Ludi?

No cabe duda que su experiencia debe trascender con mucho el más complejo pensamiento que cualquier ser humano posee o es capaz de imaginar. Su identidad debe ser la de un sí mismo absolutamente autosuficiente e infinito.

Una sistematización del desarrollo de los diferentes niveles de individualidad-Unidad hasta su trascendencia en la conciencia de existencia pura es necesaria aquí.

Esta sistematización, junto con un análisis de los elementos del proceso de comunicación, nos ayudará a comprender la lógica de los patrones. Este último análisis lo trataré en el próximo capítulo.

Es posible trazar un desarrollo de la conciencia en el continuo individualidad-Unidad en por lo menos 10 diferentes niveles. El primero de ellos lo llamaré nivel *0* y, aunque su vivencia es inefable, se podría caracterizar como la existencia de Unidad indiferenciada sin conciencia. En este nivel de existencia no existe separación ni individualidad, sino únicamente experiencia indiferenciada sin ninguna capacidad de "darse cuenta".

En el siguiente nivel, que denominaré *1*, existe una sensación de existencia separada como individuo, pero sin una clara identidad y una ausencia de una capacidad de análisis o conciencia del carácter o fundamento de la individualidad. En este nivel, el sujeto es completamente inconsciente de la existencia de otras individualidades y, aunque se siente separado de los "otros", no los reconoce ni los percibe como individuos.

En el nivel 2 existe una sensación inespecífica de individualidad semejante pero más desarrollada que en el nivel anterior en el sentido de que aquí el sujeto tiene conciencia de la existencia de los otros, pero con una falta de claridad en cuanto al fundamento o carácter de su individualidad.

En el siguiente nivel 3, el sujeto identifica su individualidad con alguna estructura "externa". Aquí no solamente se siente como poseedor de una individualidad separada, sino que es capaz de identificar su procedencia.

Las estructuras de identidad son múltiples y el sujeto puede identificarse con una o varias de ellas y no identificarse con otras.

Una lista tentativa de estas estructuras de identidad en un orden de *mayor* a *menor* capacidad de trascendencia sería la siguiente:

a) Trabajo o acción o actividades
b) Posesiones materiales
c) Estructura social
d) Cultura
e) Aceptación-rechazo de los "otros"
f) Ideales

g) Capacidad y autoridad
h) Religión
i) Conocimiento y logros
j) Pensamientos y emociones
k) Cuerpo, sexo, edad y especie
l) Mente
m) Experiencia (perceptos)

En el nivel 4, el sujeto, además de identificarse con una estructura, es capaz de reconocer la individualidad de los "otros" en los mismos términos, poseyendo conciencia de este reconocimiento.

El paso del nivel 4 al nivel 5 es lento, difícil y doloroso. El sujeto se da cuenta de que su sensación de individualidad se mantiene a pesar de cambiar de trabajo, de tener más o menos posesiones, de cambiar su estructura social, su cultura, que no depende de la aceptación o el rechazo de los "otros", etcétera. Más difícil aún es el alcanzar el nivel en el que no existe identificación con ideales, con capacidades o con una religión.

Cada estructura que se trasciende implica una muerte y un renacimiento que el sujeto aprende a reconocer a medida que se repite su "darse cuenta" de que su individualidad se encuentra más allá de las estructuras con las que antes se identificaba.

Es importante aclarar que cualquier estructura que se trasciende no se destruye, sino más bien se transforma. En otras palabras, el sujeto puede mantener sus actividades y su trabajo, por ejemplo, pero ya no se identifica ni depende vitalmente de ellos.

El caso más claro de esta transformación es el del conocimiento. Un sujeto mantiene su conocimiento, pero al trascenderlo lo reconoce como relativo. Él no es su conocimiento, sino más bien su conocimiento está a su servicio. De la misma forma ocurre con sus "logros". Lo mismo, pero en un grado mucho mayor de dificultad sucede con el pensamiento. El sujeto sigue pensando, pero se reconoce a sí mismo como dueño de sus pensamientos y no como un esclavo de los mismos. De la misma manera acontece con sus emociones, las cuales ya no lo controlan a él, sino él a ellas.

Trascender la identificación vital con el cuerpo es aún más difícil y requiere de experiencias, que muchas veces solo son posibles después de periodos prolongados de meditación. Lo mismo ocurre con la sensación de pertenecer a un sexo, a una edad y a una especie.

El trascender la mente implica abandonar toda identificación con los procesos cognoscitivos y con la sensación de ser los procesos mentales.

Por último, el rechazo de la identidad con la experiencia (perceptos) solo se produce cuando el sujeto adquiere la conciencia de la creación de la experiencia y de sí mismo como el creador de la misma.

En el nivel 5, el individuo se reconoce como Ser sin estructuras y adquiere la conciencia de que precisamente el Ser es lo que se conserva como verdadero absoluto, mientras que el resto es temporal y relativo. En otras palabras, en el nivel 5, el sujeto reconoce la existencia de su Ser verdadero, adquiere la conciencia del real significado de la diferencia entre mundo absoluto y relativo, y además es capaz de reconocer la verdadera individualidad de los "otros", como seres absolutos, iguales a él mismo.

Para algunos pensadores, el nivel 5 es el pináculo de la conciencia y no conciben la existencia de mayores desarrollos de la misma.

En mi opinión, el nivel 5 es el inicio de la conciencia de Unidad, la que empezará a manifestarse en el siguiente nivel. En este último (6) aparecen los *poderes*. El sujeto que ha llegado a la conciencia del Ser ha establecido un contacto directo con la estructura sintérgica del espacio, y, por tanto, es capaz de modificarla. Por otro lado, en este nivel, la experiencia de atemporalidad e inmortalidad se hace patente.

Además de la aparición de los poderes, en el nivel 6 el Ser se da cuenta de la inexistencia del azar y de la existencia de los patrones del Ser. Esto último da lugar a la aparición de la fe verdadera y de la conciencia de Unidad. Sin embargo, esta última no implica (en este nivel) la desaparición de la individualidad en relativa separación, aunque se activa el *diálogo con el mundo*. El sujeto todavía se siente separado de los objetos y mantiene viva la dicotomía sujeto-objeto y la separación entre mundo relativo y absoluto.

Es solamente en el nivel 7 cuando comienzan a desaparecer estas dicotomías y el Ser oscila entre una sensación de separación individualizada y una experiencia de fusión con el todo que se vive como aterrorizante por su novedad y aparente peligro de pérdida del último punto de referencia (el ser individual).

Es solamente cuando se logra trascender el terror y se reconoce que en la Unidad no existe pérdida de la existencia que se penetra al nivel 8 o de *Unidad*.

Aquí desaparecen todas las dicotomías y ya no es posible hablar ni siquiera de la existencia de un mundo absoluto separado de un mundo relativo. La experiencia pura aparece aquí.

Por último, en el nivel *9* se experimenta el inefable Tao.

Es importante aclarar que la existencia de los diferentes niveles no implica que un sujeto solo permanezca en uno de ellos con exclusión de los demás. De hecho, cada vez que alguien logra trascender una estructura de los niveles *3* y *4*, un salto ocurre en el que se logran experiencias asociadas con niveles más avanzados. Sin embargo, mientras quede una estructura por ser trascendida, el sujeto retornará a resolverla.

Una de las más básicas leyes de la lógica de los patrones es que el Magister Ludi presentará al observador con aquellas experiencias que a este último lo conectarán con una estructura no trascendida (el número suficiente de veces) hasta que logre trascenderla.

De hecho, la aparición de patrones está íntimamente asociada con la direccionalidad desde el nivel *0* hasta el nivel *9* del continuo individualidad-Unidad.

La siguiente tabla es un cuadro sinóptico resumido de los niveles de conciencia sistematizados con una breve explicación de sus características:

Tabla 1

Niveles de conciencia

Continuo Individualidad-Unidad

---

0. Unidad sin conciencia.

1. Sensación inespecífica de existencia separada como individuo, *sin* conciencia de la existencia de "otros".

2. Sensación inespecífica de existencia separada como individuo, *con* conciencia de la existencia de "otros", pero sin claridad de identificación con estructuras.

3. Sensación específica de existencia separada como individuo en identidad con algunas de las siguientes estructuras:

a) Trabajo
b) Posesiones
c) Estructura social
d) Cultura

e) Aceptación-rechazo de los "otros"
f) Ideales
g) Autoridad y capacidad
h) Religión
i) Conocimiento y logros
j) Pensamientos y emociones
k) Cuerpo, sexo, edad y especie
l) Mente
m) Experiencia (perceptos)

4. Sensación específica de existencia separada como individuo en identidad con alguna de las anteriores estructuras con la conciencia de la existencia de los otros también en identidad con estructuras.

5. Individualidad como *Ser* sin estructuras, con conciencia de la existencia de otros *seres*. Conciencia de lo relativo (estructuras) y de lo absoluto (el Ser).

6. Aparición de poderes; conciencia de la inexistencia del azar y de la existencia de patrones supraindividuales. Comienzo de la fe y de la conciencia de Unidad, manteniendo (sin embargo) la identidad del Ser. Diálogo con el mundo. Atemporalidad.

7. Desaparición *oscilante* de la "dicotomía" objeto-sujeto.

8. UNIDAD. Desaparición de "dicotomías" (relativo-absoluto, Unidad-individualidad, objeto-sujeto).

9. TAO.

Decía antes que del análisis profundo de estos 10 niveles de conciencia o mundos, como los llamaría la cábala, se pueden entender algunas de las bases de la lógica de los patrones.

En primer lugar, todo está comandado por los niveles más altos, los que se comunican con los inferiores de una manera peculiar que implica una conexión directa entre el procesamiento más bajo de un nivel y el procesamiento más alto del nivel precedente. De la misma forma acontece con el desarrollo dentro de cada nivel.

Tomemos por ejemplo el nivel 3 y 4. Para trascender el conocimiento y llegar al pensamiento, se requiere vivir el conocimiento como relativo y el pensamiento como absoluto, hasta que este último adquiere la categoría de relativo en relación con las emociones y así sucesivamente.

Para abandonar totalmente los niveles 3 y 4, se requiere que aparezcan las primeras señales del nivel 5., siendo estas últimas las que establecen la conexión y llevan a ejecutar la transformación.

Al sujeto que se encuentra en proceso de trascender un nivel para llegar al siguiente le ocurrirán experiencias encadenadas en patrones, cuya lógica estará determinada desde arriba, es decir, desde el siguiente nivel.

La cábala sostenía una visión parecida en su consideración del desarrollo de la luz desde Nefesh, hasta Neshamah, pasando por Ruah. El rabino Hayim de Volozhim (1749-1821) explica lo anterior de la siguiente manera:

Un vidriero que intenta hacer un jarrón de vidrio debe soplar una burbuja de vidrio caliente.

El pensamiento o la intención de crear sería Neshamah, mientras que el aire soplado y viajando desde la boca del vidriero hasta la burbuja sería Ruah. La forma interna del vidrio así soplado sería Nefesh.

Nefesh equivale al alma y a las acciones de un hombre, Ruah a su espíritu o a su conexión con el creador o a sus palabras y Neshamah al creador, al absoluto o al pensamiento...

De acuerdo con los cabalistas, Neshamah manda luz hacia Nefash a través de Ruah, existiendo una conexión entre los tres niveles, de tal forma que el nivel superior de Nefesh (Keter o la corona) se comunica con el nivel inferior de Ruah y el Keter de Ruah con el inferior de Neshamah.

También existe (de acuerdo con los cabalistas) un proceso de "emanación" de la luz, que proviene de la raíz de Neshamah, que después es creada a través de Neshamah (pensamiento), para dar lugar a una formación (Ruah-lenguaje) y por último a una acción (Nefesh).

En mi clasificación, el Tao equivaldría a la raíz o esencia de Neshamah, a partir del cual se decide la focalización del factor de direccionalidad capaz de llevar al observador (a través de patrones de experiencia) a trascender cada nivel con la mira de llegar a un punto que inclusive trascienda la UNIDAD.

Es interesante reflexionar en la similitud del concepto cabalístico el *Elohim* (literalmente el dueño de todos los poderes) y del concepto de *campo unificado*.

Parecería que sería Elohim en su carácter de campo unificado y, por tanto, capaz de manejar todas las fuerzas, el Magister Ludi decididor de la focalización del factor de direccionalidad.

La lógica de los patrones del Ser debe ser vista desde esta perspectiva de comando de los niveles de conciencia más avanzados sobre los precedentes.

Desde luego que aquí se plantea (de nuevo) la pregunta acerca de la localización de la experiencia, del observador y de la conciencia.

En otras palabras, ¿por qué, si el observador es comandado (en sus patrones de experiencia) por el Tao, no se localiza en su conciencia en él?

En los siguientes capítulos y a partir de un análisis de la comunicación volveré sobre esta interrogante crucial.

VII

LA COMUNICACIÓN

Todo patrón está basado y es una matriz de interacciones entre elementos en comunicación. El caso más extraordinario de esta comunicación es el caso de la "luz" desde Neshamah hacia Nefesh a través del vehículo de Ruah. Si toda modalidad de experiencia es un misterio, el contacto con una fuente de inspiración y regocijo lo es más. Precisamente fue el deseo de los cabalistas por resolver el misterio de la "luz" y de la creatividad lo que los inspiró para encontrar en el modelo de Neshamah-Ruah-Nefesh la explicación del contacto del hombre con el conocimiento. Sin quererlo, también sentaron las bases fundamentales para comprender la dinámica de cualquier comunicación.

En esta última, siempre existe un vehículo (Ruah), el que funciona y actúa como medio para transmitir una información desde un emisor (Neshamah) hacia un receptor (Nefesh).

En el caso de los patrones del Ser, solo es concebible que un ser humano se ponga en contacto con ellos cuando su individualidad (Nefesh) se trasciende a sí misma y a través de un contacto (Ruah) establece una comunicación con la Unidad (Neshamah). La razón por la cual este contacto se vive como regocijo puro es tan misteriosa como la razón por la que la sobreexcitación de un receptor se experimenta como dolorosa. En realidad, la especificidad de la cualidad de cualquier experiencia (en sí misma) no puede explicarse con el conocimiento actual.

Desde la perspectiva a partir de la cual se percibe la creación de la experiencia, ni la interacción de campos es capaz de explicar el dolor, el amor, la luz o el sonido en su mismicidad.

Desde la perspectiva del análisis de la comunicación, tampoco es posible explicar qué se transmite y qué se recibe, aun cuando el proceso de la comunicación pueda analizarse y penetrarse en su lógica y en sus categorías.

Si, como ya dije, cualquier patrón se basa en la interacción y comunicación entre elementos, este análisis se hace necesario.

Intentaré, pues, sistematizar el proceso de comunicación, basándome en las interacciones humanas.

La siguiente tabla es un cuadro sinóptico del proceso de comunicación humana en varios de sus niveles. No pretende incluir todos los posibles tipos de comunicación, aunque sí los más característicos.

Tabla 2
Comunicación

A. *Número de elementos:*

1) Un elemento… Individual
2) Dos elementos… Pareja
3) Tres elementos… Grupo

B. *Proceso*

a) Vacío
b) Ruido
c) Absorción de contenidos-estructuras del "otro" a nivel emocional
d) "c" a nivel vibracional inespecífico
e) "c" a nivel vibracional específico (problema)
f) Absorción de "a"
g) Absorción de "b"
h) Emisión de "a" — *h'*) Recepción de "a"
i) Emisión de "b" — *i'*) Recepción de "b"
j) Emisión de "c" — *j'*) Recepción de "c"
k) Emisión de "d" — *k'*) Recepción de "d"
l) Emisión de "e" — *l'*) Recepción de "e"
m) Recepción de expectancia inespecífica no verbal
n) Recepción de expectancia específica no verbal
o) Transmisión de "m"
p) Transmisión de "n"
q) Recepción de mensaje inespecífico no verbal
r) Recepción de mensaje específico no verbal
s) Recepción de mensaje inespecífico verbal
t) Recepción de mensaje específico verbal

u) Transmisión de "q"
v) Transmisión de "r"
w) Transmisión de "s"
x) Transmisión de "t"
y) Elaboración y diferenciación de cualquiera de los anteriores
z) Transferencia inespecífica activa de estado o nivel
zz) Transferencia específica de "z"
zzz) Silencio

El análisis de este cuadro, junto con sus relaciones con los niveles de conciencia, nos permitirá profundizar aún más en la lógica de los patrones.

La tabla 2 se explica por sí misma, a excepción de algunas aclaraciones semánticas sobre las que volveré después de analizar varias cuestiones fundamentales.

En primer lugar, el nivel de comunicación está íntimamente relacionado con los niveles de conciencia (de los sujetos que se comunican), sin embargo, en todos los casos, la comunicación real se realiza a un nivel preverbal y sutil que involucra la interacción de campos neuronales. Lo que permite un nivel avanzado de comunicación es la posibilidad de decodificar esta interacción. La comunicación en niveles bajos de conciencia, aparentemente requiere de la interacción verbal, aunque en la mayoría de estos casos esta última entorpece más que aclara la comunicación.

Por otro lado, la comunicación más profunda no es intercambio de señales o de información, sino más bien "comunión" o vivencia de un mismo estado. En el laboratorio, hemos detectado esta comunicación cuando los cerebros de los sujetos se encuentran en un estado de alta coherencia. Aquí, más que en ninguna otra condición es claro que la "comunión" de esos cerebros se da cuando ambos funcionan en un alto nivel neurosintérgico y, por tanto, cuando están en contacto fluido con la sintergia espacial. Esta comunión sería lo que los cabalistas considerarían como contacto fluido entre Nefesh y Neshamah a través de Ruah.

En este nivel se da lo que denomino *silencio*, el que se podría definir como un estado de orden, claridad y tranquilidad en ausencia de deseos, expectancias y lógica lineal.

Si consideramos que cada órgano del cuerpo (sobre todo el cerebro) desarrolla sendos campos energéticos, el estado de silencio es aquel en el cual estos últimos se encuentran en un perfecto equilibrio entre sí y con la estructura sintérgica del espacio. Además de las características antes mencionadas, el estado de silencio implica una fluidez total. El análisis de esta fluidez será tema de un capítulo posterior.

El silencio no debe confundirse con el *vacío*. El primero es un contacto con la fuente de todo conocimiento, mientras que el segundo es todo lo contrario. La cábala lo definiría (al vacío) como producto de una interrupción del flujo "luminoso" entre Neshamah y Nefesh, o como una desconexión de Ruah con Nefesh.

Los chamanes mexicanos hablan del vacío como provocado por un "susto del espíritu", el que se aleja de la mente y se refugia en su fuente fuera del cuerpo, dejando a este invadido de oscuridad. El "susto del espíritu", la desconexión del Ruah y el decremento de neurosintergia son conceptos idénticos entre sí.

En el estado de vacío existe un desequilibrio de campos y una absoluta imposibilidad de decodificación de la interacción de campos neuronales entre sí y de estos con la estructura sintérgica del espacio.

En términos aún más concretos, el estado de vacío implica una neuroalgoritmización defectuosa o inexistente con la subsecuente imposibilidad de "decantación" o decodificación neuroalgorítmica.

Si la conciencia tiene, en general, un acceso limitado al procesamiento, durante el vacío este acceso está completamente vedado, mientras que en su contraparte de silencio el acceso es completamente permeable.

La sensación en vacío es de desorden, falta de sentido y angustia, mientras que en silencio existe el orden, el sentido, el significado y la paz.

La comunicación en vacío es pobre, si no es que ausente, mientras que durante silencio la comunicación es total.

El silencio solo se da a partir del nivel 5 de conciencia, mientras que el vacío aparece en los primeros niveles (sobre todo en nivel 3).

Puesto que en silencio un sujeto establece un contacto directo y altamente neurosintérgico con la estructura del espacio, y no requiere de la presencia de otros sujetos para comunicarse con ellos (nivel 6 de conciencia), de tal forma que aun cuando el número aparente de elementos en comunicación sea de uno (nivel A1 de la tabla 2), la comunicación (en este caso) es más bien grupal.

En el vacío, el desequilibrio de campos es capaz de transmitirse de tal forma que un sujeto en este estado afecta otros campos neuronales con una tendencia a desequilibrarlos. Esto es el proceso de absorción de vacío "f" de la tabla 2.

En este punto es necesario explicar el proceso de absorción, diferenciándolo del de *recepción* y del de *transferencia*.

Cuando un sujeto no ha llegado aún al nivel 3 de conciencia (véase la tabla 1), cualquier modificación en su medio lo puede lanzar hacia la dispersión o hacia la absorción de contenidos, identificaciones o estructuras de "otros".

La diferencia entre especificidad e inespecificidad consiste en que, en la primera, el mensaje que se comunica es preciso (aunque no necesariamente concreto) y limitado, mientras que en la segunda es impreciso y sin límites claros. Por otro lado, la inespecificidad implica mayores contenidos inconscientes.

Tanto los niveles de conciencia como los de comunicación cambian con el tiempo y dependiendo de las circunstancias. Más aún, un sujeto puede encontrarse a sí mismo funcionando en un nivel en un momento y en otro al siguiente o inclusive vivir y autopercibirse en la existencia simultánea de varios niveles.

Probablemente es solo cuando un sujeto alcanza un estado de silencio total y de Tao cuando deja de fluctuar. Esto la analizaré en un capítulo posterior.

Lo que es posible decir en este momento es que, mientras el silencio y el Tao no se establezcan como definitivos, las fluctuaciones de niveles de conciencia y de procesos de comunicación serán usuales.

Cuando aparece el nivel 6 de conciencia (véase la tabla 1), es decir, cuando se reconoce la mismicidad más allá de identificaciones con estructuras y se adquiere la conciencia del Ser en uno y en los "otros", se abre la posibilidad de establecer el *diálogo con el mundo.* En este último, cada acción, evento, fenómeno, etcétera, adquiere significado. El establecimiento del significado se expande siguiendo un desarrollo en el que, al principio, se vislumbra el sentido de lo que se hace como conducta y de la conducta de los "otros" como proviniendo del nivel del Ser. Es algo así como una entrada a un mundo mágico en el que nada se percibe como perteneciendo a la categoría del azar, y se reconoce la lógica que entrelaza los eventos. Si esta entrada se continúa y se profundiza, llega un momento en el que la conexión se encuentra tan establecida y tan directa que aparecen los poderes como capacidades para alterar cualquier interacción de la que uno ya es parte constitutiva.

Sin embargo, estos poderes no se utilizan, porque si se utilizaran, el *diálogo con el mundo* perdería su inocencia y, en cambio, se conectaría con una direccionalidad proveniente del *ego* y no del Ser.

Por ello, el diálogo con el mundo, los poderes y el nivel 6 de conciencia están íntimamente ligados con el silencio.

Este último, como ya dije, implica una ausencia de expectancias, deseos y motivaciones egoístas y en cambio se da y basa en un estado de humildad y sobre todo *aceptación*. Esta última solamente aparece cuando se ha adquirido *fe* y cuando se ha reconocido el estado de *Unidad*.

Empezaré por analizar el proceso de silencio (proceso zzz, según la tabla 2) en el contexto de la comunicación, aclarando que más que en ningún otro proceso, aquí la comunicación no implica la existencia de dos seres humanos, sino que se puede establecer con cualquier entidad, proceso o fenómeno natural y en todos los casos implica la existencia de poderes.

Es en silencio y a partir del nivel 6 de conciencia que los chamanes mexicanos realizan sus proezas de curación[1] y los servidores del tiempo del estado de Morelos son capaces de controlar las tormentas[2] y los cabalistas reciben la inspiración.

Todos ellos saben que en el instante en el que introduzcan en su estado una expectancia o una necesidad puramente personal y egoísta, los poderes que detentan desaparecerían.

El silencio también se da en la comunicación interhumana, implicando (como ya se vio antes) un incremento neurosintérgico manifestado como aumento de la coherencia cerebral y por tanto una comunión con los niveles más elevados (sintérgicamente hablando) de la estructura energética del espacio.

Es difícil, para quien no lo haya vivido, entender el diálogo con el mundo en el nivel de silencio y en el nivel 6 de conciencia. Se antoja que sería posible idear ejercicios que permitan la entrada a estos niveles y que debían consistir en la atención en el significado de cualquier evento, intentando entender sus conexiones con otros. Una magnífica

---

[1] Véase Grinberg-Zylberbaum, J., *Las manifestaciones del ser. "Pachita"*, México: Editores Asociados, 1980.

[2] Véase el artículo de Alejandro Riefkohl en el Segundo Congreso Mexicano de Psicología.

ayuda en este sentido es el estudio y la ejercitación en la técnica de Samyama, tal y como la describió Patanyali (véase el libro primero).

El diálogo con el mundo en el silencio se percibe como diálogo en los niveles 6 y 7 de conciencia. A partir del nivel 8 solo se vive un monólogo.

El silencio corresponde entonces con niveles muy elevados de conciencia y solo se da en ellos. Por esta razón solamente dos humanos que se encuentren en esos niveles se podrán comunicar entre sí satisfactoriamente.

Los procesos *z* y *zz* de la tabla 2 corresponden a los fenómenos de transferencia de estado o de nivel. La transferencia es un proceso activo en el que un sujeto intenta transformar el nivel de conciencia de su "oyente" a través de la utilización de diferentes maniobras. Las más de ellas sutiles. Es específico cuando el emisor detecta el nivel preciso de su pareja y trata de transformar este en otro nivel también preciso y reconocible. La transferencia específica implica, además, un esfuerzo voluntario y consciente a diferencia de la inespecífica en la que no existe reconocimiento preciso de los niveles de conciencia ni tampoco un proceso voluntario y consciente de la transferencia.

En general, en todos los procesos de comunicación, la especificidad implica un grado de elaboración y diferenciación mucho mayor que la inespecificidad.

Esto no quiere decir que cuando los contenidos son específicos, la elaboración y la diferenciación son totales.

Una elaboración total implicaría que un sujeto tuviera una conciencia nítida de sus propios contenidos (conscientes e inconscientes) y de los contenidos de los "otros". Además, implicaría una nitidez profunda acerca del significado y conexiones de estos contenidos. La diferenciación total implicaría el conocimiento claro de la propia conciencia y procesos como separados de los de los "otros". En el nivel de Unidad (véase la tabla 1) la diferenciación en el sentido de separación desaparece para en cambio transformarse en conocimiento del nivel de resultante final de los fenómenos.

La comunicación de mensajes (procesos *q*, *r*, *s*, *t*, *u*, *v*, w, *x* de la tabla 2) no requiere mucha explicación. Aquí, un mensaje es un contenido informacional relativamente preciso capaz de ser comunicado.

Cuando el mensaje no es verbal, el medio de comunicación puede ser de actitudes corporales, ritmos respiratorios, coloración de la piel etcétera, hasta interacción de campos neuronales. En realidad, en cada comunicación humana en la que está implicado un mensaje, todos los medios anteriores están presentes en forma simultánea.

La transferencia se diferencia del mensaje en el sentido de que este último es menos global que en el primero.

Por otro lado, un mensaje inespecífico casi siempre forma parte de un subtexto en el cual el texto es el mensaje específico. El caso de especificidad siempre implica más conciencia (en el sentido del "darse cuenta") que la inespecificidad la que siempre implica contenidos relativamente inconscientes.

Por otro lado, los procesos de transmisión y recepción de mensajes siempre implican un estado de separación o de relativa independencia entre emisor y transmisor. Esta condición no es la de transferencia y menos aún la de absorción en las que la función de independencia se pierde. Pero, así como la oscuridad asociada con una frecuencia electromagnética muy baja no es la misma que la oscuridad resultante de frecuencias electromagnéticas muy elevadas (este ejemplo es del Swami Vivekananda), la ausencia de independencia en el caso de la absorción es menos madura que en el caso de transferencia, la que no debe confundirse con la transferencia psicoanalítica.

La comunicación de expectancias es un caso muy común pero no por ello menos sutil y complejo. Una expectancia es un estado de ausencia de *silencio* en la cual no se comunican mensajes sino más bien algo que está en el origen del deseo sin ser este último propiamente.

Cuando alguien tiene una expectancia espera que algo suceda específica o inespecíficamente. Las expectancias son siempre no verbales y cuando son inespecíficas no existe precisión en aquello que se espera. En cambio, una expectancia específica es una manifestación de una necesidad también específica. Las expectancias son estados o procesos de necesidad conscientes o inconscientes que no se expresan abiertamente.

La comunicación de expectancias casi siempre se hace a través de la interacción de campos. Es extremadamente difícil, sino imposible, concebir otro medio que no sea el directamente energético para explicar este tipo de intercambio.

Es posible trazar un continuo de alcance o de límite de contenido informacional el que en silencio sería global e ilimitado; en el proceso de transferencia de estado sería menos global; en el proceso de transmisión y recepción de mensajes aún más limitado en su alcance y profundidad y aún más en el caso de las expectancias.

Cuando se trata de la emisión y absorción de contenidos-estructurales en niveles vibracionales, lo que se comunican son sensaciones concretas y emociones. La emisión de vibraciones asociadas con contenidos-estructuras difiere de la transmisión en el sentido de que emitir es un proceso involuntario y pasivo, mientras que transmitir implica mayor actividad voluntaria. En realidad, se trata de un continuo analógico y no de saltos discretos, por lo que la diferencia entre emisión y transmisión es lo suficientemente sutil como para poder provocar confusiones. Sin embargo, la diferencia existe y un receptor entrenado puede diferenciar la emisión vibracional de la transmisión de un mensaje.

El proceso "c" (véase la tabla 2) es sumamente interesante porque aquí se emite un contenido-estructura a nivel emocional que puede absorberse o simplemente recibirse dependiendo de la capacidad de diferenciación y elaboración (y) del receptor. Este punto es extraordinariamente interesante porque a pesar de que en el nivel del Ser todo se conoce con exactitud, la conciencia puede o no decodificar con precisión una determinada emisión dependiendo del proceso "y", el que se desarrolla a medida que se repiten situaciones y se comparan las sensaciones derivadas de la percepción.

Sin que la discusión anterior pretenda agotar todo el conocimiento contenido en las tablas 1 y 2, en cada uno de sus puntos, podemos internarnos ahora al análisis de las interacciones entre niveles de conciencia y procesos de comunicación.

En realidad, solo mencionaré algunos ejemplos de interacciones de comunicación y dejaré que el lector saque sus propias conclusiones y extienda el análisis si así le interesa.

Me restringiré a dos elementos en comunicación (pareja).

Supongamos que un miembro de la pareja se encuentra en el nivel 3 de conciencia identificado con su mente y en su comunicación está en el proceso "zz" intentando transferir activamente su nivel a su compañero. Supongamos que este último se encuentra en el nivel 2 de conciencia sin una clara identidad de sí mismo y con una naciente conciencia de la existencia de los otros pero sin claridad de identidad (de estos) con alguna estructura. El proceso de comunicación en este sujeto es "m" o recepción de expectancia inespecífica no verbal.

La dinámica de esta comunicación es clara. El receptor no detectará el mensaje en su realidad, puesto que su nivel de conciencia no es el mismo que el del transmisor y además el mensaje le provocará o un estado emocional inespecífico o simplemente una sensación extraña.

Se podría extender y profundizar en esta interpretación o en cualquier otra asociada con las posibles dinámicas de comunicación.

Es necesario advertir, sin embargo, que la comunicación humana es mucho más compleja y rara vez involucra una permanencia estática en un proceso o en un nivel. Por otro lado, es excepcional el caso en el que un sujeto solo actúe como receptor y el otro como emisor o transmisor. Más bien ocurren ciclos complejos de intercambio dinámico.

VIII

LA FLUIDEZ

El análisis de las dinámicas de comunicación humana es excelente ejercicio para comprender las bases de los patrones. Pretender realizar aquí un análisis completo de lo anterior es demasiado ambicioso y requeriría de una obra completa dedicada exclusivamente al tema.

Puesto que el interés de este libro, más que de análisis detallado de casos específicos, es de sentar bases fundamentales y globales en relación con el Ser y sus patrones, me dedicaré en este capítulo a presentar una hipótesis acerca del estado de fluidez como necesario para el conocimiento.

En primer lugar, no existe límite de tiempo para la supervivencia del Ser. En esta eternidad son infinitas las experiencias y eventos que se vivirán y, por tanto, la alternativa es la fluidez.

La fluidez implica aceptación y fe. Ya sabemos que la conciencia está limitada (mientras no llegue al Ser) para comprender y tener acceso, y, sin embargo, la experiencia siempre refleja la totalidad. Si no existiera la aceptación basada en la fe habría represión, enclaustramiento en estructuras limitantes, redundantes y demás terrores.

Sin embargo, a pesar de que la fluidez implica aceptación, no es esta última sino más bien lo es la capacidad para no obstruir ningún desarrollo o cambio.

Desde luego que la fluidez implica y aparece solamente cuando se han trascendido identificaciones con estructuras por más sofisticadas y fundamentales que sean.

En realidad, el estado de fluidez está íntimamente ligado al paso del 4º. al 5º. nivel de conciencia y, sobre todo, al contacto y vivencia del 8º.

Cuando un sujeto está identificado con su cuerpo, solamente se permitirá ser fluido en relación con su organismo corporal.

Cuando su identificación es con su mente, sucederá lo mismo para con esta última, etcétera. Es en el momento en el que aparece la conciencia del Ser como punto de referencia e identidad que lo que acontezca con las estructuras que se han trascendido se vislumbrará desde la perspectiva de aceptación y, por tanto, el sujeto fluirá más allá de las variaciones intrínsecas al mundo relativo. Sin embargo, este estado de fluidez no será completo sino hasta que se alcance la *Unidad*.

Desde un punto de vista energético, la fluidez implica un perfecto equilibrio entre todos los campos asociados con la actividad corporal y entre estos últimos y la estructura sintérgica del espacio.

Así, si un sujeto ya ha adquirido poderes y se encuentra en Unidad, lo que detecte a nivel energético fluirá a través de su propio equilibrio y no habrá bloqueos con respecto a lo desconocido o novedoso.

IX

EL SER, EL TAO Y DIOS

El camino y la dirección del desarrollo es hacer coincidir el Ser con la conciencia; esta, en términos cabalísticos, equivaldría a la sinonimia entre Nefesh y Neshamah sin la necesidad de hacer intervenir a Ruah para establecer la conexión.

Puesto que somos eternos, hay tiempo suficiente para lograrlo y, sin embargo, puesto que cada conciencia (al avanzar) enriquece al Ser, no existe posibilidad de concebir final en la eternidad... ¡un infinito incapaz de alcanzar a otro infinito...!

Cuando mencioné que el Tao trasciende la *Unidad*, lo que quise decir es que, de la misma manera en la que el producto del pensamiento tiene una vida propia, trascendiendo la totalidad del sistema pensante y, como dirían los herméticos, sin sustraer sustancia a la totalidad de la cual se origina, de la misma manera, la Unidad tiene su sinergia y esta es el Tao.

Cuando se alcanza el nivel de Unidad con conciencia, sucede lo que en otros niveles también ocurre: aparece un nuevo nivel de conciencia que trasciende al previo. Si en Unidad se alcanza el estado de significado total, en Tao aparece el gozo puro.

El Tao es precisamente lo que trasciende la Unidad como experiencia.

Si en niveles previos era posible identificar un estado como dependiente de alguna estructura más o menos evolucionada (aun la Unidad misma podría considerarse como tal), en el Tao esta identificación no es posible ya.

Algo similar ocurre en cada uno de los pasos en el desarrollo de la identificación con estructuras durante el nivel 3 de conciencia en el sentido del trascender cada una de ellas. Si alguien se identifica con sus posesiones y vive al vaivén de las mismas conservando sin embargo la experiencia del *yo* a pesar de tal vaivén, comprenderá más tarde o más temprano que él mismo es algo más que sus posesiones y por todo dejará de identificarse con ellas para hacerlo con lo que ha demostrado ser más estable hasta que a su vez esto último empiece a oscilar conservándose el sí mismo y así sucesivamente.

Por tanto, en cualquier evento que implica trascender una estructura, está el reconocimiento de su valor y la sensación de que existe algo que se encuentra más allá como verdadera identidad.

No es, pues, necesario estar en Tao para comprender (ciertamente que a un nivel muy superficial) lo que significa.

Existen identificaciones que son sumamente difíciles de trascender, sobre todo porque se viven como absolutas. Un ejemplo en este sentido es la identificación con la conciencia. Gran mérito tuvo Freud al redescubrir el inconsciente y, con él, porciones del Ser inaccesibles para la conciencia. Es, sin embargo, tan difícil abandonar a esta última como verdadera identidad, que la consideración de la existencia de la experiencia inconsciente en un nivel previo al 8 (véase la tabla 1) se rechaza como fantasmagórica.

Sin embargo, la existencia de patrones y sobre todo de patrones del Ser es una demostración clara (para quien "despierta") de la identidad (de uno mismo) con algo que siendo uno mismo no pertenece al reino de la conciencia conocida. Es cuando esos mismos patrones se comienzan a vivir a través de un misterioso proceso en el que la conciencia los vislumbra y vive como propios, incluyéndolos en su experiencia, que se acepta que lo que antes de esa inclusión se percibía como separado existía (desde siempre) como indefectiblemente unido al uno mismo.

Obviamente esto pone en entredicho a la misma conciencia como verdadera identidad y así aun esta colosal superestructura se percibe como con posibilidades de ser trascendida y a la verdadera identidad como al todo independientemente del acceso consciente al mismo.

Es a través de un proceso similar que se trasciende a la experiencia como identidad, puesto que se reconoce la existencia de experiencias que no pertenecen al reino de la conciencia, sino al imperio del Ser, y se comprende que la experiencia consciente (individualizada y conectada al ego) es solo una porción de una dinámica que al desarrollarse expandirá sus dominios hacia la totalidad como nueva experiencia ya supraindividual.

Con identificaciones con la experiencia no me refiero a la experiencia sensorial, sino a la experiencia en sí, por lo que trascender esta identificación es prácticamente equivalente a trascender la superestructura de la conciencia.

En esta perspectiva es verdaderamente absurdo y asombroso el intento y el interés de la psicología norteamericana por establecer técnicas de control conductual y solo se explica (este interés) si se advierte la degeneración de la sociedad consumista.

La conducta, como identificación, es apenas el nivel 3 de conciencia, por lo que la psicología conductista pertenece al reino de los que no han logrado trascender ese nivel de conciencia.

No quiero decir con esto que la experiencia, la conciencia o la conducta no sean parte de la Unidad y de Tao. Lo que me interesa enfatizar es que quien los confunda con la verdadera y única identidad, cae en un error sumamente peligroso.

Así pues, todo es y sin embargo existe lo que, inefable, lo engloba.

Cuando aparecen los poderes, se reconoce que detrás de cualquier evento, en el trasfondo de cualquier manifestación, existe un significado que siempre se encuentra más cercano a la totalidad que la misma manifestación.

En el diálogo con el mundo, los seres, objetos y manifestaciones transpiran más que muestran una direccionalidad y un significado imposibles de ver cuando solo se perciben los elementos como aislados.

Una hoja es tal manifestación de la existencia de un orden global, como una sinfonía musical.

Moshé Ben Maimón, apodado Maimónides o también, por sus iniciales, Rambam, preguntaba:

> ¿Cuál es el verdadero camino para amar y temer a Dios? Cuando el hombre observe Sus obras y Sus criaturas, grandes y maravillosas, y vea a través de ellas Su inmensa sabiduría que no tiene límite ni fin, inmediatamente amará, alabará y engrandecerá a Dios, y querrá conocer el Nombre Sagrado y Temible… Y cuando el hombre piense en esas mismas cosas, inmediatamente se echará atrás y sentirá miedo, y entonces sabrá que él no es más que una minúscula criatura, perdida e insignificante, que con un mínimo de sabiduría se encuentra frente a la Sabiduría Absoluta.[1]

[1] Mishné Tora, "Bases de la Ley", 11-2.

X

EPÍLOGO A LOS PATRONES DEL SER

Quizás he terminado donde debía haber comenzado…

Una vida impecable es una vida-arte o un arte-vida en la que un flujo interminable de significados mantiene cada acción, pensamiento, intercambio y comunicación No existe soledad en tal vida, ni vacío. El silencio aparecerá cuando sea necesario recordar la creación de la experiencia y un diálogo con el mundo constante será su sino.

Por supuesto que el arribo a tal condición de arte-vida requiere de una dosis inmensa de confianza y una no menos capacidad de amor.

Es sobre todo el amor la condición fundamental para realizar la vida-arte, porque en su ausencia solo se desarrolla poder y este acaba destruyendo la humildad y con ella la misma capacidad de vivir.

Se requiere también la fluidez asentada sobre un centro-esencia. Recuérdese la eternidad del Ser y entonces la fluidez y su logro surgirán como único remedio para soportar lo inacabable.

No existen fórmulas para amar ni técnicas que lo estimulen, ni sabiduría capaz de despertarlo a menos que se acompañe de humildad.

El misterio del amor (como dirían los cabalistas) no puede reducirse a ninguna psicofisiología y su vivencia jamás disecarse a riesgo de acabar con una flor muerta analíticamente descompuesta y desintegrada.

Amor y sabiduría es todavía viva sugerencia salomónica capaz de transformar toda vida en una verdadera obra maestra de verdadero arte.

APÉNDICES

APÉNDICE I

CORRELATIVOS GRAVITACIONALES DE LA ACTIVIDAD NEUROFISIOLÓGICA DEL CEREBRO HUMANO ADULTO

JACOBO GRINBERG-ZYLBERBAUM Y FAY TABACHNIK

INTRODUCCIÓN

El fracaso de la física contemporánea en su búsqueda del campo unificado es una consecuencia de la duda de esta ciencia para entrar al campo de la vida, y para incorporar la conciencia en su dominio.[1]

Desde el origen del yoga como lo estableció Patanyali[2] en sus Sutras, hasta la introducción contemporánea de técnicas orientales en el Occidente, todos los grandes maestros orientales han dicho que el mundo físico puede ser controlado y modificado usando el poder de la mente, postulando así implícitamente que el campo unificado es el Ser y que su herramienta es la conciencia. La demostración científica actual de que el postulado anterior es verdadero requiere de seria experimentación que muestre que todas las fuerzas físicas (eléctrica, electromagnética, nuclear, gravitacional, etcétera) hasta ahora descritas por la física son capaces de ser controladas por la conciencia. Uno de nosotros (Jacobo Grinberg) ha postulado una teoría (la teoría sintérgica) que establece que el cerebro crea un campo energético (el campo

---

[1] Wigner, E., *Symposium on New Dimensions of Consciousness*, Nueva York, 1978.

[2] Vivekananda, S., *Raya yoga. Los aforismos de Patanyali*, Argentina: Kier, 1975.

neuronal) que se expande en el espacio e interactúa con el continuo espacio-materia, cambiando el contenido informacional del último y así de las fuerzas físicas.

Aún más, en la teoría sintérgica la gravitación es vista como un subproducto de un cambio en el contenido informacional del continuo espacio-materia.

Cada porción del espacio contiene en una forma concentrada y algorítmica grandes cantidades de información.

Si un observador mide la dimensión de una porción de espacio que contiene toda la información visible acerca de un objeto, encontrará que la dimensión de espacio que contiene información del objeto disminuye su tamaño a medida que el observador se aleja del objeto y aumenta su dimensión a medida que el observador se acerca al objeto. Así, la información acerca de cualquier objeto está representada como una configuración cónica de dimensiones infinitas.

Un espacio de alta sintergia ocupa el extremo apical de la configuración cónica.

En tal espacio de alta sintergia cada porción del mismo contiene una mayor información concentrada en menos dimensiones que su contraparte de un espacio de baja sintergia localizado cerca de la base de la organización cónica o cerca de objetos materiales.

Además, un espacio de alta sintergia que incluye mayor información en cada una de sus porciones es altamente redundante en comparación con un espacio de baja sintergia. Un buen ejemplo de la diferencia en redundancia entre espacios de alta y baja sintergia es el siguiente. Imaginemos a un observador situado lejos de una estrella y moviéndose a altas velocidades en el espacio. A medida que se mueve notará que la estrella "sigue" sus movimientos.

La única explicación para este fenómeno es que la información acerca de la estrella contenida en el espacio que el observador está transectando es altamente redundante. Comparemos esta visión con la que ocurre cuando un observador viaja en la Tierra y ve una imagen borrosa de los objetos cercanos a su trayectoria.

A medida que un observador se aproxima a un espacio de baja sintergia puede notar: *1)* menor redundancia; *2)* una disminución en la cantidad de información contenida en las porciones de espacio de las mismas dimensiones o un aumento en las dimensiones de espacio que contienen la misma cantidad de información algoritmizada.

Correlativo con este cambio en el contenido informacional de un espacio de alta (hacia) otro de baja sintergia, está la aparición y el aumento de la fuerza gravitacional. En el continuo espacio-materia, el espacio es el polo de alta sintergia en el cual no hay gravitación, no hay tiempo, y existe una alta redundancia y concentración de información en cada una de sus porciones.

En el polo de baja sintergia hay gravitación, flujo del tiempo, y una relativamente baja redundancia y baja concentración de información.

Pensamos que el campo neuronal puede mimetizar y aun cambiar la organización sintérgica característica del espacio, aumentándola o disminuyéndola. Un campo neuronal creado por un cerebro que opera de un modo de alta coherencia y en alta abstracción (cerebro de alta neurosintergia) crea un campo neuronal que se asemeja en su morfología al espacio de alta sintergia. Interactuando con el espacio, un campo neuronal de tales características debe disminuir las fuerzas gravitacionales que lo rodean. En este sentido, un cerebro funcionando en un modo de baja coherencia y de una manera altamente concreta (cerebro de baja neurosintergia) crea un campo neuronal que se asemeja al espacio de baja sintergia y de esta manera cambia el contenido informacional del espacio en esa dirección. En la teoría sintérgica, la experiencia es vista como la conexión que aparece como un resultado de la interacción entre el campo neuronal y la organización sintérgica del espacio.

Un campo de alta neurosintergia, al interactuar con un espacio de alta sintergia experimentará Unidad, mientras que un cerebro de baja neurosintergia que crea un campo neuronal e interactúa con un espacio de baja sintergia experimentará la realidad desde el punto de vista de un ego personal. Un cerebro de alta neurosintergia interactuando con un espacio de baja sintergia aumentará la sintergia en el último y así afectará la experiencia de otros campos neuronales.

Una ciencia completamente nueva basada en el estudio de las interacciones entre campos neuronales creados por cerebros funcionando de diferentes niveles de neurosintergia e interactuando con diferentes niveles de la organización sintérgica del espacio puede ser creada.

Si la experiencia es la interacción entre el campo neuronal y la organización sintérgica del espacio, esta nueva ciencia es aquella que los físicos contemporáneos están necesitando para incorporar la experiencia dentro de su dominio y así expandir sus límites hacia la vida y la conciencia. Postulamos que tal inclusión permitirá a la física encontrar el "tenue" campo unificado hasta ahora no hallado.

Ahora, con el objeto de someter a pruebas experimentales los postulados anteriores hemos diseñado un número de experimentos.

Uno de estos experimentos será reportado aquí y los otros serán comunicados en reportes futuros.

Método

Todas las sesiones fueron realizadas en una cámara silente resguardada de ondas electromagnéticas y especialmente construida para filtrar y disipar vibraciones mecánicas. Esta cámara está localizada en el tercer piso de un edificio muy estable en los laboratorios de psicofisiología de la Universidad Anáhuac.

El terreno de la universidad está localizado en la cumbre de una montaña que se encuentra aproximadamente 10 kilómetros fuera de la Ciudad de México.

El experimento fue realizado durante las tardes y primeras horas de la noche con el objeto de evitar ruido, vibraciones mecánicas y otras interferencias. En el interior del cuarto un transductor Grass que se encontraba adherido a una barra de metal que descansaba sobre arena se localizaba dentro de una jaula cuyas paredes eran de madera. La caja de madera se localizaba dentro de una jaula de Faraday y esta dentro de un recipiente metálico (véase la figura A-l). El recipiente metálico se encontraba descansando a su vez sobre hule espuma. La caja de madera estaba suspendida dentro de la caja de Faraday y la caja metálica sin haber ningún contacto físico con la pared de esas dos.

Nueve sujetos diferentes de edades comprendidas entre 20 a 32 años (seis mujeres y tres hombres) se sentaban en una silla a 100 cm de distancia de la caja metálica dentro de la cámara silente. La salida del transductor era registrada por un polígrafo Grass localizado en otro cuarto. Electrodos bipolares Grass fueron utilizados para registrar la actividad EEG frontal de los sujetos en ambos hemisferios. La actividad EEG también era registrada por el polígrafo Grass. Una señal sonora era retroalimentada al sujeto cada vez que el transductor cambiaba su actividad. Un pequeño objeto metálico que pesaba más o menos 0.1 gramos estaba suspendido del transductor de manera que los cambios en el transductor mostraban cambios en su peso. Se tuvo mucho cuidado en enviar una señal de retroalimentación solo cuando había un alto gra-

CÁMARA INSONORIZADA

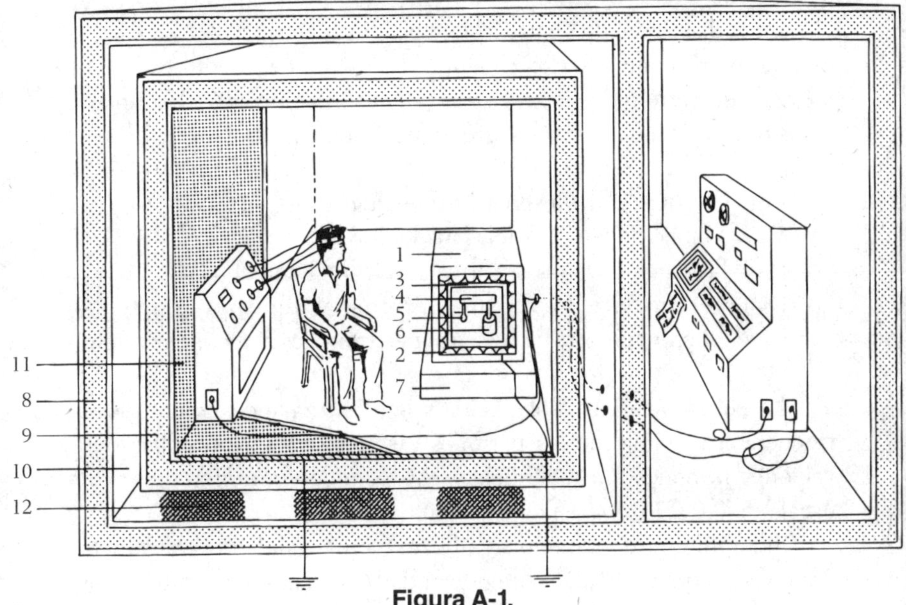

Figura A-1.

1. Caja metálica
2. Caja de Faraday
3. Caja de madera
4. Transductor
5. Peso
6. Arena
7. Gomaespuma
8. Muro exterior
9. Muro interior
10. Cámara de aire
11. Caja de Faraday
12. Columna de goma

do de seguridad de que los cambios en el transductor no eran causados por vibraciones mecánicas del edificio (tales como gente caminando o cerrando puertas en el mismo piso). Varios periodos controles fueron registrados en los cuales no había sujetos dentro de la cámara silente con el objeto de darnos cuenta de los cambios normales en la actividad del transductor y para establecer la línea base de la actividad del mismo.

Un total de 28 sesiones fueron realizadas en los nueve sujetos en un periodo de varios meses. Al final de cada sesión los registros eran analizados. Cada sesión analizada estaba dividida en dos periodos: control y experimental. El periodo control era cuando no se detectaban cambios en la salida del transductor mientras que el periodo experimental era tomado en cuenta cuando un cambio perceptible en el transductor era registrado.

En cada sesión, de cuatro a siete puntos fueron analizados en ambos periodos, control y experimental. Estos puntos fueron escogidos al "azar" de entre todos los registros del experimento. En cada uno de estos puntos de análisis se hicieron cinco medidas:

FT = Frecuencia de la señal de transductor
MT = Voltaje de la señal del transductor
FD = Frecuencia de los registros EEG frontal derecho
FI = Frecuencia de los registros EEG frontal izquierdo
C = Coherencia entre los registros EEG frontales derecho e izquierdo

La coherencia era considerada como: 1.0 cuando la morfología, frecuencia y voltaje de los patrones EEG registrados en ambas derivaciones frontales eran idénticas y 0.0 cuando eran diferentes. Una escala de 0.0 a 1.0 fue así construida.

Siempre que un cambio significativo en la salida del transductor era registrado una señal de sonido era dada al sujeto. El sujeto era instruido para usar cualesquiera de los medios que pudiera encontrar (exceptuando vocalizaciones, movimientos o vibraciones mecánicas) con el objeto de mantener el sonido. En la sección de resultados algunas de las técnicas que tuvieron éxito reportadas por los sujetos serán presentadas junto con las medidas de la actividad EEG y del transductor.

Cada sujeto era sometido a una serie de sesiones con el objeto de dominar la técnica, pero ninguno de ellos fue capaz (al final de la serie) de controlar voluntariamente el peso del objeto metálico.

Al final de cada sesión los sujetos escribían sus experiencias y trataban de abstraer de ellas cuáles se correlacionaban con la aparición del sonido retroalimentado. Algunas de las conclusiones generales en relación con estas experiencias serán presentadas.

Resultados

En general, los sujetos reportaron una gran dificultad en mantener el sonido y aun en correlacionar sus experiencias con la aparición del mismo. Todos acordaron que aquello que ocurría en términos de experiencia consciente era muy difícil de conocer. Esto es admirable porque al menos dos de los sujetos eran meditadores y uno de ellos tenía al menos tres años en la práctica del yoga y de la meditación. Así pues, el primer resultado fue que sea lo que fuere que causaba un cambio de peso era (en términos de experiencia consciente) muy difícil de asir o determinar. Al menos la mitad de los sujetos reportó que sintió algo pero que era imposible de verbalizar. El carácter inefable de la experiencia se ejemplifica en el siguiente reporte de uno de los sujetos: "Sentí una sensación de transparencia y de paz y el sonido apareció cuando trataba de hacer algo que me es imposible decir qué era".

O este otro: "Tuve muchas imágenes y de repente encontré un punto común para ellas, con más precisión, lo que estaba detrás de ellas en términos de explicaciones, el sonido apareció en ese momento".

Este último reporte es extremadamente importante porque establece que el cambio actual en el peso estaba relacionado con la extracción de una abstracción o al menos la cognición de una conceptualización. Con frecuencia, los sujetos decían que el sonido se presentaba cuando sentían un *orden* interno y una paz interna o cuando sentían que eran capaces de trascender la situación experimental y el sentimiento de estar dentro de una cámara silente.

Es posible explicar la falta de control voluntaria de tal experiencia debido al número limitado de sesiones realizadas hasta ahora. No obstante, hubo un aumento claro en el número de sonidos que al menos uno de los sujetos fue capaz de activar a medida que era expuesto a la técnica. Esto puede verse en la figura A-2.

Así, existe una indicación de que cambios gravitacionales pueden incrementarse por medio del aprendizaje de esta técnica aun cuando los sujetos no sean capaces de verbalizar el programa actual que utilizaron.

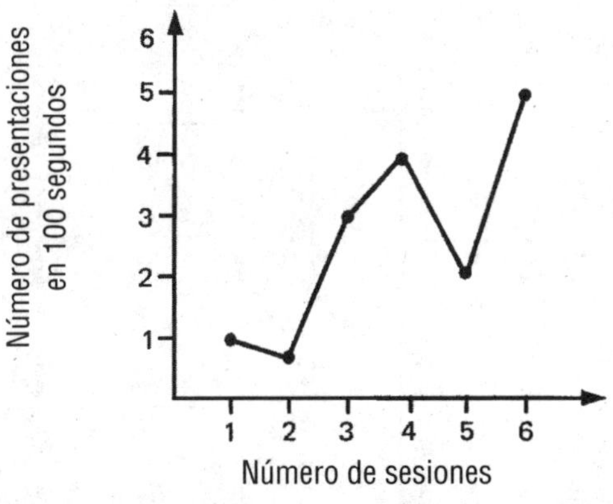

Figura A-2

TABLA A-1

CONTROLES

	1	2	3	4	5	6	7	8	9	10	11	12	13	14	15	16	17	18	19	20	21	22	23	24	25	26	27	28	PROMEDIO GL
FT$\bar{X}$=	0	0		5.00	17.50	4.66	6.50	?	0	0	0		10.50	11.50	?	14.00	5.75	?	8.60	11.00	14.00	1.60	0	0					5.821
MT$\bar{X}$=	0	0		0.125	0.100	0.125	0.120	?	0	0.075	0.125		0.233	0.175	0.200	0.200	0.100	0.200	0.260	0.160	0.140	0.040	0.025	0					0.114
FD$\bar{X}$=	14.83	22.30	13.66	16.16	16.00	18.00	16.16	12.60	14.40	15.80	18.66	12.60	18.10	21.40	16.60	15.00	22.40	16.66	19.66	18.16	17.16	13.80	18.20	15.60	16.25	14.50	13.00	13.40	16.468
FI$\bar{X}$=	18.00	20.30	16.66	15.66	15.83	16.50	14.50	15.20	14.00	14.00	16.83	13.40	18.16	17.80	17.33	25.80	20.40	14.66	15.33	16.00	14.50	12.00	15.60	13.60	17.00	12.50	14.00	13.20	16.170
C$\bar{X}$=	0.316	0.150	0.150	0.250	0.266	0.200	0.283	0.220	0.260	0.400	0.183	0.160	0.333	0.200	0.233	0.180	0.160	0.200	0.383	0.616	0.350	0.340	0.280	0.280	0.250	0.200	0.260	0.240	0.262

EXPERIMENTALES

	1	2	3	4	5	6	7	8	9	10	11	12	13	14	15	16	17	18	19	20	21	22	23	24	25	26	27	28	
FT$\bar{X}$=	?	?		13.66	15.66	15.20	12.40	17.00	?	16.40	16.80		8.40	11.50	17.75	17.00	14.50	16.33	16.20	15.40	15.16	11.40	11.80	14.00					14.556
MT$\bar{X}$=	0.125	0.100		0.516	0.416	0.540	0.500	0.733	0.120	0.520	0.360		0.620	0.600	0.400	0.900	0.550	0.500	0.860	0.540	0.500	0.320	0.400	0.330					0.470
FD$\bar{X}$=	15.00	16.16	10.83	15.83	17.16	18.66	15.00	13.20	15.00	15.00	19.00	12.20	19.50	20.40	16.00	15.40	20.40	16.00	20.33	17.16	17.83	11.60	18.20	15.20	17.75	14.50	15.00	15.20	16.204
FI$\bar{X}$=	16.16	19.16	14.50	14.50	15.00	15.16	13.16	15.40	15.00	14.80	16.50	13.20	16.60	18.40	15.83	14.80	20.00	15.66	16.50	15.16	15.00	12.40	16.60	13.20	17.50	16.50	13.60	14.60	15.531
C$\bar{X}$=	0.500	0.283	0.266	0.316	0.283	0.233	0.266	0.300	0.300	0.360	0.366	0.260	0.316	0.260	0.283	0.340	0.220	0.333	0.366	0.766	0.483	0.400	0.460	0.300	0.300	0.250	0.400	0.300	0.335

En la tabla A-l se muestra la media de todas las medidas de las 28 sesiones. Puede verse que el resultado más sobresaliente del experimento es aquel relacionado con un aumento en la coherencia cada vez que se detectaba un cambio en el peso. De hecho, de 28 sesiones, 24 muestran un aumento en la coherencia cerebral. En la figura A-3, algunos ejemplos de registros en los que aparece este aumento son mostrados.

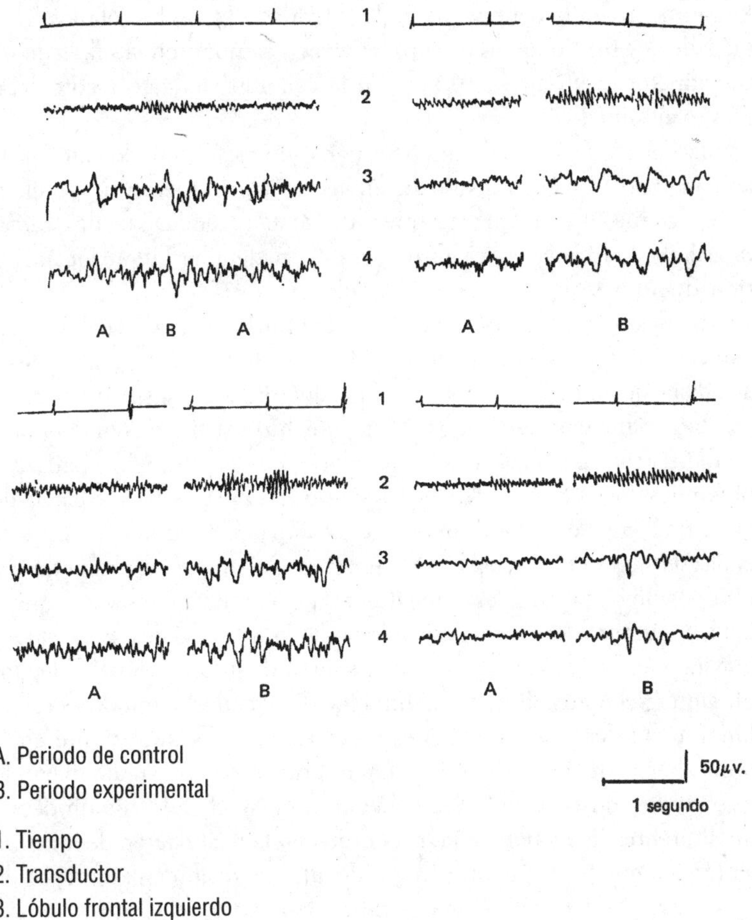

Figura A-3. En los periodos B se nota un incremento tanto de la coherencia cerebral como de la actividad del transductor comparados con los periodos A.

Otro resultado interesante es que la frecuencia del transductor era más similar a la frecuencia de la actividad EEG del lóbulo frontal derecho.

Los resultados se sometieron a un análisis estadístico encontrando que su probabilidad de ocurrencia por azar es menor al 0.0001.

Discusión y conclusiones

Un aumento en la coherencia de la actividad EEG de los lóbulos frontales de sujetos humanos es correlativo con cambios en la salida de un transductor localizado a 100 cm de la cabeza del sujeto y completamente aislado de él.

No existe forma para entender cómo un cerebro pudo cambiar la actividad del transductor sino diciendo que "algo" emergió del cerebro. Este algo fue capaz de pasar a través de la jaula metálica, de una cámara aislada de Faraday y de dos paredes de madera hasta que alcanzó al transductor y a la pesa suspendida del mismo.

La posibilidad de que el cambio fuera causado por vibraciones mecánicas está fuera de discusión debido a los controles que realizamos y a la disposición de la cámara y del transductor. De la misma manera, el cambio no fue causado por calor, movimiento del aire o cualquier otro medio físico. Las únicas dos posibilidades que explican los resultados obtenidos son: un aumento en la coherencia del cerebro es capaz de crear un campo electromagnético de tan alto poder y frecuencia que es capaz de transectar los obstáculos entre los sujetos y el transductor. La otra posibilidad es que el aumento en la coherencia causa un cambio en la estructura del espacio creando ondas gravitacionales. Estas ondas gravitacionales son un cambio en el contenido informacional del campo sintérgico causado por sus interacciones con el campo neuronal. Un aumento en la coherencia es en cierto sentido un aumento en la redundancia dentro del cerebro. La descripción de un sujeto diciendo que lo que causó el sonido fue encontrar el significado común detrás de diferentes imágenes está en acuerdo con la postulación de la teoría sintérgica que dice que un cerebro de alta neurosintergia es capaz de aproximarse a una sensación de unificación.

No podemos precisar si los cambios en la coherencia están correlacionados con un aumento o disminución del peso. Nuestro método no nos permitió analizar esto. Ahora estamos comenzando un nuevo experimento utilizando tecnología láser que nos permitirá responder preguntas tales como si el cambio fue causado por un campo electromagnético, o por un campo más directamente relacionado con gravitación y en qué dirección fue este cambio. Mientras tanto, los resultados hasta ahora obtenidos indican que el cerebro es capaz de alterar la estructura energética del continuo espacio-materia, en la forma predicha por la teoría sintérgica, y que esta capacidad puede someterse a procedimientos de aprendizaje utilizando las técnicas de retroalimentación. Nuestros resultados apuntan hacia la conclusión de que el campo unificado está más relacionado con el Ser y con las funciones y nivel de conciencia que con un campo físico frío e inanimado.

Resumen

Una técnica de retroalimentación que permite a un sujeto conocer cuándo un cambio en el peso de un objeto localizado a 100 cm de su cabeza ha ocurrido fue utilizada simultáneamente con un registro electroencefalográfico para obtener la correlación entre cambios en el peso y la actividad electroencefalográfica. Se encontró que un cambio en el peso ocurría cuando un aumento en la coherencia electroencefalográfica era registrado.

Se analizan los resultados en términos de la teoría sintérgica, y se discute una nueva postulación en relación con la naturaleza y el origen del campo unificado y de las fuerzas gravitacionales.

APÉNDICE II

CORRELATIVOS ELECTROFISIOLÓGICOS DE LA COMUNICACIÓN HUMANA[1]

Jacobo Grinberg-Zylberbaum, José Cueli,
Alejandro Riefkohl Craules y
David Szydlo Kon

Antecedentes teóricos

Pocos meses antes de morir, el venerado maestro zen Shunryu Suzuki expresó que

> Nada proviene del exterior de nuestra mente. Usualmente pensamos de nuestra mente como receptora de impresiones y experiencias del exterior, pero esto no es un verdadero entendimiento de nuestra mente. El verdadero entendimiento es que la mente incluye todo; cuando tú piensas que algo provino de afuera, esto solamente significa que algo apareció en tu mente. Nada de fuera es capaz de provocar algún trastorno. Tú mismo creas las ondas en tu mente. Si tú dejas a tu mente tal cual es, se volverá tranquila. Esta mente es llamada gran mente.
>
> Si tu mente está relacionada con algo fuera de ella, esta mente es una mente pequeña, una mente limitada. Si tu mente no se relaciona con alguna otra cosa, entonces no existe un entendimiento dualista

[1] Parte de este trabajo fue publicada en la revista *Enseñanza e Investigación en Psicología.*

en la actividad de tu mente. La actividad será entendida entonces como simples ondas de tu mente.

La gran mente experimenta todo dentro de sí misma. ¿Entiendes la diferencia entre las dos mentes: la mente que incluye todo y la mente que se relaciona con algo? Realmente ellas son la misma cosa, pero el entendimiento es diferente, y tu actitud hacia la vida será diferente de acuerdo con el entendimiento que tengas.

[...] Que todo está incluido dentro de tu mente es la esencia de la mente.

Experimentar esto es tener un sentimiento religioso. Aun cuando las ondas surjan, la esencia de tu mente es pura; es como agua cristalina con unas pocas ondas.

Realmente el agua siempre tiene ondas. Las ondas son la "práctica" del agua. Hablar de las ondas aparte del agua o del agua aparte de las ondas es un engaño. El agua y las ondas son uno.

La gran mente y la mente pequeña son una. Cuando tú entiendes tu mente de esta manera, tienen alguna seguridad en tus sentimientos. Puesto que la mente no espera nada de afuera, siempre está llena. Una mente con ondas no es una mente enferma, sino una mente amplificada. Cualquier experiencia es una expresión de la gran mente.

¿Existe algún correlativo objetivo de la gran mente de Suzuki?

Hace ya varios miles de años otro oriental, Patanyali, describió en sus aforismos sobre yoga (Vivekananda, 1963-1975) la técnica para llegar a la gran mente, y mencionó por primera vez en la historia de la humanidad que los pensamientos son ondas que se mueven en la "sustancia" o el elemento fundamental que constituye la mente.

El concepto de *ondas en movimiento* es extrañamente contemporáneo, y precisamente aquí es donde la ciencia puede incorporar a su currículum las enseñanzas zen y yoga.

En realidad, esta incorporación no tiene (en sí misma) importancia alguna. Lo que posee, en cambio, una relevancia colosal, es el descubrimiento de las bases y operaciones de la única mente.

La existencia de una mente única implica la desaparición del espacio como concepto real y como existencia física. A su vez, esta desaparición implica que la consideración de distancia es falsa.

De la misma manera, la existencia de mentes individuales asociadas a la actividad de infraestructuras cerebrales separadas unas de las otras se pone en entredicho al aceptar la postulación de la gran mente.

Siendo la ciencia tan delicadamente cautelosa en su aceptación de nuevas hipótesis, postulaciones y teorías, sería necesario (para poder aceptar la existencia de la gran mente) demostrar que:

1) Existe actividad cerebral extra-craneana.
2) Esta actividad es el verdadero fundamento de la mente y el medio de unificación.
3) El concepto de *espacio* es una ilusión perceptual, por lo que solo existe como resultante de un procesamiento cerebral relativo.
4) Una matriz energética fundamental es la infraestructura común para cualquier manifestación.
5) La sensación de individualidad separada se puede trascender para (en cambio) acceder a la experiencia de Unidad.

Examinemos punto por punto los anteriores y veamos si existen bases para validarlos.

1. En la teoría sintérgica[2] se ha postulado la existencia del llamado *campo neuronal*. Las ondas de la mente de Patanyali y Suzuki son las manifestaciones neuroeléctricas (actividad electroencefalográfica, potenciales provocados etcétera),[3] registradas tanto de la superficie como de las profundidades del tejido cerebral. El campo neuronal es la resultante sinérgica de todo el conjunto de activaciones neuronales en la duración del presente. Este campo es capaz de abandonar la estructura cerebral y de internarse en el "espacio". Existen ya dos evidencias experimentales que apoyan la existencia de este campo. Por un lado, la magnetoencefalografía,[4] y por otro lado, la demostración de cambios gravitacionales correlativos con alteraciones en la coherencia cerebral.[5] Estas evidencias indican que la actividad cerebral afecta el "espacio" extracraneano y por tanto apoyan la postulación de la existencia de actividad cerebral extracraneana.

---

[2] Grinberg-Zylberbaum, J., 1979a.

[3] Grinberg-Zylberbaum, J., 1976a.

[4] Reite, M., Zimmerman, J. E., Edrich, J., y Zimmerman, J., "The Human Magnetoencephalogram: Some EEG and Related Correlations", *Electroenceph. Clin. Neurophysiol*, 40, pp. 59-66, 1976.

[5] Grinberg-Zylberbaum, J., 1980a.

2. En este punto se postula que el medio de unificación es precisamente la actividad extracraneana. Para aceptar lo anterior, es necesario postular y probar que existen interacciones entre cerebros individuales que no pueden ser explicadas con base en un procesamiento sensorial visual, auditivo, táctil o de cualquier otra modalidad conocida. Evidencia que apoya la existencia de medios de interacción directos se presenta en la sección de resultados experimentales de este artículo, y fue ya obtenida y publicada anteriormente.[6] En este último estudio demostramos que la comunicación humana está íntimamente ligada a la correlación entre las coherencias de los cerebros "individuales" que intervienen en ella. Es notable que tanto la comunicación humana como las alteraciones de campos gravitacionales estén ambas asociadas con cambios de coherencia cerebral. Se podría postular que la unificación de la actividad cerebral se realiza en la estructura energética y gravitacional del "espacio" a través de las interacciones entre las morfologías de campos neuronales y el campo cuántico. Este último parece ser la matriz fundamental de cualquier manifestación energética discreta y ha sido postulado por la física cuántica contemporánea.[7]

3. Acerca del espacio como ilusión perceptual, en la teoría sintérgica[8] y en la postulación de interacción de campos como fundamento de la creación de la experiencia[9] se considera a la realidad como creación de la actividad cerebral. El campo cuántico es transformado en lenguaje neuronal a través de la transducción energética realizada por los receptores especializados. Después, las señales neuroeléctricas son sometidas a dos tipos diferentes de transformaciones posreceptoras. En primer lugar, y con el uso de circuitos convergentes, son "decantados" neuroalgoritmos cerebrales que unifican en patrones neuronales

---

[6] Grinberg-Zylberbaum, J., *et al.*, "Comunicación terapéutica, una medida objetiva", *Enseñanza e Investigación en Psicología*, vol. IV, núm. 1(17), p. 97, 1978.

[7] Capra, F., *Tao of Physics*, EUA: Fontana, 1976.

[8] Grinberg-Zylberbaum, J., *El cerebro consciente*, México: Trillas, 1979.

[9] Grinberg-Zylberbaum, J., *Los fundamentos de la experiencia*, México: Trillas, 1978.

lógicos actividad dispersa.[10] Los procesos de neuroalgoritmización son la base de la conceptualización, de los procesos de imaginación y de la asignación de significados.[11]

Si una organización es capaz de ser neuroalgoritmizada por el cerebro, se le percibe como un objeto material. En cambio, si el cerebro no posee los mecanismos de decodificación y de neuroalgoritmización suficientes para manejar una organización energética, esta se percibe como transparente o no se percibe. El espacio sobrepasa la capacidad de neuroalgoritmización cerebral y por ello se percibe como transparente. Si fuésemos capaces de neuroalgoritmizar la organización espacial percibiríamos a esta última como un sólido. De esta forma, tanto la consideración de espacio como la de distancia y separación entre objetos independientes unos de los otros es un producto relativo de la actividad cerebral. En segundo lugar, además de obtener neuroalgoritmos, creamos campos neuronales, los que al interactuar con la organización energética del espacio dan lugar a la experiencia.[12] De acuerdo con la teoría sintérgica,[13] poseemos un mecanismo de localización de la experiencia (el llamado "factor de direccionalidad") que activa una porción de la interacción de campos y origina a la experiencia allí. No existe razón teórica alguna que se oponga a la idea de alterar el factor de direccionalidad y hacer aparecer a la experiencia en cualquier localización o en todas a la vez. Existen seres humanos que han logrado un control extraordinario sobre su factor de direccionalidad, y que reportan cambios voluntarios en la localización de su experiencia.[14]

Por ello, tanto la neuroalgoritmización cerebral como la hipótesis de interacción de campos señalan al espacio como un medio repleto de información, jamás como ausencia o nulidad informacional o energética, o como un medio vacío de separación entre objetos y seres vivos.

---

[10] Grinberg-Zylberbaum, J., "The Retrieval of Learned Information. A Neuro-Physiological Convergence-Divergence Theory", *Journal of Theoretical Biology*, 56, pp. 95-110, 1976b.

[11] Grinberg-Zylberbaum, J., 1980a.

[12] Grinberg-Zylberbaum, J., *Los fundamentos de la experiencia*, México: Trillas, 1978.

[13] Grinberg-Zylberbaum, J., *El cerebro consciente*, México: Trillas, 1979.

[14] Grinberg-Zylberbaum, J., 1980c.

4. Acerca de la existencia de una matriz energética fundamental como infraestructura y base de cualquier manifestación discreta, la evidencia ya ha sido recopilada por especialistas en física,[15] por lo que solo podemos mencionar que se ha postulado la existencia del llamado campo cuántico como tal. El campo cuántico es el originador y el aceptor de la "creación" y la "destrucción" de partículas elementales. Forma una matriz energética que todo lo penetra, y que explica el fundamento de las reacciones nucleares, de la materia y de la antimateria. El campo cuántico unifica a los campos neuronales que interactúan con su estructura energética y forma la probable base de la mente única o la gran mente de Suzuki.

5. Si todo lo anterior es cierto, debe ser posible experimentar la Unidad. Existe una relación directa entre la tendencia a experimentar la Unidad y los llamados procesos sincronísticos.[16] Aproximarse a la Unidad, además de su fenomenología propia, implica detectar y experimentar fenómenos de sincronicidad similares a los descritos por Jung.[17]

La experiencia directa de los fenómenos sincronísticos implica un acceso a patrones globales que "transpiran" la activación de procesos supraindividuales, por lo que la relación entre la sincronicidad y la experiencia de Unidad es casi tautológica. Existen seres humanos que experimentamos fenómenos sincronísticos y, por tanto, la experiencia de Unidad es posible.

Más seminal es el descubrimiento reciente acerca de la relación entre experiencia de unificación y coherencia cerebral.[18] Si a un sujeto se le retroalimentan (utilizando un sonido) sus estados de coherencia corticales y se analiza su experiencia subjetiva correlacionándola con su coherencia, se observa que a medida que la coherencia intra e interhemisférica aumentan,[19] su sensación de estar diferenciado desaparece, para en cambio experimentar un estado de silencio y unificación

[15] Capra, *op. cit.*

[16] Grinberg-Zylberbaum, J., 1980d.

[17] Jung, C. G., *The I Ching*. "Introducción". Trad. de Richard Wilhelm, Bollingen series XIX, Princeton University Press, 1973.

[18] Grinberg-Zylberbaum, J., *et al.*, 1980.

[19] Grinberg-Zylberbaum, J., 1980b.

con el resto y un súbito entendimiento acerca del carácter ilusorio de la dicotomía y la separación entre objeto y sujeto. Por lo tanto, la experiencia de Unidad no solo es posible sino también inducible experimentalmente.

Una posible explicación acerca de las relaciones entre coherencia y Unidad es la siguiente. Si se registra la actividad EEG de varios puntos del cráneo, generalmente se observa que los patrones individuales son diferentes entre sí. Cuando esto sucede, decimos que el estado cerebral es de baja coherencia.

En cambio, cuando los patrones individuales se parecen entre sí hasta volverse prácticamente idénticos, decimos que la coherencia se ha incrementado hasta lograr un nivel máximo.

Obviamente, el hecho de lograr una coherencia máxima implica que de una manera u otra la redundancia informacional de un cerebro se ha incrementado y por tanto la unificación informacional ha hecho lo mismo. En otras palabras, a medida que un cerebro incrementa su coherencia se unifica en sí mismo. La experiencia resultante de esta unificación es la Unidad con el resto. De acuerdo con Suzuki, puesto que la mente individual es simultáneamente idéntica a la única mente, la experiencia de Unidad individual debe ser también la de Unidad con el resto. Esta experiencia de Unidad es entonces posible y lógica.

Veamos lo mismo, pero haciendo uso de argumentos más fisiológicos y con menor tendencia a la circularidad:

Cuando se analiza la organización informacional del "espacio", llama la atención la relación entre la convergencia informacional y la redundancia.[20] A medida que nos alejamos de un objeto material, la porción de espacio capaz de contener toda la información fotónica acerca del mismo disminuye en sus dimensiones. Así, una piedra vista a un metro de distancia puede percibirse a través de un orificio pequeño hecho en un papel. Mientras más cerca se encuentre el orificio del objeto menor información convergerá en él. En cambio, la distancia aumenta la convergencia como si la información tuviera una configuración cónica en el "espacio".

A una distancia muy grande de la piedra citada en el ejemplo anterior o de cualquier otro objeto, este ocupa (informacionalmente) una dimensión muy pequeña en el espacio y además incrementa su redun-

[20] Grinberg-Zylberbaum, J., 1980e.

dancia. Así, un observador en la superficie del planeta es capaz de ver una estrella colosalmente grande a través de un orificio microscópico y por otro lado seguirá viendo la misma estrella a pesar de cambiar de localización de orificio. Esto implica que en un "espacio" de alta convergencia, la información se encuentra localizada en una forma más redundante y por tanto unificada, y coherente. La relación entre redundancia, unificación y coherencia implica que una acción sobre una porción del espacio tendrá mayor efecto sobre otras a medida que los anteriores parámetros se incrementen, y menor en el caso contrario.

Se denomina *espacio de alta sintergia* a un espacio en el cual la coherencia, la redundancia y la correlación entre puntos es mayor que en un espacio de baja sintergia, en el cual los mismos fenómenos poseen menor "intensidad".

La infraestructura cerebral manifiesta similar organización sintérgica que el espacio extracraneano. Una prueba de ello es que las estructuras corticales de mayor poder convergente y sintético poseen mayor capacidad para afectar el resto de la función cerebral cuando se alteran comparativamente con las porciones cerebrales más periféricas, y por tanto menos sintéticas.[21]

La capacidad sintética y sintérgica están positivamente correlacionadas y se pueden observar similares fenómenos en ambas.

Así, un cerebro que por alguna razón posea una mayor capacidad para lograr abstracciones, para manejar conceptos muy inclusivos, etcétera, etcétera, todas ellas operaciones que se pueden esperar de un cerebro con mayor capacidad para "decantar" neuroalgoritmos poderosos, será un cerebro con mayor capacidad sintética.

Esta última capacidad es similar a la incrementada convergencia y redundancia observable en espacios de alta sintergia.

Un espacio de alta sintergia está más unificado que un espacio de baja sintergia, de la misma forma que un cerebro capaz de creación neuroalgorítmica más poderosa está más unificado que un cerebro con capacidad neuroalgorítmica pobre.

El límite de la unificación asociada con la neuroalgoritmización sería la capacidad de un cerebro de crear un neuroalgoritmo que contenga en forma sintética toda la información acerca de sí mismo.

---

[21] Luria, A. R., *The Working Brain*, Londres: Allen Lane / The Penguin Press, 1973.

Probablemente lo anterior sea el correlativo fisiológico del *yo*.

De forma similar, el límite de unificación en un espacio de alta sintergia es cuando una porción mínima de ese espacio es capaz de contener la información total del universo.

Esto sería el mítico *Aleph* de Jorge Luis Borges (1970). Cada punto de un holograma manifiesta una similar función.[22]

Ahora solamente queda un paso para postular la conexión entre la pequeña y la gran mente y para encontrar su sinonimia.

Un cerebro crea un campo neuronal cuyas características morfológicas deben representar y contener el nivel neurosintérgico de su funcionamiento. Si el cerebro en cuestión funciona en un elevado nivel sintético de abstracción y de neuroalgoritmización, es decir, en una alta neurosintergia, creará un campo neuronal de alta redundancia, alto contenido informacional y gran coherencia.

Presumiblemente, un campo neuronal de alta neurosintergia debería establecer una interacción con el nivel correspondiente de la sintergia espacial, manifestando así una mente más unificada y conectada con el resto, es decir, la gran mente.

En cambio, un cerebro de bajo poder neuroalgorítmico, concreto y por tanto de baja neurosintergia, interactuará con las porciones más diferenciadas y de menor sintergia del espacio manifestando así una mente separada e individualizada en lo concreto, es decir, una mente limitada.

En realidad, ambas mentes son la misma mente funcionando en dos diferentes niveles. Ambos cerebros son el mismo cerebro funcionando también en dos diferentes niveles.

Todo lo dicho cuestiona la existencia del espacio como "entidad" de separación, y niega la existencia de la distancia y de seres y objetos independientes unos de los otros, para en cambio apoyar la postulación de la existencia de una única mente. Sin embargo, todavía no poseemos un lenguaje apropiado para este nivel de unificación, por lo que aun intentando demostrar la inexistencia del espacio usamos el término *espacio*.

Nuestra experiencia es en realidad la experiencia de la única mente existente. Cada cerebro junto con la resultante sinérgica de su acti-

---

[22] Caulfield, H., y Sun, L., *The application of Holography*, Wiley Interscience, John Wiley, 1970.

vidad, el campo neuronal, forma parte de un único campo. La mente puede experimentarse a sí misma en diferentes niveles, que van desde la sensación de separación total hasta el de Unidad total.

Creemos que una de las posibilidades de validar y analizar objetivamente las consideraciones anteriores es estudiar los correlativos fisiológicos de la comunicación humana. En ninguna otra aproximación se podrán encontrar referencias más directas acerca de la Unidad, la separación, la pequeña y la gran mente.

Es por esta razón que nos decidimos a efectuar los siguientes experimentos:

Experimentos 1 y 2

Introducción

La comunicación es un proceso dinámico, bilateral, conjunto, que se halla siempre avanzando sin punto de partida ni punto final.[23]

Desde la más remota antigüedad, innumerables hombres han intentado desarrollar modelos de este fenómeno en continua modificación, y si bien estos muestran grandes diferencias entre sí, ninguno puede ser considerado como verdadero.

Posiblemente fue Aristóteles en su *Retórica* el primero en plantear tres componentes fundamentales del proceso: el orador, el discurso y el auditorio. Esta idea no ha sido desechada pero sí modificada.

En 1949, Shannon y Weaver propusieron un modelo para la comunicación electrónica, que resultó ser descriptivo para la comunicación humana; en este modelo compatible con el de Aristóteles se postulan cinco componentes: una fuente, un transmisor, una señal, un receptor y un destino.

Otros modelos se han desarrollado desde entonces por autores como Schramm,[24] Wesley y McLlean,[25] Fearing,[26] Johnson[27] y otros,

---

[23] Berlo, K. D., *El proceso de la comunicación*, Argentina: El Ateneo, 1971.

[24] 1954.

[25] Berlo, *op cit*.

[26] *Idem*.

[27] Shannon, C., y Weaver, W., *The Mathematical Theory of Communication*, Illinois: University of Illinois Press, 1949.

cuyas diferencias básicas son: la terminología que utilizan, el número de elementos que sugieren y la interpretación que dan de los mismos.

David K. Berlo[28] presenta un esquema que incluye parte de los anteriores y los armoniza con las teorías y las investigaciones de los científicos de la conducta. Los componentes que propone son: una fuente, un encodificador, un mensaje, un canal, un decodificador y un receptor.

En este diseño la fuente es el objetivo, el deseo o la necesidad de comunicar; el encodificador es un elemento agregado para disponer las ideas tomadas de la fuente y convertirlas en forma de mensaje que a través de un canal llega a un receptor, no sin antes haber sido tomadas por el segundo de los elementos agregados, o sea, el decodificador, para convertirlo en una forma utilizable por él.

Este sistema encodificador-decodificador es explicado más ampliamente por Grinberg-Zylberbaum,[29] quien nos dice:

> toda comunicación acontece como resultado de un paso de información a través de los centros de más elevada jerarquía, es decir, de los más convergentes; es así y no de otra forma que lo comunicable es siempre producto de una extracción de comunes; el caso más claro lo constituye el lenguaje verbal, en este, el mundo exterior es reducido de detalles y complejidad a términos lingüísticos inclusivos. La existencia de varios niveles de comunicación y de diversas salidas de este surge como resultante directo de la existencia de variados y cada vez más jerarquizados centros de convergencia, y es así, porque el lenguaje antes de ser emitido es una abstracción.

Lo mismo sucede con la entrada de información, en la que al penetrar al sistema receptor se crea una representación interna de la que se extraen patrones comunes que son jerarquizados en variados niveles de abstracción.

Podemos decir que todo el que se comunica tiende a buscar la máxima fidelidad y, por tanto, el menor ruido en su proceso de comunicación. Un encodificador de alta fidelidad es aquel que expresa en forma perfecta el significado de la fuente; y un decodificador de alta

---

[28] 1971.

[29] 1976.

fidelidad es aquel que interpreta el mensaje con una precisión absoluta. Esto quiere decir que lo que se comunica se comprende fielmente cuando los mismos niveles de convergencia-abstracción que se activaron en el trasmisor estimulan al receptor. Es importante aclarar que lo que determina el nivel de convergencia no son las características físicas del mensaje, sino el grado de desarrollo que han alcanzado los sistemas que se están comunicando.

Ahora bien, el término *canal* es utilizado en diversas áreas del conocimiento de maneras muy distintas. Nosotros hemos tomado los tres principales significados que de esta palabra dan los teóricos de la comunicación, esto es: sistema encodificador-decodificador de mensajes. Como ya lo mencionamos en alguna ocasión, si los canales de comunicación que normalmente se utilizan son manejados positivamente, estimulan lo que en otros contextos hemos denominado *comunicación directa*. Esta consiste en la detección proverbal de contenidos complejos manifestados a través de imágenes, sensaciones corporales, pensamientos y emociones compartidas. Posiblemente un predecesor de este concepto sea la empatía, que se define como una forma sana, limitada y temporal de identificación, que permite a una persona sentir en lugar de otra y al mismo tiempo que ella, comprendiendo sus experiencias y sentimientos.[30]

La comunicación directa en especial y cualquier otro nivel de comunicación cursa además de por canales fisiológicos conocidos, por otros para los que no se conocen vías fisiológicas.

Como ya dijimos, existe una hipótesis que sugiere que cuando grandes poblaciones neuronales se activan, se desarrolla un campo neuronal capaz de expandirse en el espacio y de interactuar con organizaciones energéticas complejas.[31] Esta interacción de campos neuronales sería la base fisiológica de la comunicación directa. Siguiendo el esquema de Berlo,[32] estaríamos hablando de un mecanismo que se da entre el encodificador al llegar a su nivel de máxima convergencia y el decodificador antes de comenzar su proceso de abstracción.

---

30 Kolb, L., *Modern Clinical Psychiatry*, EUA: Saunders, 1976.

31 Grinberg-Zylberbaum, J., *Psicofiosiología del aprendizaje*, México: Trillas, 1976.

32 1971.

Las investigaciones que a continuación se describen fueron realizadas con objeto de encontrar cuáles son los posibles cambios que se producen en la actividad EEG, cuando aparece la denominada *comunicación directa*.

MÉTODO Y RESULTADOS

El experimento 1 fue realizado con pares de sujetos que se encontraban en comunicación terapéutica; esto es, un analista y un paciente voluntario. Escogimos este tipo de comunicación ya que, con la experiencia del analista, pudimos establecer los criterios para calificar la comunicación, que serán explicados más adelante.

Las sesiones se realizaron en cuartos semisilentes y en cámara de Gesell; con cada sujeto se realizaron seis sesiones consecutivas, en cada una de las cuales se tomó registro de cuatro derivaciones EEG por sujeto. De esta manera, al concluir el estudio de cada sujeto teníamos un esquema completo de las 20 zonas cerebrales de acuerdo al sistema 10-20 internacional. El registro, que fue monopolar, se realizó utilizando un equipo Alvar.

Simultáneamente fueron grabadas las sesiones con un equipo de videotape Sony para conservar la imagen y el sonido de los sujetos durante el proceso de comunicación.

Las grabaciones fueron analizadas posteriormente por el analista, cuantificando el nivel de comunicación en una escala que iba de cero a 10, siendo cero una ausencia de comunicación y 10 una comunicación directa. Los criterios para establecer esta calificación fueron: análisis de postura, de relajación-tensión, de movimientos corporales y de verbalizaciones.

Con las calificaciones resultantes de este análisis se construyeron gráficas cuantificando el nivel de comunicación en cada uno de los puntos analizados, que fueron elegidos al "azar", procurando un intervalo aproximadamente constante entre ellos. Por otra parte, en los mismos puntos de espacio temporal que el análisis de video, se hizo el análisis de los registros EEG. Ambos estudios se hicieron de manera independiente y a ciegas, o sea que el analizador de los niveles de comunicación nunca conoció los resultados del evaluador del EEG y viceversa.

En el análisis del EEG se correlacionaron pares de registros de sendas derivaciones de acuerdo a su morfología y frecuencia. Cada punto de análisis se estudió y comparó en cuanto a estos parámetros, teniendo la primera un valor de 60% y la segunda uno de 40%, que sumadas daban el valor de coherencia total en una escala de 0 a 100 (los detalles del análisis se pueden ver en el experimento 3), el cero implicando la ausencia total de similitud entre los patrones y el 100 una similitud total. Al igual que con el video, se construyeron gráficas de los datos del EEG y finalmente se confrontaron ambos grupos de datos.

En el experimento 1 se intentó dar respuesta a tres preguntas:

1) ¿Existe una correlación entre los niveles de comunicación y la coherencia entre patrones EEG de zonas cerebrales de paciente y terapeuta?
2) ¿Existe alguna relación entre los niveles de comunicación y la coherencia entre dos zonas del cerebro del terapeuta o del paciente?
3) ¿Existe una relación entre la coherencia de dos zonas del cerebro del terapeuta y dos zonas del cerebro del paciente?

La primera pregunta fue contestada relacionando las variaciones en los niveles de correlación entre patrones EEG de ambos cerebros en zonas homologas de los mismos.

La segunda fue resuelta relacionando las variaciones en los niveles de comunicación en los cambios en los niveles de coherencia del cerebro del paciente (por un lado) y del terapeuta (por el otro).

La tercera pregunta se solventó analizando la relación entre lo coherencia de dos zonas del cerebro del paciente con la coherencia de las zonas del cerebro del terapeuta.

De todas las combinaciones posibles se obtuvieron índices de correlación que se presentan a continuación:

Primeramente se halló una correlación de +0.58 entre la comunicación y la coherencia de las zonas T izquierdas de un paciente y el terapeuta. Esta, que fue de las más altas, implica que los patrones en esta zona se hacían similares a medida que aumentaban los niveles de comunicación y diferían cuando la comunicación baja de nivel (gráfica B-1).

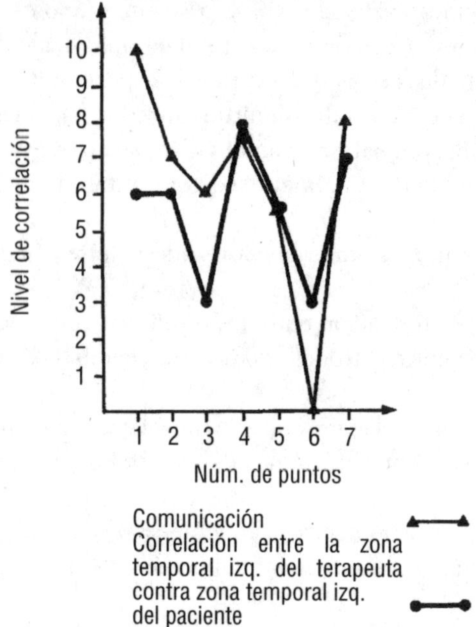

Gráfica B-1. Muestra la relación hallada entre el nivel de comunicación y la coherencia de las zonas T izquierdas de un paciente y el terapeuta, en siete diferentes puntos del registro. La correlación estadística fue de r = +0.58. Esto indica que a medida que aumentaban los niveles de comunicación, los patrones EEG en esta zona se hacían más similares, y diferían a medida que la comunicación bajaba. El eje vertical X0.1.

Contestando la segunda pregunta, se obtuvo un resultado muy interesante. La coherencia entre las derivaciones centrales C3 y C4 del terapeuta tuvieron una correlación negativa de –0.40 (gráfica B-2) con los niveles de comunicación, mientras que la del paciente fue positiva en +0.34 (gráfica B-3). Esto indica que la comunicación aumentaba a medida que disminuía la coherencia del cerebro del terapeuta y aumentaba la del paciente.

Como resultado de esto, se pudo responder a la tercera pregunta planteada, hallándose para esta una correlación de –0.44 (gráfica B-4). Esto quiere decir que sí existe una relación entre la coherencia de dos zonas del paciente y dos zonas del terapeuta.

Una vez llegados a este punto, se pudieron plantear ciertas conclusiones:

1. Algunas zonas cerebrales guardan mayor relación entre su actividad EEG y los niveles de comunicación que otras (hasta el momento se ha encontrado esto de una manera muy clara en las zonas temporoparietales izquierdas).

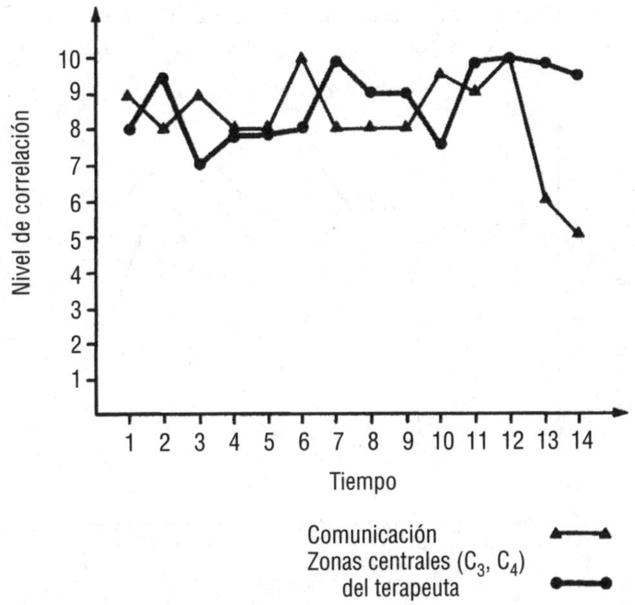

Gráfica B-2. Presenta la correlación que se halló entre el nivel de comunicación y la coherencia de las zonas centrales de un sujeto en 14 puntos del registro, siendo esta de r = –0.40. Esto significa que a medida que aumentaba la coherencia cerebral del sujeto en estas zonas, disminuía el nivel de comunicación, y viceversa. El fenómeno fue altamente repetitivo. El eje vertical X0.l en esta y en las figuras B-3, B-4, B-5 y B-6.

2. Dos cerebros adquieren y manifiestan patrones similares de actividad dependiendo de la comunicación (sobre todo preverbal) que ocurra entre ellos.

Se hizo un análisis más fino de estos datos, debido a que se encontró al analizar los registros que en el momento en que la comunicación llegaba a ser de 10, esta se mantenía de una manera constante por un lapso largo de tiempo, mientras que en ocasiones se presentaban cambios importantes en los patrones EEG de los dos individuos simultáneamente y en el mismo espacio temporal. Esto nos llevó a pensar que, aunque se había llegado a una comunicación que tradicionalmente se consideraría como máxima, seguramente existían niveles de profundidad que podrían marcar la diferencia entre estar o no en comunicación directa.

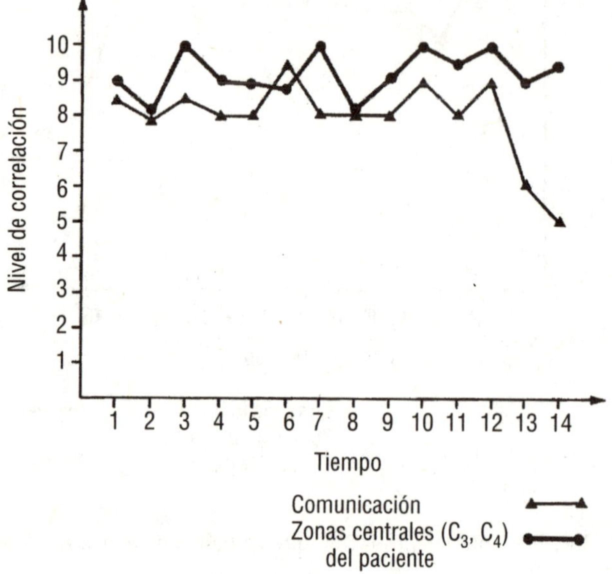

Gráfica B-3. Muestra el efecto contrario del que se encontró en la gráfica B-2. En la misma sesión y analizando los mismos 14 puntos, la correlación estadística fue de r = +0.34. Significa esto que, conforme aumentaba la coherencia cerebral de este sujeto en estas zonas, la comunicación aumentaba, y viceversa.

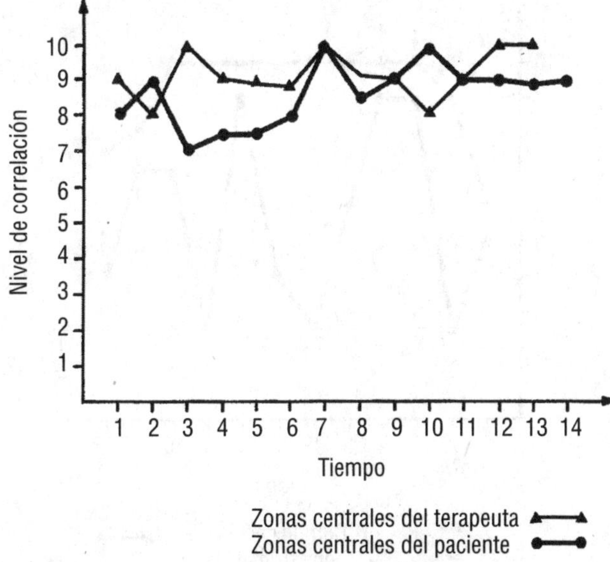

Gráfica B-4. Está constituida por los 14 puntos que muestran la coherencia cerebral de cada uno de los dos sujetos de las gráficas B-2 y B-3. La correlación estadística fue de r = –0.44 y esto explica que a medida que aumentaba la coherencia cerebral en las zonas centrales de un sujeto, disminuía la coherencia en las mismas zonas del segundo sujeto y viceversa.

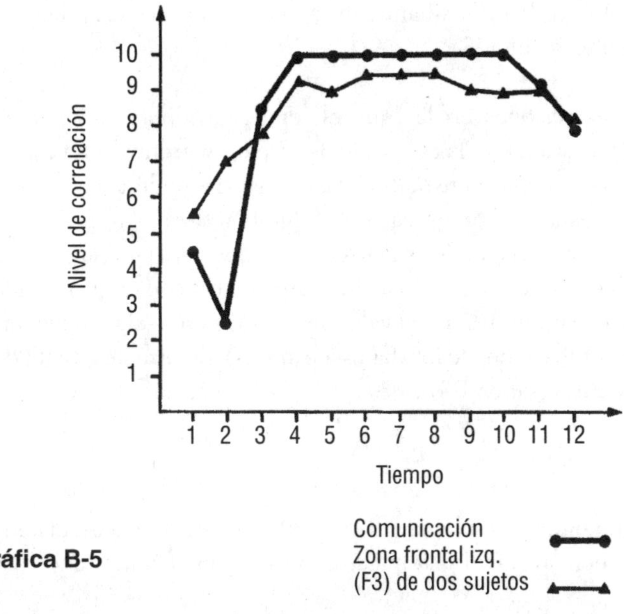

Gráfica B-5

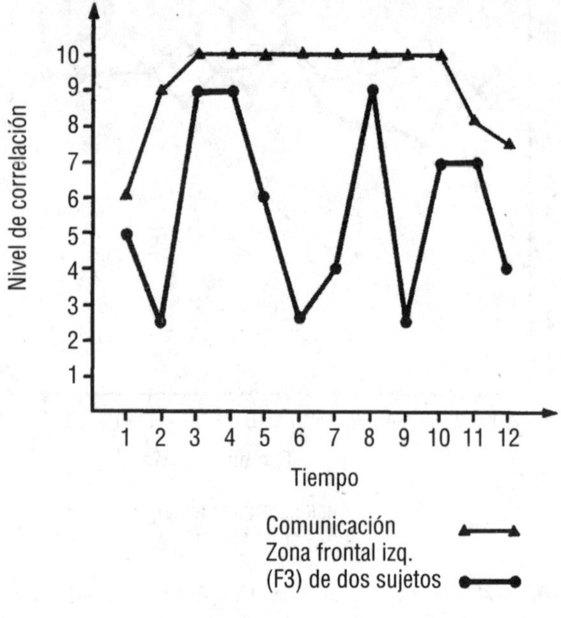

Gráfica B-6

Procedimos entonces a interpretar los datos, partiendo de los puntos que mostraban algún cambio relevante desde el punto de vista electroencefalográfico. Auxiliándonos con las cintas de video, llegamos a los siguientes resultados:

1. En las sesiones en las que el terapeuta reportó tener mayor empatía con el paciente, la coherencia entre los patrones cerebrales de ambos sujetos era más constante y casi no sufría modificaciones en el momento de estar en comunicación 10 (gráfica B-5).

2. Por el contrario, en los sujetos con los que había menor empatía, las variaciones fueron mucho mayores tanto en calidad como cantidad; esto además de repercutir en el valor de correlación —el cual disminuyó notablemente—, no alcanzaba una estabilidad entre la actividad de ambos cerebros (gráfica B-6).

Experimento 2

Este experimento tuvo un agregado importante, que fue la inclusión de una tercera persona en el sistema de comunicación, comenzando así la etapa en la que se estudió la comunicación en grupo. A continuación se expondrán preliminares.

Partiendo de los hallazgos mencionados anteriormente, decidimos que para eliminar algunas de las variables no controladas, sería importante que los tres individuos estuvieran realizando el mismo tipo de actividad; de esta manera sería más fácil detectar los cambios reales que se producían en la actividad individual y la influencia que estos cambios ejercían sobre la actividad de los demás.

Se registraron dos derivaciones bipolares en el lóbulo frontal de cada uno de los sujetos en el momento en el que se encontraban en una cámara semisilente. Las instrucciones que se les dieron a estos fueron las de concentrarse con los ojos cerrados en el entrecejo, dado que esto proporciona una sensación física muy característica y fácilmente discriminable que consiste en un cosquilleo acompañado de una ligera compresión en la zona, que aparece y desaparece súbitamente. En adelante nos referimos a este fenómeno como "activación".

Cada uno de los sujetos poseía un interruptor por medio del cual daba aviso al experimentador, en el momento en el que percibía estas sensaciones, así como en el momento en el que dejaba de tenerlas (activación-desactivación).

De esta manera, se pudieron analizar los datos obtenidos del EEG bajo tres modalidades:

1) Cuando de manera exclusiva cada uno de los sujetos estuviera activado.
2) Cuando dos de los sujetos se hubieran activado.
3) Cuando existieran sensaciones de activación en los tres individuos.

Por un lado, se comparó la actividad EEG presentada por cada sujeto con la de cada uno de los demás en las tres modalidades, y por el otro se buscaron las variaciones específicas que pudiera presentar cada uno de ellos a lo largo de la sesión para verificar posteriormente si estas variaciones correspondían a cambios de modalidad.

El número de puntos analizados en cada una de estas situaciones particulares se decidió procurando una similitud en cuanto a tiempo de duración de cada estado.

El análisis arrojó los siguientes datos:

1. En repetidas ocasiones, dos o los tres sujetos indicaron simultáneamente algún cambio de estado (ya fuera activación o desactivación) (figura B-l).

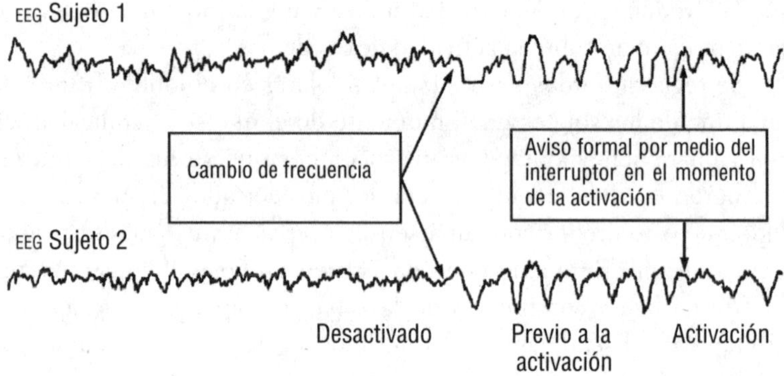

Figura B-1. Aquí se muestra en primer lugar un cambio en el registro EEG de dos sujetos, antes de que se dé el aviso formal de cambio de estado, y en segundo lugar la simultaneidad del aviso formal de cambio de estado.

2. Uno de los sujetos mostró en todas las sesiones un decremento importante en el voltaje de su actividad eléctrica cerebral, cuando los otros dos sujetos estaban activados; sin embargo, esta no siempre se restituía en el momento mismo de desactivarse uno de los sujetos.

3. En las últimas sesiones se percibe un cambio importante en el registro EEG, algunos segundos antes de que se dé el aviso formal de cambio por medio del interruptor; estas variaciones fueron a veces en el sentido de aumento de actividad y otras de disminución de esta (figura B-l).

4. Cada vez que uno de los sujetos estuvo activado mostró mayor coherencia cerebral que al no estarlo, y casi siempre al activarse dos de los sujetos el registro mostraba coherencia en los tres (figuras B-2 y B-3).

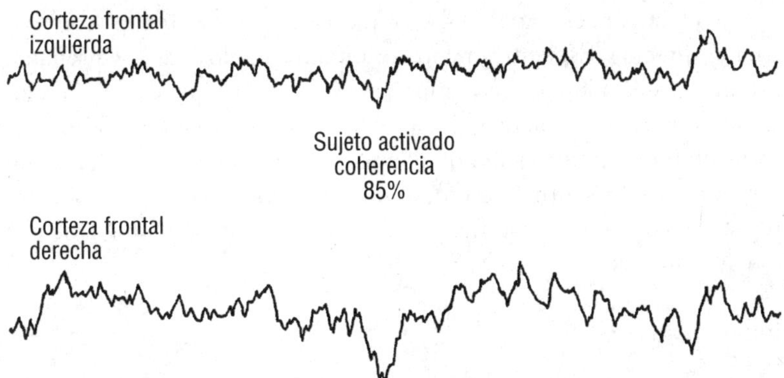

Figura B-2. Muestra cómo un sujeto, al estar activado, presenta un nivel alto de coherencia.

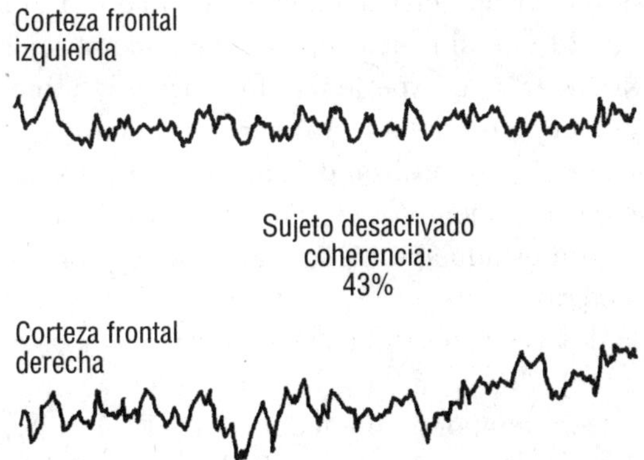

Figura B-3. Muestra cómo un sujeto presenta un nivel relativamente bajo de coherencia, cuando no está activado.

5. Se descubrieron otros cambios en frecuencia, amplitud y morfología de las ondas, sin embargo, son necesarias posteriores investigaciones para sondear más a fondo estos resultados.

Experimento 3

Introducción

Con el objeto de replicar y ampliar los trabajos anteriores, se llevó a cabo este tercer estudio, que trató de encontrar relaciones entre patrones electroencefalográficos y lo que hemos denominado "comunicación directa". Específicamente se intentó que los sujetos probaran establecer relación con sus compañeros, echando mano exclusivamente de contenidos subjetivos (se procuró que las personas estudiadas estuvieran en una situación de completa libertad para expresarse, sin reprimir ningún sentir interno), al mismo tiempo que se realizaba un registro electroencefalográfico (EEG) de varias zonas de cráneo, de dos o más personas.

Procedimiento

En una campana de Faraday, dentro de una cámara semisilente, se sentaban cómodamente de dos a cuatro sujetos, bajo las siguientes condiciones: *1)* oscuridad casi completa, que solo dejaba ver contornos, sin poder apreciar detalles; *2)* sentados a una distancia aproximada de 20 cm, sin tocarse; *3)* generalmente ojos cerrados; *4)* tratar de atender a su experiencia interna;[33] *5)* intentar mantener lo más libre el pensamiento, sin reprimir ninguna experiencia, y *6)* procurar comunicarse, utilizando únicamente material subjetivo, como puede ser, por ejemplo: evocar imágenes, recordar eventos, mantenerse en un estado apropiado para la recepción o emisión de mensajes, etcétera.

Cada uno de los sujetos estaba alambrado con electrodos en corteza frontal (alrededor de F_7, F_3, F_4 y F_8), y en algunas ocasiones también en corteza temporal (alrededor de T_3, T_5, T_4 y T_6), siendo el registro bipolar. Los electrodos se conectaban con un sistema de amplificación y registro (Polígrafo Beckman de ocho canales), de modo que la actividad EEG de las personas estudiadas era registrada en papel poligráfico por un cierto periodo de tiempo, generalmente de dos minutos (ensayo), en el que los participantes trataban de no reprimir ningún contenido subjetivo, al mismo tiempo que ensayaban comunicarse. Posterior a esto, los sujetos reportaban verbalmente qué experiencias subjetivas recordaban, las cuales eran grabadas y escritas.

[33] Las personas estudiadas venían practicando este tipo de introspección por un periodo mayor a un año, lo que les permitía atender y diferenciar cambios subjetivos bastante sutiles.

La eficacia de este intento de comunicación se cuantificaba comparando el reporte verbal de los sujetos, en cuanto a la semejanza o relación de su contenido, de tal forma que si el reporte verbal de dos personas coincidía en uno o más elementos, se le consideraba a este como de nivel alto de comunicación; por el contrario, si no había semejanza de elementos y cada uno de los reportes difería en el tema, se le calificaba como de baja comunicación. Se construyó una escala de 0 a 3, en la cual el 0 significaba completa ausencia de relación y el 3, comunicación directa. Con objeto de hacer más confiable esta apreciación la evaluación de la escala se llevó a cabo independientemente y a ciegas por dos investigadores, comparándose posteriormente estas calificaciones y seleccionando las apreciaciones semejantes. Las dos apreciaciones tuvieron una correlación estadística de: r = +0.89, siendo estadísticamente significativa con una probabilidad asociada de ocurrencia por azar menor a 0.05 (véase la tabla B-l).

Tabla B-1

Calificaciones del reporte verbal

Calificación (escala de 0-3)

Sesión (fecha)	Ensayo (parte)	Observador 1	Observador 2
5/julio/79	1	0	0
	2	1	0
	3	1	0
	4	2	1
	5	3	3
	6	2	2
9/julio/79	1	2	1
	2	2	2
	3	0	0
	4	0	0
	5	2	1
12/julio/79	1	2	2
	2	3	2
	3	0	0
	4	1	2
	5	0	0
	6	0	0

Sesión (fecha)	Ensayo (parte)	Observador 1	Observador 2
16/julio/79	1	0	0
	2	2	3
	3	0	0
	4	1	1
	5	3	3

Esta tabla muestra las apreciaciones de dos observadores sobre la similitud de los reportes verbales (en una escala de 0 a 3). La correlación estadística de las apreciaciones fue de: r = +0.89, siendo estadísticamente significativa con una probabilidad asociada de ocurrencia por azar menor a 0.05.

Más adelante, tomando en cuenta esta cuantificación, se comparó esta con el análisis de la actividad EEG de los sujetos (véase más adelante), haciéndose esta confrontación "a ciegas", es decir, se compararon las calificaciones del análisis EEG sin conocer previamente las del reporte verbal.

El estudio de la actividad EEG se circunscribió a un análisis de coherencia de cada una de las zonas estudiadas, siendo este como sigue:

Se calificaba un segundo de actividad EEG de cada una de las derivaciones, denominándose esta zona estudiada *punto*. Cada ensayo se examinaba en cinco puntos, consistiendo una sesión generalmente de cinco ensayos. El análisis se realizó "a mano" (sin la ayuda de instrumentos) por no existir equipo capaz —hasta la fecha— de llevar a cabo una comparación de tal naturaleza.

Cada punto de análisis se estudió y comparó con los puntos del resto de las derivaciones en cuanto a tres parámetros: *1)* morfología; *2)* frecuencia, y *3)* fase; cada uno con un valor diferente: *1)* 50%; *2)* 30%, y *3)* 20%, que sumados daban el valor de la coherencia total en una escala de 0 a 100. El último parámetro (fase) se introdujo en este tercer experimento con objeto de proporcionar una nueva referencia que ayudara a hacer más fiel el análisis de coherencia efectuado.

La exploración de la morfología se realizó cotejando la forma o configuración de un segundo de actividad EEG de dos derivaciones. Se construyó una escala de 0 a 50, en la cual el cero implicaba morfologías disímiles y el 50 morfologías idénticas.

La frecuencia se reconoció comparando el número de ciclos en un segundo (cps) de cada derivación; dándose valores de 0 a 30, dependiendo de la semejanza o diferencia en el número de cps de cada canal; por ejemplo: si las dos derivaciones comparadas coincidían en el número de cps que contenían, se daba un valor máximo de 30. Si diferían en cinco cps se daba un valor de 15, y si la desigualdad era de 10 o mayor, se refería a un valor de 0.

Para estudiar la semejanza en fase, se echó mano de una escala de 0 a 20, en la cual el 0 significaba ausencia de similitud completa en cuanto al alejamiento temporal de un grupo de ondas parecidas de dos derivaciones; es decir, cuando un grupo de ondas de una derivación se empalmaba perfectamente con la de otra, esto significaba la calificación más alta; si el alejamiento se hacía tan marcado que uno de los extremos del grupo de ondas dejaba de tocar a cualquiera de los dos extremos del grupo de ondas parecido de la otra derivación, la calificación era la mínima.

La coherencia final entre dos puntos está dada por la suma de los valores de similitud, resultantes de la morfología, frecuencia y fase, y que se expresan en una escala de 0 a 100, siendo el 100 coherencia completa y el 0 ausencia total de coherencia.

Se construyeron gráficas (véanse las gráficas B-7 a B-11) en las que la abscisa indicaba los cinco puntos de análisis y la ordenada la cantidad de coherencia o similitud.

En las gráficas se presentan principalmente resultados de coherencia intrasujeto y coherencias promedio de todas las posibles comparaciones (coherencia promedio total) (véanse las gráficas B-7 a B-ll). En la tabla B-2 se presentan los resultados de una evaluación "a simple vista" del conjunto de las coherencias intrasujeto y coherencias promedio total por dos investigadores utilizando una escala de 0 a 3, y la correlación estadística de algunos pares de coherencias. La correlación estadística de las dos apreciaciones fue: r = +0.48, siendo estadísticamente significativa con una probabilidad asociada de ocurrencia por azar menor a 0.05. Además, en las gráficas se presentan las transcripciones de los reportes verbales de los sujetos involucrados.

Resultados

Si comparamos la tabla B-l con la tabla B-2, nos podemos dar cuenta de que los reportes verbales que comparten calificaciones altas de los dos observadores generalmente coinciden (5 a 7) con gráficas en

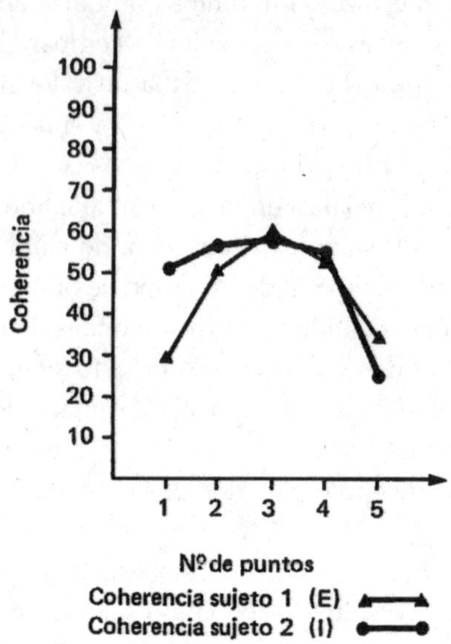

Gráfica B-7. En esta gráfica y en la correlación estadística que se presenta se puede observar la relación que existe entre la coherencia EEG de los sujetos, así como de los reportes verbales.

Se presenta el nivel de coherencia interhemisférica de las zonas frontales y temporales de dos sujetos, en cinco diferentes puntos del registro EEG (duración del registro: 2'10").

La correlación estadística entre estos dos sujetos fue: r = +0.96, siendo estadísticamente significativa con una probabilidad asociada de ocurrencia por azar menor a 0.05.

Reporte verbal:

Sujeto l: Primero imagen de un trofeo con unas manos hacia arriba. Pensando en imágenes. Al último "metiéndose" en la meditación.

Sujeto 2: Se dejó ir. Imagen de un trofeo deportivo de oro. Muchas imágenes.

Vio al sujeto l tal y como está sentado. Después imagen de la Patagonia y trofeo de oro.

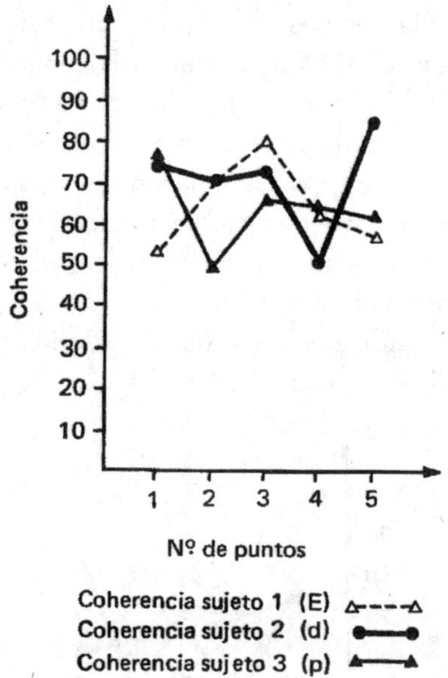

Gráfica B-8. En esta gráfica y en la correlación estadística que se presenta se puede observar la falta de relación entre la coherencia EEG de los sujetos, así como de los reportes verbales.

Se presenta el nivel de coherencia interhemisférica de las zonas frontales de tres sujetos, en cinco diferentes puntos del registro EEG.

(Duración del registro: 2'5")

La correlación estadística entre el sujeto 1 y el sujeto 2 fue de: r = +0.09, no siendo estadísticamente significativa.

Reporte verbal:

Sujeto 1: Pensó que era muy rápido. No le daba tiempo de comunicarse.

Sujeto 2: Dolor o presión en el ojo izq. Recepción de mensaje inespecífico que termina al apagarse el polígrafo.

Sujeto 3: Trató de recibir un mensaje, sintió que ellas también trataban de recibir un mensaje.

las que existe una correlación alta, de por lo menos un par de coherencias. La tabla B-3 muestra las sesiones en que esta relación fue más marcada. Presentamos a continuación dos reportes verbales interesantes (uno muy relacionado y el otro no), con su respectiva correlación estadística (véanse las gráficas B-7 y B-8): el 16 de julio de

1979 dos sujetos alambrados en corteza frontal derecha e izquierda y en corteza temporal derecha e izquierda reportaron verbalmente lo siguiente: Sujeto 1. Primero imagen de un trofeo con unas manos hacia arriba; pensando en imágenes; al último "metiéndose" a la meditación. Sujeto 2. Se dejó ir; imagen de un trofeo deportivo de oro; muchas imágenes; vio al sujeto tal y como está sentado; después imagen de la Patagonia y trofeo de oro. La correlación estadística de los niveles de coherencia interhemisférica fue de: r = +0.96, siendo estadísticamente significativa con una probabilidad asociada de ocurrencia por azar menor a 0.05.

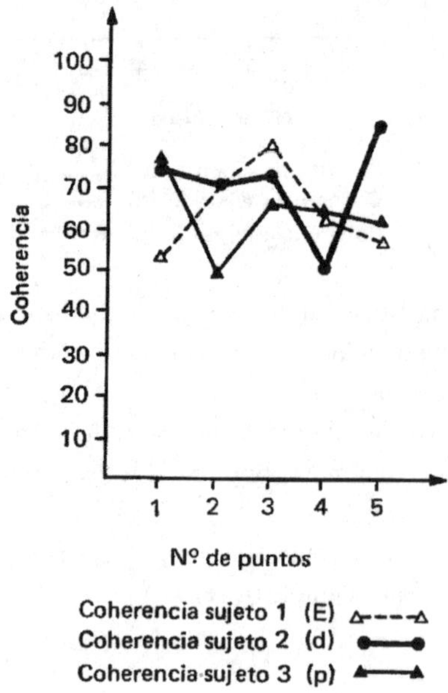

Gráfica B-9. Gráfica que presenta un ejemplo de coherencias que se agrupan en la parte alta de la misma (por encima del valor 50).

Reporte verbal:

Sujeto 1: Pensó que la comunicación no es recibir ni transmitir mensajes. Después dolor en el lado izq. de la sien.

Sujeto 2: trató de recibir un mensaje, pero las sintió bloqueadas. No sintió comunicación.

Sujeto 4: presión en el ojo izq. Como recepción de mensaje inespecífico y hambre.

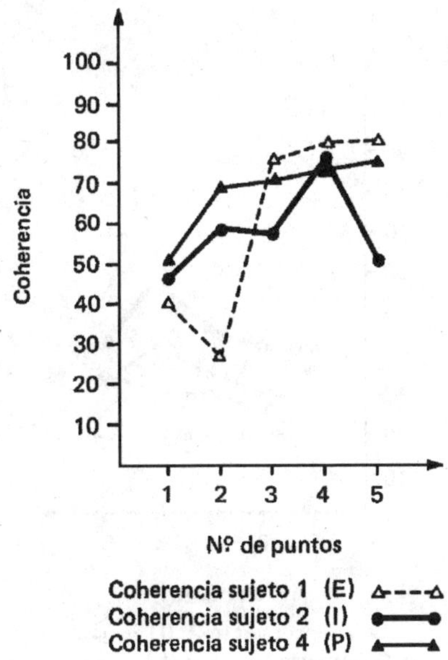

Gráfica B-10. Gráfica que presenta un ejemplo de coherencia que se agrupan en la parte media de la misma (alrededor del valor 50).

Reporte verbal:

Sujeto 1: Primero en expectativa, luego trató de concentrarse y relajarse. Se mantuvo así tratando de sentir al sujeto 2 y 4.

Sujeto 2: Mandó la imagen de unos planetas. Luego trató de recibir un mensaje de los otros sujetos y no pudo.

Sujeto 3: Pensamientos dispersos.

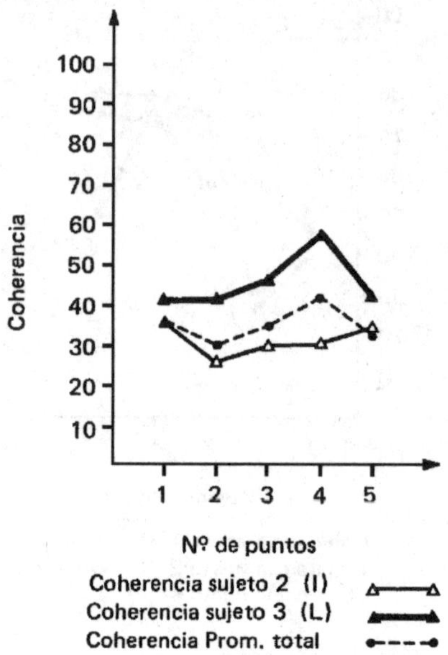

Gráfica B-11. Gráfico que presenta un ejemplo de coherencias que se agrupan en la parte baja de la misma (por debajo del valor 50).

Reporte verbal:

Sujeto 2: Primero pensando en el sujeto 1. Súbitamente la imagen de la gran pirámide. La esfinge se transformó en un Chac-Mol y luego de nuevo en la esfinge de la gran pirámide. Veía al león con cabeza de mujer. Veía la pirámide y el león.

Sujeto 3: Trató de mandar imágenes de pirámides. Le vino la imagen de pirámides como montones de hielo en el Polo Norte. Pensó en ovnis.

El 5 de julio de ese mismo año, tres sujetos alambrados en corteza frontal derecha e izquierda reportaron lo que sigue: Sujeto 1. Pensó que era muy rápido; no le daba tiempo de comunicarse. Sujeto 2. Dolor o presión en el ojo izquierdo; recepción de mensaje inespecífico que termina al apagarse el polígrafo. Sujeto 3. Trató de recibir un mensaje, sintió que ellas trataban de recibir un mensaje. La correlación estadística de los niveles de coherencia interhemisférica más parecidos (sujeto 1 y 2) fueron: r = +0.09.

Dentro de los reportes verbales, que coinciden con coherencias que se correlacionan, se puede hacer la siguiente subdivisión:

a) Gráficas correlacionadas de coherencia alta, que vendrían a ser coherencias que presentan la mayor parte de sus puntajes por arriba del valor 50 (gráfica B-9).

b) Gráficas correlacionadas de coherencia media, que serían coherencias que presentan la mayor parte de sus puntajes alrededor del valor 50 (gráfica B-10).

c) Gráficas correlacionadas de coherencia baja, que obviamente serían coherencias que presentan la mayor parte de sus puntajes por abajo del valor 50 (gráfica B-11).

Tabla B-2

Apreciación visual y correlación estadística de los valores graficados

Sesión (fecha)	Ensayo (parte)	Observador 1	Observador 2	r
5/jul.	1	1	1	I-P = +0.52
	2	1	1	E-I = +0.09
	3	2	2	E-I = +0.31
				P-E = +0.57
	4	1	0	I-P = +0.47
	5	2	2	E-I = +0.62
	6	2	1	E-P = +0.61
				E-I = −0.05
9/jul.	1	1	2	L-E = +0.53
	2	3	3	L-E = +0.94
				E-I = +0.79
				L-I = +0.64
	3	1	2	L-I = −0.77
	4	1	1	E-L = +0.01
				I-L = −0.86
	5	2	0	E-L = +0.49

Sesión (fecha)	Ensayo (parte)	Observador 1	Observador 2	r
12/jul.	1	2	3	L-I = −0.32
				I-c. tot. = +0.85
	2	3	3	L-I = −0.16
				L-c. tot. = +0.89
	3	2	1	I-L = −0.39
	4	2	2	I-L = +0.52
	5	2	2	I-L = −0.66
	6	1	2	I-L = +0.04
16/jul.	1	2	0	E-I = −0.36
	2	2	1	E-I = −0.42
	3	2	2	E-I = +0.42
	4	2	3	E-I = +0.94
		2	3	temporales (') =
	5	3	3	+0.37
		3	3	E-I = +0.96
				temporales (') =
				+0.96

Esta tabla presenta la apreciación visual de dos observadores de los valores graficados, así como su correlación estadística.

La correlación estadística entre los observadores fue de: r = +0.48, siendo estadísticamente significativa con una probabilidad asociada de ocurrencia por azar menor a 0.05.

Para los valores de r, el punto de decisión fue de: r = 0.878.

c. tot. = coherencia promedio total E = sujeto 1 I = sujeto 2

L = sujeto 3 P = sujeto 4

(') = r de temporales izquierdos contra temporales derechos-temporales-izquierdos

Tabla B-3

Calificaciones de gráficas de coherencia que coinciden con calificaciones de reportes verbales similares

		Calificación reporte verbal		*Calificación valores graficados*	
Sesión	*Ensayo*	*Observador*	*Observador*	*Observador*	*Observador*
(fecha)	*(parte)*	*1*	2	*1*	2
5/jul./79	5	3	2	2	2
9/jul./79	2	2	2	3	3
12/jul./79	1	2	2	2	3
	2	3	2	3	3
16/jul./79	5	3	3	3 (3')	3 (3')

Nota: (') = valores graficados de cortezas temporales.

Esta tabla muestra comparativamente las apreciaciones tanto de los reportes verbales como de las graficaciones.

En este estudio, esta subdivisión no es muy marcada, por el pequeño número de casos que pertenecen a subdivisiones extremas (altas y bajas), sin embargo, las presentamos por marcar posibles tendencias que en estudios posteriores se puedan reforzar más.

De los reportes verbales que concuerdan con coherencias altas, se puede decir que aparentemente expresar un estado de tranquilidad y sentimientos de bienestar en el sujeto. Los que comparten coherencias bajas manifiestan en su mayor parte la aparición de imágenes visuales.

Cuando no existía correlación entre los sujetos o zonas, generalmente aparecían reportes de temas disímiles y falta de comunicación directa; estando en algunas ocasiones algunos de los sujetos en expectativa de que sucediera algo relacionado con la satisfacción de necesidades, que podríamos llamar "materiales", por ejemplo: pensar en obtener tal o cual objeto, o tal o cual situación (gráfica B-8).

En resumen, podríamos decir que una comunicación directa se relacionó en este estudio con la aparición de coherencia EEG, que se correlacionaban entre sí, independientemente del nivel —ya fuera alto o bajo— de coherencia que presentaban. En contraste, un nivel bajo de correlación traía aparejada una falta de comunicación directa, y la aparición de expectativas al futuro en algunos sujetos. Cuando, por otro lado, las coherencias eran altas, se reportaban sentimientos de bienestar y tranquilidad, y cuando eran bajas, imágenes vívidas.

Conclusiones y crítica

De acuerdo con los resultados que se expresan antes, se podría afirmar que la comunicación en este estudio se hacía más efectiva entre los sujetos, conforme más coincidía el nivel de su coherencia inter y/o intrahemisférica, independientemente si fuera esta (la coherencia) alta o baja.

A pesar de que los tres experimentos se refuerzan mutuamente, es recomendable llevar a cabo estudios posteriores sobre el tema, y en estos realizar algunas modificaciones en la metodología y las técnicas utilizadas, con objeto de tener un mayor control de variables extrañas.

Entre estas modificaciones, podríamos mencionar que es menester trabajar con muestras más grandes, hacer más estrictos los reportes verbales, echar mano de sistemas de computación para tanto aligerar como hacer más fiel el análisis electroencefalográfico, estudiar otras derivaciones electroencefalográficas, etcétera.

No obstante, y a pesar de las modificaciones que se pueden hacer a los experimentos, pensamos que este estudio pionero da ya suficiente material, aunque indirecto, sobre las posibles interacciones que ocurren a nivel de campos neuronales y directo a nivel de cambios electroencefalográficos, cuando dos o más personas se encuentran bajo proceso de comunicación. Creemos que el tema además de fascinante es extremadamente amplio, por lo que es necesario llevar a cabo estudios que reconfirmen y completen los resultados que en este trabajo se mencionan.

Por último, los resultados presentados aquí apoyan la idea de la existencia de una mente Única.

APÉNDICE III

CORRELATIVOS ELECTROFISIOLÓGICOS DE LA EXPERIENCIA SUBJETIVA[1]

Hace algunos años, con E. Ray John[2, 3, 4] demostramos que las zonas parietotemporales de la corteza cerebral humana participan en los procesos de asignación de significado a un estímulo. El experimento que realizamos para demostrar lo anterior consistió en el registro de potenciales provocados ante una serie de números presentados taquistoscópicamente. Nos interesó, sobre todo, el análisis de la morfología de los potenciales ante el número I. Comparamos esta morfología de potencial con la provocada ante una serie de letras, entre las que estaba la letra I.

Tanto la letra I como el número I eran una y la misma línea vertical, de tal forma que cualquier diferencia de morfología debía representar más que un análisis de forma, una asignación de significado. Lo que hallamos es que los potenciales de las zonas occipitales no diferían en morfología, mientras que los de las zonas parietotemporales sí lo hacían. Más aún, cuando presentamos un estímulo con el mismo significado, pero representado en diferente forma (A *vs.* a), encontramos resultados complementarios, es decir que ahora las zonas occipitales mostraban diferencias morfológicas en sus potenciales, mientras que las parietotemporales no.

---

[1] Artículo publicado con autorización de la revista *Enseñanza e Investigación en Psicología.*

[2] Grinberg-Zylberbaum, J., *Psicofisiología del aprendizaje*, México: Trillas, 1976.

[3] Grinberg-Zylberbaum, J., *Nuevos principios de psicología fisiológica*, México: Trillas, 1976.

[4] Grinberg-Zylberbaum, J., *Creation of Experience*, Nueva York: John Wiley, 1981.

Lo anterior significa que las zonas parietotemporales ejecutan un análisis muy complejo de la información, análisis que bien pudiera conceptualizarse en forma similar a como Alexander Luria[5] explicó las funciones sintéticas de las cortezas secundarias y terciarias.

Las funciones sintéticas implican que una serie de elementos de información dispersa es reunida o incluida en patrones inclusivos, en los cuales la información se unifica. Esta conceptualización coincide con la postulación de circuitos de convergencia en los sistemas visuales hecha por Hubel y Wiesel[6] y con las postulaciones de la teoría sintérgica.[7], [8], [9], [10]

Según esta última, la información que penetra al sistema nervioso es sometida a una serie de procesos, entre los cuales destaca la síntesis o inclusión informacional. Los procesos de síntesis son llevados a cabo por circuitos convergentes y por la emergencia de campos neuronales que unifican en una dimensión de campo lo que previamente era información dispersa. Según la teoría sintérgica, el sistema "decanta" neuroalgoritmos, los que contienen, como patrones neuronales hipercomplejos, información unificada. Cuando los patrones neuronales así sintetizados logran transformarse en un neuroalgoritmo, se obtiene la asignación de un significado. El hecho de que la corteza parietotemporal realice estas operaciones de neuroalgoritmización es lógico porque esta zona es altamente polisensorial y forma parte de las estructuras corticales de mayor poder sintético, como lo ha demostrado la neuropsicología.

También es lógico suponer que esta misma zona participe en una serie de procesos que tienen de común con los de significado la neuroalgoritmización, pero que difieren por ser iniciados a niveles centrales y no periféricos. Me refiero a los procesos de imaginación.

---

5 Luria, A. R., *The Working Brain*, Londres: Allen Lane / The Penguin Press, 1974.

6 Hubel, D., y Wiesel, T., "Receptive Fields and Functional Architecture of Monkey Striate Cortex", *J. Physiol.*, 195, pp. 215-243, 1968.

7 Grinberg-Zylberbaum, J., *El cerebro consciente*, México: Trillas, 1979.

8 Grinberg-Zylberbaum, J., *El espacio y la conciencia*, México: Trillas, 1981.

9 Grinberg-Zylberbaum, *Creation of Experience, op cit*.

10 Simposio en el Segundo Congreso Mexicano de Psicología. "La creación de la experiencia", México, 1979.

En nuestro laboratorio de la Facultad de Psicología de la UNAM, Enriqueta Canseco, Cecilia Torres y yo estamos realizando una serie de experimentos para localizar las zonas corticales encargadas de los procesos de imaginación en el hombre.[11]

El experimento consiste en entrenar a varios sujetos en la percepción imaginada de dos destellos cuando solamente se presenta uno de ellos.

El proceso de entrenamiento lo hemos divido en tres niveles que denominamos inicial, intermedio y avanzado. En el nivel inicial, al sujeto se le presentan una serie de 32 destellos simples, es decir, uno tras otro con intervalos variables. Al mismo tiempo se registran los potenciales provocados ante los destellos utilizando derivaciones bipolares de acuerdo al sistema 10/20 internacional. Los potenciales son promediados utilizando una computadora Tracor Northern. Con la misma técnica de registro y análisis son presentados ahora 32 pares de destellos, de tal forma que el sujeto sea capaz de percibir con claridad dos destellos en lugar de uno en cada presentación. La morfología de potenciales ante los pares se compara con la de los obtenidos ante las presentaciones simples. Por último, se vuelve a presentar una serie de 32 destellos simples, pero ahora se le pide al sujeto que se imagine que se presentaron dos destellos en lugar de uno. Aunque todavía en proceso y sin concluir, hemos observado que las zonas parietotemporales son las que muestran potenciales provocados similares cuando se comparan pares de destellos simples con destellos imaginados.

Esperamos que, en etapas intermedias y sobre todo avanzadas de entrenamiento en imaginación, las diferencias se agudicen al igual que sus complementarias similitudes, demostrando de esta forma que las mismas zonas corticales están encargadas de los procesos de asignación de significado y de imaginación.

Quisiera enfatizar que el proceso de imaginación, aunque puede estar disparado o iniciado por un estímulo gatillo, es fundamentalmente central en su origen, mientras que el proceso de asignación de significado tiene un origen periférico. En otras palabras, en la asignación de significado, este proceso es el punto final de una cadena que inicia con la estimulación periférica, mientras que el proceso de imaginación

---

[11] Torres, C., Canseco, E., y Grinberg-Zylberbaum, J., *Potenciales provocados e imaginación*, 1981. En proceso.

se origina en donde el procesamiento de significado termina. Nuestros resultados indican que esta interpretación no está errada y que inclusive existe una zona anatómica compartida para los dos procesos, que es la corteza parietotemporal.

En el laboratorio nos hemos interesado en la utilización de técnicas electrofisiológicas como ayuda para conocer el procesamiento humano de la información. El experimento descrito antes nos ha ayudado a resolver varias interrogantes que sin su utilización hubieran permanecido sin contestación. Una de estas interrogantes es la participación de mecanismos periféricos en los procesos tan abstractos como los de imaginación y significado. Hemos tenido especial cuidado de registrar y comparar componentes periféricos como movimientos oculares con la experiencia y con la morfología de los potenciales corticales, encontrando que la experiencia no puede ser explicada con base en manifestaciones periféricas.

En cambio, he desarrollado una teoría[12, 13, 14, 15, 16] que intenta explicar la creación de la experiencia, y hemos sometido a prueba experimental los postulados principales de esta teoría. Antes de presentar una síntesis de esta teoría, y de compartir algunos resultados experimentales que la apoyan, me gustaría enfatizar la necesidad de plantear y resolver el problema de la creación de la experiencia. Por detrás de cualquier asignación de significado o de cualquier proceso de imaginación está el colosal problema de la creación de la experiencia. En nuestro experimento de imaginación, antes de la pregunta acerca de cómo y en dónde se realizó lo imaginado, está la interrogante acerca del mismo origen de los elementos y procesos perceptuales bases de este o de cualquier otro problema psicológico. ¿Cómo pudo percibir una luz el sujeto?, ¿cómo fue capaz de crear una luz imaginada?, ¿cómo, en fin, pudo ver luz?

El origen de la experiencia es para mí el tema fundamental de investigación, puesto que considero que de su adecuada contestación

---

[12] Grinberg-Zylberbaum, J., *Los fundamentos de la experiencia*, México: Trillas, 1978.

[13] Grinberg-Zylberbaum, *El cerebro consciente*, *op cit*.

[14] Grinberg-Zylberbaum, *El espacio y la conciencia*, *op cit*.

[15] Simposio en el Segundo Congreso Mexicano de Psicología. "La creación de la experiencia", México, 1979.

[16] Grinberg-Zylberbaum, J., *Psicofisiología del Ser*, México: Trillas, 1981.

dependerá la posibilidad real de entender el resto de los procesos psicológicos. Es mi experiencia que el mismo planteamiento del problema acerca del origen de la experiencia no es comprendido y por ello me he dedicado a esclarecerlo en una serie de publicaciones a las que remito al lector para evitar repeticiones de lo ya dicho.[17, 18, 19, 20]

Aquí solamente mencionaré que a la experiencia yo la conceptualizo como resultado de la interacción de dos campos energéticos, por una parte, lo que he denominado el *campo neuronal*, y por la otra, lo que he denominado *estructura sintérgica del espacio*.

Como resultado del casi infinito número de interacciones entre elementos neuronales, se crea un campo energético de interacciones que debe expandirse en el interior del cerebro y luego abandonar su misma infraestructura de origen para internarse en el espacio circundante a la misma. En otras palabras, el campo neuronal se origina en el cerebro como resultante sinergista de todos los procesos elementales de interacción neuronal y luego ya en su dimensión de campo energético debe abandonar el cerebro y transmitirse al espacio circundante.

El campo neuronal debe reflejar en su dimensión de campo las características específicas del funcionamiento del cerebro que le dio origen.

Estas características del campo las discutiré al presentar mis resultados experimentales.

Por otro lado, la estructura sintérgica del espacio es la forma en la cual la información está contenida en cada una y en todas las porciones diminutas del espacio. Esta estructura ya la he discutido con detalle,[21, 22] por lo que solo repetiré algunos aspectos fundamentales de la misma.

En primer lugar, la característica sobresaliente de la organización de la información contenida en el espacio es la concentración de grandes cantidades de información en porciones diminutas de espacio. Esta concentración informacional se lleva a cabo por medio de un proceso de

---

[17] Ginberg-Zylberbaum, *Nuevos principios de psicología fisiológica, op cit.*

[18] Grinberg-Zylberbaum, *Los fundamentos de la experiencia, op cit.*

[19] Grinberg-Zylberbaum, *El espacio y la conciencia, op cit.*

[20] Grinberg-Zylberbaum, *Creation of Experience, op cit.*

[21] Grinberg-Zylberbaum, *El cerebro consciente, op cit.*

[22] Grinberg-Zylberbaum, *El espacio y la conciencia, op cit.*

algoritmización energética muy similar en sus fundamentos, aunque diferente en los medios que utiliza para lograrlo a la neuroalgoritmización cerebral. De esta forma, cada porción diminuta de espacio contiene, en forma hiperconcentrada y energéticamente algoritmizada, información colosal acerca de otras porciones de espacio. Es posible inclusive considerar operaciones de convergencia informacional en el espacio, de tal forma que grandes dimensiones de espacio y de información contenida en el mismo convergen en porciones diminutas de espacio. De hecho, es posible considerar que cada punto del espacio contiene información transformada (algoritmizada) acerca del resto. Yo denomino *espacio de alta sintergia* al espacio que contiene o manifiesta una mayor capacidad de convergencia o de concentración informacional. Un espacio de alta sintergia sería un espacio alejado de cualquier objeto material. En cambio, un espacio de baja sintergia sería un espacio de poco poder convergente o baja concentración informacional. Un espacio de baja sintergia estaría localizado en la cercanía de objetos materiales. Por tanto, una de las características más importantes de la organización sintérgica del espacio es la concentración informacional. Otra de las características es la redundancia. Un espacio de alta sintergia es más redundante que un espacio de baja sintergia. De hecho, existe una relación directa entre redundancia y convergencia de concentración informacional.

En otras palabras, mientras mayor es la convergencia y por tanto la concentración informacional, mayor es la redundancia. Un ejemplo ayudará a entender lo anterior. Cuando vemos un objeto muy lejano (por ejemplo, la Luna desde la Tierra), este objeto está localizado informacionalmente en puntos diminutos de espacio. La dimensión de espacio capaz de contener toda la información fotónica acerca de la Luna se hace menor conforme se aumenta la distancia entre la Luna y el punto de espacio considerado. En otras palabras, a medida que aumenta la distancia de un punto del espacio con respecto a un objeto, la información acerca del objeto se encuentra en una porción más diminuta de espacio. Esto indica que a mayor distancia de un objeto, mayor es la convergencia de su información en el espacio.

Decía, pues, que si un sujeto observa la Luna desde la Tierra, la distancia entre el punto del espacio que interactúa con la retina del observador y la Luna es tan grande, que la información estará contenida en forma altamente concentrada en el punto diminuto de interacción y que esto estará relacionado con una alta redundancia informacional.

En otras palabras, todos los puntos a esa distancia contendrán la misma información. Por ello, si el sujeto se mueve, percibirá que la Luna se mueve con él. Por lo tanto, a mayor convergencia, mayor redundancia de información.

En un espacio de alta sintergia, la redundancia es muy grande, lo mismo que la concentración-convergencia informacional. Aunado a estas características, está la de que en un espacio de alta redundancia informacional, y por lo tanto de alta concentración y convergencia, es decir, en un espacio de alta sintergia, la fuerza gravitacional será menor que en un espacio de baja redundancia y por tanto de sintergia menor. La fuerza gravitacional y la redundancia guardan una relación inversa, es decir, a mayor redundancia, menor fuerza gravitacional. Lo mismo sucede con la convergencia: a mayor convergencia menor fuerza gravitacional. La fuerza gravitacional aparece a medida que un espacio disminuye su sintergia, es decir, a medida que un espacio disminuye su redundancia y su concentración informacional. Por ello, la fuerza gravitacional está asociada a la aparición y a la masa de objetos materiales.

Similares leyes de organización son válidas (teóricamente) para el campo neuronal. En principio, las características del campo neuronal deben ser un reflejo de los modos de actividad cerebral. En este sentido, si un cerebro funciona en un modo de alta coherencia (es decir, si se observan patrones de activación similares en sus diferentes estructuras, como por ejemplo, similares morfologías de potenciales provocados durante sobreentrenamiento) el campo neuronal resultante deberá poseer una mayor redundancia que cuando el cerebro funciona en una baja coherencia. De la misma forma, un cerebro con una alta capacidad sintética, y por tanto con una facilidad para la abstracción y la unificación conceptual, debería crear un campo neuronal con mayor contenido informacional.

Sostengo que es la interacción entre el campo neuronal y la estructura sintérgica del espacio la responsable de la experiencia.[23, 24, 25, 26]. Además, postulo que el campo neuronal afecta la organización sin-

---

[23] Grinberg-Zylberbaum, *Los fundamentos…*, *op cit.*

[24] Grinberg-Zylberbaum, *El cerebro consciente*, *op cit.*

[25] Grinberg-Zylberbaum, *Creation of Experience*, *op cit.*

[26] Simposio en el Segundo Congreso Mexicano de Psicología. "La creación de la experiencia", México, 1979.

térgica del espacio aumentando la sintergia si el campo proviene de un cerebro funcionando en alta coherencia y en elevada capacidad sintética, y disminuyendo la sintergia espacial si el campo neuronal proviene de un cerebro funcionando en una baja coherencia, y con un disminuido poder sintético y de abstracción. Felizmente, todas estas postulaciones han sido sometidas a prueba experimental. La hipótesis en la que se basó el experimento que reporto a continuación es la siguiente: un cerebro humano funcionando en una alta coherencia cerebral creará un campo neuronal que incrementará la sintergia del espacio y por tanto provocará alteraciones de la fuerza gravitacional circundante a su infraestructura cerebral.

El experimento fue realizado hace unos meses y sus resultados presentados en el Segundo Congreso Mexicano de Psicología[27] y en forma de artículo. La metodología seguida y los detalles del procedimiento se pueden leer en las memorias del Congreso, aquí solamente mencionaré que, efectivamente, de 28 experimentos realizados durante dos años, 24 demostraron que incrementos en la coherencia cerebral manifestada en la actividad electroencefalográfica afectaban la fuerza gravitacional registrada en el espacio circundante al sujeto. La probabilidad de que los efectos fueran debidos al azar fue menor de 0.00001.

Este experimento está de acuerdo con los postulados de la teoría sintérgica, aunque no demuestra que la experiencia es la interacción del campo neuronal y la estructura sintérgica del espacio.

Intentando aproximarnos más a esta última consideración hemos iniciado una serie de experimentos en los cuales manejamos directamente los estados de coherencia cerebrales con el objeto de distinguir sus relaciones y determinar sus correlativos de experiencia. Los experimentos[28] se realizan en una cámara semisilente en la que se coloca al sujeto frente a un osciloscopio de cuatro canales con memoria; a intervalos variables se presentan al sujeto muestras de su propia actividad cortical y se realiza un análisis cuantitativo de la coherencia electroencefalográfica y de la experiencia subjetiva asociada. Nos ha interesado diferenciar la coherencia interhemisférica de la coherencia intrahemisférica, y para ello registramos de cuatro puntos del hemisfe-

---

[27] *Idem.*

[28] Grinberg-Zylberbaum, J., *Coherencia cerebral y experiencia consciente*, 1981. En proceso.

rio izquierdo, comparando los patrones con cuatro puntos del hemisferio derecho. El experimento está en proceso, aunque ya poseemos algunos resultados objetivos. En primer lugar, cuando la coherencia interhemisférica y la coherencia intrahemisférica son (ambas) muy altas, la experiencia resultante es la de vivir un estado de orden y paz interiores, y la de sentirse unido con el mundo externo sin una aparente interfase. En otras palabras, la experiencia es la de un aproximarse a la Unidad. Esto está de acuerdo con la postulación de interacción de campos, aunque tampoco la demuestra.

Hemos observado que la experiencia subjetiva cambia considerablemente dependiendo de si el sujeto se encuentra en un modo de coherencia interhemisférica posterior pero no anterior o si a este modo se le añade una coherencia intrahemisférica izquierda pero no derecha, etcétera. En realidad existe toda una serie de modalidades de coherencia, cada una de ellas asociada con experiencias diferentes. Los detalles serán publicados más tarde y lo que se puede afirmar desde ahora es que las variaciones de coherencia y la experiencia subjetiva están íntimamente relacionadas.

Uno de los derivativos de la teoría sintérgica acerca de la creación de la experiencia es que dos o más campos neuronales en interacción deben afectarse mutuamente y por tanto alterar la experiencia subjetiva de los sujetos interactuantes. En otras palabras, que la interacción directa entre campos neuronales es un medio efectivo de comunicación. De hecho, nosotros hemos denominado a la comunicación resultante de la interacción entre sendos campos neuronales con el nombre de *comunicación directa*.

Con el objeto de estudiar este tipo de comunicación y de analizar sus relaciones con los postulados de la teoría sintérgica, realizamos una serie de experimentos, el primero de los cuales fue publicado en la revista del Consejo Nacional para la Enseñanza e Investigación en Psicología,[29] el segundo fue presentado en el Segundo Congreso Mexicano de Psicología,[30] y el tercero está siendo analizado (véase el apéndice B).

---

[29] Grinberg-Zylberbaum, J., Cueli, J., y Szydlo, D., "Comunicación terapéutica, una medida objetiva", *Enseñanza e Investigación en Psicología*, vol. IV, núm. 1(7), 1978, p. 97.

[30] Simposio en el Segundo Congreso Mexicano de Psicología. "La creación de la experiencia", México, 1979.

Intentaré describir los tres experimentos antes mencionados y algunos de sus resultados que son, sin lugar a dudas, sorprendentes y originales. Me parece que es la primera vez que la psicofisiología intenta penetrar en el campo de la comunicación humana y lo hace con éxito.

En el primer experimento[31] nos enfrentamos al problema de cuantificar la comunicación humana, sin por ello desvirtuarla o sumirla en la rigidez. Decidimos trabajar con parejas y sesiones semanales. Trabajamos en una cámara semisilente, con sistema de observación tipo Gesell y utilizamos un equipo de *video tape* Sony para registrar la imagen y el sonido de la pareja en comunicación, durante todas y cada una de las sesiones. Al final de estas, un grupo de investigadores analizaba el video con el fin de aprender a detectar cambios respiratorios, de tensión muscular, posición, tono de la voz, etcétera, y correlacionarlos con el contenido de la comunicación cuando esta era verbal o simplemente con el recuerdo de lo que sucedía con la experiencia subjetiva de la pareja cuando no había verbalizaciones.

Llegamos así a establecer una escala de comunicación que consistió en 10 niveles. El nivel 0 era ausencia de comunicación y el nivel 10 comunicación directa total, definida, como un total involucramiento de un miembro de la pareja con el otro, un compartir estados emocionales, imágenes y sentimientos sin necesidad de utilizar la verbalización.

En intervalos constantes de videos se cuantificaba la comunicación y se construían gráficas de comunicación que mostraban las oscilaciones observadas en el transcurso de toda una sesión. Al mismo tiempo que se realizaba la toma de video, se registraba la actividad EEG de cada miembro de la pareja utilizando un equipo Alvar portátil.

Un experto en electroencefalografía se dedicaba a analizar los registros tomando muestras en los mismos intervalos que las muestras de comunicación en los videos. El análisis EEG se realizaba sin conocer los resultados del análisis de video con el objeto de evitar cualquier interferencia o contaminación subjetivas. El experto en EEG cuantificaba la frecuencia, voltaje, morfología (a través de una transformación especial) y sobre todo la similitud de patrones. En cada miembro de la pareja se registraban (en sesiones sucesivas) todas las derivaciones

[31] Grinberg-Zylberbaum, Cueli y Szydlo, *op. cit.*

del sistema 10/20 internacional, por lo que había la oportunidad de comparar prácticamente toda la actividad cortical de un sujeto con respecto a otro. La similitud de patrones EEG se transformó a una escala de 10 niveles en la cual el nivel 0 significaba ausencia de similitud y el nivel 10 similitud total.

Los resultados del análisis de comunicación se compararon con los de los registros EEG obteniéndose los siguientes resultados. En primer lugar, una alta correlación (+0.58) entre niveles de comunicación y actividad EEG para la zona T_5. Este extraordinario hallazgo indica que la comunicación humana alcanza valores profundos mientras más parecidos sean los patrones EEG de la zona temporal izquierda del cerebro. En otras palabras, los patrones EEG de la zona T_6 se hacían similares a medida que aumentaban los niveles de comunicación y disminuían cuando la comunicación bajaba de nivel. En segundo lugar, observamos que existía una alta correlación entre los niveles de coherencia de los cerebros individuales y los niveles de comunicación. Parecería que la mayor o menor capacidad de un cerebro de incrementar sus propios niveles de coherencia determina su capacidad de comunicación. Estos resultados están de acuerdo con las postulaciones de la teoría sintérgica, sobre todo con las consideraciones de interacción entre campos. Quiero decir con esto que cuando un cerebro incrementa su coherencia, debe establecer una interacción más fluida con la estructura sintérgica del espacio y con cualquier información que se añada a esta estructura. El hecho de que dos seres humanos incrementan su capacidad de comunicarse y sobre todo que la dirección de este incremento sea hacia la comunicación directa precisamente cuando se incrementa la coherencia individual indica que deben establecer una interacción y un contacto más fluido con lo que su actividad cerebral incorpora a la estructura informacional del espacio y esto no puede ser más que la específica morfología de sus campos neuronales.

Esta interpretación fue apoyada por los resultados del segundo experimento de comunicación, en el cual decidimos estudiar grupos de por lo menos tres sujetos. El realizar un análisis de comunicación cuantificable en un grupo y el comparar los resultados de este con un simultáneo registro EEG individual y colectivo nos enfrentó a problemas técnicos extraordinariamente difíciles de resolver. Por ello decidimos restringir la comunicación a su mínimo, aunque respetando la complejidad de la comunicación directa. Para ello, iniciamos un periodo de entrenamiento con cada sujeto en el cual le enseñábamos a reconocer una sensación muy concreta y objetiva de cosquilleo en el entrecejo activada por una técnica de concentración. Cuando los sujetos fueron capaces de reconocer esta activación y de provocarla a voluntad, los instruimos en la labor de detectar esta activación en ellos mismos y en los otros miembros del grupo en la situación de registro EEG grupal. Los resultados de este experimento fueron muy claros en por lo menos dos sentidos. En primer lugar, demostramos que un sujeto puede detectar la sensación corporal específica de otro sujeto sin necesidad de utilizar medios de comunicación convencionales. Más aún, un sujeto es capaz de detectar el estado de activación grupal y no solamente individual. En segundo lugar, observamos que esta capacidad se relacionaba con los estados de coherencia individuales y que un estado en un cerebro afectaba el estado del resto, de acuerdo a las postulaciones de la teoría sintérgica.

El tercer experimento consistió en el registro EEG grupal (igual al segundo experimento) pero en una situación de comunicación libre (similar a la del primer experimento). Un resultado fue tan aparente desde la primera sesión que no tengo duda alguna acerca de su objetiva ocurrencia. Me refiero a la constante manifestación de estados compartidos entre los sujetos. Durante los reportes, un sujeto (por ejemplo) mencionaba que había visto una imagen específica y otros sujetos (los grupos llegaron a ser hasta de cuatro sujetos) mencionaban imágenes semejantes en el mismo periodo de tiempo. Lo compartido en forma directa fue ascendiendo en complejidad hasta llegar a un punto en el que los sujetos eran capaces de verbalizar los pensamientos de diferentes miembros del grupo. Debo mencionar que esto sucedió sobre todo en sujetos que practicaban consuetudinariamente técnicas de meditación.

Puesto que hemos observado que tanto la comunicación directa como los estados de silencio y paz interna están íntimamente relacionados con los estados de elevada coherencia cerebral, pensamos que estos sujetos capaces de detectar información sutil y con una larga historia como meditadores poseen alguna capacidad especial para incrementar su coherencia a voluntad, o conocen técnicas para controlar su propia actividad cerebral y llevarla al modo adecuado para la comunicación directa.

Pensando en que esta posibilidad es digna de ser sometida a prueba experimental y además considerando que sería extraordinariamente interesante averiguar cuáles son los límites de autocontrol cerebral,

Alejandro Riefkohl y yo hemos iniciado un estudio acerca de retroalimentación de ritmos EEG y de relaciones entre actividad EEG y meditación que está todavía en marcha, pero que ya empieza a ofrecer resultados.

El estudio consiste en enviar una señal de retroalimentación a un sujeto cada vez que este penetra a estados de actividad EEG como alfa. Después de varios meses de trabajo, uno de nuestros sujetos ha incrementado su actividad alfa en un grado tal que actualmente es capaz de permanecer más del 80% del tiempo en alfa con los *ojos abiertos.* Esta hazaña de control parecía solo (hasta ahora) ser posible para monjes budistas después de años de reclusión.[32] Estamos a punto de penetrar en el control de la actividad theta con ojos abiertos. Hemos utilizado diferentes técnicas de meditación para ayudarnos en el control y hemos observado que una de ellas (la MT) apoya los incrementos de alfa con ojos abiertos. En el experimento de control de coherencia inter e interhemisférica[33] relatado anteriormente también hemos observado que la meditación tiene un efecto claro en el sentido de incrementar la coherencia cerebral, tanto inter como interhemisférica, por lo que los resultados del tercer experimento en comunicación humana parecen también apoyar nuestras postulaciones teóricas en el sentido de que incrementos de coherencia crean un campo neuronal con mayor capacidad para interactuar con la estructura informacional del espacio y decodificarla.

---

[32] Riefkohl, A., Tesis de licenciatura en Psicología, 1980.

[33] Simposio en el Segundo Congreso Mexicano de Psicología. "La creación de la experiencia", México, 1979.

APÉNDICE IV

LA NEUROPSICOLOGÍA CABALÍSTICA

Introducción

La realidad puede percibirse en un rango cuya extensión está localizada entre un extremo en el cual se ven sus elementos constitutivos y otro extremo en el que se cognita su significado.

En un polo se percibe lo que se encuentra como matriz energética indiferenciada previa a la aparición de cualquier cualidad sensorial (extremo elemental), mientras que en el otro polo no se cuestiona la realidad objetal pero sí su carácter finalista. En otras palabras, se ve más allá de eventos concretos para profundizar en ellos como partes constitutivas de patrones. Aquí es el significado más que la apariencia lo que se percibe.

En este polo de significados se activa una especie de expansión del presente cognoscitivo en la cual la Unidad temporal de análisis incorpora un conglomerado de eventos como un solo elemento de realización, por lo que se percibe un patrón detrás de cualquier apariencia de objeto. En el primer caso, la percepción de matrices indiferenciadas permite reconocer la creación de la experiencia. En el segundo caso, la percepción de patrones en una expansión de la duración cognoscitiva del presente faculta el *diálogo con el mundo* y permite la visión directa de una conciencia unificada o de una mente global.

Las dos visiones pueden ser simultáneas aproximando al hombre así facultado a su totalidad como *Adam Kadmon*[1] cabalístico.

---

[1] Hombre arquetípico.

Los patrones son holográficos y por tanto cada uno de sus elementos es un algoritmo del todo.

De esta forma, la expansión cognoscitiva de la duración del presente es más que otra cosa una función confirmadora de lo que puede abstraerse a partir de cualquier evento que forme parte de un patrón.

No es la tormenta en su finitud y carácter cambiante la única realidad, sino también las leyes que regulan sus cambios.

El Adam Kadmon es lo que perdura, las leyes que regulan los cambios, el Ser que los vislumbra y el patrón que habita.

La muerte

¿Qué es la muerte?

Empecemos aceptando la muerte puesto que el cambio es la vida. Una serie de cambios forman un proceso. Los procesos son continuos en todas las dimensiones, pero el cambio dimensional es siempre una terminación y un comienzo. Existe muerte en toda creación, desde la experiencia hasta el pensamiento. Los cambios dimensionales son saltos cuánticos.

Por ello la muerte existe y dependiendo de la Unidad vivencial del tiempo, el periodo de salto puede vivirse eternamente o, tal como los físicos han preferido interpretarlo, como un cambio cuántico sin tiempo. Tal es la conducta del electrón al "saltar" de orbitales y tal la función del factor de direccionalidad haciendo aparecer a la experiencia en diferentes localizaciones. Cuando el cambio cuántico se vive con una duración y no en ausencia de tiempo la experiencia es la muerte. Confieso, sin embargo, que hablo desde mi vida.

Existen tantos universos que este es solo una de las creaciones de los mismos filtrada a través de la porción parietotemporal izquierda de mi cerebro humano.

La única forma de vencer a la muerte es dándole "luz".

La cuestión de la aceptación de la muerte solo es dable considerarla cuando no se ha conocido el verdadero sentido del amor.

La muerte busca "luz" y quien busque la "luz" de la muerte perecerá porque ella lo alimentará con su propia "oscuridad" y esta proviene de los "infiernos", es decir, de las interfases entre dimensiones.

Por ello, la permanencia en la aceptación tiene como límite a la muerte, a menos que la única forma de darle "luz" sea precisamente su aceptación. Me parece que este último caso es el más objetivamente prudente.

La aceptación de la muerte solo puede ocurrir cuando la muerte misma es vivida como creación.

Es decir, cuando la muerte es vislumbrada desde la perspectiva de la existencia negativa. Desde allí todo es milagroso acontecer, inclusive la permanencia en un salto cuántico. Paréceme que la cuestión de los saltos cuánticos requiere aclaración. No son verdaderos caminos sino más bien excepcionales acontecimientos de desaparición total de la conciencia.

El electrón desaparece de un orbital y aparece en otro sin trayectoria intermedia. El electrón se sumerge (durante el salto) en el campo cuántico y emerge del mismo en otra posición del espacio.

Por supuesto que durante su identidad con el campo cuántico el electrón se conserva como probabilidad, lo que implica la permanencia de una tendencia.

Esto es lo que los cabalistas afirman cuando explican que detrás de cada acción (Nefesh) existe una formación (Ruah), y detrás de cada formación una creación (Neshamah).

En general existe la acción, la formación, la creación y la emanación, siendo esta última similar a la tendencia mantenida en la extensión inespecífica del campo cuántico, capaz de "ocultar" a un electrón.

La tendencia implica un cierto grado de individualidad, por lo que aún sumergido en el campo cuántico, el electrón se conserva pero en un estado más cercano a la Unidad que a su peculiar y "egocéntrica" naturaleza.

Igual sucede con la muerte, la que hace perecer la manifestación pero no tiene poder suficiente para acabar con una individualidad, inclusive cuando aún permanezca en estado latente.

Pero, paradójicamente, esto último es lo más temible de cualquier enfrentamiento con la muerte.

La aceptación de la muerte y por tanto la posibilidad de darle "luz" solo ocurre cuando, además de verla como creación, nace la conciencia del hecho de que su vivencia es la única posibilidad de lograr un renacimiento o, en otras palabras, que el verdadero sentido de la muerte es la posibilidad de vivir otra vida.

Por supuesto que si durante el salto *tal conciencia* es mantenida, no acontece una muerte total, pero a cambio de ello la nueva vida se vislumbra (en su arribo) como verdaderamente ganada. El mantenimiento de tal conciencia equivale a la tendencia o probabilidad mantenida del electrón sumergido en el campo cuántico.

No sería necesario hablar de la muerte si esta no existiera. Es condición natural el cambio y si el mismo electrón es capaz de rozar un cambio dimesional (de electrón a campo cuántico y de este último de nuevo a electrón), ¿de qué no será capaz el hombre?...

¿Cuál es la "luz" que busca la muerte?

Aquellos que han empezado a expandirse en vida son las presas de la muerte, puesto que al sumergirse en ella otorgarán a su reino las mismas cualidades que estimularon su expansión.

El electrón, al sumergirse en el campo cuántico, cambia a este último en su totalidad. El Adam Kadmon contiene también a la muerte y por ello su existencia es arquetípica.

La verdadera identidad es el todo y el que experimenta es ese todo focalizado en cada individualidad. Por ello la muerte es parte de y no existencia separada, ni tampoco añadido, al Adam Kadmon. La muerte es, pues, parte de la vida y se transforma en vida cuando se reconoce su función, sentido y necesidad.

¿Cuándo sobreviene?

En el estudio de los patrones del Ser está la respuesta a esta pregunta. La muerte viene cuando es necesario el cambio y el cambio es necesario cuando se ha recorrido una dimensión y todo la engloba y por tanto existe la necesidad de trascenderla.

La vida

La vida es impecabilidad absoluta en cada acto.

La impecabilidad es función de la fluidez de la "luz" desde la emanación previa a cualquier creación. Lo que se constituye como origen de la creación del pensamiento es la "luz" del pensamiento y esta siempre llega desde la cúspide de una estructura piramidal en la cual cada nivel engloba a los niveles previos en un incremento de poderío y capacidad algorítmica. La dirección no es de la base a la cúspide sino de esta última hacia la primera. La base de la pirámide es el universo de las manifestaciones y de las acciones. La cúspide es lo que los cabalistas llaman el Ein Sof (sin límite).

La vida es la continuidad en el cambio... ¡la fluidez total desde el Ein Sof hasta la manifestación!

Sin embargo, la vida es siempre relativa al nivel de acción de la conciencia. En otras palabras, a la localización del observador. Existen cambios de nivel o saltos cuánticos que fueron analizados en la sección anterior, los que poseen una direccionalidad ascendente para la conciencia. La direccionalidad es la vida y la continuidad en los cambios hacia el Ein Sof... su manifestación.

El misterio de la localización de la conciencia en uno o en varios de los niveles desde el acto hasta el Ein Sof depende de muchos factores, principalmente el número de muertes de una conciencia.

En los saltos cuánticos el eje del tiempo desaparece y la conciencia mantenida como tendencia aprende a recorrer las dimensiones en un eje perpendicular al del tiempo.

La repetición es indispensable para lograr una familiaridad con los universos atemporales, por lo que el número total de muertes guarda una relación directa con el grado de avance de la conciencia y, por tanto, con su localización precisa dentro de la estructura piramidal.

El surgimiento mismo de la conciencia en cualquier nivel es un misterio tan grande que difícilmente puede ser comprendido por una mente humana. La vida es entendimiento del lugar actual en el que se localiza la conciencia junto con la comprensión de sus relaciones, patrones y significados. El entendimiento no necesariamente es verbal, sino más a menudo impalpable.

La impecabilidad en cada acto es función directa de tal entendimiento en que no existe otro remedio más que la total seriedad.

La vida tiene una duración infinita, por lo que cada momento de la misma representa a una totalidad atemporal.

Esta totalidad se comienza a vislumbrar cuando cada acto se reconoce como parte de un patrón y no es el acto mismo lo que se percibe sino el patrón y el acto formando una Unidad.

El significado surge a partir de esta unificación, la que poco a poco se expande hasta alcanzar a incorporar a todo un universo y luego más allá...

La conciencia sigue el mismo camino, por lo que *conciencia* y *vida* son sinónimos.

La conciencia, sin embargo, no es el límite de la vida, sino la totalidad misma que bien puede denominarse Ser.

El Ser conoce lo que la conciencia desconoce y es función de la vida aproximar el extremo de la conciencia hacia la totalidad de sí misma que no es otra cosa más que el Ser.

La conciencia individual está formada por todas las conciencias que ha internalizado de acuerdo a la ley de los patrones del Ser. El Ser, en cambio, trasciende toda modificación y existe en sí mismo como "luz" de la conciencia.

El inconsciente

Lo más llamativo del fenómeno humano es la existencia de la sabiduría consciente. Esta última surge a partir de lo inconsciente. ¿Qué es lo que hace que ciertos contenidos sean conscientes y otros no gocen de esta función?... nadie lo sabe. Pero lo cierto es que existe una función inconsciente y ella parece ser más arquetípica y fundamental que su contraparte consciente.

Inclusive existe una tecnología alquímica mental que permite un funcionamiento trascendente que tiene muchas de las características de un acto inconsciente. Me refiero a la meditación libre y a su producto, un estado de experiencia en el que se activa un proceso que logra desentrañar y resolver codificaciones que la lógica consciente más sofisticada no alcanzaría ni siquiera a percibir. Por ello Alexander Luria está equivocado al afirmar que el estado de funcionamiento cerebral óptimo es el de vigilia.

El inconsciente trasciende la estructura cerebral y se encuentra como trasfondo común de actividad en la estructura del espacio sobre la cual y en la cual se sumergen y transitan los campos neuronales. Por ello no es extraño que lo inconsciente sea manifestación de la Unidad y que en su fenomenología se transpire la existencia de milagrosas actividades y funciones psíquicas. Así, la comunicación directa, la trascendencia del tiempo y espacio y logro de un estado que sobrepasa al ego, son algunos productos de la localización de la actividad mental en el plano del inconsciente.

Puesto que la experiencia es la interacción del campo neuronal con el campo sintérgico, lo inconsciente tiene el mismo fundamento (aunque más directamente conectado) que lo consciente y este es la interacción energética entre morfologías de campos.

La esencia de los patrones del Ser son estas interacciones que permiten explicar la influencia mutua y directa de un cerebro con otros a través de la modificación de las características del campo sintérgico y de su posterior decodificación.

De acuerdo con A. R. Luria, representante máximo de la neuropsicología soviética, y confirmado por multitud de observaciones clínicas y experimentales,[2] está el hecho de que la corteza primaria auditiva y visual recibe información coclear y retiniana que se representa en una forma organizada de acuerdo con activaciones elementales. Esto explica que las lesiones restringidas de estas zonas solo produzcan alteraciones sensoriales simples. En cambio, las cortezas secundarias y terciarias aledañas a la primaria sintetizan la información proveniente de esta última y codifican patrones más que elementos. A través del desarrollo ontogenético y filogenético, estas operaciones de síntesis avanzan y se desarrollan con el resultado de que, en el hombre adulto, la percepción es más que otra cosa activación y manejo de significados gnósticos altamente sintéticos y gestálticos.

La percepción de patrones más que de elementos es la característica más llamativa de lo que he dado en llamar organización sintérgica. En esta última, los elementos están organizados en una pirámide de convergencia en la cual los niveles más sintérgicos son los que concentran mayor información y así representan la activación de grandes conglomerados de unidades más simples. Estos patrones sintérgicos se activan en la corteza secundaria y terciaria visual (áreas 18 y 19 de Broadmann) en la puesta en marcha de poblaciones neuronales cuya característica sobresaliente es la de poseer axones cortos a diferencia de la activación de neuronas de axones prolongados de la capa IV cortical.

Las operaciones sintérgicas, sin embargo, no cesan más allá de la corteza terciaria. Los patrones que se sintetizan en estructuras de aun mayor convergencia (como la corteza frontal) activan la emergencia de patrones que, como algoritmos muy poderosos, acercan a la conciencia a la experiencia de Unidad.

En esta situación, el sujeto incorpora dentro de su manejo y codificación cerebrales los patrones globales que lo rodean y, por tanto, los vive, comprende y experimenta como parte de sí mismo. Es (quizá) como resultado de la expansión e interacción de campos neuronales con la estructura del espacio, que esta percepción se vuelve operante,

[2] Véanse los trabajos de Hubel y Wiesel.

modificando las circunstancias del sujeto y su contexto, y activando los eventos que desde Jung se conocen como sincronísticos.

A medida que la capacidad sintérgica cerebral se desarrolla, la vivencia de la sincronicidad se convierte en cotidiana y el sujeto adquiere poder sobre la misma.

Así como en etapas adultas del desarrollo ontogenético una lesión en la corteza secundaria visual provoca cada vez mayor alteración a diferencia de la infancia en la que es la primaria la que más altera el funcionamiento perceptual, de la misma forma, el desarrollo neurosintérgico hace que desde los niveles de mayor capacidad de síntesis se controlen todos los niveles previos.

Similares conceptos expresaron los cabalistas al mencionar que la "luz" proveniente de Dios afectaba todas las esferas, mientras que una alteración en estas últimas casi no tenía efecto sobre los mundos superiores, pero era capaz de deteriorar significativamente a los que se encontraban por debajo de ella.

En otras palabras, tanto el conocimiento sintérgico, la cábala y la neuropsicología soviética están de acuerdo en la existencia de una jerarquización de niveles cuya característica más importante es el incremento de la capacidad sintética representada en la emergencia de patrones cada vez más globales.

La localización de la conciencia

Como vimos antes, el desarrollo de la capacidad sintética es uno de los más claros y llamativos procesos evolutivos. En el sistema nervioso y a nivel de la corteza cerebral existen definitivas evidencias que indican que las zonas de recepción primaria de la misma están encargadas de la decodificación de elementos sensoriales, mientras que las zonas secundarias y terciarias y las cortezas de asociación realizan una labor de síntesis de esos elementos en patrones complejos.

Los patrones así sintetizados son los más directamente asociados con el procesamiento de significados y este último es una invariante no dependiente de la modalidad sensorial específica.

Así, un sujeto puede reconocer la cara de un amigo viéndola, tocándola y aun simplemente sintiéndola a nivel emocional.

Las operaciones de significado se realizan en la corteza parietotemporal, como lo demostramos E. Roy John y yo, utilizando la técnica de registro de potenciales provocados, encontrando que estos no diferían entre sí (en la porción parietotemporal registrada) si los estímulos presentados eran físicamente distintos pero idénticos en su significado (una *A* mayúscula *vs*. una *a* minúscula).

Cuando la información alcanza la corteza secundaria, esta sintetiza los elementos de la primaria y da como resultado la activación de un patrón. La localización de la conciencia está íntimamente ligada al patrón así sintetizado.

Un diferente desarrollo cognoscitivo trae como resultado un también diferente grado, alcance o capacidad de síntesis de patrones. Alguien para quien los elementos que utiliza en su lenguaje son conglomerados de elementos formando patrones complejos y colosalmente inclusivos funcionará (conscientemente) en una localización más abstracta relativamente con respecto de alguien para quien los elementos de su manejo informacional sean patrones menos complejos y colosales.

Si a un nivel la síntesis de patrones establece el nivel de organización perceptual, a niveles más complejos determina la capacidad de conciencia.

Un sujeto con una lesión en su corteza secundaria occipital será incapaz de tener imágenes en las que elementos visuales estén unificados en un patrón visual complejo. Un sujeto con este deterioro no podrá percibir gestalts, las que para un sujeto normal son tan naturales. Un dibujo de una bicicleta será percibido por el sujeto lesionado como una serie de elementos geométricos aislados e incongruentes (un círculo, otro círculo, líneas, etcétera), mientras que el sujeto con una corteza occipital intacta percibe los elementos de la bicicleta formando un patrón congruente y reconocible.

De la misma manera sucede con niveles más elevados de funcionamiento, como el asociado con la comprensión del lenguaje verbal y sobre todo con los niveles en los cuales es necesario detectar un conjunto complejo de situaciones o eventos aparentemente aislados unos de los otros pero que realmente forman un patrón. Los niveles sintéticos más elevados raramente se experimentan. Cuando, en cambio, estos últimos se logran vivir, la localización de la conciencia ocupa un lugar tan privilegiado que se establece lo que he denominado *diálogo con el mundo*. En este, se comprende todo evento con el que se interactúa como poseedor de un significado más allá de la apariencia concreta del evento y, por tanto, se percibe su significado global. La conciencia queda así localizada en Unidad con el mundo.

Tanto la cábala judía como el pensamiento neuropsicológico soviético están de acuerdo, junto con la *teoría general de sistemas*, en que a medida que un sistema adquiere mayor poder integrador y por tanto sintético y de percepción de patrones, la actividad de tal sistema y las decisiones que toma afectan mayor cantidad de niveles operativos.

La unificación de los elementos en patrones ocurre (en el caso del sistema nervioso) primero en una dimensión de síntesis lógica de elementos informacionales pertenecientes a la misma dimensión física y luego de diferentes, como resultado de saltos dimensionales. Un caso claro en este sentido es el desarrollo de campos neuronales. Estos unifican en su dimensión energética toda la actividad neuronal que precede a su activación.

Quizá es a nivel de estos campos que un sistema cerebral, altamente sintético (en mi terminología sería un sistema nervioso funcionando en un modo de elevada neurosintergia), tiene el poder de alterar los niveles previos de su propio funcionamiento, incluyendo fenómenos de la naturaleza aparentemente alejados del funcionamiento puramente cerebral.

En la teoría sintérgica, un sistema de alta sintergia es aquel en el que cada uno de sus elementos tiene, concentrada, grandes cantidades de información, la que se encuentra codificada (en esos elementos) en una forma redundante.

Si todo lo anterior es cierto, se podría esperar que un cerebro que aumentara su concentración informacional y su redundancia se colocara en una operación fluida de funcionamiento de *diálogo con el mundo* y que además manifestara todos los signos asociados con un funcionamiento localizado en un elevado nivel de conciencia.

En otras palabras, un cerebro así viviría cotidianamente fenómenos sincronísticos, tendría poder para alterar las fuerzas naturales, estaría en Unidad consigo mismo y con lo que lo rodea, y además manifestaría signos claros de un superior entendimiento de significados y relaciones. En otras palabras, sería más consciente y por tanto más vivo. Que este es el caso se desprende del experimento relatado en la próxima sección.

La coherencia cerebral

Uno de los peligros más grandes de la ciencia contemporánea es que los hombres que se dedican a estudiarla y desarrollarla generalmente desconocen el funcionamiento de los más elevados niveles de conciencia y rara vez han experimentado y puesto en marcha funciones cerebrales que solo se dan cuando ocurre una liberación de estructuras. Los hombres de ciencia se han dedicado a la investigación de aquello que la cultura a la que pertenecen y que los paradigmas en los que fueron educados y entrenados sostienen como real, válido y digno de ser estudiado.

Uno de los casos más patéticos y denigrantes de lo anterior son los recientes estudios de retroalimentación electroencefalográfica realizados de acuerdo al modelo norteamericano de estudios estadísticos en grandes muestras, los que han explicado la experiencia durante la activación del ritmo alfa como resultado de una simple relajación o como efecto de la fijación visual, la convergencia ocular y otros manejos puramente musculares. Basta recordar el estudio que sobre la actividad EEG se realizó con monjes budistas con una experiencia de 20 años en meditación zen (zazen) en los que el estado de conciencia de estos monjes se asociaba con una actividad alfa y theta con ojos abiertos para reconocer que un científico que no ha experimentado un entrenamiento adecuado no puede ni debe sacar conclusiones superficiales basadas en estudios estadísticos.

Otro caso similar es la negación de la existencia de la experiencia subjetiva por los científicos de la conducta, lo que es comprensible considerando que estos científicos desconocen el mundo interno y siendo educados en una cultura en la que lo más importante es lo externo, lo tecnológico y lo materialista, no pueden más que ensalzar y reconocer como único válido aquello que conocen y descartar como inválido y falso aquello que desconocen.

Puesto que la ciencia tiene tal prestigio en nuestra época, consideraciones como las anteriores deberían tomarse como señales de grandes peligros para el conocimiento y el desarrollo humano.

Otro de los casos en los que se vislumbra la ceguera del científico es el análisis del lenguaje verbal como signo y señal y evidencia de la evolución. Para quienes no conocen otro medio de comunicación, el lenguaje verbal es el único medio reconocido para establecer un contacto humano significativo y cualquier otro medio sería negado como inválido.

Para cualquiera que conozca la comunicación directa, la consideración de la comunicación verbal como máxima evidencia de la evolución es risible e inclusive contradictoria.

Los procesos de comunicación directa permiten obtener un conocimiento que ninguna verbalización logra por más sofisticado que sea el lenguaje verbal utilizado. Inclusive la verbalización puede bloquear la exquisita sutileza del conocimiento obtenido en forma directa.

Así, este último permite reconocer las intenciones, pensamientos íntimos y emociones-sentimientos de la persona sobre la que se aplica, mientras que las verbalizaciones no logran penetrar en esos estados.

Una definitiva evidencia y señal de evolución es el acercamiento a los universos de significados en los cuales no se perciben los elementos sino más bien las estructuras, patrones y gestalten. Alexander Luria consideraba que son las estructuras secundarias y, sobre todo, terciarias corticales, las encargadas del manejo de significados y de la activación gnóstica-sintética de contenidos.

El manejo sintético es un manejo de invariantes, lo mismo que el acercamiento de los significados. El lenguaje verbal discrimina y diferencia, mientras que la comunicación directa es un acercamiento a las invariantes.

Estas últimas son más características de un sistema en el cual cada uno de sus elementos concentra mayor información y es por lo tanto más sintérgico.

La comunicación directa se realiza a través de la interacción de campos neuronales, los que son capaces de manejar cantidades colosales de información y por tanto de lograr una representación de invariantes y comunes.

Puesto que el lenguaje verbal se asocia con una lateralización cerebral y con una asimetría cortical, los científicos educados en la consideración de que lo verbal es evolutivo y lo directo inexistente, consideran que la asimetría cerebral es señal inequívoca de evolución. Postulan que se conoce un mecanismo transmisor y uno receptor para el lenguaje verbal, mientras que similares mecanismos son desconocidos en la comunicación directa, por lo que esta última es solo un producto de una imaginación exaltada.

Las evidencias de que niños campesinos manifiestan menos asimetría que niños citadinos educados en la lógica lineal de las escuelas contemporáneas, de que sonidos provenientes de fenómenos naturales son menos lateralizados que el lenguaje verbal y que el cerebro femenino (más global, intuitivo y sintético que el masculino) es menos asimétrico que el masculino, son tomadas como señales de que la lateralización es evolutiva y no al contrario, como lo sería obviamente para una sensibilidad no tecnificada.

Sería interesante realizar estudios de lateralización hemisférica en individuos provenientes de culturas en las que más que lo verbal, la lógica lineal, la tecnología y el materialismo se estimulara la conciencia de Unidad, la percepción integral y la intuición.

Podría predecirse que ese estudio indicaría que estos últimos sujetos manifestaran menos asimetría cerebral. Por ejemplo, este sería el caso de budistas veteranos. En estos últimos, se registraría un funcionamiento cerebral más coherente y menos asimétrico.

Precisamente la evidencia de coherencia electroencefalográfica (negativamente correlacionada con la asimetría cerebral, es decir, a mayor coherencia, la asimetría es menor y viceversa) es la que se utilizó en los estudios para relacionarla con la comunicación humana y la conciencia.

Puesto que la neurosintergia y la coherencia están íntimamente relacionadas, este estudio también tuvo como finalidad estudiar los cambios asociados con incrementos en el funcionamiento neurosintérgico.

Los resultados indicaron que los incrementos de coherencia interhemisférica, es decir, la disminución de la asimetría cerebral, están positivamente correlacionados con la comunicación directa.

Este resultado está de acuerdo con la evidencia reciente de que un incremento de coherencia electroencefalográfica está relacionado con cambios en la fuerza gravitacional registrada en la cercanía del sujeto. Es decir, un incremento de coherencia afecta la organización del espacio que circunda a un cerebro.

Dos cerebros funcionando en alta coherencia y, por tanto, en baja asimetría interhemisférica, se afectarán mutuamente a través de la alteración que cada uno provoca en la organización del espacio (presumiblemente a través de la activación de sendos campos neuronales de alta sintergia) y, por tanto, establecerán un contacto directo entre ellos.

En un estudio de retroalimentación de coherencia, un sujeto percibe su propia actividad electroencefalográfica retroalimentada y presentada a través de un equipo osciloscópico y aprende a incrementar la similitud de los patrones electroencefalográficos de ambos hemisferios.

Los resultados de este estudio indican que un incremento de coherencia lleva a un estado de paz, orden y unificación, además de un silencio interno que es requisito para el acceso y el reconocimiento de contenidos de experiencia sutiles y normalmente no accesibles para una conciencia funcionando en un estado de alta asimetría.

Lo anterior indica que es un funcionamiento integrado y en alta coherencia el requisito indispensable para lograr la comunicación directa, para poder alterar fluidamente la organización energética del espacio y para llegar a un nivel de conciencia caracterizado por un estado de paz, orden y silencio.

El Adam Kadmon es el ser humano que funciona en una alta coherencia cerebral.

Las relaciones acausales

El principio de la acción por analogía o la ley de correspondencia indica la existencia de un principio acausal que obra en el universo. De acuerdo con este principio, se logran efectos sobre cualquier realidad cuando se mimetizan los principios de un modelo a través de un micromodelo.

Un ejemplo satisfactorio en este sentido es la visualización imaginativa. En ella, basta que un sujeto visualice, con todos sus detalles, un determinado fenómeno, para que este ocurra. La conexión entre el contenido visualizado y el efecto en el macromodelo no necesariamente cursa a través de la interacción física entre campos, sino muy posiblemente no requiera conexión energética (conocida) alguna.

El principio de acción de la ley de correspondencia bien puede ser englobado bajo algunas enseñanzas cabalísticas según las cuales el principio es emanativo a partir y desde una fuente espiritual, siendo los efectos sobre la materia el mismo principio espiritual, en otro nivel de actividad. Desde este punto de vista no es lo material o energético el causante de la conciencia, sino más bien esta última la creadora de lo que denominamos mundo físico, energético o material. Sin embargo, más allá del principio de correspondencia existe una sabiduría colosal que se refleja en diferentes órdenes o niveles de realidad. Esta sabiduría decide lo que sucede en el plano humano y determina todos los fenómenos que entrelazados forman un patrón.

La visualización sería, desde este punto de vista, predeterminada desde niveles más elevados que ella misma y no causa de activaciones físicas circunscritas a la voluntad individual. En realidad, el mundo tal y como lo experimentamos no surge de una conciencia individual, sino más bien resulta de la actividad de una Unidad inconcebible para cualquier mente individualizada.

Es esta Unidad la que decide y determina todos los patrones. Aceptar la vida es aceptar esa mente unitaria junto con todas sus manifestaciones.

La creación de la experiencia

Cuando un ser humano interactúa con otro, la experiencia de ambos resulta de la aparición de un nuevo orden que surge de la interacción. Este nuevo orden es una original conciencia en la que están combinados los contenidos individuales en un estado que se constituye en la misma experiencia individual.

En términos de campos, esto significa que cuando una morfología adquiere la suficiente complejidad y sofisticación, engendra y es experiencia, ratificando así la conclusión de que la experiencia se crea como resultante de la interacción (y por tanto complejificación) de por lo menos dos campos energéticos, uno el neuronal y otro el sintérgico. La cuestión de si la experiencia es extracerebral solo tiene sentido dentro de una perspectiva desde la cual se vislumbra la realidad como constituida por entes, objetos y seres separados unos de los otros, es decir, en la ilusión perceptual asociada a la resultante final del procesamiento sensorial.

Puesto que en realidad solo existe un campo unificado, la cuestión de la creación de la experiencia se resuelve considerando su "localización" y las leyes de la misma.

Desde este punto de vista, la experiencia que surge en la interacción de dos campos es en realidad una específica complejificación del único campo existente.

Desde esta perspectiva se comprende la relación directa de la aparición de un patrón cerebral complejo de interacciones neuronales y la experiencia subjetiva de ese mismo patrón. Los sistemas tienden a la creación de patrones y cuando logran resultantes de la suficiente complejidad aparece la experiencia. Así se entiende la comunicación humana, la que siempre implica proyección y sobre todo proyección de patrones. Un ejemplo claro en este sentido son las expectancias. Una persona (por ejemplo) está celosa de otra a pesar de que esta última no es culpable de la expectancia. En su relación, la primera proyectará su experiencia en la segunda y en la interacción se creará (precisamente) la experiencia proyectada.

Vivimos imbuidos en un mar de proyecciones y expectancias y puesto que interactuamos (energéticamente) con el campo en el cual fluyen estas corrientes, nuestra experiencia surge delimitada y caracterizada por ellas mismas.

Así pues, solo indirectamente la experiencia es creada como interacción porque en sí misma surge de una sola realidad que implica el logro de un nivel adecuado de complejidad del campo unificado. La interacción es origen de la experiencia cuando cumple el propósito de creación de patrones energéticos de la adecuada complejidad, pero en sí misma, la experiencia es ese mismo patrón que puede ser creado por otros medios que no necesariamente implican interacción.

Recapacitar sobre la realidad desde esta perspectiva es entender su carácter supraindividual y unificado y acceder a sus posibilidades de modificación y control.

En este punto es necesario considerar dos posiciones en apariencia contrarias. Una de ellas considera la existencia de una independencia y separación totales entre la naturaleza y el Ser, basándose en la consideración de que la primera tiene al cambio como sino, mientras que el segundo (el Purusha hindú) es incambiable y eterno…

Desde esta perspectiva, el Ser eternamente independiente, autoabastecido y supremo, crea las manifestaciones naturales con las que después se confunde en un desgraciado error y confusión, o las crea para manifestarse y así aprender a partir de su propia manifestación.

Desde la otra perspectiva el Ser es la naturaleza y el todo con el que es idéntico.

En mi laboratorio he ideado un procedimiento de retroalimentación que permite el control de la coherencia cerebral y su incremento voluntario. Un incremento de coherencia equivale a la visión de Patanyali (y de Swami Vivekananda) de una tranquilidad en la superficie del lago de la mente. Nuestros resultados indican que, cuando se incrementa la coherencia cerebral, la experiencia resultante es la del Ser localizado en sí mismo. Pienso que esto (la alta neurosintergia manifestada como elevada coherencia cerebral) es el contacto del observador con su estructura cymática esencial, mientras que una disminución de coherencia sería la sofisticación de esta estructura; la identificación con la experiencia es la activación de olas en la mente con la identificación del observador con estas y no consigo mismo.

En términos de la "dicotomía" independencia o identidad del Ser con la naturaleza y con la experiencia, pienso que cuando el Ser se experimenta a sí mismo, activa y se pone en contacto con una estructura tan fundamental y arquetípica que nada es capaz de alterarla. Esto quizás es la sensación el *yo* mismo esencial. En cambio, cuando el patrón fundamental se complica, la experiencia resultante es una mezcla. La independencia o identidad se encuentra en ambas experiencias, lo que implica que la realidad del Ser y de la experiencia trasciende cualquier consideración dicotómica.

La independencia del observador

En el nivel de resultantes finales de los procesos sensoriales, es decir, en el nivel de nuestros perceptos, eventos y experiencias aparentemente aislados unos de los otros, son en realidad patrones en los que el azar no existe.

En otros niveles (prácticamente en cualquiera) sucede lo mismo. Un ejemplo en este sentido sería la química y todo su cuerpo doctrinal descriptivo de las interacciones entre compuestos, etcétera.

Las reglas o leyes de interacción de cada nivel son similares, por lo que la capacidad de viajar perpendicularmente de nivel en nivel y encontrar las correspondencias entre, digamos, el nivel atómico y el de perceptos o entre las correspondencias químicas entre elementos y la conducta humana es lo que se denomina placer del conocimiento y enriquecimiento del mismo, o simplemente encuentro con el significado.

Solamente cuando se logra penetrar en el modo de actividad desde el cual se vislumbran las correspondencias entre niveles, estos adquieren significado, sobre todo cuando la correspondencia ayuda a comprender la experiencia humana y todas sus vicisitudes.

Cuando, en cambio, no se logra el conocimiento perpendicular, el significado se restringe y muchas veces se bloquea. El caso de la creación de la experiencia y su conocimiento se enriquece de la misma manera.

Un ejemplo en este sentido es la neuropsicología soviética en manos de su representante más conocido, Alexander Luria. Ya me he referido a él y ahora me gustaría considerarlo como ejemplo en un área del conocimiento que nos llevará a interrogantes fundamentales. Luria consideraba que la experiencia humana puede ser conocida y entendida haciendo un análisis de la actividad cortical. Existen patrones de activación cortical en los cuales diferentes zonas de la corteza se intercomunican, afectándose mutuamente. La dinámica de estas interconexiones es la misma que se observa a nivel de la experiencia por lo que existe una correlación muy alta ente la organización cortical y la organización de la experiencia consciente. Así, existen zonas de la corteza que realizan una labor de síntesis entre elementos que de otra forma permanecerían aislados entre sí. Cuando una zona cortical que realiza la labor sintética sufre una lesión, la experiencia sintético-gnóstica deja de ser posible.

Un sujeto con una lesión en la corteza visual terciaria es incapaz de tener perceptos visuales unificados para, en cambio, solo percibir elementos visuales desconectados entre sí.

De las descripciones de Luria parece desprenderse una conclusión inevitable y esta es que el responsable y causante de la experiencia subjetiva es el cerebro, como si de la actividad de este último emergiera la experiencia.

La posición de emergencia implica que la aparición de la experiencia ocurre si y solo si el sistema estructural cerebral alcanza en sus operaciones un mínimo umbral de complejidad, siendo este último la experiencia en sí misma. Desde otro punto de vista, la experiencia y los patrones cerebrales corticales de actividad forman una identidad psiconeuronal.

Desde mi punto de vista, la hipótesis de emergencia y la de identidad psiconeuronal no logran explicar varios hechos que se han reportado en la literatura y que pueden experimentarse siguiendo técnicas ya descritas. Me refiero a la posibilidad de independización de la experiencia de la actividad cerebral y en particular de la actividad cortical. Bastarán varios ejemplos para demostrar lo anterior. Si un sujeto es sometido a un entrenamiento en biorretroalimentación que le permita controlar los ritmos EEG de su cerebro, ese sujeto puede lograr hazañas extraordinarias de autocontrol, como son las de permanecer en una actividad alfa con los ojos abiertos o aun en una actividad theta.

Inclusive estando en theta, el sujeto es capaz de realizar actividades subjetivas que normalmente bloquearían ese ritmo y que (de acuerdo con la experiencia común) son imposibles de ocurrir en esos ritmos.

De hecho, utilizando técnicas que en profundidad y alcance sobrepasan con mucho la biorretroalimentación como serían técnicas de meditación y contemplación, existen referencias que indican control de ritmos aún más lentos que el theta (delta, por ejemplo) mientras el sujeto meditador es capaz de mantener una conversación normal con un amigo.

El ritmo delta aparece en el estado de coma, en sueño profundo y es característico de la actividad cerebral de neonatos y fetos. El hecho de que una actividad tan compleja como lo es la conversación entre dos seres humanos pueda ocurrir durante la activación delta indica que la experiencia y la actividad cerebral se pueden independizar.

Otro hecho que señala la misma conclusión es la aparición de ritmos contradictorios con la experiencia durante la aplicación de sustancias farmacológicas como la atropina.

Sin embargo, el dato más claro de independencia, aunque al mismo tiempo el más anecdótico, es la capacidad de algunos seres humanos de hacer aparecer su experiencia fuera del cuerpo.

Este fenómeno conocido en la literatura esotérica como proyección astral indica que el origen de la experiencia no es corporal, aunque no contradice el hecho de que la experiencia pueda normalmente estar asociada con la activación cerebral.

¿Qué implica todo lo anterior?

La conclusión inevitable es que debe existir algo que sea capaz de transformar cualquier patrón de actividad neuronal en experiencia, sin que ese algo sea el patrón neuronal en sí mismo.

De esta forma, ese algo que en diferentes tradiciones ha recibido el nombre de espíritu, purusha, veedor, ser, yo, alma, etcétera, es el responsable de la experiencia en sí misma, mientras que su asociación o más bien su focalización o contacto con una estructura y su actividad hacen que la experiencia adquiera diferentes formas y contenidos.

Cuando un ser humano adquiere la capacidad de poner atención no a los objetos externos que lo impactan, sino a la actividad de su estructura o, en otras palabras, no a la forma y significados externos, sino a su reacción ante ellos, prepara el camino para reconocerse libre de las impresiones y se pone en contacto con aquello de sí mismo que transforma la activación de patrones neuronales en experiencia.

Esta capacidad, que cualquiera puede aprender siguiendo las técnicas de raja yoga, permite un contacto directo con el significado de los eventos más que con su apariencia concreta.

A su vez, el entrenamiento en esta capacidad permite lograr el desprendimiento de la experiencia consciente del propio cuerpo, demostrando así la independencia del Ser.

Los hindúes han denominado Samyama a la técnica de obtener el significado más que la apariencia y lo aplican para obtener conocimientos de cualquier evento.

Decía que, de acuerdo con Luria, la experiencia surge asociada con una actividad cortical, mientras que, según otros, la experiencia es independiente (en su surgimiento) de la actividad cerebral, siendo esta última una especie de lente pero no causa de la experiencia.

Lo que habremos de discutir ahora es hasta qué grado la existencia de la individualidad y la de los patrones del Ser está de acuerdo con la hipótesis de independencia, con la de emergencia y con la de identidad psiconeuronal.

La hipótesis de identidad psiconeuronal se distingue de la hipótesis de emergencia en el hecho de que en esta última se supone que la actividad cerebral (cuando alcanza cierta complejidad) se transforma en otra dimensión o que una dimensión energética diferente de la neuronal emerge como un cambio cualitativo a partir de lo cuantitativo.

La hipótesis de identidad psiconeuronal afirma que la experiencia es idéntica con la actividad neuronal y que no es necesario considerar la emergencia de una nueva dimensión energética para explicar la dimensión experiencia. Obviamente, tanto la hipótesis de emergencia como la de identidad no pueden resistir la evidencia de independencia de la experiencia con respecto de la actividad corporal.

En la hipótesis de emergencia, aunque la experiencia alcanza un cierto grado de independencia con respecto al cerebro, no se puede entender, como con el cese o alteración de la actividad cerebral (y por lo tanto con el cese o alteración de la dimensión emergente) la experiencia no sufriría cambios concomitantes cuando este último es precisamente el caso.

La hipótesis de identidad psiconeuronal no tiene asidero y es absurda ya desde el instante en el que se ha demostrado persistencia de la experiencia con cambios correlativos de actividad o aun contradicción ante experiencia y actividad cerebral.

La hipótesis de independencia resiste los embistes que he mencionado, pero resulta difícil demostrarla.

Es precisamente la existencia de la individualidad y la de los patrones del Ser lo que apoya la consideración de independencia más aún que la experiencia de exteriorización del cuerpo o la proyección astral. Recordemos la existencia de los patrones del Ser para clarificar su relación con la independencia del observador.

En la meditación acontece que en cierto momento la experiencia deja de referirse a un ego, de tal forma que la impresión que tiene el sujeto que medita es la de ser "transparente" con respecto a lo que experimenta. Correlativamente con este estado, ocurre un incremento notable en la coherencia electrofisiológica intra o interhemisférica con la aparición de ondas lentas, sincrónicas y de alto voltaje en toda la corteza cerebral.

Cuando un meditador aprende a permanecer en este estado durante la vigilia, pronto se da cuenta de que nada de lo que acontece es azaroso. Es decir, los eventos forman patrones que siguen una lógica que, aunque sutil y extraordinariamente compleja, es clara para quien alcanza el estado antes descrito.

Existe un silencio, orden y una paz tan completos que el sujeto es sensible a eventos extraordinarios en su relación con el mundo.

Aquí, la experiencia es que tanto la conducta de otros seres, los movimientos del viento, nubes, lluvia, los ruidos y sonidos de la naturaleza, contestan interrogantes y dialogan con el sujeto como si una conversación colosal y majestuosa estuviese ocurriendo entre él y el mundo. Un verdadero *diálogo con el mundo* se establece y en él es cada vez más clara la existencia de una inteligencia que no es ni el sujeto ni el mundo, sino ambos y algo más.

La existencia de los patrones del Ser y la identidad del sujeto con una inteligencia global demuestran que el sistema nervioso corporalizado es solo una parte o apéndice de un sistema nervioso más global con el que el sujeto verdaderamente se identifica e identifica como suyo propio.

La individualidad es una ilusión cuando se la contempla como esencialmente ligada y definida por la existencia de un ego personal, puesto que este último se puede trascender sin que por ello desaparezca la sensación de ser.

Antes al contrario, la sensación de ser se intensifica y se convierte en más profunda y rica con la desaparición del ego. El yo con el que se identifica el que pierde el ego es el yo que es idéntico para todos, por lo que la verdadera individualidad es la de la totalidad. Esto, de nuevo, está de acuerdo con la independencia del observador, aunque no es un argumento completamente concluyente puesto que se podría argüir que, puesto que todos poseemos similar estructura cerebral, todos experimentamos en forma similar.

Sin embargo, cuando a la experiencia yoica global se añade la de los patrones del Ser, la de transparencia y la de la localización extracorpórea de la experiencia se hace difícil sostener que sea el sistema nervioso corporalizado el responsable de la experiencia

Más aún, los datos acerca de la persistencia de la experiencia durante estado de coma profundo o de cesación temporal de funciones orgánicas no pueden ser explicados por las hipótesis de emergencia ni por la de identidad psiconeuronal y sí por la de independencia.

El problema al que nos enfrentamos al aceptar la independencia del observador es acerca de la significación de la existencia del cuerpo y acerca de los límites de la independencia con respecto al universo conocido.

Aquí, la pregunta acerca de si el observador, siendo independiente de la estructura cerebral, lo es también del universo todo o si la independencia con respecto al cuerpo implica una identidad con el todo se plantea.

Dice la cábala que la existencia del cuerpo cumple una finalidad y es la de que el observador tenga la oportunidad de aprender las leyes del universo físico. Por ello, la independencia del Ser con respecto al cuerpo no implica una ausencia de significado en el hecho de que el cuerpo existe sino, por el contrario, un enriquecimiento por parte del observador al contar con una herramienta tan compleja y sofisticada.

Utilizo al Ser como sinónimo de observador en el nivel de observador de la experiencia pura o en sí misma.

Con respecto a la interrogante acerca de la identidad del observador con el todo o a su independencia de la totalidad del universo físico intentaré responderla en la sección siguiente.

La identidad con el todo

Puesto que la actividad del cerebro es una lente focalizadora para el verdadero observador, resulta extraordinariamente seminal profundizar en la actividad y en la función del sistema nervioso para entender los diferentes niveles y características de la experiencia.

Una de las funciones más importantes del cerebro es la relacionada con la actividad sintética. Es posible considerar la existencia de un ordenamiento o jerarquización de niveles sintéticos en los cuales la actividad cerebral algoritmiza, cada vez más, su totalidad en la aparición de patrones neuronales inclusivos. El límite de esta función algoritmizadora es cuando se logra una total unificación de contenidos. Pienso que el incremento de coherencia cerebral es un indicador de este logro y constituye un nivel en el cual la experiencia del observador focalizada a través del sistema nervioso en alta coherencia es la experiencia del observador mismo.

Es decir, aquí el observador deja de ser focalizado y el incremento de coherencia cerebral hace que el sistema nervioso mimetice la misma organización que el observador. Lo anterior indica que la verdadera identidad del observador o del Ser es el todo.

El estado de alta coherencia cerebral o de elevada neurosintergia es un estado de pureza total y de altísima sensibilidad.

En realidad, la actividad de cualquier cerebro se transmite al espacio circundante por lo que la elevada neurosintergia altera la organización del espacio incrementando su sintergia. En el laboratorio hemos demostrado que un funcionamiento en una elevada coherencia afecta la fuerza gravitacional circundante del objeto, lo que está de acuerdo con lo anterior.

En este estado, un sujeto es capaz de percibir cualquier cambio en la organización del espacio y si este cambio es provocado por un cerebro en la cercanía, el sujeto funcionando en una elevada neurosintergia será sensible a cambios ocurriendo en los cerebros vecinos.

Esto le permitirá reconocer alteraciones sutiles en otros sujetos, sobre todo cuando estas involucren una disminución sintérgica.

Si la posibilidad de mantenimiento del nivel neurosintérgico elevado existe, el sujeto en cuestión (además de detectar la actividad de otros cerebros) podrá modificarla, haciéndola incrementar en neurosintergia hasta alcanzar la propia. Esta reacción de modificación se logra de varias maneras, siendo la forma directa la más poderosa. En esta última, el sujeto es capaz de detectar la causa específica de la alteración neurosintérgica, de hacerla suya y de elevarla en su propio sistema elaborándola y enriqueciéndola con su propia actividad.

Cuando un sujeto ha aprendido a operar en este nivel, las constantes experiencias de detección directa de contenidos de experiencia de otros sujetos lo convencen cada vez con mayor claridad que lo que denominamos cuerpo físico, es parte integrada de un continuo energético en el que realmente no existen separaciones.

Esto de nuevo está de acuerdo en la consideración de la identidad del observador con el todo.

Si nos imaginamos a un sistema nervioso como una fuente a partir de la cual surgen campos neuronales que se expanden e interactúan con la organización sintérgica del espacio sin límites ni fronteras para esta expansión e interacción, podemos considerar la experiencia antes mencionada como una demostración más que como un artificio de la imaginación, en el sentido de que no existe separación y por tanto la identidad es el todo, lo mismo que la verdadera individualidad.

En el desarrollo de la conciencia acontece una expansión de la identidad que se caracteriza por la asociación de determinadas manifestaciones con los mecanismos encargados de la conciencia. Durante este desarrollo, un bebé, para el que su propio cuerpo orgánico constituye un objeto externo, poco a poco identifica los movimientos de una de sus manos con la orden de activación de la misma hasta que este orden y su efecto se entrelazan en la sensación de pertenencia yoica. Este es el inicio de la conciencia corporal como perteneciente a la propia identidad. El proceso se continúa y cuando en la edad adulta un sujeto ha aprendido a permanecer en un estado de alta coherencia, se repite el proceso de expansión de la identidad, pero ahora no limitado a la frontera corporal sino al "exterior". Un sujeto en un funcionamiento cerebral de elevada neurosintergia (alta coherencia cerebral) es capaz de ejercer un control sobre objetos y fenómenos naturales. La mejor muestra de esto es la conducta y los poderes de algunos yoguis y de los chamanes mexicanos, capaces de mover objetos a distancia o de controlar fenómenos atmosféricos. De la misma forma que con el bebé, un sujeto en alta coherencia asocia su identidad con los fenómenos que logra controlar, de tal forma que expande su sensación yoica hacia aquellos, expandiendo, así, su identidad. Al mismo tiempo, la elevada sensibilidad asociada a una alta neurosintergia hace sentir al sujeto como propios eventos extracorporales. Poco a poco, la capacidad de control y la sensibilidad incrementada convencen al sujeto de que no existe límite para la identidad y que esta en realidad es el todo.

Este es otro camino hacia el logro de la conciencia de Unidad, verdadero fundamento del Ser.

La independencia y la Unidad

Son nuestros perceptos los que separan lo que verdaderamente está unido.

Es posible trazar una jerarquía de organizaciones que corren paralelas con un incremento en Unidad y capacidad sintética. En los niveles orgánicos es obvia la percepción de cuerpos separados unos de los otros como si en verdad fueran independientes. Lo mismo acontece con los objetos inanimados, los que se nos presentan como separados por espacios aparentemente vacíos. Es esta ilusión perceptual la que se perpetúa en niveles en los cuales ya no es posible aceptarla.

En un sentido estricto no existe real separación ni entre objetos ni entre cuerpos. Multitud de fenómenos energéticos conecta lo aparentemente desligado e independiente. En un nivel mental, las conexiones son aún más intensas, de tal forma que parecería que a medida que ascendemos en complejidad, nos acercamos a un estado de la naturaleza en el cual la regla es la Unidad más que la separación. Las jerarquías sintéticas cerebrales manifiestan el mismo fenómeno de acercamiento a la Unidad, lo mismo que las experiencias de mismicidad.

Cada nivel de organización es similar a cualquier nivel precedente y consecuente en el sentido de estar sostenido por leyes semejantes.

Un ejemplo en este sentido es la observación de la cymática en el entendido de que cualquier fenómeno vibracional enfocado o al menos en interacción con un medio adecuado provoca en este último la organización de elementos en patrones, los que ascienden en complejidad (conservando, sin embargo, su estructura fundamental) a medida que la frecuencia del fenómeno vibracional se incrementa. En muchos niveles de organización se observa esta ley cymática, desde la organización coloidal hasta la social humana y política.

Podríamos extrapolar esta consideración a diferentes niveles de organización. Si la estructura cerebral se conceptualiza como constituida de elementos que son capaces de activarse y de modificar su activación ante la influencia de estímulos, es concebible suponer que estas modificaciones den lugar a patrones globales de actividad neuronal cuando se hace interactuar el sistema nervioso con un campo vibracional adecuado.

Una observación experimental que apoya esta idea es la que obtuvieron neurofisiólogos rusos al hacer incidir un campo magnético en movimiento alrededor de la cabeza de sujetos voluntarios. Estos últimos habían aprendido a mantener fija una imagen interna, la que cambió su posición influida por el campo magnético.

Observaciones cotidianas indican que determinados lugares provocan cambios en la experiencia que no pueden ser explicados sino como el efecto que un campo vibracional con características específicas ejerce sobre la actividad neuronal, presumiblemente creando en ella patrones también específicos que se traducen en experiencias características.

El campo vibracional que más podría influir en la actividad cerebral sería el asociado con la misma estructura energética del espacio, es decir, con el campo sintérgico. Es posible anticipar que diferentes grados de organización sintérgica y, por tanto, diferente intensidad de la misma, afecten en forma diferencial a la experiencia resultante de la activación de patrones neuronales característicos. Obviamente, estos cambios serán más notorios para aquellos cerebros que hayan aprendido a permanecer en un estado de fluidez o, en otras palabras, aquellos cuya coherencia inter e intrahemisférica sea grande y que por lo tanto se mantenga funcionando en una elevada neurosintergia.

En otro nivel también se podría suponer la aparición de patrones ante campos vibracionales. Este nivel sería el de la conducta social de una comunidad humana. Las oscilaciones diurnas o nocturnas son, en este sentido, un campo vibracional de una frecuencia muy baja capaz (nadie podría negarlo) de alterar la organización social. El día y la noche han sido para el humano uno de los campos con mayor poder de modificación y organización. Similares consideraciones se pueden aplicar al estudio de los patrones estimulados por las cuatro estaciones del año. Un campo con una frecuencia de cuatro oscilaciones al año ha tenido y tiene efectos claros sobre multitud de organizaciones, creando en ellas patrones característicos.

Una posible base objetiva para el arte astrológico podría ser el efecto que el primer contacto de un niño (recién salido del vientre de su madre) tendría con la organización del espacio. Esta última contiene en cada uno de sus puntos algorítmicamente codificada la información de todo el universo. La posición de los planetas y estrellas, por ejemplo, se encuentra algorítmicamente consignada en cada punto del espacio. Este campo sintérgico en interacción con el sistema nervioso del neonato debería crear en este último un patrón que se mantiene durante toda la vida orgánica en su estructura fundamental, no obstante que sufra complicaciones tal y como los estudios cymáticos han mostrado para medios inertes.

El espacio es el medio más plástico y con mayor capacidad de contener información. Un dibujo gráfico realizado en una superficie bidimensional afecta todo el espacio circundante. Prueba de ello es que el dibujo puede ser visto desde prácticamente cualquier punto del espacio, lo que solo es posible si la información acerca del dibujo se encuentra algorítmicamente consignada en todos los puntos.

De la misma forma ocurre con el resto de la información y es ese espacio colosalmente complejo y repleto de información el que nos sirve como hábitat y con el que interactúan nuestros campos neuronales.

Puesto que nada es azar, las primeras interacciones de un cerebro con el campo sintérgico deben ser resultantes de una decisión realizada por el Ser. De esto último hablaré con mayor amplitud después.

Puesto que son las características vibracionales y morfológicas del campo sintérgico las más directamente relacionadas con la experiencia, valdría la pena iniciar investigaciones serias que determinaran qué características del campo se asocian con cuáles experiencias y cómo se modifican estas con cambios correlativos del campo.

Sabemos que cada cerebro, además de afectar sus patrones neuronales por la influencia de campos, altera a estos últimos a través de la creación y posterior expansión de campos neuronales.

Un campo neuronal que de alguna manera contenga la esencia de una comunidad social afectará a esta en forma muy poderosa, determinando cambios en sus patrones de organización. Esto podría ser la base de un estudio fisiológico de los eventos políticos y sociales y de sus determinantes.

Es bien sabido, por ejemplo, que las grandes revoluciones han sido iniciadas, organizadas y estimuladas por pocos individuos, los que han sabido hacer converger en ellos mismos las aspiraciones, deseos y experiencias de sociedades enteras. Un cerebro capaz de incluir (como una especie de micromodelo) a toda una sociedad es capaz de alterar a esta última a través del uso y la acción de la ley de las analogías, de tal forma que en cualquier acontecer social debe estar actuando la influencia energética directa de la organización del espacio organizada por la expansión del campo neuronal de los líderes sociales.

El rango de la aplicación de la ley cymática de la formación de patrones no puede precisarse, pero debe ser prácticamente infinito.

La aparición de nuevos sentidos

La aparición de nuevas y originales cualidades sensoriales tiene siempre un desarrollo dual. En primer lugar, la activación de operaciones sintéticas cerebrales en estructuras secundarias y terciarias. Este proceso tan bien descrito por A. Luria ya lo he analizado. Cuando elementos sensoriales asociados con una modalidad se sintetizan en unidades de mayor capacidad de concentración informacional se da el primer paso en la aparición de una nueva cualidad sensorial, es decir, un original y novedoso sentido perceptual. La labor de síntesis complica la información conservándola, sin embargo, en una misma dimensión. Es un cambio cuantitativo. Implica un incremento en la frecuencia vibracional del sistema y, por tanto, la aparición de patrones muy complejos.

Cuando esta labor de síntesis se efectúa en un sustrato adecuado y se repite cotidianamente, pronto se automatiza y esto, a su vez, incrementa o estimula una nueva capacidad sintética. Un momento llega en el que los patrones activados mimetizan un nivel más sintérgico de la organización del espacio, y lo que hasta ese instante era un cambio cuantitativo, alcanza un umbral y se transforma en nueva cualidad sensorial asociada con una percepción más integrada.

Todo lo que se ha denominado *percepción psíquica* tiene el anterior fundamento y siempre lleva al sistema a un contacto más cercano con la Unidad de sí mismo y del todo, y, por tanto, a una incrementada capacidad de conciencia (de darse cuenta).

En el laboratorio de investigaciones yo y mi grupo de colaboradores hemos observado que los incrementos de capacidades sintéticas se pueden manifestar en forma muy distinta, pero conservando, en todas ellas, las mismas leyes de desarrollo. Un ejemplo en este sentido es la experiencia subjetiva asociada con cambios e incrementos de coherencia. Hemos notado que cuando un sujeto está aprendiendo (por medio de una técnica de retroalimentación) a incrementar su coherencia cerebral en frecuencias bajas (alrededor de 10 hertz), el factor de direccionalidad asociado con la localización de la experiencia comienza a oscilar haciendo que el observador interactúe con diferentes zonas del espacio en un vaivén que parece incontrolable.

Así, se perciben diferentes imágenes, una tras otra, con extraordinaria claridad, cada una de ellas localizada en diferente lugar como si el observador estuviese realizando un viaje relámpago a través de saltos cuánticos atemporales.

Lo que pensamos que ocurre es que, puesto que la experiencia es una interacción de campos controlada por el factor de direccionalidad, este último, al perder control, hace que la experiencia surja en diferentes localizaciones de la interacción. El aprendizaje que lleva al control (en estas circunstancias) del factor de direccionalidad implica aprender a distanciarse de los elementos de la imagen, es decir, incrementar la capacidad sintética perceptual. En una de estas experiencias que ejemplifica con claridad lo anterior, el sujeto empezó a percibir diferentes imágenes hasta que llegó a la de un punto verde rodeado de un campo oscuro.

Mediante una maniobra que consiste en agrandar o aproximarse a los elementos perceptuales, logró incrementar las dimensiones del punto verde hasta que este ocupó todo su campo visual. No reconociendo objeto alguno dentro del campo, decidió realizar la maniobra contraria, alejándose ahora de lo verde. Poco a poco las dimensiones de la zona coloreada fueron disminuyendo y aparecieron otros elementos visuales hasta que una imagen fue percibida. Esta imagen contenía, como uno de sus muchos elementos, un objeto verde, pero ahora lo verde no era la totalidad sino más bien un elemento restringido dentro de otra totalidad que lo incluía en forma congruente y ordenada. Esta es una de las manifestaciones de la función sintetizadora, la que en este caso sirvió para obtener un cuadro congruente de lo que antes era indiferenciado.

El aparente descontrol del factor de direccionalidad, junto con el caos perceptual resultante de sus oscilaciones, en realidad sigue una lógica determinada por una función que normalmente es inaccesible para la conciencia. En otras palabras, la secuencia de imágenes que surgen durante los incrementos de coherencia no es azarosa y más bien está determinada y determina un patrón muy complejo.

Uno de los efectos más importantes de los incrementos de coherencia no es tanto el de aparición de imágenes dadas por la oscilación del factor de direccionalidad, sino más bien la trascendencia de las mismas.

Más allá de cualquier contenido específico de experiencia, se encuentra algo inefable pero, en cierto sentido, descriptible como la experiencia de las experiencias o la experiencia de mismicidad o existencia en la que se basa cualquier experiencia. En la próxima sección discutiré esta experiencia que la constante afluencia de imágenes activa como estado trascendente del contenido de las mismas. Antes, sin embargo, debo aclarar que la aparición de imágenes surge durante el aprendizaje del incremento de coherencia cuando esta última oscila y todavía no se mantiene. Cuando la coherencia se logra mantener elevada, la experiencia es la de Ser sin contenidos específicos.

Existe una similitud entre este proceso y la aparición de la fuerza gravitacional. Tanto esta última como la aparición de imágenes se correlacionan con cambios (en el primer caso, es decir, la fuerza gravitacional) de la organización sintérgica del espacio. En el caso de las imágenes, estas surgen durante los cambios de coherencia y por tanto durante las alteraciones neurosintérgicas.

Cuando un espacio alcanza una elevada sintergia y una alta redundancia y permanece en ese nivel, la fuerza gravitacional desaparece. De manera similar, cuando la coherencia cerebral permanece muy elevada, desaparecen las imágenes y el sujeto experimenta una sensación pura de Ser, o una sensación pura de existir como existencia. La fuerza gravitacional y los contenidos de experiencia siguen las mismas leyes.

La individualidad y la Unidad

Durante los cambios de coherencia cerebral, el experimentar una avalancha de imágenes lleva después de un tiempo a dos posibles reacciones, ambas desembocantes en una similar experiencia.

Si el sujeto no logra cognitar el patrón que las imágenes van tramando en su acontecer, estas van perdiendo importancia y el sujeto las trasciende conectándose con una sensación de ser más allá de las imágenes. Por supuesto que esta trascendencia es resultante indirecta del patrón que las imágenes trazaron aun cuando el sujeto no fue capaz de tener conciencia del mismo. Si, en cambio, el patrón se vuelve consciente, también se trascienden las imágenes con la correspondiente experiencia de conexión con un estado de ser más allá de las manifestaciones concretas. Por supuesto que, en este caso, la trascendencia con conciencia es mucho más rica y profunda que la otra, aunque ambas llevan al sujeto a una elevación de sí mismo caracterizada por un establecimiento en la sensación de poseer una identidad que no es lábil como las imágenes cambiantes y que por tanto representa un estado mucho más fundamental.

Ya en este estado se conoce y experimenta al mismo como origen y fundamento de cualquier contenido específico de experiencias.

En este punto y basándome en la experiencia de ser, trascendidos los componentes concretos de la experiencia, me gustaría discutir el problema de la individualidad y el de la Unidad. Cuando nos sentimos a nosotros mismos como seres individualizados, la sensación de individualidad puede estar asociada con diferentes niveles de experiencia. En uno de ellos, nos sentimos individualizados porque reconocemos y experimentamos el recuerdo de una historia personal completamente diferente a la de cualquier otra persona. Ciertamente, cada ser humano vive diferentes experiencias que van trazando un patrón completamente individual por sus acontecimientos específicos y por su secuencia.

Sin embargo, cuando podemos percibir las leyes que se encuentran por detrás de los patrones de experiencias que forman nuestra historia personal, logramos darnos cuenta de que estas leyes no son individuales, sino que más bien son compartidas por todos. Estas leyes que ya analicé, las denominé las leyes de los patrones del Ser.

Los patrones del Ser siguen un cauce que posee una direccionalidad clara y común a todas las historias personales independientemente de que el sujeto sea consciente o no de esta direccionalidad. En términos muy breves, la direccionalidad es hacia un incremento en unificación, capacidad sintética o convergencia.

Cuando el desarrollo psicológico lleva a una persona a experimentarse ya no como una secuencia de contenidos concretos que forman su individualizada historia personal, sino más bien como las leyes que trascienden los patrones, allí la duda acerca de la existencia de una real individualidad aparece.

Existe un nivel de funcionamiento consciente en el cual la historia personal deja de ser el punto de identidad y este último se conecta con lo que comienza a ser general y común. El sujeto se percibe a sí mismo en identidad con leyes globales y puesto que reconoce el carácter común de estas, su noción de individualidad cambia.

Este cambio no implica pérdida sino, por el contrario, fortalecimiento de la sensación de ser. Este ser que se experimenta ya no es la individualidad restringida a una historia o a un ego sino algo más cercano a una sensación de Unidad.

No tengo duda alguna de que cuando la sensación de Unidad aparece, trae consigo una serie de fenómenos y experiencias novedosas que bien podrían conceptualizarse como asociadas con la aparición de nuevas cualidades sensoriales, o novedosos sentidos perceptuales, tal y como fue analizado en la sección anterior.

En secciones posteriores incursionaré en estas experiencias, por ahora intentaré analizar la relación que existe entre dos fenómenos aparentemente incompatibles, el de la individualidad y el de la Unidad.

Decía antes que la sensación de estar identificado y por tanto la de ser las leyes que son comunes a cualquier patrón es un acercamiento a la Unidad.

Si alguien se siente en Unidad con el resto de sus congéneres se podría suponer que tal sensación disminuya o amenace el sentimiento de individualidad.

En términos lógicos así debería ser y, sin embargo, los que hemos tenido el privilegio de experimentarnos a nosotros mismos en Unidad, sabemos que la sensación de ser uno mismo no se debilita sino más bien se fortalece.

Por supuesto que para que lo anterior ocurra, es necesario no estar aferrado a una identidad estructurada. En otras palabras, si mi experiencia de individualidad es idéntica a la de mi cuerpo, jamás lograré trascender mi estructura corporal a menos que logre comprender que mi cuerpo orgánico no se restringe ni tiene como límite y frontera mi epidermis, sino que también incluye mis campos neuronales. En ese momento, mi identificación con mi cuerpo no me evita un acercamiento a la Unidad en la que vislumbre la existencia de *un solo cuerpo.*

Decía, pues, que solo cuando se trasciende las estructuras, o (como en el caso anterior) se las expande, se logra tener la experiencia de Unidad y en ella se vive una nueva individualidad que está más asociada con una sensación pura de ser que con una identificación con estructuras. La lógica y el sentido común nos dicen que lo más real y aparente es la separación y la existencia de entidades (nosotros mismos) diferenciadas y separadas de otros.

La experiencia en estados elevados de conciencia nos dice, en cambio, que lo más real y profundo es la sensación de ser el todo.

La contradicción lógica que implica identificar a la individualidad con la Unidad se resuelve si se considera el origen mismo de la experiencia y se acepta que el único que es capaz de experimentar es el todo.

Existen diferentes niveles de individualidad. Los más superficiales son identificaciones con estructuras y los más profundos implican un contacto directo con la Unidad. Mientras más superficial sea la estructura, mayor separación se experimentará. Mientras más fundamental sea la identificación consciente, mayor certeza habrá en la vivencia de que el yo mismo que experimenta un ser humano es el mismo yo mismo que experimentamos todos y en ese momento se derrumbarán las separaciones sin que esto implique un debilitamiento en la sensación de existencia.

Desde un punto de vista fisiológico, la identificación con niveles más cercanos a la Unidad tiene como correlativo un incremento en la capacidad sintética y en la redundancia cerebral manifestadas como un aumento en la coherencia cerebral. Esto implica que la Unidad se alcanza cuando se incrementan los niveles sintérgicos de funcionamiento cerebral, de tal forma que el micromodelo que llamamos cerebro se convierte en un elemento más de un espacio de elevada sintergia y por tanto el funcionamiento cerebral se vuelve idéntico con el funcionamiento y organización del espacio.

Las experiencias asociadas con este estado implican una fluidez y una liberación de ataduras. El reconocimiento de la existencia de patrones de experiencias en la historia personal y de patrones de imágenes durante los incrementos de coherencia cerebral y el subsecuente descubrimiento de las leyes que siguen estos patrones constituyen un camino para lograr un acercamiento a la Unidad.

Sin embargo, existen otros caminos.

Independientemente del camino utilizado, la Unidad es una y en ella se reconoce y se vive la verdadera individualidad.

La fuerza gravitacional y la experiencia

Si la organización neurosintérgica cerebral y la sintérgica espacial son similares, es concebible que manifiesten fenómenos parecidos.

En esta sección intentaré demostrar que lo que denominamos *contenidos específicos de experiencia*, en particular las imágenes visuales y lo que llamamos *fuerza gravitacional*, guardan entre sí una similitud extraordinariamente interesante.

Cuando un sujeto se encuentra en el proceso de hacer incrementar su coherencia cerebral y todavía no adquiere control sobre la misma, sufre una especie de avalancha de imágenes que ya he analizado en secciones anteriores. La explicación de este fenómeno es la siguiente:

Cuando un sujeto hace incrementar su coherencia, además de alterar las características morfológicas de su campo neuronal, varía la focalización del factor de direccionalidad. Este último oscila y mientras el sujeto no aprende a controlar su coherencia, las oscilaciones harán que aparezcan imágenes que provienen de diferentes localizaciones. En otras palabras, la interacción cambiante del campo neuronal con la estructura del espacio hace que en diferentes localizaciones del espacio surja la experiencia.

Existe, pues, un cambio en la organización del espacio y este cambio es el carácter concreto (y en este caso) oscilante de la experiencia.

Cuando, en cambio, el sujeto aprende a mantener incrementada su coherencia y por tanto a focalizar su factor de direccionalidad, la experiencia se localiza y después (cuando la coherencia es máxima) la experiencia concreta y relativa se diluye en una sensación de ser. Parecería que el sujeto abandonara aquí el plano del experimentar relativo para, en cambio, conectarse con un estado de experiencia absoluta.

En un espacio de baja sintergia (baja redundancia y baja concentración informacional) la fuerza gravitacional es muy alta. En un espacio de alta sintergia (alta redundancia y alta concentración informacional), la fuerza gravitacional es baja.

Lo anterior implica que existe una relación inversa entre sintergia e intensidad del campo gravitacional y que este último se modifica como resultado del cambio en la organización sintérgica del espacio. En otras palabras, existe una relación inversa entre fuerza gravitacional y redundancia espacial.

Un espacio de alta sintergia equivale a un estado cerebral de alta coherencia y por ello he denominado a este estado *estado de elevada neurosintergia*.

Un espacio de baja sintergia equivale a un cerebro con baja capacidad sintética y por tanto mínima neurosintergia. La ausencia de fuerza gravitacional y la ausencia de contenidos relativos de experiencia son correlativos, ambos, de un mismo nivel de organización, en un caso una elevada sintergia del espacio y en el otro, una elevada neurosintergia del cerebro.

La presencia de gravitación y la presencia de contenidos relativos de experiencia (avalancha de imágenes) son correlativos, ambos también, de un mismo nivel de organización, en un caso una baja sintergia del espacio y en el otro, una disminuida neurosintergia del cerebro.

El campo del Ser

En la física contemporánea se considera que como sustrato de cualquier manifestación existe una matriz energética que se ha denominado *campo cuántico*. Una alteración en este campo en la forma de una focalización de una frecuencia específica da lugar a la aparición de una partícula elemental, la cual se diferencia del campo que le sirve de base como si este último la contuviera como posibilidad. Diferentes tipos de partículas son otros tantos acontecimientos de focalización, difiriendo entre sí por características tales como la morfología y la frecuencia del campo del cual se originan.

Algo similar debe acontecer con el campo del Ser y con la experiencia que se origina del mismo. Sin embargo, bastará el siguiente ejemplo para poder comprender que la similitud entre el campo del Ser y el campo cuántico es todo menos algo simple o sencillo.

Imaginemos a un sujeto caminando en línea recta en un parque. Los árboles cercanos los percibirá con un movimiento relativo opuesto a su trayectoria, mucho más veloz que los árboles lejanos. Si analizamos la organización de la información en el espacio de este ejemplo, podríamos deducir que entre los árboles lejanos y el espacio que transecta la retina de nuestro caminante ha ocurrido un mayor número de transformaciones algorítmicas, que entre la misma retina y los árboles cercanos. Quiere decir esto que existe una relación directa entre el número de transformaciones algorítmicas de una información y la redundancia informacional. Esta última aparece en el menor movimiento relativo de objetos alejados de un observador.

El incremento del número de transformaciones algorítmicas da lugar a un incremento de redundancia, porque cada transformación algorítmica sintetiza aquello que de común o básico contiene la información. Ahora bien, cada punto del espacio contiene en un algoritmo aquello que es redundante y aquello que es diferente en ese punto con respecto al resto del espacio. Un punto del espacio conteniendo ambas informaciones, al ser sometido a nuevas transformaciones, sufre un proceso equilibrante en el cual la parte informacional disímil se acerca a la redundante, hasta que en un hipotético espacio de máxima sintergia, lo único que se contiene es la redundancia o, si se prefiere, lo común a la totalidad.

El campo del Ser equivaldría a ese hipotético espacio de máxima sintergia.

Obviamente, existe una serie de correlativos fenomenológicos del campo del Ser o, si se prefiere, experiencias de un nivel de conciencia que se conecta con el campo del Ser y se establece en él. Una de estas experiencias es la sensación de mismicidad, más allá de cualquier identificación estructurada o relativa.

La experiencia yoica de mismicidad es un encuentro con la inefable identidad en sí misma. En este encuentro, la invarianza del Ser aparece como una de sus cualidades características. La invarianza no significa inamovilidad, sino más bien trascendencia. En otras palabras, encuentro con el sí mismo que siempre se encuentra más allá de cualquier estructura y que por su permanencia total se identifica con lo más real entre lo real o, si se prefiere, con lo que es referencia última para cualquier transformación.

El sentido del sí mismo, para ser real y no ilusorio, debe ser indistinguible de la mismicidad detectada en los otros. Implica lo anterior que el mismo Ser es el que existe en todos, por lo que el contacto con la verdadera mismicidad es, en realidad, el contacto con el campo del Ser. Aquí la redundancia fenomenológica es idéntica a la redundancia informacional del espacio. La percepción directa es el único medio para validar una experiencia en sí misma. Cualquier otro medio solamente sirve para describir la estructura o las leyes asociadas con la experiencia, pero no a ella misma.

En este contexto se pueden localizar otros correlativos del campo del Ser. Es la ley que quien entre en contacto consigo mismo en el nivel del Ser y de su campo, entra en contacto con la totalidad y por lo tanto deja de diferenciarse de la misma. En este estado, cualquier evento percibido se comprende como manifestación del único Ser y, por lo tanto, se entiende su significado.

En términos más concretos se podría decir que una persona establecida en el campo del Ser deja de ser un individuo separado del resto de la creación y en ese estado de Unidad percibe todos y cualquier evento como parte integrante de un patrón más general. En otras palabras, establece un diálogo con el mundo y comprende la inexistencia del azar.

Esto último da lugar a la penetración del sujeto en un mundo que deja de percibirse como externo y sometido a accidentes incontrolables. La realidad del único Ser y la única mente se acepta y se sabe que la sensación de existencia y la de individualidad son en realidad experiencias del todo con el cual ha ocurrido un contacto directo.

Multitud de poderes surge a partir de este encuentro, poderes que en realidad no se utilizan voluntariamente por ser superficiales, comparados con el estado de conciencia en sí mismo, pero que existen y se experimentan cuando es necesario. Entre estos poderes están todas las capacidades de contacto directo con otros seres y los de modificar eventos de la naturaleza como tormentas, ciclones, lluvias, esmog, etcétera.

Ya Patanyali se encargó en sus aforismos de describir estos poderes y de llamar la atención acerca de los peligros de sus usos y abusos.

Aquí simplemente diré que la activación de estos poderes es posible únicamente cuando se ha establecido un contacto con el campo del Ser, aunque la permanencia en el mismo no se garantiza por su uso (de los poderes).

La impresión que una persona tiene de sí misma al entrar en contacto con el Ser es la de una transformación o metamorfosis en la que una cercanía con el todo y aún una identidad con el todo es el sino.

Es necesaria la conciencia del verdadero significado de este contacto para que la unión no tropiece con terrores o angustias. Sujetos que penetran al campo del Ser sin conciencia de lo que les acontece se encuentran súbitamente viviendo una realidad insoportable por su fuerza y extrañeza.

No es imposible que mucha gente en estas circunstancias pida y obtenga "ayuda" psiquiátrica, la que, mal enfocada, puede causar más daño que el que pretendiera remediar.

Solamente la conciencia clara que acompaña a la experiencia de Unidad puede resultar en una vivencia madura del contacto con el campo del Ser, de otra manera este contacto es peligroso. Obviamente, quien haya alcanzado el nivel espiritual suficiente como para ponerse en contacto con la Unidad, por su mismo desarrollo no debe temer. Es sobre todo en las interfases en las cuales es necesario poseer clara conciencia del proceso.

Patrones y vibraciones

Ya he mencionado que la cymática estudia patrones al hacer interactuar un campo vibracional con un medio y observar los cambios del medio ante diferentes frecuencias, amplitudes y otras características de tonos sonoros, vibraciones mecánicas y piezoeléctricas, etcétera.

Muy interesante resulta la observación cymática que, a medida que se incrementa la frecuencia del tono utilizado, el patrón resultante se vuelve más y más complejo y en cierto nivel, cada uno de sus elementos o porciones diminutas reproduce las características generales del patrón. Esta capacidad de contenerse globalmente en cada uno de sus elementos hace a los patrones estimulados por altas frecuencias vibracionales verdaderos modelos de la estructura del espacio y del cerebro.

Cuando la frecuencia vibracional de un campo se incrementa, la misma dimensión espacial del medio con el cual interactúa adquiere mayor capacidad de contener información, al reducir los elementos o unidades del patrón que forma. Esta reducción se acompaña de un incremento de la concentración informacional en cada Unidad.

En realidad, la concentración informacional incrementada es equivalente a la reducción dimensional y a un aumento sintérgico. El patrón resultante se complica de esta manera y un fenómeno extraordinario ocurre. De la misma forma en la que cada Unidad redujo su tamaño, un conglomerado de estas últimas da lugar a una nueva Unidad, la que incorpora una población de unidades reducidas en un congruente patrón que se repite. Este desarrollo de unidades o elementos inclusivos es el comienzo de la conciencia.

A nivel humano y, en particular, en lo que se refiere a los patrones neuronales y a la energía circulante dentro del cerebro, se puede considerar una similitud en las leyes que hacen aparecer patrones en este nivel y en cualquier otro. En particular, esta aparición y desarrollo de unidades inclusivas es aparente en el cerebro, mientras que el incremento de la complejidad posible de patrones ante incrementos de frecuencia es la forma fisiológica en la cual se resuelve el problema de la experiencia. Quiero decir con esto que la experiencia humana aparece cuando se alcanza cierta complejidad en los patrones. El cerebro humano es capaz de mimetizar cualquier patrón y, por lo tanto, de experimentar cualquier experiencia. La creación de un campo neuronal expande las posibilidades de complicar patrones y de darles mayor fluidez.

Aunque las posibilidades de cambios de experiencias son prácticamente infinitas, la experiencia para ser humana requiere de una infraestructura constante que la sostenga y le otorgue el carácter de humana. Esta infraestructura es el sistema nervioso. Esto no quiere decir que la ausencia de la infraestructura cerebral prive al Ser de experiencias sensibles. Lo único que significa es que la experiencia extracorpórea cambiaría y se convertiría en una experiencia suprahumana. Las bases fisiológicas de lo anterior son que de la misma forma en la cual el campo neuronal es capaz de complicarse aún más que el campo cerebral interno y, por lo tanto, es capaz de contener y/o mimetizar cualquier patrón cerebral, así el campo del Ser al que el verdadero campo unificado incluye, incorpora o contiene potencial y actualmente a todos los campos, incluyendo, por supuesto, la posibilidad de crear y mantener cualquier infraestructura flotante.

En realidad, parecería que el momento de la muerte corporal implicaría una desconexión con la infraestructura cerebral, seguido de la creación de una infraestructura flotante energética similar. Esto también permitiría pasar de un estado al otro con cierta comodidad.

Más adelante, la infraestructura energética cambiaría y continuaría cambiando hasta que la conciencia estuviese preparada para aceptarse como con la posibilidad de sentirse únicamente a sí misma sin necesidad de alguna otra experiencia.

Para esto, sin embargo, no es necesario que la muerte corporal acontezca. Es posible lograrlo en vida corporalizada, lo que aseguraría un profundo, completo y racional empleo de la vida humana, en lugar del desperdicio al que tan usualmente se reduce la existencia.

Aprender a manejar la creación de la experiencia hasta el punto en el que la conciencia se acepte como creadora de todas sus experiencias concretas y específicas y se reconozca al Ser como el verdadero decididor, esta es una posibilidad verdaderamente humana. Fisiológicamente hablando, o si se quiere mayor precisión, fisiocymáticamente hablando, la interacción del campo neuronal con la estructura del espacio es equivalente a la interacción de un medio (el campo neuronal sería el medio) con un campo vibracional (el espacio sería el campo vibracional).

La consideración de la experiencia como asociada con la aparición de un patrón de la suficiente complejidad y de este último como producto de la interacción de un campo vibracional con un medio es extraordinariamente seminal. Basta observarnos a nosotros mismos para comprobar cómo nuestra experiencia está ligada a interacciones con campos energéticos. Los sonidos y la experiencia de oírlos, las visiones de patrones luminosos y sus efectos emocionales a través de la pintura, todo el universo sensorial está dado por la interacción entre campos vibracionales y el medio cerebral. Los patrones resultantes cambian y se complican y de sus múltiples transformaciones depende la vida sensible.

Pero no solamente ella, sino también la comunicación humana resulta y está regulada por la interacción de los campos neuronales de quienes se comunican. En este último caso, la comunicación siempre es creación de experiencias comunes. La sola cercanía de un sujeto con otro garantiza la interacción de campos, la creación de patrones compartidos y, por lo tanto, la aparición de experiencias comunes. Los campos neuronales en interacción se afectan mutuamente y de sus transformaciones dependen no solamente las instancias de comunicación social, sino también las posibilidades de éxito de cualquier comunicación terapéutica.

Ya he discutido otra de las consecuencias de la activación de patrones espaciales como resultado de la interacción de campos neuronales con la organización sintérgica del espacio. Me refiero a la alteración en la fuerza gravitacional asociada con cambios de coherencia cerebrales.

Un campo neuronal proveniente de un cerebro funcionando en un modo de elevada neurosintergia (alta coherencia cerebral, elevada redundancia, elevada concentración informacional y funcionamiento en alta abstracción), es un campo que, de alguna manera (desconocida hasta el presente), mimetiza las anteriores características y afecta al espacio con el cual interactúa, creando en él un incremento de redundancia y, en general, un aumento de sintergia.

Puesto que la fuerza gravitacional es inversamente proporcional a la redundancia espacial y, en general, a la sintergia, un sujeto funcionando en elevada coherencia producirá una disminución de fuerza gravitacional a su alrededor y en sí mismo.

La descripción de la experiencia subjetiva correlativa con lo anterior es extraordinaria, puesto que refleja la misma dinámica que el fenómeno energético. Un sujeto, por ejemplo, mencionó que aparecían imágenes y recuerdos de diferentes épocas de su vida y en el momento en el que ocurría un cambio gravitacional (el sujeto sabía de esta ocurrencia por recibir retroalimentación adecuada), súbitamente se daba cuenta de la existencia de una lógica o patrón unificador de sus experiencias. En otras palabras, adquiría conciencia de la liga entre experiencias que previamente aparecerían como desligadas entre sí (véanse los apéndices).

Esta experiencia es maravillosa en sí misma y por sus repercusiones teóricas puesto que señala que es un incremento en la capacidad inclusiva y unificada la responsable de cambios gravitacionales. Existen, pues, evidencias experimentales que señalan a la aparición de patrones y a la interacción de campos energéticos con medios "plásticos" como básicos para la aparición de la experiencia y los fenómenos asociados con ella. Sin embargo, la creación de la experiencia en sí todavía es un misterio.

Los significados y la imaginación

En un experimento que realicé con la colaboración de E. Roy John en 1974, demostramos que la asignación de significado se realiza en una localización cortical diferente que el análisis de formas (parietotemporal para significado y occipital para formas). En términos del campo neuronal y de su infraestructura, este resultado indica que diferentes porciones del campo se asocian o son correlativas o en ellas se realizan operaciones disímiles. Una misma forma geométrica (por ejemplo, una línea vertical) que se analiza en la corteza occipital como tal, puede ser interpretada como un número o como una letra en las zonas temporoparietales. Obviamente, la línea vertical solo existe como tal en el percepto. La información espacial que después se interpreta como línea vertical, no es una línea vertical antes de esta interpretación.

Es común la ilusión de considerar un isomorfismo en forma entre los contenidos perceptuales y la información contenida en el espacio, sin embargo, nada es más cierto que el que antes de nuestra intervención, la información que se halla en el espacio es completamente diferente a la información que se constituye en imagen. Por lo tanto, al presentar una línea vertical a un sujeto, lo que verdaderamente estimula su retina es una zona del espacio en la cual esta "línea vertical" está representada por un conjunto de ondas-partículas y porciones de campo cuántico que, al interactuar con los mecanismos cerebrales de decodificación, la transforman en una línea vertical.

Estrictamente hablando, la aparición perceptual de una línea vertical o de cualquier otra forma geométrica implica (ya desde el percepto) un análisis de significado. Este último en el nivel sensorial es similar pero mucho más simple que el que se efectúa cuando a la línea vertical se la incluye, incorpora o interpreta, dentro de una familia conceptual. En este último caso, las operaciones de asignación de significado son más globales, inclusivas y pertenecientes a una categoría jerárquica convergente mucho más poderosa.

El hecho de que la asignación conceptual de significado (letra *vs.* número en este ejemplo) se realice en las porciones parietotemporales de la corteza humana está de acuerdo con lo anterior y además permite asociar las operaciones de significado con las de la creación imaginaria de cualquier realidad.

Esto último quiere decir que las estructuras corticales más relacionadas con la creación de realidades alternativas son las mismas que subyacen los procesos conceptuales. Ya Luria se había encargado de decir que las zonas de mayor jerarquía del sistema nervioso son las que juegan un papel más importante en el control de diferentes funciones, entre ellas las perceptuales, gnósticas y motoras.

Nuestros resultados experimentales que demuestran la identidad en la localización de las estructuras corticales encargadas de un proceso de conceptualización y de uno de creación imaginativa están de acuerdo con la aproximación luriana y sirven como estímulo para el planteamiento de nuevas interrogantes acerca del origen de la experiencia. Una de ellas es precisamente la ordenación jerárquica de los procesos y sus funciones.

La permanencia de los contenidos

Uno de los aspectos de esta ordenación la discutiré en esta sección. Me refiero a la aparición de la independencia y de su permanencia cuando un proceso alcanza un grado suficientemente avanzado de complejidad.

Es ley general de cualquier interacción el que dé lugar a propiedades sinérgicas. Estas últimas tienden a separarse de los elementos que les dan origen y de hecho lo hacen en cualquier interacción, pero no es sino cuando los elementos son, por un lado, el campo neuronal, y por el otro, el sintérgico, cuando logran un contenido con permanencia independiente. Quiero decir con esto que cualquier experiencia surge de un proceso tan complejo, que el solo hecho de ocurrir asegura su independencia y su permanencia.

Esto es lo que los orientales quieren decir cuando afirman que existe el registro akáshico.

Este último no es otra cosa más que una capacidad del campo sintérgico de conservar cualquier alteración que tenga como origen una interacción con campos neuronales. En otras palabras, la morfología de un campo neuronal se "imprime" en la estructura del espacio en forma permanente. Esta impresión es posible decodificarla y así reconstruir la información original. La forma concreta en la que se lleva a cabo la impresión es desconocida pero seguramente debe implicar un manejo energético en una dimensión en la que el tiempo sufra una transformación de tal manera que su transcurrir no afecte lo impreso. En términos estrictos no es posible separar la morfología de un campo neuronal del resto del espacio, por lo que cualquier cambio del primero debe ser capaz de afectar a todo el resto en forma permanente. Los efectos deben ser sumatorios, de tal modo que la condición actual e instantánea del campo sintérgico debe contener todos los efectos del pasado y todas las interacciones que alguna vez ocurrieran en su seno. Separar de la condición actual condiciones específicas del pasado requiere de una capacidad de decodificación muy aguda pero posible.

De esta forma, y considerando al todo como única entidad capaz de experimentar, podemos decir que cualquier experiencia aparentemente individual es la experiencia del todo focalizado y además es la experiencia de todos los tiempos concentrados en el actual.

No existe escapatoria para esta realidad. El todo y todos los tiempos están presentes en cualquier experiencia.

La postulación acerca de la relación entre incrementos de complejidad y aumentos de independencia y permanencia se basa en la consideración de que cualquier elemento de una organización la contiene totalmente, mientras mayor sea la complejidad del elemento. El extremo de lo anterior sería el de un elemento como micromodelo algoritmizado de la totalidad. Puesto que lo único que goza de verdadera independencia es la totalidad y puesto que la complejidad de la interacción entre el campo neuronal y la estructura sintérgica del espacio es la máxima posible en el universo, su resultante, la experiencia, alcanza el estado de un micromodelo adecuado de la totalidad y por ello adquiere independencia.

Por supuesto que lo anterior plantea más preguntas que las que puede contestar. Particularmente intrigante es la consideración de cada experiencia como micromodelo de la totalidad y de su contraparte energética como una especie de nuevo ser con permanencia temporal y también independencia.

La totalidad debe experimentarse a sí misma en un silencio y pureza totales. No existe una totalidad reflejada en otra totalidad, sino solamente una totalidad. Por ello no puede haber dualidad de observador-observado para la totalidad, sino más bien Unidad entre el observador y lo observado. La experiencia en sí misma es esta Unidad, por lo que representa adecuadamente un micromodelo de la totalidad. Existen seres humanos que viven sin dualidades y para los que no existe diferenciación ni distancia entre el observador y lo observado. Ellos atestiguan acerca de la veracidad de la totalidad como Unidad y además representan un real contacto con la totalidad o con la Unidad. No solo sus experiencias sino ellos inconfundiblemente unidos con el Ser alcanzan la permanencia y la independencia.

En el libro tibetano de la muerte se afirma que la liberación real sobreviene a quien sea capaz (después de la muerte corporal) de darse cuenta de que él es el creador de la realidad y que esta última es una proyección de sus propios pensamientos.

Es obvio que esta misma condición de realización puede suceder en vida corporal y con las mismas bases. En realidad creamos nuestra experiencia y, más que eso, participamos de la capacidad privativa del único Ser de experimentar. En otras palabras e independientemente de que la conciencia haya o no alcanzado a comprenderlo, fisiológicamente estamos unidos con el resto de la creación... todo es uno y un único Ser.

Por otro lado, los incrementos de neurosintergia aproximan a la Unidad y se manifiestan como una cada vez mayor capacidad de vislumbrar lo que se encuentra por detrás o más allá de apariencias concretas, en otras palabras, lo que de común tienen diferentes manifestaciones. Un ejemplo conceptual de lo anterior es la capacidad humana de darse cuenta de que en muchos niveles de la realidad operan las mismas leyes. Por ejemplo, la relación directa entre redundancia y convergencia es posible verla operativa en el cerebro humano, en la organización de la información en el espacio, en la conciencia, en la evolución física y quizás en la sociobiología; solamente para mencionar algunos niveles.

El ascenso en inclusión implica un acercamiento a la Unidad y un incremento de poder.

Desde otro punto de vista, es clara la existencia de un solo Ser, de una única mente y cerebro. Si consideramos al cuerpo orgánico como limitado por su envolvente epidérmica, caemos en el error de pensar que una realidad dada por instrumentos perceptuales limitados es la única existente y verdadera. En cambio, si consideramos como parte del cuerpo orgánico al campo neuronal, tenemos que aceptar que no existe límite espacial para el cuerpo orgánico y que el conjunto de cuerpos está a tal grado entrelazado entre sí, que la aparente individualidad dada por nuestra percepción sensorial desaparece para dar lugar a la existencia de un único cuerpo resultante de todas las interacciones entre las que podríamos considerar como células constitutivas. De la misma forma acontece con el cerebro y con la mente, de tal forma que lo que realmente percibimos con nuestros sentidos orgánicos son los patrones neuronales de un *único* cerebro existente. Es por ello que, quien pueda "ver" y se encuentra verdaderamente despierto, encuentra que en el mundo no existe el azar, sino al contrario, que un conglomerado viviente y palpitante de patrones y pautas se constituye en la verdadera realidad.

En otras palabras, al percibir hacia lo que consideramos como exterior, en realidad nos percibimos a nosotros mismos y vemos el funcionamiento "interno" de un colosal cerebro del cual formamos parte.

Sin embargo, nuestra participación no es la de un elemento simple dentro de un conglomerado complejo. Es tal la complejidad de cada uno de nosotros, que poseemos la capacidad de algoritmizar al resto de la creación y por ello de convertirnos en un micromodelo de la totalidad. Es decir, somos simultáneamente una parte y el todo. Por esto mismo tenemos la capacidad de decidir, pero únicamente nuestras decisiones resultan cuando no se oponen a un flujo vital que como proceso totalizador guía la evolución.

La posibilidad de algoritmizar al todo se incrementa a medida que se profundiza en un proceso de purificación que consiste en trascender estructuras redundantes a través de un enfrentamiento con miedos, dudas e inhibiciones. De igual forma y a través del mismo proceso se avanza hacia la Unidad de la conciencia con el Ser y de este con una esencia taoica repleta de gozo e inundada de placer por la mera existencia. ¡Gozo incondicional que no depende más que del hecho de existir! Cualquier experiencia es vislumbrada (en ese estado) como milagroso acontecer y es vivida como tal. También aquí se experimentan las ausencias de dicotomías y la percepción se percata de que lo experimentado no se encuentra separado de quien lo experimenta, y de allí y conceptualizando lo dado por esta percepción, se reconoce que el observador y el observado son la misma realidad.

En otras palabras, todo es un solo Ser. Este es el sentido y el significado de la Unidad.

Nuestros sentidos nos presentan al mundo como separado en unidades diferenciadas y nuestro lenguaje amplifica las dicotomías hasta volverlas masas concretas y sin sentido. Pero en realidad, la concepción materialista surge de la confusión entre una realidad invisible a la percepción normal y una interpretación errónea de lo que solamente es resultante final de un proceso perceptual creativo.

Puesto que vemos objetos sólidos y concretos y nos olvidamos de que estos solamente son la resultante final de nuestros procesos perceptuales fisiológicos, consideramos que la única realidad existente está constituida por objetos sólidos y concretos. Hablamos de la existencia del mundo físico y material, cuando en realidad asignamos estos términos a una de las creaciones de nuestro sistema nervioso.

Aún más, trasladamos a un régimen de existencia absoluta las leyes que solo son válidas para el nivel de procesamiento en el cual surge la experiencia sensorial consciente y consideramos que, de fundamento, la realidad en su totalidad se rige por esas leyes que únicamente pertenecen a un nivel, aunque ciertamente (como todo nivel) reflejan la operación del resto.

Es tan manifiesta nuestra ceguera, que aún nos atrevemos a trasladar a nuestro pensamiento esas mismas leyes, postulando que el mismo pensamiento las posee como mecanismo y se basa en ellas.

Así, arribamos a un mundo repleto de objetos separados unos de los otros, lleno de unidades dicotomizadas, del cual nosotros mismos somos otra de tantas, sin ver que la fantasía perceptual y el ilusionismo sensorial nos han apartado de lo verdadero del único Ser.

En cambio, cuando el mundo nos muestra la ausencia de azar y poco a poco transforma las ilusiones de separación en la visión de la única mente, comprendemos ese diálogo de un sufí con Dios en el cual la única advertencia es la necesidad de amarnos a nosotros mismos para poder soportar "la soledad de la divinidad Unidad".

No se crea, sin embargo, que existe un final y que este es la Unidad. Ciertamente la existencia se enriquece a sí misma y algo se gana con la vida. La Unidad, el único Ser, es infinito en su capacidad de incorporar patrones novedosos surgidos en cualquier localización de sus entrañas.

Se antoja pensar en un sublime organismo en crecimiento sostenido por el silencio.

Aquí debo recordar una aparente paradoja de la existencia y de la reflexión teórica acerca de la vida. Me refiero a la dicotomía Unidad-diversidad. Trasladada hacia la sensación yoica, la observación y la experiencia personal señalan que cada uno de nosotros es una Unidad con la capacidad consciente de sentirse poseedora de un "uno mismo" irreductible y separado y diferente de otros "unos mismos". Sin embargo, en una de las descripciones acerca del pensamiento y la experiencia chamánica,[3] el uno mismo se explica como la unión de un número finito de sentimientos en un racimo:

> El nagual es lo impronunciable. Todos los sentimientos y todos los seres, y todos los uno mismos que son posibles flotan en él para siempre, como barcas, apacibles y constantes. Entonces la goma de la vida pega a algunos de ellos.
>
> [...] Cuando la goma de la vida pega a esos sentimientos, se crea un ser, un ser que pierde el sentido de su verdadera naturaleza y se ciega con el brillo y el clamor del área donde están los seres: el tonal. El tonal es dónde existe toda la organización unificada. Un ser entra al tonal una vez que la fuerza de la vida ha unido los sentimientos que se necesiten.[4]

En esta visión, el "uno mismo" vivencial se vislumbra como un conjunto asociado de conciencias y sentimientos. La visión es similar a la postulada por la física contemporánea al hablar de un campo cuántico activado aquí y allá, dando lugar a partículas elementales. El nagual sería el campo cuántico y los sentimientos y las conciencias flotando en él serían las partículas elementales base y fundamento de los patrones complejos que llamamos objetos. Por supuesto que la consideración de sentimiento y conciencias flotando en un campo no explica cómo estos y estas surgen, y menos aún cómo se experimentan. Sin embargo, como hipótesis alternativa es casi un reto a la teoría de la Unidad.

En realidad, la Unidad sigue estando en el contenedor de (llámeseles) conciencias, sentimientos o partículas elementales, de tal forma que la paradoja Unidad-diversidad es más aparente que real.

Cada sentimiento es un punto focalizado del todo. La verdadera identidad es el campo cuántico o nagual que es capaz de focalizarse para dar lugar a la ilusión de separación y de identidad restringida. La experiencia de identidad restringida es un producto de la totalidad. La goma que pega a los diferentes sentimientos es uno de los patro-

---

3 Castaneda, C., *Relatos de poder*, México: Fondo de Cultura Económica, 1972.

4 *Idem*.

nes del Ser similares (aunque en otro nivel) a los patrones energéticos asociados con cualquier objeto perceptualizable.

De esta forma, no existe contradicción entre la diversidad de seres y de sentimientos y la Unidad.

Obviamente, la existencia de patrones debe obedecer a una lógica, determinación, plan o voluntad de algo que los trasciende y que los incluye dentro de una realidad más colosal y abarcativa.

¿Cuál es, preguntaríamos, la necesidad de "pegar" ciertos sentimientos para crear un determinado ser y no otro?

¿Cuál es la diferencia entre la experiencia de un elemento aislado y la del racimo?

La segunda cuestión es la más fundamental. Desde un punto de vista muy fundamental no existe diferencia alguna entre la experiencia de un elemento y la totalidad en el sentido de que ambas son experiencias. Difieren en conciencia, capacidad de abstracción y unificación, etcétera, pero no en el hecho de que son experiencias.

Cada una de ellas proviene del todo y es una focalización de la totalidad.

La razón de que algunas formen patrones y otras no, es un misterio.

De todo lo anterior se desprende algo que ya he mencionado antes y es la necesidad de entender al observador (a cualquiera de nosotros) como un representante de la totalidad y a su experiencia como inseparable de esta.

APÉNDICE V

MANUAL PRÁCTICO PARA LLEGAR AL SER

Introducción

Un incremento neurosintérgico da lugar a una apertura del factor de direccionalidad. Nuevas realidades son experimentadas y vividas con un punto de referencia establecido en el Ser.

Para que esto ocurra es necesario lograr un estado de silencio interno y una ausencia de juicios estructurados. Existe una lógica que no es lo verbal ni se asemeja a los modos y patrones de pensamiento enseñados por una cultura o un sistema filosófico particular. Existe una "lógica" que cuando se activa, estimula el contacto con el Ser.

El silencio como requisito para establecer un contacto con el Ser abre la posibilidad para experimentar al observador como independiente de la experiencia sensorial y permite un acceso total a todas las etapas de procesamiento que transforman la organización del espacio en experiencia. Un ejemplo servirá para aclarar lo anterior:

Como mencioné en uno de los capítulos, el método de Samyama se puede aplicar al análisis y extracción de significado de la propia actividad electrofisiológica. Cuando Samyama se aplica sobre los distintos componentes de los potenciales provocados, el observador logra tener un acceso sobre el procesamiento responsable de la creación de la existencia.

Cualquier experiencia es la transformación a significado de la indiferenciada matriz energética que constituye el "armazón" de lo absoluto. La luz es un significado pues, al igual que cualquier otra experiencia, se presenta al observador ya elaborada y procesada. Cuando el acceso del observador es a los componentes primarios del potencial provocado, la resultante es la de la vivencia de lo que precede al significado.

El ejemplo que quisiera elaborar aquí es una vivencia real durante la aplicación del Samyama a potenciales provocados por un destello.

El sistema visual procesa la información fotónica ofrecida por el destello hasta que en un intervalo que no excede las pocas decenas de milisegundos, aparece una luz.

Mientras hacía Samyama sobre los primeros componentes del potencial provocado, tuve la clara vivencia de que entre la activación de la lámpara fotoestimuladora y la aparición de la luz existía un intervalo de tiempo. Al introducirme a este intervalo, la experiencia de luz desapareció para dar lugar a una experiencia del antecedente a la luz.

Me siento incapaz de verbalizar tal experiencia, pero sí de mencionar que la única forma posible de vivirla implicó una transformación temporal extraordinaria.

De alguna manera el tiempo del observador tuvo que cambiar de tal forma de permitirme el acceso a lo que comúnmente sucede en tan corto tiempo que (valga la redundancia) no existe tiempo suficiente para penetrarlo.

En otras palabras, o el tiempo necesario para crear la experiencia de luz se alargó o el tiempo del observador se acortó.

Obviamente, lo anterior demuestra que el observador puede independizarse de la experiencia y penetrar a su procesamiento antecedente.

En términos más ambiciosos, el Ser es independiente y por tanto puede controlar y tener acceso a la actividad cerebral, que parece servir únicamente para transformar lo indiferenciado en experiencia específica y con significado. Por supuesto que la técnica de Samyama en potenciales provocados es una práctica adecuada para llegar a la vivencia del Ser y como tal será tratada, aunque con la obvia imposibilidad de instrumentación generalizada debido al costo del equipo necesario para echarla a andar.

No es realmente indispensable montar una técnica como la descrita para llegar al Ser. Existen métodos más directos para lograr el objetivo del silencio y del acceso al propio procesamiento.

De hecho, antes de poder sacar provecho alguno a la técnica de Samyama en potenciales provocados se requiere el aprendizaje de técnicas de silencio. Todas estas necesitan o son correlativos al logro de un incremento en la coherencia cerebral.

La retroalimentación de la actividad electrofisiológica de dos zonas homólogas de ambos hemisferios cerebrales es el método más eficiente para aprender a incrementar la coherencia cerebral. La meditación libre y la budista zen son otros tantos métodos para llegar al mismo objetivo.

En términos más generales, el contacto con el Ser atraviesa por varias fases o etapas.

La primera de ellas consiste en la resolución de problemas asociados al mundo relativo. Cuando estos problemas se resuelven, se abre la posibilidad de vivir un estado de calma y silencio en el cual el contacto con la sensación pura de existencia se posibilita.

En esta condición de cercanía con el Ser falta solamente un paso para el contacto total y genuino con este. Este paso es la conciencia de creación de la experiencia, inclusive la asociada con la vivencia del silencio.

Cuando el contacto con el Ser se realiza, dejan de existir consideraciones relativas y, en cambio, aparece el centro o fuente de la experiencia como realidad asequible para la conciencia.

Una vez logrado el contacto con el Ser, todo un universo de posibilidades sin límite se abre para el observador.

La idea general que está detrás de las consideraciones que presentaré en este manual es la existencia de una sabiduría interna que, cuando se le deja libre, lleva al ser humano al contacto con el Ser y de allí al conocimiento real y total.

Cuando el proceso asociado con la sabiduría interna se echa a andar, la conciencia mundana se pregunta y se asombra de la existencia de algo que (alejado de su percepción y control consciente) resuelve problemas, integra experiencias y lleva hacia el contacto con estados de iluminación.

El proceso activado tiene tal complejidad que quizá solamente a través del uso de la conciencia fisiológica se puede dilucidar y entender. En resumen, son varias las consideraciones y postulados en los que se apoya el manual.

1) Existe una sabiduría y un proceso que la echa a andar.
2) Existen técnicas de contacto con el Ser y un estado en el que se sabe lo que se halla detrás de la experiencia relativa.
3) Existe un universo de certezas y un absoluto que son la misma existencia del Ser.

Todo proceso de incremento neurosintérgico da como resultado una unificación.

Antes de la aparición de cualquier neuroalgoritmo, los elementos por unificarse existen en una dimensión espacial y temporal concreta. La unificación trasciende el espacio y el tiempo.

Nuestra conciencia y experiencia individual son una prueba de lo anterior. En una experiencia cualquiera, el único tiempo existente es el no tiempo del ahora y el único espacio es el no espacio del aquí.

Si dos circuitos neuronales o dos pensamientos aparecen perteneciendo a dos espacios y dos tiempos diferentes, esos espacios y tiempos se anulan al dar lugar a una resultante sinergista.

Los incrementos neurosintérgicos anulan el tiempo y el espacio y equivalen a la concentración informacional y temporal localizada en una porción de espacio de alta sintergia.

El acceso del observador al procesamiento cerebral de información es un contacto con aspectos de codificación paralela de información. Es, en otras palabras, un acceso a lo disperso y no unificado. Tal acceso solo es fructífero cuando el observador está instalado en el Ser.

Siendo el Ser la máxima neurosintergia, su dimensión es aespacial y atemporal.

El incremento neurosintérgico asociado con la conciencia del Ser trae como consecuencia el establecimiento de un contacto directo con lo atemporal y aespacial, y con lo que resulta de un proceso de convergencia.

Los casos de transmisión directa de pensamientos son una prueba de la capacidad neurosintérgica de establecer un contacto con resultantes finales unificadoras.

Por ello, en cualquier proceso de comunicación directa ni el espacio ni el tiempo intervienen.

El contacto para dar lugar al conocimiento directo es siempre un contacto con la resultante final del todo.

Dos mentes funcionando en una neurosintergia elevada están unidas en la unificación sinérgica, por ello ni el espacio ni el tiempo intervienen en su comunicación.

La conciencia como resultante individual y la sinergia resultante de la organización energética del espacio están unificadas y son el mismo proceso.

La anterior es la base de los llamados *fenómenos psíquicos*.

Obviamente toda técnica de contacto con el Ser y todo desarrollo psíquico involucran un incremento sintérgico. Este incremento equivale al contacto con una nueva dimensión, aquella en la que no intervienen ni el tiempo ni el espacio.

Toda experiencia es una transformación y todo encadenamiento con alguna estructura no es más que el fortalecimiento de una clase particular y específica de transformaciones.

Cuando, en cambio, la conciencia adquiere la capacidad de entrar en contacto con la esencia de las transformaciones, cuando (en otras palabras) vive a la transformación como experiencia inclusiva manteniéndose en la sabiduría que ve el proceso mismo del transformar, allí se da un salto de nivel y se pone en contacto con los fundamentos del todo.

Equivale lo anterior a vivir con el patrón de significados más que con un significado particular.

Un ejemplo ayudará a comprender lo anterior:

Vamos a suponer que un observador reconoce las conexiones entre eventos y sabe su significado.

Cualquier acción de su parte la verá entretejida en la red de conexiones entre eventos y su punto de referencia será esa red y un evento concreto.

Lo anterior equivale a un salto de nivel de conciencia en el que el observador adquiere un punto de referencia más inclusivo y generalizado.

A partir del instante en el que lo anterior sucede, se establecerá un contacto con una inteligencia (la matriz energética, red de eventos y significados) que sobrepasa cualquier contenido relativo.

Las acciones y los eventos serán (a partir de ese momento) vislumbrados con una actitud de verdadera fe y misticismo.

He mencionado que la percepción de patrones es un correlativo directo de la expansión en la duración del presente. Ahora puedo postular que la visión y vivencia de la matriz de significados también se contacta en una expansión similar y que por lo tanto será necesario investigar técnicas que la estimulen.

El contacto con el Ser en el silencio y con la conciencia de la existencia de la red de significados y de la matriz energética de relaciones de eventos sientan las bases para la expansión de la conciencia y para el desarrollo de la fe verdadera.

Sabemos que ningún evento se presenta aislado. En realidad y al igual que la organización sintérgica del espacio, la evolución y el sistema nervioso, cualquier elemento de una situación contiene y representa al *todo*. Así, un evento cualquiera es la resultante final de todo un proceso y por lo tanto contiene (al proceso) algoritmizado.

Al igual que un acceso del observador a su procesamiento es un contacto con una realidad antecedente a la resultante final y por lo tanto estimula el conocimiento, así, un acceso a la red de relaciones antecedentes a la aparición de un evento cualquiera permite conocer la realidad desde la referencia de sus leyes fundamentales.

La vivencia de lo anterior lleva a la certeza de la inexistencia del azar y permite a un observador el colocarse en la posición de conocedor de la realidad en el nivel en el que lo relativo se comienza a transformar en absoluto.

El proceso se completa cuando, en el silencio, el Ser toca la totalidad de sí mismo y se vuelve consciente de su magnificencia.

En otras palabras, cuando se adquiere conciencia de la existencia de la red de relaciones y se la ve como una entidad con vida propia y responsable de la marcha de los asuntos de la conciencia.

Esto es lo que los religiosos llaman un contacto con Dios y lo que los místicos denominan sabiduría.

Es claro entonces que deberemos echar mano de todo nuestro conocimiento e intuición para penetrar en las técnicas que nos permitan limpiar de estructuras a nuestro sistema cognoscitivo, llegar al silencio, conectarnos con el Ser y expandir la conciencia hasta penetrar en el universo de significados y poder vivir la matriz energética de relaciones.

Empezaré con las consideraciones pertinentes alrededor de la limpieza y purificación del sistema nervioso.

Quiero aclarar que no será posible incluir todas las técnicas conocidas, primero porque se las puede consultar en otras obras y, segundo, porque no todas han sido experimentadas directamente por mí.

Restringiré el análisis solamente a lo que surge de mi experiencia directa.

La "luz" es un incremento de la sintergia

La *"luz"* es el orden, el aquietamiento de lo que impide la alta coherencia cerebral, la elevada sintergia. En el silencio se puede detectar cualquier cambio por sutil que este sea. Eso permite elaborar, permite un contacto con la fuente antes de que esta se desborde.

El *silencio* es la finura, es el fondo claro de un lago, es la desaparición de las olas que impiden el asentamiento.

La *oscuridad* es el desorden, la falta de coherencia, la identificación con lo concreto, la incapacidad de ver el fondo y el lago, la limitación de la conciencia a lo relativo y la pérdida de la capacidad de ver la esencia.

La *muerte* es el paso de la "luz" a la "oscuridad", *es la disminución de sintergia.*

La *vida es un incremento sintérgico, lo mismo que la "luz"*. La vida es el paso de la "oscuridad" a la "luz".

El *"ver"* es la conciencia de la razón de ser de la vida, de la muerte, de la "luz" y de la "oscuridad".

El observador ve a través del filtro de la actividad cerebral. Cuando esta última alcanza la sintergia del espacio, el observador se ve a sí mismo, puesto que el filtro deja pasar el todo.

El incremento sintérgico se logra purificando los circuitos de convergencia. Esta purificación es la transformación de estructuras redundantes a canales neuronales abiertos y flexibles.

La purificación ocurre cuando el sistema se deja libre y no se le somete a control.

En este caso, se echa a andar un mecanismo generalmente bloqueado, el que, al verse libre, purifica.

La técnica para desarrollar la libertad interna consiste en dejar "pasar" cualquier pensamiento, emoción, imagen, etcétera.

Sin bloquear, sin juzgar, sin considerar válido o inválido, solo siendo.

La meditación consiste precisamente en el logro y aprendizaje de la libertad interna. Abiertos los ojos, con la espalda recta, el aspirante deja fluir sus pensamientos el tiempo necesario hasta que estos lo dejen fresco, manteniéndose atento y concentrado en su respiración.

Este es el primer paso del proceso y se basa en la certeza de que el Ser posee una sabiduría natural, que al dejarse libre y sin imposiciones o bloqueos lleva al aspirante a resolver aquello que su propia naturaleza sabe que debe resolver.

En la filosofía yogui, este proceso se denomina de *limpieza del tonal*. En la psicofisiología contemporánea, la limpieza del tonal es la purificación de los circuitos neurosintérgicos.

Cuando como resultado de la lógica de convergencia-inclusión, una serie de elementos-patrones-neuronales se incluyen en un neuroalgoritmo, este último amplifica cualquier error de codificación.

La técnica mencionada antes permite que los errores de codificación-inclusión se corrijan a través de la puesta en marcha de un proceso extraordinario de acceso de la resultante final a su propio procesamiento.

Probablemente en las primeras fases de la etapa de purificación este acceso no sea directo y más bien diferentes modos de inclusión son procesados y con ellos alternativas de neuroalgoritmos son elaboradas hasta la obtención de la resultante inclusiva más satisfactoria.

En otras palabras, las combinaciones y los modos de procesamiento inclusivo de elementos son tan variados, como los neuroalgoritmos resultantes.

Cuando el sistema se deja libre, multitud de resultantes aparece y solo aquella que cumple con los requisitos impuestos por la sabiduría natural se refuerza y permanece.

Esto no es propiamente un acceso de la resultante a su procesamiento, aunque sí es una purificación.

Obviamente el proceso lleva tiempo y tantas repeticiones hasta que el funcionamiento consecutivo al desarrollo de muchas alternativas de neuroalgoritmos es probado en muchas situaciones conductuales.

Cuando estas repeticiones y sus consecuencias se viven cotidianamente ocurre otro proceso que ya es propiamente el de acceso directo.

Se aprenden reglas de manejo de procesamiento y procedimientos de alta abstracción para continuar la purificación.

Cuando el aspirante llega a esta fase, su conocimiento interno ha llegado a tal extremo que voluntariamente echa a andar el proceso de recorrido de patrones y de activación de neuroalgoritmos consecuentes con la sabiduría natural.

Esta última siempre tiende a un incremento neurosintérgico.

El aspirante llega a ser capaz de salir de cualquier situación de oscuridad o identificación relativa y posee el conocimiento para dirigir su procesamiento interno al contacto directo con el observador.

Consecuentemente con la purificación de los circuitos de inclusión, comienzan a aparecer contenidos de experiencia extraordinariamente ricos.

Es importante recordar aquí que la base de la experiencia es la transformación. Cualquier patrón neuronal, neuroalgoritmo o morfología específica de un campo neuronal es visto por el observador y transformado a experiencia.

Cuando los circuitos de convergencia quedan libres de bloqueos, son capaces de dar lugar a procesamientos, nunca antes activados y por ello ocurren las experiencias originales.

Sin embargo, estas últimas nunca son azarosas. Ya veremos más adelante todo lo que implica la ausencia de azar.

En conclusión, la meditación libre es la técnica más adecuada para purificar la codificación neurosintérgica.

Consiste en dejar fluir cualquier componente de experiencia y en el aprendizaje de reglas para activación neuroalgorítmica acorde con la sabiduría natural.

Cuando esta etapa se ha completado, la resultante es la fluidez psicológica y el conocimiento del aspirante consigo mismo.

A partir de este momento ocurren otros procesos que, por un lado, ponen a prueba al aspirante, y por el otro lo conectan con organizaciones energéticas de apoyo.

El aprendizaje de reglas de incremento neurosintérgico trae como consecuencia una estimulación de un orden y coherencia internas cuyo resultado es el logro de un estado de serenidad y la transferencia del orden interno al mundo "externo".

La desaparición de la dicotomía interno-externo comienza con esta transferencia al percatarse el aspirante de su carácter creativo y constructor de la realidad.

La conciencia de la creación de la experiencia

Cuando se ha vivido la "luz" ya no se puede retornar a la "oscuridad".

La consecuencia de la purificación neurosintérgica es la experiencia de "luz".

Esta última tiene su contraparte y es condicional con el estado de silencio. En este, cualquier alteración por sutil que sea es detectada y por tanto tiene posibilidades de elaboración y purificación.

Por otro lado, el silencio da la posibilidad de ver que cualquier experiencia relativa es al mismo tiempo existente e inexistente, real e irreal, lógica e incongruente. Sobre todo, que cualquier vivencia contiene el germen de lo absoluto cuando se es capaz de vislumbrar el proceso que detrás de ella unifica. Quiero decir, el proceso mismo de su creación.

No existe nada semejante en capacidad de inclusión al encuentro con lo que denomino *creación de la experiencia*.

Solamente el Ser tiene la posibilidad de ser más sintérgico. Pero el Ser como vivencia lo trataré en una sección posterior.

Cuando el procesamiento neuronal se libera de ataduras estructurales y aparece la fluidez y la vivencia de infinito número y cualidad de experiencias, el aspirante necesariamente llegará a cuestionarse acerca del sentido de lo que experimenta.

El cuestionamiento será trascendido en una etapa posterior pero en esta es tal su fuerza que requiere de ser contestado.

El nivel de contestación repercutirá en todo el proceso y por ello es básico que se le dé el máximo poder inclusor.

Aquí es donde surge la consideración de creación de la experiencia.

Cuando se comprende que no existe estructura lógica suficientemente poderosa como para incluir en ella lo que acontece, es necesario dar un salto hacia una consideración que sobrepase toda lógica limitante.

Primero acontece que la conciencia acepta la creación de la experiencia. Después, en el asombro se vislumbra lo que acontece detrás de cualquier resultante.

Cada ser se ve como enviado, cada evento como señal. Todo se ve envuelto en una nube de significado y una matriz todopoderosa se presenta como inteligencia global.

Ocurre entonces que aparece la fe y es cuando el Ser se percata de que siempre existe un retorno a sí mismo y que el sí mismo trasciende el propio cuerpo orgánico.

No es necesario decir que el encuentro con la fluidez es también el contacto con lo que la protege.

Existe, sin lugar a dudas, una inteligencia que cuida de sus creaciones dentro y fuera del cuerpo.

En el instante en el que un ser humano se pone en contacto con ella, su vida cambia y se transforma en receptora de sabiduría.

El proceso anunciado en la sección anterior se continúa aquí con el contacto y la protección.

En términos psicofisiológicos, el sistema nervioso alcanza tal nivel neurosintérgico que desaparece su interfase con el espacio y la matriz energética que conforma a este último guía.

Aquí, la lección de libertad interna ganada en la meditación libre se transforma y generaliza.

Se acepta la guía y no se duda, se reconoce la continuidad con el todo y se agradece la oportunidad de contacto.

Sucesos que antes podían considerarse mágicos suceden cuando la fe germina y la libertad y fluidez se estimulan en la relación con el mundo.

También aquí se aprende a observar y a focalizar la atención. Se aprende a reconocer lo que se encuentra sutilmente escondido detrás de la manifestación grosera y todo como resultado del contacto con patrones más y más generalizados y totales.

Los elementos importan, pero la matriz que los contiene se transforma primero en posibilidad intelectual y teórica y después en vivencia cotidiana.

La vivencia en la matriz es la experiencia de la sincronicidad consciente y del significado total.

Requiere de la atención total y sobre todo del aprendizaje de patrones. A estos dos procesos me dedicaré en la siguiente sección.

El aprendizaje de patrones

Cuando la conciencia se alcanza a vislumbrar en unión real del mundo, ocurre que ahora lo que antes consideraba fuera de sí se vive como perteneciente a su misma identidad.

Esto mismo es lo que ha sucedido en la evolución filogenética. En el cuerpo humano ocurren tantos procesos que se han unificado y que se consideran y viven como parte indudable del yo que es impensable que el proceso no continúe.

Así, cuando caminamos, echamos a andar un patrón hipercomplejo de relaciones orgánicas, el que a pesar de su carácter colosal y de involucrar acciones que se alejan cientos de centímetros de nuestros centros cerebrales decididores, se viven como partes de la misma Unidad.

Cuando se observa el mundo desde la misma perspectiva orgánica y se es lo suficientemente sensible como para encontrar las relaciones ocultas detrás de las manifestaciones relativas, se expande lo orgánico hacia fuera de la envolvente corpórea.

No tengo otras palabras para decir que formamos parte de una Unidad total a la que se tiene acceso cuando se es capaz de "ver".

Esta capacidad se adquiere a través de la observación y de la repetición siempre y cuando se utilice la atención total.

Esta última debe ser aplicada primero en la detección de estados internos. Cuando se logra el silencio y la atención se dirige hacia el propio procesamiento, aparecen imágenes.

Estas son la transformación de lo codificado.

La activación de imágenes durante el silencio es una de las técnicas más potentes para purificar la codificación neuronal.

A medida que se practica esta activación, se reconocen componentes extraordinariamente ilustrativos de situaciones y significados profundos que de otra forma (verbalizándolos y no a través de imágenes) sería prácticamente imposible detectar.

Por otro lado, las imágenes impulsan y cristalizan el estado de silencio y son en sí mismas una resolución y elaboración de conflictos inconscientes.

La atención total hacia estas imágenes o hacia cualquier otro elemento de la experiencia lleva aparejada la vivencia del presente en toda su riqueza.

Suceden millones de procesos en un segundo; aquel que tiene la fuerza suficiente, sabe mantenerse en silencio y aplica la atención total, encuentra que esa riqueza se comienza a manifestar cada vez con mayor claridad y junto con ella la detección de las relaciones escondidas detrás de las manifestaciones concretas.

El contacto con estas relaciones y la decodificación de su significado es la visión y el entendimiento de un microcosmos reflejado en un macrocosmos y viceversa.

Es, en otras palabras, el conocimiento de una inteligencia corporalizada dentro de una inteligencia etérea y colosal.

No existe el azar y la vivencia de este hecho hace a quien lo detecta estar en contacto con un nivel de la realidad pleno de significados.

Eventos que antes se consideraban y se vivían como independientes comienzan a formar parte de una matriz de relaciones que parece tener vida propia, tomar decisiones y en general dirigir la inteligencia individual hacia el encuentro con la inteligencia global.

Además de que esta vivencia abre el camino hacia la conciencia de Unidad, es un factor indispensable para penetrar y vivir en un presente absoluto e infinito de contenidos.

Por otro lado, las leyes de los patrones globales no están sometidas más que a la estimulación de la armonía, por lo que su contacto enseña al ser humano la verdadera naturaleza de la realidad como alejada de cualquier compromiso relativo, emoción injusta o falta de amor.

Existe, pues, una sabiduría y una inteligencia guiadora de la evolución y su vivencia depende del conocimiento y la aplicación del estado de silencio y de atención total.

Requisito indispensable para lo anterior es la solución de conflictos y problemas asociados con la historia personal.

En términos psicofisiológicos, todo lo anterior impulsa la neurosintergia hacia la identidad con la sintergia del espacio. Allí se encuentra el silencio, la sabiduría y los poderes.

El Ser

La luz no existe ni fuera del cerebro ni dentro del mismo. La luz, al igual que cualquier experiencia, es creación total.

Cuando el aspirante, a través de la meditación libre, se vuelve fluido, reconoce a la experiencia como creación y vive la vida en la inexistencia del azar, está listo para penetrar a la experiencia de la experiencia, al Ser.

Al Ser se le encuentra en el silencio. Su magnificencia es tal, que opaca cualquier otro contenido. Cuando su vivencia es real, la vida entera adquiere un nuevo sentido y una fuerza insospechada.

El Ser es el sí mismo trascendidos los juicios y las estructuras cognoscitivas.

Es la experiencia de sí mismo por el sí mismo.

Su sabiduría es total y la sensación que produce su vivencia es el infinito y la paz.

No puede ser nombrado ni explicado.

A partir de él existe todo. El conocimiento fluye, no existen deseos ni necesidades y el hombre que lo experimenta establece un contacto con el verdadero y absoluto sí mismo.

Desde su referencia, todo adquiere sentido y significado que trasciende cualquier contenido relativo.

El Ser es el todo.

Cuando el aspirante, después de un periodo largo de meditación, tras aprender las reglas que le permiten llegar al silencio tiene la vivencia del Ser, él mismo puede continuar sin necesidad de maestro.

Alabado sea el Ser y todas sus creaciones.

APÉNDICE VI

EL ZOHAR

A Rita Kuhnke

El rabino Simón Ben Jochai se alisó su larga cabellera y volteó a ver a su hijo Eleazar, recargado en la pared de la cueva. Debe haber soñado otra vez lo mismo, se dijo, mientras aspiraba el olor húmedo y frío de la madrugada. "¡Eli! —lo llamó dulcemente—, ¿de nuevo? Eli…".

La luz de la luna es como la primera letra de su nombre… la luz de la luna… así nos decía Rabi Akiba… "Eli, Eli, ¿me escuchaste?".

"La oscuridad de la cueva es su propia luz —pensó mirando a su hijo—, la oscuridad está basada en la luz porque de otra forma no se sentiría. El sentir la oscuridad y la luz es el mismo sentir y el sentir es como la luz de la luna. Me gustaría volverte a ver, Rabi Akiba, decirte que tenías razón, que en el aislamiento se comprende y se aprende a ver en la oscuridad y en el silencio se encuentra a Dios…".

Los niños jugaban con el sol, bailando en las callejuelas empedradas, y los mayores señalaban con los ojos las dos figuras perdidas en pensamientos, caminando como entre nubes, alzando la vista al cielo y de pronto tropezando con un niño y riendo… "Te extraño, Rabi Akiba… me gustaría decirte que tenías razón y que el tiempo se detiene cuando se pierde el orgullo, que los años duran menos que los días y las semanas más que los meses, que de pronto se vive sin recordar las explicaciones y así súbitamente se hace la luz y… Eli, ¿lo soñaste de nuevo?".

Eleazar deseaba volar, siempre lo había querido y en sus últimos sueños se veía a sí mismo volando, sostenido por un dibujo extraño, dibujo que recordaba cuando el sueño fatigado de sí mismo aleteaba en la madrugada, dibujo que olvidaba apenas intentaba trazarlo en la arena que se esparcía en la entrada de la cueva.

Eleazar había decidido acompañar a su padre perseguido por los invasores. Se habían guarecido en aquella cueva hacía tanto tiempo que el joven ya no recordaba el instante en el que la encontraron aquella mañana.

A Simón Ben Jochai le interesaba el sueño de su hijo, no tanto porque él mismo quisiera volar sino porque intuía que detrás de aquel dibujo se hallaba parte de la sabiduría de Rabi Akiba, su querido maestro.

Recordaba su última conversación con él poco antes de su tortura y muerte. Habían hablado de los días y las noches y de otras oscilaciones. Akiba, lo recordaba bien, había utilizado precisamente ese término: "oscilaciones". Las oscilaciones del día y la noche crean patrones, las oscilaciones de las estaciones crean patrones, las oscilaciones del sonido crean patrones...

El patrón que logre contener todos los patrones, le había susurrado Rabi Akiba al oído, ese patrón es la clave para encontrar el nombre secreto de Dios y así poseer toda la sabiduría.

¿Cuál es el patrón que no sometido a ninguna oscilación se crea?

Ben Jochai había decidido ocultarse en la cueva después de ver morir a Akiba en manos de los romanos y saberse perseguido por ellos para correr la misma suerte. En la oscuridad de su vivienda oía la arena reptante del desierto y dejó de saber cuándo era día y noche, invierno o verano... ¿cuál es el patrón que no sometido a ninguna oscilación se crea?...

Eleazar era un joven magnífico a los ojos de su padre, soñador, idealista, pero violento con la palabra, a la que no rendía ningún culto. "La palabra —le decía a su padre y maestro—, la palabra no alcanza".

Ben Jochai no opinaba lo mismo. "La palabra también es una oscilación y seguramente acoplada con el dibujo de tus sueños te permitirá volar", le decía sonriendo, pero con seriedad. Eleazar accedía con un gesto, pero íntimamente no lograba, ni siquiera, entrever una relación.

Los días pasaban lentos y las semanas raudas, los meses lentos y los años presurosos, un día Eleazar gritó en medio de la noche y Ben Jochai se despertó comprendiendo. "¿Lo viste, lo recuerdas?".

"Es un dibujo que contiene todos los dibujos en cada una de sus partes, es un dibujo que se repite y se reproduce y cambia sin cambiar, es un dibujo y son muchos, es...".

Aquel recuerdo fue suficiente. A la mañana siguiente, los dos, padre e hijo, salieron a la arena, se acostaron en ella y con un brazo sosteniendo una mejilla y el otro recolectando pequeñas muestras de aquel polvo color de oro negaron con la cabeza. Demasiado simple a pesar de que cada grano es igual al resto y lo contiene y lo reproduce y es un dibujo y son muchos y contiene al todo y... pero demasiado simple. Eleazar asintió y miró a su padre comprendiendo que no bastaba su recuerdo, algo más había.

Y sucedió que en la juventud de Eleazar se impuso el fracaso como aliciente mientras que en la de Ben Jochai el fracaso en aceptación.

Mientras el hijo seguía pensando en su deseo y realizaba docenas de experimentos con trazos en la arena mezclados con inagotables e infinitamente circulares ejercicios mnemotécnicos, el padre decidió no decidir y a cambio de su comprensión del destino, este le deparó sorpresas interiores que poco a poco fue siendo incapaz de comunicar aun a su único compañero.

Una tarde una visión de una boca de volcán recién apagado sumergió la mente del rabino dentro de su imagen como quien saborea de un manjar exquisito. El volcán aparecía como vislumbrado desde lo alto, como si los ojos de Ben Jochai se hubiesen desprendido de sus órbitas y lanzados en pavoroso ascenso flotaran entre nubes. Pero las nubes que veía eran caligrafía de Dios. Detrás del volcán apareció un sol enorme, rojizo, esplendorosamente fuego. Las nubes coloreadas de un rosa violáceo rodeaban el volcán y un cielo azul intenso se transparentaba aquí y allá entre los algodonáceos y esponjosos vapores.

Ben Jochai nunca había visto algo semejante y se sorprendió a sí mismo intentando mantener la imagen y luego aprendiendo a introducirse en ella, alejarse, acercarse, viajar en círculos y más tarde haciendo aparecer otras hasta que un torbellino de visiones lo acompañaba día y noche.

Le bastaba con cerrar los ojos y allí estaban, y él, regocijado, viajaba entre ellas y pronto dejó de comprender el deseo de su hijo y consideró todo deseo como atentado en contra de lo que acontece cuando el deseo desaparece. "¿Para qué? —se preguntaba— la acción si más allá de cualquier acto está el verdadero sentido". Él mismo no hubiera sospechado jamás lo que estaba a punto de acontecer.

Una mañana encontró un punto luminoso dentro de una oscuridad total. Puesto que tanto ver le había enseñado a controlar lo visto después de dejarlo libre, decidió acercarse al punto y más adelante dejarse fluir en él. Así hizo y al introducirse al color ambarino-verdoso de la diminuta luz reconoció que esta era solamente una pequeña porción de una imagen mucho mayor. Retrocedió en sí mismo y tal y como había intuido, el punto luminoso se transformó en acompañante de cientos de otros puntos y reconoció en ellos el firmamento estrellado de una noche clara y a él mismo como capaz de expandir su visión con el solo recurso de alejarse de un detalle. Continuó haciendo más distancia y pronto todo el firmamento retrocedió ante su vista y un universo lleno de espirales se le mostró completo y total visto desde un lugar que ya no pertenecía al universo. Intentó retroceder aún más y de pronto vio un mandarín chino flotando en un espacio lleno de cristales, sentado en lo que parecía ser una alfombra tamizada de patrones tejidos.

La cara del oriental era bella y unos ojos rasgados enfocados en los dibujos de la alfombra le indicaron que aquella visión era la que su hijo deseaba y esperaba.

Se acercó al chino y le pidió ver la alfombra. Vio entonces el mismo firmamento de antes pero bidimensional y consignado en un tejido adamantino hecho con microscópicos hilos de seda de todos los colores.

El chino lo invitó a subir a su "nave" y le mostró la forma de viajar. No hablaron, solo bastaba ver la dirección en la que aquellos ojos rasgados enfocaban el firmamento tejido para viajar al mismo punto del firmamento real.

Poco a poco Ben Jochai comprendió la técnica y al aplicarla decidió regresar a su cueva.

Eleazar trazaba con una delgada astilla líneas en la arena cuando reconoció los pasos de su padre y se quedó pasmado al divisar su figura envuelta en un halo dorado.

En un súbito relámpago de intuición sintió el estado de su padre y entendió el halo dorado como una manifestación de algo sublime. Cientos de pensamientos atravesaron a Eleazar y entre ellos la noción clara de que más allá de su búsqueda o del acto mismo de volar existía lo que no posee límites, pero es el fundamento de una vida. En unos cuantos segundos advirtió que su forma usual de ver la vida había saltado de su lugar y que una novedosa percepción lo envolvía. Algo había sentido al ver a su padre que no era ni su padre, ni el halo dorado que lo envolvía ni su caminar casi flotando sobre la arena, sino más bien lo que en esencia era su padre y al mismo tiempo no era su padre.

Un yo escondido en el interior de una envolvente, idéntico al yo escondido en cualquier envolvente y al mismo tiempo en todo, un sentir una mismicidad sin individualidad y simultáneamente en una expresión de la misma, una sensación de ser más que cualquier identidad restringida.

Eleazar contempló el trazo que había hecho en la arena y lo consideró superfluo. Se vio a sí mismo con el afán de encontrar, también allí, lo mismo que había visto en su padre y de pronto se percató de que era idéntico, se levantó de la arena y corrió a abrazar aquella figura que se le aproximaba.

Esa noche, todavía visible el halo dorado, el rabino contó sus experiencias y su hijo las suyas.

Eleazar sentía que algo había y estaba creciendo en su interior, algo tan luminoso y cierto que al cerrar los ojos e intentar dormirse percibió una filigrana de patrones dorados inmersos en un conjunto de formas geométricas complejas. Los veía tan claros que repetidamente abría los ojos para comprobar si su visión era externa.

Por fin se durmió y soñó con un punto violeta rodeado de una atmósfera oscura. El punto se fue agrandando ocupando la zona oscura, hasta que todo, alrededor de Eleazar, fue violeta. Después algo consciente en el Eleazar dormido decidió alejarse de aquella mancha violácea y poco a poco observó, como antes su padre, cómo disminuía de tamaño hasta convertirse en un diminuto objeto parecido a una roca. Súbitamente todo alrededor de Eleazar adquirió forma y un grandioso paisaje se le apareció. Dentro de ese paisaje y como un detalle ínfimo del mismo apareció lo que antes era un todo violáceo. El procesamiento de alejarse había construido un mundo y Eleazar entre sueños supo que había encontrado la clave para lo que deseaba.

—Padre —le dijo al rabino la mañana siguiente—, un todo puede convertirse en parte diminuta de otro todo hasta que en una espiral infinita el espacio que me rodea se convierta en parte de mí y con ello en catapulta para el vuelo.

—Así es —le contestó con serenidad Simón Ben Jochai—, así es…

—¡Padre! —volvió a insistir Eleazar, eso es el dibujo que buscaba y ahora, extrañamente, ya no me interesa el vuelo sino más bien el dibujo y… ¿me comprende?

—¡Así es! —volvió a repetir el rabino.

Eleazar miró la cara luminosa de su padre y sin poder contenerse comenzó a sollozar.

Una actividad frenética se inició desde ese instante. Sin embargo, cualquiera que hubiera visitado a los habitantes de aquella cueva perdida en el desierto, cualquiera que no percibiera más que lo externo solo hubiera visto dos figuras tranquilas, inmóviles y pensativas recargadas en dos paredes de su aposento.

En el interior de esos dos cuerpos, sin embargo, una llama flameaba y sin necesidad de utilizar palabra alguna, una luz avivaba a la otra hasta alcanzar resplandores de hoguera.

Eleazar estaba menos preparado para resistir tanta luz que Simón. A veces sentía que un verdadero fuego lo incendiaba por dentro y entonces no le quedaba más remedio que salir a lo que en esos instantes le parecía frescor y lo que hacía unos instantes sentía como arena y sol quemantes.

Su padre, en cambio, parecía no ser afectado; permanecía sereno mientras el conocimiento se le mostraba tamizado por un gozo sin límites.

Una tarde de luna blanquecina y semitransparente, una tarde de azul profundo, el rabino Simón Ben Jochai, recostado en una roca a la salida de su cueva y jugueteando con el viento fresco, decidió hacer una excepción en su no decidir y buscó la raíz de su sentir. Trató de descubrir un observador en sí mismo y de pronto se dio cuenta de que lo que experimentaba como observador no era el verdadero él mismo sino otro "yo" mismo. Trató de explicarle a Eleazar, pero le fue imposible describir la sensación de no encontrar un sí mismo real.

—Es —le decía— como si contuviera a toda la gente que he conocido y las sintiera como yo mismo.

Ante el fracaso de sus intentos por explicar, Simón se introdujo, de nueva cuenta, en la disección de sí mismo para encontrar su verdadero yo. Una tarde creyó haber hecho contacto real y se regocijó de ello, para hallar, al día siguiente, que la sensación provenía también de otro yo internalizado.

Por fin, desesperado abandonó la búsqueda y a los pocos minutos de haberlo hecho, de pronto, se sintió arrastrado por una cognición. Miró a su alrededor y a su propio cuerpo, y empezó a reír con tal intensidad, que llamó la atención de Eleazar.

Este último observaba a su padre riendo sin parar y asombrado lo cuestionó.

—¡Es que todo es *uno*!, ¡todo es *uno*! —le alcanzó a decir Simón en medio de su estrepitosa muestra de alegría.

Aquello no convenció a Eleazar, quien vivamente interesado en la súbita alegría de su padre intentaba comprenderla en su significado más íntimo.

—Pero, entonces, ¿quién es el que siente? —le preguntó aquella noche.

Simón lo miró y sonrió ante la pregunta.

—Creo recordar —le dijo—, que a ti el lenguaje te parece insuficiente.

—Así es —le contestó Eleazar.

—Mira el vuelo de los pájaros, siente el viento entre la arena y observa su dirección y fuerza. Recorre el camino de los escorpiones y vislumbra las ondulaciones, picos y valles de las montañas lejanas, haz hablar a tu voz y moverse a tu cuerpo. Escucha el lloro de la noche y ve las sombras que proyecta la luna. Divisa las nubes y sus contornos, compara la sombra de sus entrañas con la coloración de la arena.

"Ahora penetra a tus sentimientos y velos como a las nubes, al viento, a la arena, a las montañas y a la luna y entenderás que todo es *uno*.

"Reconoce la liga entre los pensamientos que alumbran, y el aliento de tu boca; eso lo verás fácil.

"Ahora penetra a la unión de pensamiento con aliento y verás que es la misma pasta que la que liga los pensamientos.

"Ve tus movimientos y de nuevo reconoce en sus secuencias las leyes de tu pensamiento, el origen de la luz y las oscilaciones del viento. Encuéntralo todo por ti mismo.

Eleazar soñó con unos huesos extraños y a la mañana siguiente, mientras el frescor de la noche apenas abandonaba la arena y el resplandor rojizo de un sol saliente lo pintaba todo del color de la sangre, encontró una osamenta de jaguar y un fémur de animal extraño.

El joven había salido a su caminata acostumbrada impulsado por la necesidad de movimiento y como precaución ante inesperadas sorpresas; al pie de una pequeña loma había visto los huesos reflejando la luz del sol al igual que hace la luna y con similar mensaje.

Al recordar su sueño y al compararlo con su súbito descubrimiento, Eleazar sintió la presencia de una señal cierta y poderosa. Se acercó a los huesos, los contempló unos minutos fascinado por las formas y después los recogió de su lecho arenoso y ya en su cueva se dedicó a observar los detalles de las osamentas. Supo que el cráneo era de jaguar porque sintió, al tocarlo, un temor ágil y felino. El otro hueso quedó sin identificar. La mitad derecha del cráneo del jaguar estaba formada por curvas suaves, declives cuidadosos y uniones delicadas. La mitad izquierda era áspera y en lugar de curvas suaves, ángulos agudos la formaban. Eleazar estaba fascinado por la diferencia. Reconocía en ella algo de sí mismo, dos naturalezas unificadas en un solo ser, pero diferentes. Una suave y la otra dura, una curva y la otra lineal, una rugosa y la otra esponjada, una luminosa y la otra oscura, una femenina y la otra masculina.

El otro hueso manifestaba la misma dicotomía, pero si en un extremo la porción femenina se localizaba del lado derecho, en el otro cambiaba hacia el izquierdo y lo volvía a hacer una y otra vez como en un juego extraño de bifurcaciones alternadas.

En el jaguar Eleazar reconoció zonas de furia y otras de contemplación, secciones de terrible intención demoledora y otras dulces y tranquilas de retozar familiar.

Las zonas agresivas e intensas estaban siempre rodeadas de excrecencias sutiles en cuyos límites se desdibujaban flamas o lo que parecían salientes de fuego. Eleazar intuyó que estas reflejaban poder y sobre todo expresión de poder.

En una saliente posterior, el hijo del rabino vio un declive en forma de espiral y otro con dos círculos entrelazados. Supo que el jaguar, al avanzar, dejaba huella de sus pasos y que esta era una espiral mezclada con un infinito. Todo animal en contacto con esta huella retrocedería abrumado por la claridad de una muerte segura, de una inescapable espiral infinita. Cada parte de ese cráneo empezó a hablar ante los atónitos sentidos de Eleazar y dejó un sabor de sabiduría colosal en su memoria.

Cada unión de distintos huesos para formar una estructura común lo conmovió por la presencia de un plan unificador que trascendía la existencia de los detalles concretos del cráneo. Algo por encima de su totalidad y previo a ella había decidido unir los huesos en aquella forma y no en otra. Un designio superior había establecido un orden temporal de supervivencia en el cual el cráneo, como estructura rígida, permanecería como testimonio de las funciones ejercidas por un tejido más mutable y menos permanente. En el hueso quedarían inscritos los detalles unificadores de una historia, aquello que más se repitió en ella y por tanto lo que más había ligado, su realidad, su constancia y sus hábitos…

Era la escritura de Dios y Eleazar agradecía al *Único* por la bendición de la vida.

Aquel que podía dibujar su pensamiento en un hueso, aquel que decidía era inocente y bello y tranquilo y puro y majestuoso y un artista consumado. Eleazar reforzó su fe y se dio a la tarea de buscar nuevos hallazgos para estudiarlos.

Por primera vez en su vida, algo le había hablado directamente a la zona de sí mismo que al activarse produce la sensación de testimonio, tuvo la clara impresión de que existía algo *sin final* y aquello se le había manifestado como conocimiento inscrito en una de las casi infinitas manifestaciones de la creación. ¿Cuántas manifestaciones existían?

Eleazar habló con su padre y le confesó haber sentido el *sin final.*

—El Ein Sof se me presentó —le dijo, confiado en que Simón entendería—, el Ein Sof existe; existe un lugar que es Ein Sof.

Su padre lo miró encantado; en sus ojos se traducía el deseo de compartir la esperanza de poder dialogar. Simón supo que el Ein Sof al que se refería Eleazar no era el verdadero, aunque nada podía estar más cerca. Escuchó el relato del jaguar y con una sonrisa mencionó que la dirección del Ein Sof siempre apuntaba hacia arriba.

—El hijo del Ein Sof, en cambio, es horizontal. Todos los jaguares del mundo, todas las aves, todos los peces, todo ello es el hijo. Lo que de común tienen, lo que indica la presencia de la mente, lo que así se siente, lo que hace introducirnos en un torbellino, eso es el padre.

Eleazar se sintió defraudado y con una sensación de tristeza se alejó de la presencia de su padre.

Llegó a donde había depositado el cráneo de jaguar y el fémur, y tocándolos cariñosamente dejó que las imágenes lo envolvieran. Vio a una mujer en medio de una batalla. Vio que ella mantenía el espíritu, que limpiaba las heridas y conservaba la luz, que curaba, santificaba y corregía, y de pronto la vio saltar por los aires en medio de un grito de dolor. Vio que los riñones de la mujer eran despedazados por unos dientes y unas garras y entendió la correspondencia entre cuerpo y función.

Eleazar recorrió completamente al jaguar en dos semanas. Reconoció que él y el jaguar eran y no eran lo mismo. Recordó las enseñanzas acerca de la Unidad y se despidió de su padre.

Se dirigió al mar, debía encontrar cráneos de animales marinos para poner a prueba su sentido de Unidad. Debía vivir su separación y su unión para comprender sus límites.

En el camino estudió cactus. Al principio le parecieron simples, pero a medida que comparaba jóvenes con viejos, especies con especies y familias con familias, comprendió su complejidad y belleza.

Algunos mostraban caminos geométricamente perfectos en la disposición de espinas y diminutas salientes, otros mostraban una tendencia a abandonar su propia estructura lanzando a las alturas nuevas extremidades y formas originales.

Eleazar se dio cuenta de que toda manifestación de vida intenta trascender su propia estructura. Entendió que tal intento está, de antemano, destinado a fracasar, puesto que la herramienta que cada forma viva usa es su propia individual identidad y por tanto participa en la diversidad. Sin embargo, en la diversidad también existe la Unidad y también por ello, la posibilidad de trascender.

Recordó lo que su padre le había dicho acerca del padre y del hijo del Ein Sof y comprendió su significado. Siempre que algo similar acontecía, su amor y respeto hacia Simón crecía y en esa ocasión casi lo hicieron volver a la cueva.

Sin embargo, decidió proseguir su camino y a los pocos días escuchó un clamor oscilatorio, sintió una brisa húmeda y vio el mar. Buscó en la orilla y halló un cráneo de tortuga gigante. Estaba blanco y seco por el sol.

Su interior estaba completamente dividido en dos compartimentos y en la parte externa y superior una especie de flor gigantesca se desdibujaba levemente a través de sutiles y delicadas salientes de hueso. Eleazar se quedó pasmado por la división y por la flor en medio de ella y de pronto intuyó que aquella flor unificaba lo dividido y era la esperanza para llegar a un mundo trascendido.

De nuevo ocurre lo mismo, todos deseamos lo mismo…

Cuando Eleazar regresó a la cueva, se encontró a su padre escribiendo frenéticamente. Era tal su concentración al escribir que Eleazar no se movió. Sin embargo, su curiosidad y el deseo de compartir sus nuevos descubrimientos lo hicieron atreverse a preguntar. Simón se sobresaltó dándose cuenta de que en su concentración no había notado la presencia de su hijo. Se saludaron y Simón explicó que empezaba a escribir sus pensamientos guiado por el *Altísimo*, mientras Eleazar habló de sus cráneos y de su exploración dentro de la Unidad.

Durante la ausencia de Eleazar, la soledad de Simón había sido tan completa que ahora, escuchando a su hijo, se dio cuenta de que algo muy extraño le acontecía. De pronto, la sensación de que existía una continuidad entre un movimiento y el siguiente de Eleazar comenzó a desaparecer. Luego, lo mismo aconteció con las palabras; una de ellas era una Unidad y la siguiente otra y ambas existían por sí mismas e independientes. Simón dejó de entender lo que Eleazar decía y solamente atendía a su nueva forma de percibir. En ella, la realidad de un continuo perceptual dio lugar a la vivencia de momentos perceptuales separados unos de los otros como si un pegamento que normalmente sirve para mantener unidos los perceptos hubiese desaparecido.

Asombrado hasta un punto imposible de resistir, Simón interrumpió el relato de su hijo diciéndole que el pegamento de la realidad había sido roto y que ahora todo se veía desde antes de la creación de la experiencia.

Eleazar lo miró estupefacto. "Mi padre —pensó súbitamente— ya no está en este mundo y yo estoy solo".

Los caminos de esas dos almas en encierro voluntario empezaron a divergir. Ni Simón entendió lo que Eleazar vivía ni este último comprendía las experiencias de su padre. Sin embargo, la divergencia aumentó el respeto y la unión de los dos seres.

Simón trabajaba para diluir el pegamento de la realidad y Eleazar viajaba en sí mismo intentando hallar un lugar verdaderamente suyo. Comparaba sus hallazgos en sí mismo con sus recuerdos de otras gentes y siempre que lograba abstraer la sensación íntima de presencia de algún otro y lo comparaba con la sensación que de sí mismo él tenía, se encontraba con que ambas, la sensación de los otros y la de sí mismo, se diluían en una interrogante extraña que lo atormentaba; no se daba cuenta de que estaba repitiendo el aprendizaje de su padre.

"¿Desde dónde —se preguntaba—, estoy viendo lo que veo? ¿Con qué coincide y es fuente?".

Le sucedía a Eleazar lo que siempre acontece durante el cambio de una visión concreta de la realidad a una en la que la mística y lo espiritual adquieren un sentido en sí mismos. En la interfase, el espíritu busca el apoyo del mundo y duda de sí mismo como esencia y fuente.

Eleazar se desesperaba al no encontrar el punto de unión entre sus pensamientos y la realidad concreta de sus sentidos. Dudaba de una y luego de la otra, y todavía no lograba dar el paso que lo llevaría a aceptar como realidad en sí misma y suficiente la verdad espiritual.

Una mañana decidió consultarlo con su padre. Dudaba que este accediera a penetrar en su interrogante, tan ensimismado se hallaba con las suyas propias. Sin embargo se atrevió:

—¿Qué debo hacer para no comparar?

Simón lo miró interesado y recorrió su memoria tratando de hallar una etapa similar a la de su hijo para recordar lo que la había precedido y hacia dónde se habían dirigido sus consecuencias.

De pronto rememoró y sonriente le dijo a Eleazar:

—Sométele a todas las dudas, intenta destruir su aparición y cuando te des cuenta de la imposibilidad de hacerlo tu mente se olvidará de las preguntas y solamente quedará lo que se encuentra más allá de la duda…

—O sea —balbuceó Eleazar— que existe por sí mismo y en su realidad su existencia no requiere sostenimiento alguno.

—Así es —le contestó el rabino.

Eso fue suficiente para que en Eleazar se despertara una curiosidad inmensa por saber lo que su padre escribía. No se imaginaba que el rabino había decidido trasladar al pergamino el análisis de la existencia de diferentes mundos espirituales. Lo único que Eleazar notaba es que su padre dedicaba cada día más tiempo para escribir.

Una tarde le pidió permiso para hablar y sofocándose por lo que le iba a solicitar, le dijo que deseaba saber lo que escribía.

—Ahora —le contestó su padre— me estoy preguntando acerca de los diferentes caminos por los que cursan las ideas hasta aparecer en la conciencia. Encuentro que, en cada ser humano, los trayectos son diferentes y al mismo tiempo iguales.

Simón meditó un momento acerca de la petición de su hijo y algo en su mente le ordenó posponer la satisfacción de sus deseos, por fin habló:

—Esperemos un tiempo y cuando vea en ti suficiente fuerza te permitiré leer lo que escribo.

Aquello dejó intrigado a Eleazar. Su curiosidad no tenía límites y se preguntaba acerca de su propia fuerza y de cómo su padre tenía una visión tan clara de algo de él mismo que él mismo ni siquiera sospechaba.

—Seguramente cuando tenga la suficiente fuerza me daré cuenta y sabré lo que quiere decir tener la suficiente fuerza…

Aquella noche Eleazar se acostó con la pregunta acerca del significado de su fuerza dando vueltas en su mente.

Soñó que lo perseguían y que el terror lo hacía desaparecer.

Algo, sin embargo, persistía de él, puesto que se buscaba y en el momento en el que aceptaba el terror este desaparecía y se encontraba y volvía a ser él mismo en una sensación de ser inconfundible con el ser de su padre y el ser de todos los amigos que alguna vez había tenido.

Soñó que ese ser, de pronto, dejaba de ser inconfundible y se convertía en idéntico al de todos y en su mismicidad parecía una flor de desierto, y tal como ella, resplandecía de reflejos de un simultáneo sol de mediodía y una luna de medianoche.

Eleazar se despertó sudoroso y buscó la flor entre las paredes de la cueva. Consciente del carácter onírico de la imagen volvió a dormirse.

De nuevo vio la flor, pero tan cerca de sus ojos que uno de sus pétalos parecía tener el tamaño de todo un desierto. Observó venillas pulsantes de savia y patrones intrincadísimos de células octaédricas acariciándose mutuamente y cambiando de forma según la luminosidad del sol y la blancura de la luna. Escuchó el canto de un pájaro y asombrado vio cómo los patrones del pétalo-desierto también se alteraban según el tema, la amplitud y el ritmo del canto.

Volvió a despertarse y vio su cuerpo reposando sobre el piso de la cueva. Acercó a sus ojos el pulgar de su mano derecha y vio las ondulaciones de sus huellas digitales, recordó la flor, volvió a ver sus huellas y de pronto comprendió.

A la mañana siguiente comenzó a construir un telar. Recordaba a un tejedor de Jerusalén y a su telar, y lo copió. Necesitaba un pedazo de tela de tejido finísimo para usarlo como membrana. Trabajó dos semanas y por fin logró montar la tela en un marco que no era otra cosa sino la base del cráneo de jaguar. Buscó arena fina y esparció un puñado sobre la tela. Colocó su invención a la entrada de la cueva y se sentó a su lado esperando que algún pájaro perdido trinara, que algún relámpago rompiera el silencio y cuando esto último ocurrió, se acercó a la arena sobre la tela y vio un diseño octaédrico perfecto. Cansado de esperar pájaros y truenos alzó su propia voz y volvió a observar la arena. Cada palabra dejaba un trazo claro. La tela vibraba con el sonido y los microscópicos granos de arena oscilaban, se movían y ocupaban posiciones a lo largo y ancho de la improvisada membrana haciendo aparecer patrones. Eleazar, fascinado, se olvidó de su padre y empezó a lanzar verdaderos aullidos tratando de cambiar el tono de los mismos.

Observó que a medida que aumentaba la agudeza, el patrón resultante se complicaba, pero *siempre conservaba una estructura similar.* Simón Ben Jochai, al principio alarmado por los gritos, observaba divertido y regocijado los experimentos de su hijo. Se acercó al cráneo de jaguar y al ver los patrones y su constancia dijo algo que dejó petrificado de emoción a Eleazar.

—Veo —le dijo— que estás a punto de entender el significado de tu fuerza.

Eleazar lo había intuido y todo su esfuerzo para hacer la tela, observar la arena y sus patrones, tenía la finalidad inconsciente de encontrar y dar respuesta a la pregunta. Ahora, las palabras del rabino lograron transformar esa motivación inconsciente en un súbito darse cuenta de la finalidad de su conducta, del por qué de la fascinación ante el espectáculo que veían sus ojos y de la razón, antes oculta y ahora clara, de una excitación corporal casi incontrolable que lo había acompañado durante toda la experiencia.

Esa excitación le hizo recordar su vida en Jerusalén. Su mente revivió a su compañera de juegos y a la excitación que su sola presencia le producía. Trataba de no pensar en su pasado, pero ahora sabía que aquella excitación era como la aparición de un patrón en la arena ante el sonido del trueno, excepto que en lugar de arena era su propio cuerpo y sustituyendo al trueno la presencia de la joven que tanto lo alteraba.

—¡La fuerza es lo que me mantiene a pesar de todos los cambios! —se dijo regocijado consigo mismo.

Entusiasmado, se acercó a Simón y con timidez interrumpió su labor de escribano.

—Quiero preguntarle —le dijo con un respeto que asombró a ambos—, quiero saber si lo que he visto y entendido no es ilusorio.

Simón escuchó con atención y al oír la consideración de la fuerza como constancia de sí mismo, sonrió y acarició el cabello de su hijo.

—Ahora —le dijo con cariño—, debes averiguar el verdadero significado de la mismicidad. Cuando lo hagas te leeré mis escritos.

—¿El verdadero significado de la mismicidad?

"Lo que siento es como un patrón ante lo que me estimula. Cambia la luz y veo sombras, cambia el sonido y escucho música. Sin embargo, el sonido que escucho es mi sonido porque por sí mismo y en sí mismo es solo un movimiento de mi tela".

La joven y brillante mente de Eleazar trazaba filigranas de pensamientos intentando responder la pregunta. Eleazar sabía que la única forma de llegar a cualquier conclusión acertada era dejando libre al pensamiento, observando su acontecer y cambios desde un lugar que no es pensamiento.

"El sonido —siguió pensando— yo lo construyo como sonido, lo mismo hago con la luz y con todo lo que hace aparecer un patrón en mí mismo. Pero entonces, ¿qué es lo que siento y desde dónde y quién y cómo?".

La soledad a la que había estado sometido había acostumbrado a Eleazar a un silencio tal que podía registrar sus más sutiles estados internos. Reconoció que estaba a punto de penetrar en una confusión intensa y recordó que en otras ocasiones la misma confusión se había trascendido a sí misma cuando lograba dejar atrás a su mente y a su pensamiento y se internaba a sí mismo en un paraje ajeno al pensamiento y cercano al sentimiento de sí mismo.

"¡Eso es! —casi gritó—, mi pregunta acerca del origen de mi mismicidad es menos total que mi mismicidad y por tanto es incapaz de dar respuesta a su origen. En cambio, el salto desde el planteamiento de la pregunta hasta la vivencia de mi propia mismicidad me acerca más a la contestación".

Eleazar decidió llegar a un punto de sí mismo al que jamás se había atrevido antes. Buscó con la mirada el árbol solitario al que siempre acudía en busca de frescura y compañía y se dirigió en su dirección. Su sombra fortaleció su propósito; se acercó al tronco de su compañero, lo abrazó y se sentó recargando su espalda en él. Cerró los ojos y dejó que los pensamientos fluyeran en su interior sin ofrecerles resistencia.

El sonido de un grillo llamó su atención. Lo escuchó y la imagen de sus alas verdosas y de una pata acariciándolas apareció en su interior. Ya le había sucedido antes que el sonido de un animal hiciera aparecer en su mente la imagen, pero nunca había sido tan clara como en esta ocasión.

Recordó su pregunta e intentó ver su mismicidad y la imagen del grillo como separadas por una distancia. Empezó a alejarse y de pronto todo lo que oía y sentía se separó bruscamente de sí mismo. Eleazar sentía que veía desde un lugar en el que solo existía silencio y que los contenidos de sus experiencias aparecían en otro lugar. Luchó por separar más los dos universos y de pronto sintió un mareo descomunal. Se sentía dentro de un círculo flotando cerca de su circunferencia y girando en torno a ella a velocidades cada vez mayores. Abrió los ojos y gritó desesperadamente. El giro se calmó y Eleazar, todavía mareado, se acostó bocarriba a ver el follaje de su árbol.

"¿Qué sucedió? —se preguntó angustiado—, ¿por qué me introduje a ese espanto?".

Se le ocurrió ir a preguntar a su padre y después de dudarlo un momento se decidió. Encontró al rabino escribiendo en su lugar favorito a la entrada de la cueva.

—¡Padre! —lo llamó con tal imploración que el rabino se asombró y se dispuso a oír a su hijo.

Al final del relato, Simón comprendió que había abandonado demasiado a Eleazar.

—Eleazar —le dijo—, estás enfrentándote a la prueba de la Unidad. No existe ni la separación completa ni la unión completa. Existe algo que trasciende a ambas y que tú hallarás cuando te encuentres verdaderamente a ti mismo.

Aquello tranquilizó a Eleazar, aunque, como siempre, abrió en él nuevas interrogantes; más de las que aquellas palabras de su padre lograban responder.

Eleazar decidió salir a caminar en el desierto; después de varias horas y ya entre las estrellas de una noche luminosa cambió su dirección y se dirigió a su hogar pétreo.

Cuando Eleazar regresó a la cueva, su padre lo estaba esperando. Eleazar se asombró al verlo y lo saludó con cariño.

Simón condujo a su hijo al interior de la cueva y le mostró la primera página de su escrito titulado *El Zohar*, el refulgente, el libro de la luz; decía:

> … El rabino Simón Jochai se alisó su larga cabellera y volteó a ver a su hijo Eleazar recargado en la pared de la cueva. "Debe haber soñado otra vez lo mismo —se dijo, mientras aspiraba el olor húmedo y frío de la madrugada—. ¡Eli! —lo llamó dulcemente—, ¿de nuevo? Eli…".

REFERENCIAS BIBLIOGRÁFICAS

Apéndice I

GRINBERG-ZYLBERBAUM, J., *Nuevos principios de psicología fisiológica*, México: Trillas, 1976.

GRINBERG-ZYLBERBAUM, J., *Los fundamentos de la experiencia*, México: Trillas, 1978.

GRINBERG-ZYLBERBAUM, J., *La creación de la experiencia*, México: Trillas, 1981.

GRINBERG-ZYLBERBAUM, J., *El espacio y la conciencia.*, México: Trillas, 1981.

VIVEKANANDA, S., *Raya yoga. Los aforismos de Patanyali*, Argentina: Kier, 1975.

WIGNER, E., *Symposium on New Dimensions of Consciousness*, Nueva York, 1978.

Apéndice II

BERLO, K. D., *El proceso de la comunicación*, Argentina: El Ateneo, 1971.

BORGES, J. L., *El Aleph*, Emecé, 1970.

CAPRA, F., *Tao of Physics*, EUA: Fontana, 1976.

CAULFIELD, H. J., y SUN, L., *The application of Holography*, Wiley Interscience, John Wiley, 1970.

GRINBERG-ZYLBERBAUM, J., *El cerebro consciente*, México: Trillas, 1979.

GRINBERG-ZYLBERBAUM, J., "Correlativos electrofisiológicos de la experiencia subjetiva", *Enseñanza e Investigación en Psicología*, vol. VI, núm. 1 (II), p. 44, 1980.

GRINBERG-ZYLBERBAUM, J., *Las manifestaciones del Ser. "Pachita"*, México: Editores Asociados, 1980.

GRINBERG-ZYLBERBAUM, J., "Correlation of Gravitational Changes and Brain Activity, Gravitational Biofeedback", en *Creation of Experience*, Nueva York: John Wiley, 1981.

GRINBERG-ZYLBERBAUM, J., *Psicofisiología del Ser*, México: Trillas, 1981.

GRINBERG-ZYLBERBAUM, J., CORSI, M., RIEFKOHL, A., y MENESES, S., *Coherencia cerebral y experiencia consciente*, 1980. Datos sin publicar.

GRINBERG-ZYLBERBAUM, J., CUELI, J., y SZYDLO, D., "Comunicación terapéutica, una medida objetiva", *Enseñanza e Investigación en Psicología*, vol. IV, núm. 1(17), p. 97, 1978.

JUNG, C. G., *The I Ching*. "Introducción". Trad. de Richard Wilhelm, Bolingen series XIX, Princeton University Press, 1973.

KOLB, L., *Modern Clinical Psychiatry*, EUA: Saunders, 1976.

LURIA, A. R., *The Working Brain*, Londres: Allen Lane / Penguin, 1973.

REITE, M., ZIMMERMAN, J. E., EDRICH, J., y ZIMMERMAN, J., "The Human Magnetoencephalogram: Some EEG and Related Correlations", *Electroenceph. Clin. Neurophysiol*, 40, pp. 59-66, 1976.

SCHRAMM, W., *How Comunication Works. The Process and Effects of Mass Communication*, Illinois: University of Illinois Press, 1954.

SHANNON, C., y WEAVER, W., *The Mathematical Theory of Communication*, Illinois: University of Illinois Press, 1949.

VIVEKANANDA, S., *Raya yoga.*, Argentina: Kier, 1963-1975.

ZUZUKI, S., *Zend Mind, Beginners Mind*, Nueva York: Weatherhill, 1970, 1977.

APÉNDICE C

GRINBERG-ZYLBERBAUM, J., *Nuevos principios de psicología fisiológica*, México: Trillas, 1976.

GRINBERG-ZYLBERBAUM, J., "The Retrieval of Learned Information a Neurophysiological Convergente Divergence Theory", *J. of Theoretical Biology*, 56, pp. 95-110, 1976.

GRINBERG-ZYLBERBAUM, J., *Psicofisiología del aprendizaje*, México: Trillas, 1976.

Grinberg-Zylberbaum, J., *Los fundamentos de la experiencia*, México: Trillas, 1978.

Grinberg-Zylberbaum, J., Cueli, J., y Szydlo, D., "Comunicación terapéutica, una medida objetiva", *Enseñanza e Investigación en Psicología*, vol. IV, núm. 1(7), p. 97, 1978.

Grinberg-Zylberbaum, J., *El cerebro consciente*, México: Trillas, 1979.

Grinberg-Zylberbaum, J., *Bases psicofisiológicas de la memoria y el aprendizaje*, vol. III, México: Trillas, 1980.

Grinberg Zylberbaum, J., *Creation of Experience*, Nueva York: John Wiley, 1981.

Grinberg-Zylberbaum, J., "Correlation of Gravitational Changes and Brain Activity, Gravitational Biofeedback", en *Creation of Experience*, Nueva York: John Wiley, 1981.

Grinberg-Zylberbaum, J., "Correlativos electroencefalográficos de la comunicación humana", en *El espacio y la conciencia*, México: Trillas, 1981.

Grinberg-Zylberbaum, J., *El espacio y la conciencia*, México: Trillas, 1981.

Grinberg-Zylberbaum, J., *Psicofisiología del Ser*, México: Trillas, 1981.

Grinberg-Zylberbaum, J., *Coherencia cerebral y experiencia consciente*, 1981. En proceso.

Hubel, D., y Wiesel, T., "Receptive Fields and Functional Architecture of Monkey Striate Cortex", *J. Physiol.*, 195, pp. 215-243, 1968.

Luria, A. R., *The Working Brain*, Londres: Allen Lane / The Penguin Press, 1974.

Riefkohl, A., Tesis de licenciatura en Psicología, 1980.

Riefkohl, A., y Grinberg-Zylberbaum, J., *Correlativos electroencefalográficos de la experiencia subjetiva*, 1981. Datos sin publicar.

Simposio en el Segundo Congreso Mexicano de Psicología, "La creación de la experiencia", México, 1979.

Torres, C., Canseco, E., y Grinberg-Zylberbaum, J., *Potenciales provocados e imaginación*, 1981. En proceso.

AGRADECIMIENTOS

Gracias a mi padre amado, por dejar a la humanidad este regalo tan grande en todos sus textos e investigaciones. Gracias por haber tenido el atrevimiento de ahondarse en lo más profundo y darnos con sus letras una ventana para comprender un poco más nuestra naturaleza.

Gracias por ser uno de los pioneros en la investigación científica de la conciencia.

Gracias, padre, por enseñarme tantas cosas, acompañarme y cuidarme siempre con tanto amor.

Gracias a mi madre por siempre estar presente y siempre recordar a mi padre con respeto y cariño.

Gracias a mis hijas Ixchel y Leilani, por traer dentro esa herencia llena de sabiduría. Gracias por cuidar con tanto amor el legado de su abuelo.

Gracias a Nicolás por ayudar tanto en la recuperación de la obra de mi padre.

Gracias a la música por ser un canal tan sutil de comunicación con mi padre.

Gracias a todos los amigos entrañables de Jacobo.

Gracias a la familia.

Gracias a todos los científicos que han seguido la investigación en sus laboratorios.

Gracias a la UNAM por apoyar siempre el trabajo de mi padre.

Gracias a Penguin Random House por difundir el trabajo de Jacobo Grinberg en esta nueva edición de sus libros.

Gracias a la humanidad por estar llena de luz a pesar de todo lo que hemos y estamos pasando... Somos seres hermosos, parte de este universo que lo es todo... Somos polvo de estrellas.

Gracias, padre, donde sea que te encuentres. Te amo en lo más profundo de mi ser.

ESTUSHA GRINBERG

Esta obra se terminó de imprimir
en el mes de diciembre de 2025,
en los talleres de Lyon AG, S.A de C.V.,
Ciudad de México.